Laser in Technik und Forschung

Herausgegeben von
G. Herziger und H. Weber

Norman Hodgson
Horst Weber

Optische Resonatoren

Grundlagen · Eigenschaften
Optimierung

Mit 312 Abbildungen

Springer-Verlag
Berlin Heidelberg NewYork
London Paris Tokyo
Hong Kong Barcelona Budapest

Dr. Norman Hodgson
Prof. Dr. Horst Weber
Festkörper-Laser-Institut Berlin GmbH
TU Berlin
Straße des 17. Juni 135
1000 Berlin 12

Herausgeber der Reihe:

Prof. Dr.-Ing. Gerd Herziger
Fraunhofer Institut für Lasertechnik Aachen
5100 Aachen

Prof. Dr.-Ing. Horst Weber
Festkörper-Laser-Institut Berlin GmbH
1000 Berlin 12

ISBN-13:978-3-540-54404-3   e-ISBN-13:978-3-642-84576-5
DOI: 10.1007/978-3-642-84576-5

Die Deutsche Bibliothek – CIP-Einheitsaufnahme
Hodgson, Norman:
Optische Resonatoren: Grundlagen, Eigenschaften, Optimierung
N. Hodgson ; H. Weber.
Berlin ; Heidelberg ; New York ; London ; Paris ; Hong Kong ;
Barcelona ; Budapest : Springer, 1992
 (Laser in Technik und Forschung)
 ISBN-13:978-3-540-54404-3
NE: Weber, Horst:

Satz: Reproduktionsfertige Vorlage der Autoren

60/3020-5 4 3 2 1 0 – Gedruckt auf säurefreiem Papier

Geleitwort der Herausgeber zur Reihe

Die Bedeutung des Lasers sowohl in seinen Anwendungen als auch im wissenschaftlichen Bereich erkennt man am besten daran, daß die Lasertechnik sich von der Laserphysik getrennt hat und dabei ist, sich zu einer eigenständigen Disziplin zu entwickeln, so wie viele andere Bereiche der Ingenieurwissenschaften. Das führt auch zu einer eigenen Sprache, zu anderen pragmatischen Definitionen und Begriffen. Anwender interessieren weniger die fundamentalen, physikalischen Herleitungen, sie möchten handliche Formeln, Zahlenwerte und Anwendungsvorschriften.

In diesem Sinne wendet sich die vorliegende Buchreihe an den Ingenieur und Physiker, die den Laser in der Praxis einsetzen wollen, wobei der Schwerpunkt z.Z. im Bereich der Materialbearbeitung liegt.

In einer Reihe von Monographien werden die verschiedenen Anwendungsbereiche behandelt. Der Reihe vorangestellt sind einführende Bände, die die Grundlagen der Laserphysik, der Resonatoren und der Laserelemente behandeln. Dem schließen sich zwei Bände an, die die beiden z.Z. wichtigsten Lasersysteme, Festkörper-Laser mit Schwerpunkt Neodym-Laser und CO_2- Laser, als industrielle Systeme beschreiben. Jeder Band ist in sich abgeschlossen und verständlich, d.h. die wichtigsten Begriffe die benutzt werden, sind jeweils dargestellt.

Die Reihe wird fortgesetzt mit Monographien zu allen Bereichen der Laseranwendungen. Die Auflagen sind begrenzt, um möglichst schnell aktuelle Ergebnisse in Neuauflagen berücksichtigen zu können.

Aachen und Berlin, im April 1991   Prof. Dr. G. Herziger

Fraunhofer Institut für Laser-Technik
Lehrstuhl für Laser-Technik
der RWTH Aachen

Prof. Dr. H. Weber

Festkörper-Laser Institut Berlin GmbH
Optisches Institut der TU Berlin

Vorwort

Das Verständnis der Eigenschaften von Lasern und ihrer Strahlung erfordert einen grundlegenden Einblick in die Physik des optischen Resonators, da sowohl die Strahleigenschaften als auch der Wirkungsgrad des Lasers in starkem Maße vom Resonator abhängen. Trotz dieser zentralen Bedeutung des Resonators wurde bisher in Fachbüchern über Laser die Resonatorphysik eher stiefmütterlich und auf einem zu vereinfachten Niveau behandelt. Dies reichte zwar durchaus für ein grobes Verständnis der Zusammenhänge aus, jedoch blieben meist viele Fragen der praktischen Anwendung offen.

Die Zielsetzung dieses Buches war deshalb, sowohl einen Überblick über die physikalischen Eigenschaften von Resonatoren zu geben, als auch eine Anleitung für deren praktischen Einsatz zu bieten. Der zum Verständnis nötige theoretische Apparat, wie die mathematische Beschreibung der Lichtausbreitung, wurde dabei möglichst gering gehalten und in einem ersten Kapitel getrennt behandelt. Dieses Kapitel ist aber nicht unbedingt Vorraussetzung, um das Buch als Nachschlagewerk für den Einsatz von Resonatoren in der Praxis zu benutzen. Lesern, die jedoch noch keine Erfahrung mit Resonatoren haben, wird empfohlen, zunächst Kapitel 2 über das Fabry-Perot-Interferometer und Kapitel 3.1 über passive stabile Resonatoren durchzuarbeiten, und bei dabei erwachendem Wunsch nach mehr Einblick in die theoretischen Hintergründe Kapitel 1 zu Rate zu ziehen. Bei mehr Vertrautheit mit Resonatoren können alle Kapitel auch ohne Berücksichtigung der Reihenfolge gelesen werden.

Der Aufbau des Buches wurde so gewählt, daß die behandelten Themengebiete mit fortschreitender Kapitelzahl immer spezieller werden. So werden nach Einführen des Fabry-Perot-Interferometers und Behandlung passiver stabiler und instabiler Resonatoren, die Einflüsse des Mediums auf die Resonatorcharakteristik in Kapitel 4 diskutiert und spezielle Resonatorsdesigns im anschließenden Kapitel vorgestellt. Eine Beschreibung für die Praxis nützlicher Messmethoden in Kapitel 6 und eine ausführliche Literaturliste zur Vertiefung in spezielle Themengebiete runden das Buch ab. Es wurde auch darauf geachtet, einen möglichst breiten

Überblick über den heutigen Stand der Forschung auf diesem Gebiet zu geben, wobei auch noch unveröffentlichte Erkenntnisse Eingang fanden.

Bleibt zu hoffen, daß das vorliegende Buch vielen Lesern helfen wird, einen grundlegenden Einblick in die Eigenschaften optischer Resonatoren zu finden und dieses Wissen in die Praxis umzusetzen.

An dieser Stelle gedankt sei Herrn Dipl.-Ing. Gerhard Flaig sowie den Herren cand. phys. Bernd Eppich und cand. phys. Rolf Kostka für die Korrektur des Manuskripts, das mit dem Textverarbeitungssystem SCIENTEX 6.63 erstellt wurde. Einen großen Dank auch an Frau Ingeborg Wollscheid für die Anfertigung der Mehrzahl der Abbildungen.

Berlin, im Januar 1992

Dr. rer. nat. Norman Hodgson
Prof. Dr.-Ing. Horst Weber

Inhaltsverzeichnis

Einführung

Laserstrahlung zeichnet sich durch verschiedene Eigenschaften aus, die herkömmliche Lichtquellen nicht besitzen:

- *Geringe Bandbreite und damit hohe zeitliche Kohärenz,*
- *sehr kleine Divergenzwinkel des Strahls, d.h. hohe örtliche Kohärenz und dadurch gute Fokussierbarkeit und*
- *hohe Intensität im Fokus.*

Aufgrund dieser Eigenschaften findet der Laser Anwendung in Meßtechnik und Materialbearbeitung.

Ohne Laserresonator ist die vom aktiven Medium emittierte Strahlung jedoch kaum zu gebrauchen. Da die aktiven Atome weitgehend spontan emittieren, unterscheidet sich deren Strahlung (Superstrahlung) bezüglich Kohärenz und Fokussierbarkeit nur wenig von der thermischer Lichtquellen. Erst durch Rückkopplung des emittierten Lichts ist es möglich, die entscheidenden Qualitätsmerkmale der Laserstrahlung zu erzeugen.

Diese Aufgabe übernimmt im Lasersystem der optische Resonator. Er bestimmt wesentlich die Charakteristika des Strahls wie räumliche Struktur, Ausgangsleistung und minimal erreichbare Fokusgröße hinter einer Fokussierlinse. Diese zentrale Bedeutung macht es verständlich, daß der optische Resonator und die nichtlineare Wechselwirkung des Lichts mit dem aktiven Medium immer noch Gegenstand intensiver Forschung ist.

Das Prinzip der Rückkopplung ist natürlich nicht nur auf den Laser beschränkt, sondern wurde schon 1913 von A. Meißner in der nach ihm benannten Schaltung angewendet (Bild 1). Die Dämpfungsverluste eines LC-Schwingkreises werden dabei durch Rückkopplung über eine Triode

2

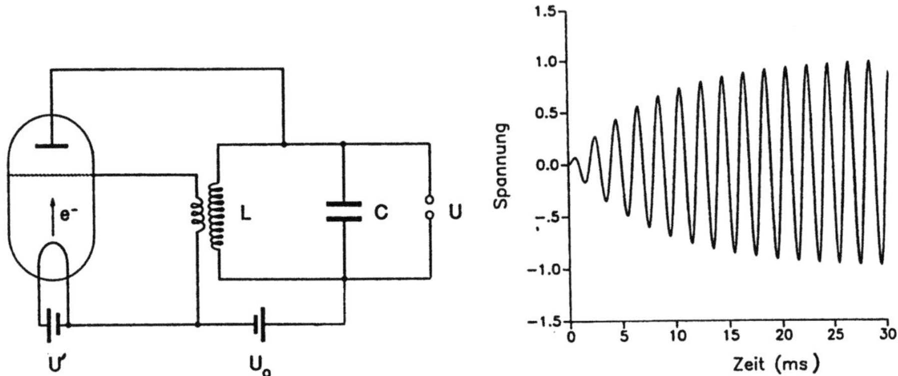

Bild 1 Meißner-Schaltung zur Erzeugung ungedämpfter Schwingungen
als Beispiel des Prinzips der Rückkopplung. Das rechte Bild zeigt die
auf eins normierte Spannung am Kondensator in Abhängigkeit der Zeit
für den Fall, daß die anfängliche Verstärkung durch die Triode den
Verlust im Schwingkreis überkompensiert.

kompensiert, so daß ungedämpfte Schwingungen erzeugt werden können.
Ein Teil der an der Schwingkreisspule anliegenden Spannung wird in-
duktiv an das Beschleunigungsgitter der Triode gelegt, wodurch bei positiver Spannung Elektronen in den Schwingkreis nachfließen.

Bezeichnet G den Faktor um den die Spannung durch diesen Prozeß erhöht wird, so muß im stationären Fall die Verringerung der Spannung
um den Faktor V pro Schwingungsperiode exakt kompensiert werden, d.h.
es muß gelten:

$$G \, V = 1$$

Der Verstärkungsfaktor G ist dabei eine Funktion der anliegenden Beschleunigungsspannung und durch die Kennlinie der Triode festgelegt.
Solange G V < 1 ist, bleibt die Schwingung gedämpft. Erst wenn die Verstärkung die Dämpfungsverluste überwiegt, d.h. $G \, V$ > 1 ist, schwingt
der Schwingkreis selbständig mit wachsender Schwingungsamplitude U
an, da die Verstärkung, d.h. die Beschleunigungsspannung der Triode,
zunächst mit wachsender Schwingungsamplitude steigt. Der Verstärkungsfaktor sättigt jedoch ab, so daß schließlich eine konstante Span-

nungsamplitude U_K erreicht wird, für die gilt:

$$G(U_K)\ V = 1$$

Ist der funktionale Zusammenhang zwischen G und U bekannt, so kann aus dieser Gleichung die stationäre Spannungsamplitude bestimmt werden. Mit einer solchen Schaltung können ungedämpfte Schwingungen bis zu Frequenzen von mehreren MHz problemlos erzeugt werden.

Den Laser kann man als Weiterentwicklung des Rückkopplungsprinzips in den Frequenzbereich 10^{15} Hz, dem Frequenzbereich sichtbaren Lichts, auffassen, denn es ergeben sich analoge Verhältnisse wie bei der Meißnerschaltung. Die Verstärkung erfolgt nun durch das aktive Lasermedium. Im Gegensatz zum Schwingkreis ist der Resonator jedoch offen und wird durch zwei Spiegeln an jeder Seite des lichtverstärkenden Mediums gebildet, von denen einer für das Licht hochreflektierend ist ($R_2 \cong 1$) und der andere den Reflexionsgrad R_1 besitzt (Bild 2). Das Licht läuft zwischen den Spiegeln hin und her, die Intensität I wird pro Durchgang durch das Medium um den Faktor G erhöht und um R_1 bzw R_2 durch die Auskopplung erniedrigt. Auch in diesem Fall hängt die Verstärkung von der Intensität ab. Im stationären Betrieb wird also gelten:

$$G(I)\ \sqrt{R_1\ R_2} = 1$$

wobei der Laser nur dann selbständig aus dem Rauschen anschwingt, wenn die Verstärkung die Auskoppelverluste überwiegt.

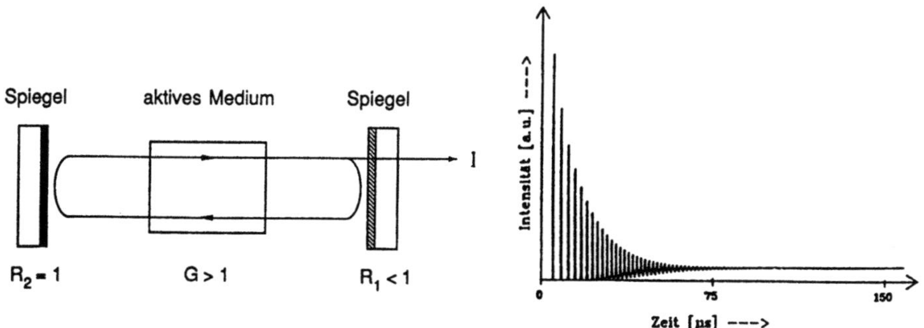

Bild 2 Prinzip des optischen Resonators. Damit Laseremission auftreten kann, muß die Verstärkung die auftretenden Verluste, bedingt durch Auskopplung über die Spiegel und interne Verluste, kompensieren. Das Einschwingverhalten der Lichtemission endet, wenn die Verstärkung stationär die Verluste kompensiert. Der Laser emittiert dann eine konstante Lichtintensität.

Die Lichtemission zeigt daraufhin ein einschwingendes Verhalten bis die stationäre Intensität erreicht ist, d.h. obige Gleichung erfüllt ist.

Bis hierher erscheint die Behandlung des optischen Resonators genauso einfach wie die der Meißner-Schaltung. Mit dem bisherigen Wissen kann allerdings nur die stationäre Intensität und damit die Ausgangsleistung des Lasers bestimmt werden. Im Gegensatz zur Wechselspannung besitzt elektromagnetische Strahlung aber mehr Freiheitsgrade als nur die Amplitude. Räumliche Struktur, Polarisation und Phase des Feldes müssen sich ebenfalls stationär im Resonator einstellen, wobei ebenso die Form der Spiegel wie auch in den Resonator eingebrachte Blenden oder polarisierende Elemente entscheidenden Einfluß auf die stationären Lösungen haben. Diese Komplexität des optischen Resonators macht es deshalb notwendig, zunächst die physikalischen Eigenschaften des Lichts näher zu besprechen und mathematische Methoden zu deren Beschreibung herzuleiten. Hierbei geht es vor allen Dingen darum, Formeln anzugeben mit deren Hilfe man stationäre Lösungen von Strahlverlauf, Feldstruktur und Polarisation im optischen Resonator finden kann und wie die Resonatorgeometrie, d.h. Spiegelform und -größe darin eingehen. Der Einfluß des aktiven Mediums wird dabei zunächst nicht berücksichtigt.
Alle Kapitel sind so aufgebaut, daß dieser mathematische Teil nicht Voraussetzung ist, um dieses Buch als Nachschlagewerk zu benutzen. Für diejenigen, die nicht nur Formeln für den Aufbau von Resonatoren nachschlagen, sondern auch verstehen wollen wie diese Formeln entstehen, sollte dieses theoretische Kapitel zur Pflichtlektüre werden.

Nach der Behandlung des einfachsten Falls eines optischen Resonators, dem planen Fabry-Perot-Interferometer, die einen ersten Einblick in die Eigenschaften optischer Resonatoren gibt, werden zunächst passive Resonatoren untersucht, d.h. das verstärkende Medium wird nicht berücksichtigt. Hier werden wir uns auf Resonatoren mit sphärischen Spiegeln beschränken, die wichtigsten Vertreter in der Anwendung.
Der Einfluß des aktiven Mediums wird im anschließenden Kapitel untersucht. Hierbei geht es vor allem um die Verstärkung, das ortsabhängige Verstärkungsprofil und die thermo-optischen Eigenschaften des Mediums, sowie um die Berechnung der Ausgangsleistung des Lasers. Neuere Resonatorkonzepte, die möglicherweise in naher Zukunft breitere Anwendung finden könnten, werden anschließend vorgestellt. Im abschließenden Ka-

pitel sind die wichtigsten Meßverfahren erläutert, um die für eine Resonatoroptimierung relevanten physikalischen Größen, wie Verstärkungsfaktor, Verluste oder Strahlqualität, zu bestimmen.

Die einzelnen Kapitel sind zwar weitgehend in sich abgeschlossen, jedoch bauen sie aufeinander auf.
Eine ausführliche Literaturliste soll dem Leser ermöglichen, sich tiefer in spezielle Themen einzuarbeiten. Die mitangegebenen Titel der Veröffentlichungen sind als Hilfe gedacht, um eine entsprechende Auswahl treffen zu können. Literatur grundlegender Art wird aber auch in den einzelnen Kapiteln angegeben.

1 Das elektromagnetische Feld

Licht ist eine elektromagnetische Welle, die sich von den Wellen der Hochfrequenztechnik nur durch die höhere Frequenz ν und die kürzere Wellenlänge λ unterscheidet. In beiden Fällen wird das Feld charakterisiert durch

> *die elektrische Feldstärke E (V/m)*
> *die magnetische Feldstärke H (A/m)*
> *den Wellenvektor $k = 2\pi/\lambda\ e$*

Im homogenen, isotropen und unbegrenzten Medium stehen diese drei Vektoren aufeinander senkrecht, und der Wellenvektor k zeigt in Ausbreitungsrichtung e der Welle (Bild 1.1). Was detektiert wird, sei es mit dem Auge oder einem anderen lichtempfindlichen Detektor, ist stets die Lichtleistung bzw. die Lichtleistungsflächendichte (Intensität) I. Es gilt

$$I = \frac{1}{2}\, n\, c_0\, \varepsilon_0\, |E|^2 \tag{1.1}$$

mit $c_0 = 3\cdot10^8$ m/s : Vakuumlichtgeschwindigkeit

$\varepsilon_0 = 8{,}85\cdot10^{-12}$ As/Vm : Dielektrizitätskonstante des Vakuums

n : Brechungsindex des Mediums

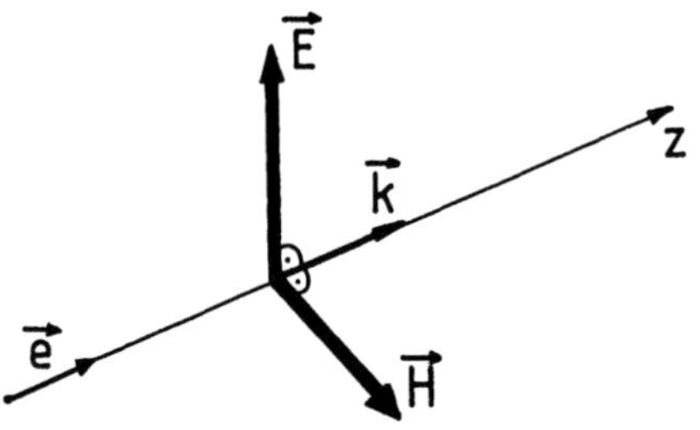

Bild 1.1 Die elektromagnetische Welle ist durch die Feldstärkevektoren *E*, *H* und den Wellenvektor *k*, der in Ausbreitungsrichtung zeigt, charakterisiert.

Die Leistung P im gesamten Feld ergibt sich durch Integration über die Fläche senkrecht zur Ausbreitungsrichtung

$$P = \frac{1}{2}\, n\; c_0\; \varepsilon_0 \int |E|^2 dF \qquad\qquad (1.2)$$

Im folgenden werden verlustarme, unmagnetische Medien betrachtet, in denen sich monochromatische Wellen der Kreisfrequenz $\omega = 2\pi\,\nu$ ausbreiten. Die magnetische Feldstärke H ist dann mit der elektrischen verknüpft über

$$H = n\; c_0\; \varepsilon_0\; [\, e \times E\,]$$

und wird im folgenden nicht mehr benutzt. Für die Beschreibung des elektromagnetischen Feldes, wie es hier auftritt, reicht die Angabe des elektrischen Feldvektors aus, der von den drei Ortskoordinaten x,y,z abhängt und stets als streng periodische Schwingung angenommen wird. Üblicherweise wird die Ausbreitungsrichtung des Lichts in die z-Richtung gelegt, so daß gilt:

$$E = E_0(x,y,z)\; cos(\omega t - kz)$$

Da nur lineare Medien betrachtet werden, d.h. der Brechungsindex hängt nicht von der Intensität des Feldes ab, ist die Frequenz konstant. Die Wellenlänge ändert sich je nach Brechungsindex des Mediums

$$\lambda = \lambda_0/n \qquad\qquad (1.3)$$

wobei λ_0 die Vakuumwellenlänge bezeichnet mit $\lambda_0\nu = c_0$. Entsprechend gilt für die Lichtgeschwindigkeit $c = c_0/n$.

1.1 Geometrische Optik

1.1.1 Der Lichtstrahl und zwei fundamentale Strahlmatrizen

Im folgenden soll zunächst die Struktur des Strahlungsfeldes sowie Beugung an Hindernissen vernachlässigt werden und nur die Ausbreitung des Lichtes geometrisch untersucht werden. In dieser Näherung wird das Strahlungsfeld durch den Lichtstrahl und dessen Verlauf beschrieben (Bild 1.2). Die Näherung ist gültig, solange die Kenngröße N des Strahls,

Fresnelzahl genannt, groß gegen eins ist

$$N = \frac{a^2}{\lambda\, L} \quad \gg 1 \tag{1.4}$$

wobei $2a$ der Durchmesser des Strahls, λ die Wellenlänge und L die Länge in Ausbreitungsrichtung ist. Auf die Bedeutung der Fresnelzahl wird später noch genauer eingegangen. Man erkennt, daß in der geometrischen Näherung der Strahl nicht zu dünn und nicht zu lang sein darf, sonst macht sich der Einfluß der Beugung bemerkbar.

Beispiel: Ein Lichtstrahl im grünen Spektralbereich ($\lambda = 0{,}5{\cdot}10^{-6}$m) mit einem Durchmesser von $2a = 5$mm kann über eine Länge von $L = 1$m in geometrischer Näherung betrachtet werden, denn es gilt $N = 12{,}5$.

Lichtstrahlen breiten sich in dieser Näherung geradlinig im Raum aus und werden durch optische Elemente abgelenkt. Solch ein Lichtstrahl ist bzgl. einer gegebenen Ebene vollständig definiert durch die Angabe seines Startpunkts x_1 und des Winkels α_1 unter dem er startet, also durch einen Vektor der Form (Bild 1.2)

$$v_1 = \begin{pmatrix} x_1 \\ \alpha_1 \end{pmatrix} \tag{1.5}$$

Wie ändert sich der Vektor nun, wenn der Strahl durch ein optisches System gegangen ist ? Für die Ausbreitung in einem Medium mit Brechungsindex n läßt sich diese Frage leicht beantworten (Bild 1.3a).

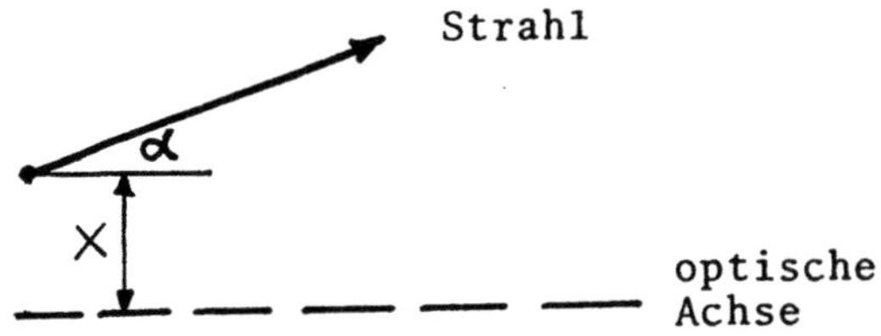

Bild 1.2 In der geometrischen Näherung wird das Licht durch den Lichtstrahl gekennzeichnet, der sich im homogenen Medium geradlinig ausbreitet.

Der Strahl trifft nach Durchlaufen der Strecke L im Punkt x_2 unter dem Winkel α_2 auf, wobei für kleine Winkel gilt:

$$\begin{aligned} x_2 &= x_1 + L\,\alpha_1 \\ \alpha_2 &= \alpha_1 \end{aligned} \qquad (1.6)$$

Diese Beziehungen lassen sich als Matrixgleichung darstellen:

$$v_2 = \begin{pmatrix} x_2 \\ \alpha_2 \end{pmatrix} = M \begin{pmatrix} x_1 \\ \alpha_1 \end{pmatrix} \qquad M_A = \begin{pmatrix} 1 & L \\ 0 & 1 \end{pmatrix} \qquad (1.7)$$

Zu jedem optischen Element, wie Linse oder Spiegel, läßt sich eine Matrix angeben, die die Transformation der Lichtstrahlen beschreibt. Diese Matrix M bezeichnet man als die Strahlmatrix.

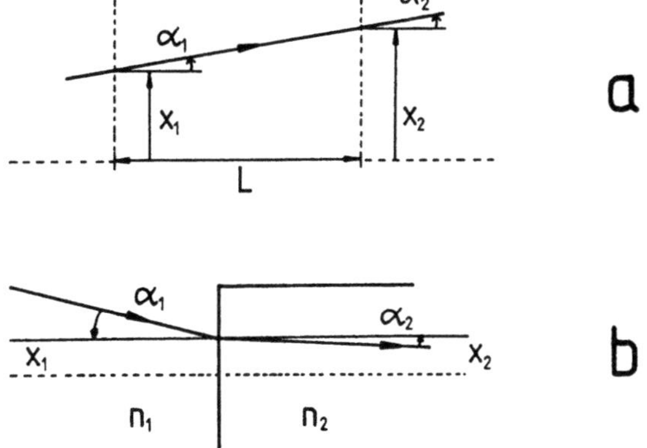

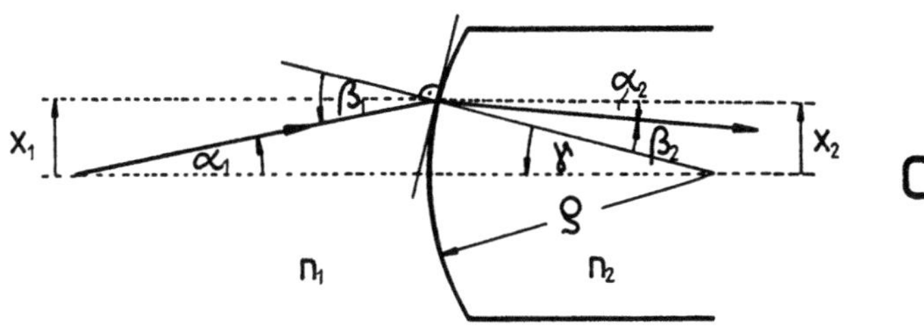

Bild 1.3 Verhalten von Lichtstrahlen bei a) Ausbreitung im homogenen Medium b) Brechung an einer ebenen Grenzfläche und c) Brechung an einer sphärischen Grenzfläche. Die Strahlvektoren $v_2=(x_2,\alpha_2)$ und $v_1=(x_1,\alpha_1)$ sind über die jeweiligen Strahlmatrizen verknüpft.

Um eine solche konstante, d.h. von den Parametern des Strahls unabhängige, Matrix zu finden, muß die Näherung kleiner Winkel gemacht werden. Alle folgenden Betrachtungen gelten für

$$\tan\alpha \approx \sin\alpha \approx \alpha.$$

und sind mit maximal 10% Fehler gültig für $\alpha < 20°$. Da die Einfallswinkel des Lichtes in Resonatoren in der Regel unter 1° beträgt, ist diese Näherung für Laserresonatoren anwendbar. Man bezeichnet diese Art von Strahltransformation als *linear* und die Näherung kleiner Winkel als *paraxial*.

Beim Übergang eines Lichtstrahls von einem Medium mit dem Brechungsindex n_1 in ein Medium mit Brechungsindex n_2 wird der Strahl gebrochen (Bild 1.3b). In der paraxialen Näherung lautet das Brechungsgesetz

$$\frac{\sin\alpha_1}{\sin\alpha_2} \approx \frac{\alpha_1}{\alpha_2} = \frac{n_2}{n_1} \qquad (1.8)$$

Da bei der Brechung die Strahlhöhe erhalten bleibt, kann man sofort die Matrix der Brechung angeben:

$$M_\mathrm{B} = \begin{pmatrix} 1 & 0 \\ 0 & n_1/n_2 \end{pmatrix} \qquad (1.9)$$

Wichtig ist noch die Brechung an der sphärischen Grenzfläche wie in Bild 1.3 c) skizziert. Die Grenzfläche wird durch den Krümmungsradius ρ charakterisiert, wobei ρ positiv zählt, wenn die Fläche nach rechts geöffnet ist und der Strahl von links einfällt. Für β_1,β_2 gilt das Brechungsgesetz nach (1.8). Mit $\gamma = x_1/\rho$, $\alpha_1 = \beta_1 - \gamma$, $\alpha_2 = \beta_2 - \gamma$ folgt analog zu (1.6)

$$x_2 = x_1$$
$$\alpha_2 = \frac{n_1 - n_2}{n_2 \rho} x_1 + \frac{n_1}{n_2} \alpha_1$$

woraus sich die Matrix des sphärischen Überganges ergibt

$$M_\mathrm{sp}(\rho) = \begin{pmatrix} 1 & 0 \\ \dfrac{n_1 - n_2}{n_2 \rho} & \dfrac{n_1}{n_2} \end{pmatrix} \qquad (1.10)$$

die für $\rho \longrightarrow \infty$ in die Matrix der ebenen Grenzfläche (1.9) übergeht. Damit stehen die zwei fundamentalen Matrizen M_A (1.7) und $M_\mathrm{sp}(\rho)$ (1.10) für Ausbreitung und Brechung zur Verfügung. Alle anderen Matrizen können aus diesen zusammengesetzt werden, wie im folgenden gezeigt wird.

1.1.2 Hintereinanderschalten mehrerer optischer Elemente

Durchläuft der Strahl mehrere optische Elemente nacheinander, so müssen die Matrizen der einzelnen Elemente miteinander multipliziert und zu einer resultierenden Matrix zusammengefaßt werden. Diese Vorgehensweise wird aus Bild 1.4 einsichtig. Der Anfangsvektor v_1 wird durch das erste Element in v_2 abgebildet, das zweite Element bildet wiederum v_2 in v_3 ab usw.. Die einzelnen Abbildungsgleichungen lauten also bei n hintereinandergeschalteten Elementen:

$$v_2 = M_1 \, v_1$$
$$v_3 = M_2 \, v_2$$
$$v_4 = M_3 \, v_3$$
$$\vdots$$
$$v_{n+1} = M_n \, v_n$$

Setzt man die Gleichungen ineinander ein, so erhält man

$$v_{n+1} = M_n \, M_{n-1} \, \cdots \, M_3 \, M_2 \, M_1 \, v_1 \qquad (1.11)$$
$$= M \, v_1 \qquad (1.12)$$

Die resultierende Matrix M erhält man demnach, indem man die einzelnen Matrizen von rechts nach links in der Reihenfolge multipliziert in der sie vom Lichtstrahl passiert werden.

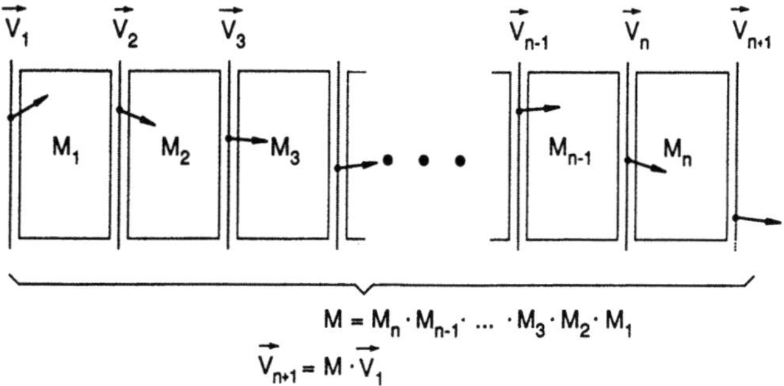

Bild 1.4 Durchgang eines Lichtstrahls durch hintereinandergeschaltete optische Elemente. Die Einzelmatrizen können zu einer resultierenden Strahlmatrix zusammengefaßt werden.

1.1.3 Strahlmatrizen optischer Elemente

Die Strahlmatrizen optischer Elemente ergeben sich aus den beiden fundamentalen Matrizen für Ausbreitung M_A und Brechung M_{sp} durch geeignete Multiplikation. So folgt z.B. für die dünne Linse, die aus zwei sphärischen Grenzübergängen mit Krümmungsradien ρ_1 und ρ_2 besteht

$$M_L = M_{sp}(\rho_2)\, M_{sp}(\rho_1) = \begin{pmatrix} 1 & 0 \\ -1/f & 1 \end{pmatrix}$$

wobei f, die Brennweite, sich ergibt zu

$$\frac{1}{f} = \frac{n_2 - n_1}{n_1} \left(\frac{1}{\rho_1} + \frac{1}{\rho_2} \right)$$

Es würde zu weit führen alle Matrizen detailliert vorzurechnen. Deshalb sind die gebräuchlichsten in Bild 1.5 zusammengestellt [1.6].

Eine wichtige Beziehung zur Kontrolle der Matrizen soll noch erwähnt werden. Für beliebige Systeme gilt stets

$$\det M = AD - BC = n_1/n_2 \qquad M = \begin{pmatrix} A & B \\ C & D \end{pmatrix} \qquad (1.13)$$

wenn die Matrix M den Übergang zwischen zwei Bereichen unterschiedlicher Brechungsindizes (von 1 nach 2) beschreibt. Damit sind nur drei der vier Matrixelemente frei wählbar.

Die bisherigen Überlegungen gelten für rotationssymmetrische Systeme, wo x der Achsenabstand ist. Analoge Gleichungen lassen sich für elliptische Systeme bzw. Rechtecksymmetrie angeben, bei denen dann entsprechende Matrizen für die x- bzw. y-Richtung getrennt angegeben werden, im allgemeinen Fall also 4x4 Matrizen [1.7].
Es ist jedoch zu beachten, daß nur solche optischen Elemente durch eine 2x2 bzw. 4x4 Matrix beschrieben werden können, die ein quadratisches Brechungsindexprofil oder eine quadratische Grenzfläche (Linse) besitzen. Streng genommen gelten diese Matrizen deshalb nur für parabolische Flächen. Da aber stets die Gültigkeit der Paraxialnäherung vorausgesetzt wird, gelten die Matrizen in gleicher Weise für sphärische (oder elliptische, hyperbolische) Flächen.

Ausbreitung

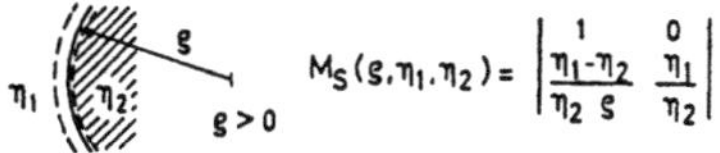

$$M_a(l) = \begin{vmatrix} 1 & \pm l \\ 0 & 1 \end{vmatrix}$$

Sphärischer Übergang

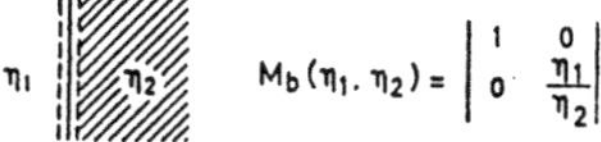

$$M_S(\varsigma,\eta_1,\eta_2) = \begin{vmatrix} 1 & 0 \\ \dfrac{\eta_1-\eta_2}{\eta_2\,\varsigma} & \dfrac{\eta_1}{\eta_2} \end{vmatrix}$$

Brechung

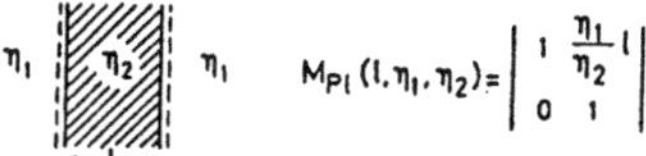

$$M_b(\eta_1,\eta_2) = \begin{vmatrix} 1 & 0 \\ 0 & \dfrac{\eta_1}{\eta_2} \end{vmatrix}$$

Planplatte

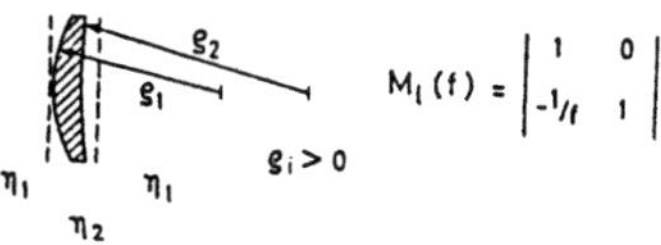

$$M_{Pl}(l,\eta_1,\eta_2) = \begin{vmatrix} 1 & \dfrac{\eta_1}{\eta_2}\,l \\ 0 & 1 \end{vmatrix}$$

Dünne Linse

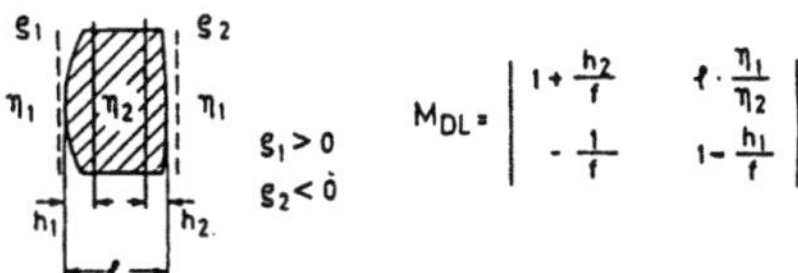

$$M_l(f) = \begin{vmatrix} 1 & 0 \\ -1/f & 1 \end{vmatrix}$$

Dicke Linse

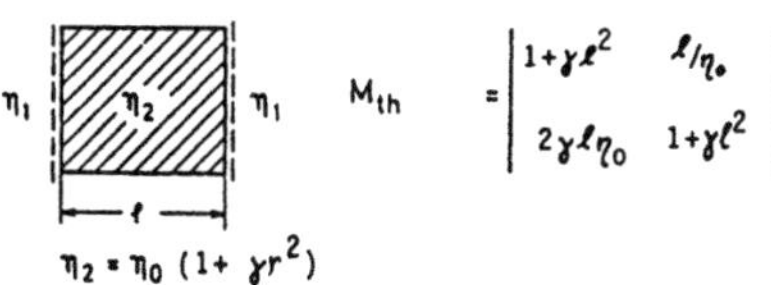

$$M_{DL} = \begin{vmatrix} 1+\dfrac{h_2}{f} & \ell\cdot\dfrac{\eta_1}{\eta_2} \\ -\dfrac{1}{f} & 1-\dfrac{h_1}{f} \end{vmatrix}$$

Thermische Linse

$$\eta_2 = \eta_0(1+\gamma r^2)$$

$$M_{th} = \begin{vmatrix} 1+\gamma\ell^2 & \ell/\eta_0 \\ 2\gamma\ell\eta_0 & 1+\gamma\ell^2 \end{vmatrix}$$

Spiegel

$$M_{sp}(\varsigma) = \begin{vmatrix} 1 & 0 \\ \dfrac{-2}{\varsigma} & 1 \end{vmatrix}$$

Bild 1.5 Optische Elemente und ihre Strahlmatrizen. Die Matrizen beschreiben den Übergang zwischen den gestrichelten Ebenen (von links nach rechts).

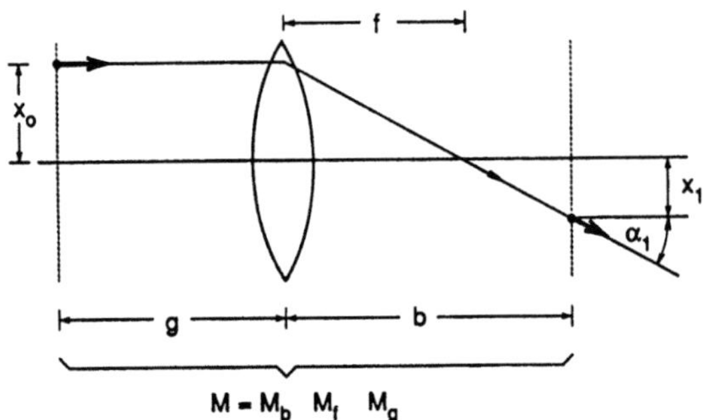

Bild 1.6 Sammellinse mit vor- und nachgeschalteter freier Ausbreitung als Beispiel hintereinandergeschalteter optischer Systeme.

Beispiel: Wie treffen Lichtstrahlen, die im Abstand g vor einer Sammellinse der Brennweite f starten, im Abstand b hinter der Linse auf (Bild 1.6) ? Die resultierende Matrix des Systems ist:

$$M = \begin{pmatrix} 1 & b \\ 0 & 1 \end{pmatrix} \begin{pmatrix} 1 & 0 \\ -1/f & 1 \end{pmatrix} \begin{pmatrix} 1 & g \\ 0 & 1 \end{pmatrix}$$

$$= \begin{pmatrix} 1-b/f & g+b-gb/f \\ -1/f & 1-g/f \end{pmatrix}$$

Ein Strahl, der parallel zur optischen Achse im Abstand x_0 startet ($v_0=(x_0,0)$), trifft demnach im Punkt $(1-b/f)x_1$ unter dem Winkel $-x_1/f$ auf, was man auf geometrischem Wege leicht verifizieren kann.

Häufig ist man mit dem Fall konfrontiert, daß ein Element, z.B. ein Spiegel, den Strahl reflektiert. Streng genommen ändert der Winkel im Strahlvektor dadurch das Vorzeichen (siehe dazu Bild 1.5). Diese Vorzeichenänderung führt bei komplexen Systemen manchmal zu Flüchtigkeitsfehlern bei der Matrixmultiplikation. Der Vorzeichenwechsel kann umgangen werden, indem man das Bezugsystem so wählt, daß der Strahl immer dieselbe Orientierung hat: ein Betrachter, der mit dem Lichtstrahl mitwandert, würde sich bei der Reflexion mitumdrehen. In dem mitgedrehten Bezugsystem hat der Strahl keine Reflexion gemacht, sondern breitet sich weiter aus wie im leeren Raum. Man kann also die Reflexion weglassen und so tun, als ob sich der Strahl weiterhin in dieselbe Richtung ausbreitet.

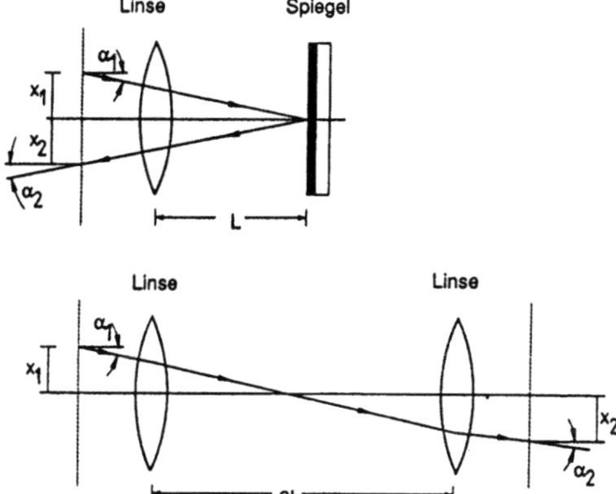

Bild 1.7 Reflexionen können in der Matrixoptik so behandelt werden, als ob der Strahl in derselben Richtung weiterläuft. Das optische System wird dabei am Spiegel "aufgeklappt".

Wir werden im Rahmen dieses Buches dies benutzen und jede Reflexion nicht berücksichtigen, d.h die einzelnen Matrizen werden multipliziert, unabhängig davon in welcher Richtung sie durchlaufen werden. Ein Beispiel zu dieser Methode ist der Durchgang durch eine Linse, Reflexion an einem Planspiegel im Abstand L und nochmaliger Durchgang durch die Linse bei der Rückkehr. In unserer Betrachtungsweise wird dies beschrieben durch ein Durchgang durch zwei gleiche Linsen im Abstand $2L$ (Bild 1.7)

Äquivalenz optischer Systeme

Zwei optische Systeme bezeichnet man als äquivalent, wenn ihre Strahlmatrizen identisch sind, d.h. die Transformationseigenschaften beider Systeme stimmen überein. Wegen (1.13) reicht es aus, Gleichheit für drei der vier Matrixelemente zu fordern. Ein Beispiel zweier äquivalenter Elemente sind Linse und sphärischer Spiegel. Wie aus Bild 1.5 ersichtlich, werden die Strahlmatrizen beider Systeme identisch, wenn zwischen dem Krümmungsradius ρ_s des Spiegels und der Brennweite f der Linse die Beziehung gilt:

$$\rho_s = 2 f$$

Man kann den Spiegel aber ebenfalls durch zwei Linsen mit der Brennweite $f = \rho_s$ ersetzen und erhält wieder die gleiche Matrix, denn es gilt

$$M_{Spiegel} = \begin{pmatrix} 1 & 0 \\ -2/\rho_s & 1 \end{pmatrix} = \begin{pmatrix} 1 & 0 \\ -1/\rho_s & 1 \end{pmatrix} \begin{pmatrix} 1 & 0 \\ -1/\rho_s & 1 \end{pmatrix}$$

$$= M_{Linse} \; M_{Linse} \Big|_{f=\rho_s}$$

1.1.4 Bedeutung der Matrixelemente

Um ein Gefühl für die Strahlmatrizen zu bekommen, ist es sehr hilfreich sich die Bedeutung der einzelnen Matrixelemente zu veranschaulichen. Dazu setzen wir im folgenden nacheinander alle Elemente der Matrix gleich null und untersuchen welche Besonderheiten dadurch bei der Strahltransformation entstehen [1.6].

a) $\underline{A = 0}$

Die Beziehungen zwischen den Strahlvektoren vor und hinter dem optischen System lauten dann:

$$x_2 = B \, \alpha_1 \tag{1.14}$$
$$\alpha_2 = C \, x_1 + D \, \alpha_1 \tag{1.15}$$

Die Zielkoordinate jedes Strahls hängt also nicht mehr von der jeweiligen Startkoordinate ab. Ein parallel einfallendes Bündel wird demnach in einen Punkt *fokussiert*.

Beispiel: Eine Sammellinse mit Brennweite f und anschließende Ausbreitung über die Strecke b. Die Elemente A,B der Strahlmatrix lauten dann:

$$A = 1 - b/f \qquad B = b \quad .$$

Befindet man sich in der Brennweite, d.h. gilt $b=f$, wird $A=0$ und ein unter dem Winkel α_1 parallel einfallender Strahl wird im Punkt $x_2=f\alpha_1$ fokussiert. In der Brennebene der Linse erhält man in diesem Fall eine Aussage über die Winkelverteilung eines Strahlenbündels (Fouriertransformation).

b) $\underline{B = 0}$

Die Koordinaten des Strahls hinter dem System sind gegeben durch

$$x_2 = A\,x_1 \qquad (1.16)$$

$$\alpha_2 = C\,x_1 + D\,\alpha_1 \qquad (1.17)$$

Alle Strahlen die im Punkt x_1 starten, werden unabhängig vom Winkel α_1 im Punkt x_2 vereinigt. Es handelt sich also um ein *Abbildung*, mit der Vergrößerung $|A|$.

Beispiel: Sammellinse der Brennweite f mit vor- und nachgeschalteter Ausbreitung über die Strecken g bzw. b. Wie weiter oben gezeigt wurde, ergeben sich die Elemente A,B zu

$$A = 1 - b/f \qquad B = g + b - gb/f$$

Mit B=0 erhält man das Abbildungsgesetz der geometrischen Optik

$$\frac{1}{b} + \frac{1}{g} = \frac{1}{f} \qquad (1.18)$$

Dies ist z.B. erfüllt für g=1,5f und b=3f (Abbildung mit Vergrößerung 2).

Es bleibt nun dem Leser überlassen, sich analog die Fälle C=0 und D=0 zu überlegen. Bild 1.8 gibt einen Überblick über die vier Fälle.

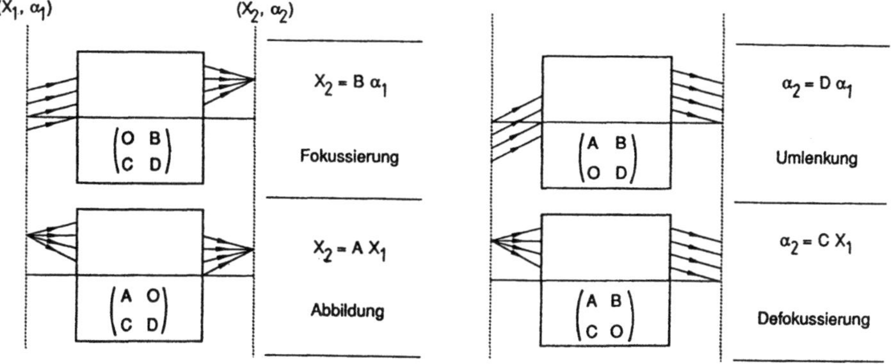

Bild 1.8 Strahltransformation durch ein optisches System mit je einem verschwindenden Matrixelement [1.6]. Die Matrix beschreibt die Ausbreitung zwischen den gestrichelten Ebenen.

18

Durch die obige Untersuchung der Bedeutung der einzelnen Matrixelemente ist es nun einfach, ein optisches System zu entwerfen das eine bestimmte Aufgabe, z.B. Fokussierung oder Strahlumlenkung, erfüllen soll: mit einem vorgegebenen Satz optischer Elementes versucht man durch Abstandsvariation das entsprechende Matrixelement auf null zu setzen.

1.1.5 ABCD-Gesetz

Bisher können wir jeden in ein optisches System einfallenden Lichtstrahl, dargestellt durch den Strahlvektor v_1, durch das System hindurch verfolgen und berechnen in welchem Punkt und unter welchen Winkel er das System wieder verläßt. In der Praxis steht man jedoch häufig vor dem Problem, daß eine Kugelwelle in eine Optik geschickt wird. Wie ändert sich nun der Krümmungsradius R_1 der Kugelwelle beim Durchgang durch ein optisches System ?

Da eine Kugelwelle aus Lichtstrahlen zusammengesetzt ist, die alle aus einem Punkt zu kommen scheinen, ist es leicht einzusehen, daß der Zusammenhang zwischen Strahlvektor und Krümmungsradius für kleine Winkel α_1 gegeben ist durch

$$R_1 = x_1/\alpha_1 \tag{1.19}$$

Hinter dem optischen System wird die Kugelwelle weiterhin eine Kugelwelle sein, mit verändertem Krümmungsradius R_2 (Bild 1.9), wobei analog gilt:

$$R_2 = x_2/\alpha_2 \tag{1.20}$$

Die Beziehungen zwischen (x_1,α_1) und (x_2,α_2) sind bekannt (1.12):

$$x_2 = A\,x_1 + B\,\alpha_1$$

$$\alpha_2 = C\,x_1 + D\,\alpha_1$$

Die Änderung des Krümmungsradius R_1 kann man demnach aus dem *ABCD-Gesetz* berechnen:

$$R_2 = \frac{x_2}{\alpha_2} = \frac{A\,x_1/\alpha_1 + B}{C\,x_1/\alpha_1 + D} = \frac{A\,R_1 + B}{C\,R_1 + D} \tag{1.21}$$

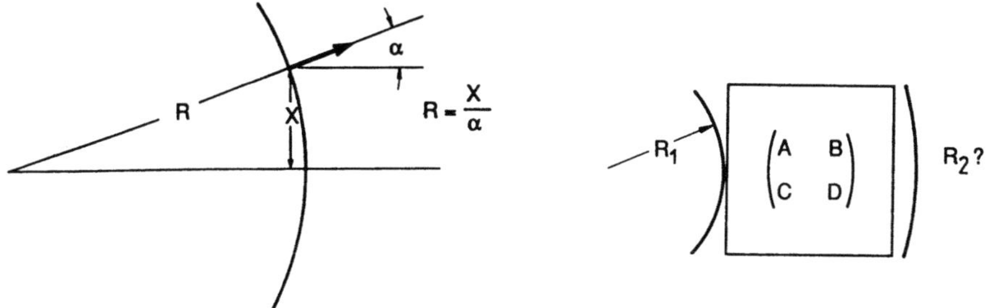

Bild 1.9 Definition des Krümmungsradius einer Kugelwelle. Beim Durchgang durch ein optisches System wird der Krümmungsradius verändert.

Beispiel: Für eine Linse mit Brennweite f ergibt sich:

$$\frac{1}{R_2} = \frac{1}{R_1} - \frac{1}{f} \qquad\qquad (1.22)$$

Eine einfallende plane Welle ($R_1 = \infty$) wird in eine Kugelwelle transformiert, die im Brennpunkt zusammenläuft, d.h. $R_2 = -f$. Geht man umgekehrt mit einer aus dem Brennpunkt kommenden Welle in die Linse ($R_1 = f$), so folgt mit (1.22) $R_2 = \infty$, d.h. die Welle kommt plan wieder heraus.

Vorzeichenkonvention: Da wir Strahlen immer von links nach rechts laufen lassen, haben Kugelwellen mit Mittelpunkt *links* von der Bezugsebene einen *positiven* Krümmungsradius. Liegt der Mittelpunkt *rechts* von der Bezugsebene, d.h. konvergiert die Welle, besitzt der Krümmungsradius ein *negatives Vorzeichen*.

1.1.6 Stationäre Lösungen

Wie in der Einführung bemerkt, suchen wir Lichtverteilungen auf den Resonatorspiegeln, die sich nach jedem Umlauf reproduzieren. Im Rahmen der geometrischen Optik, interessieren uns demnach entweder Lichtstrahlen die immer wieder auf sich selbst abgebildet werden oder Kugelwellen deren Krümmungsradius nach einem Umlauf im Resonator unverändert bleibt. Ein Resonator, der aus zwei gekrümmten Spiegeln besteht, ist nichts anderes als ein optisches System mit einer Strahlmatrix *M*.

Gibt es nun Lichtstrahlen die nach Durchgang durch ein optisches System ungeändert bleiben, d.h. gibt es auf den Resonatorspiegeln startende Lichtstrahlen, die sich immer wieder reproduzieren? Dies ist nur möglich, wenn die Matrix M gleich der Einheitsmatrix ist. Das ist jedoch nur bei Plan-Plan-Resonatoren (und äquivalenten Systemen) der Fall, wie wir später sehen werden. Jeder auf einem Resonatorspiegel startende Lichtstrahl verändert in der Regel die Koordinate oder den Einfallswinkel nach einem Umlauf.

Schwächen wir die Forderung nach Stationarität etwas ab und versuchen Strahlen zu finden, deren Strahlenvektor hinter der Optik bis auf einen Faktor μ mit dem startenden Vektor identisch ist, d.h. es soll gelten:

$$v_2 = \mu \ v_1 = M \ v_1 \tag{1.23}$$

μ bezeichnet man als Eigenwert der Matrix M und v_1 als zugehörigen Eigenvektor.

In der Regel gibt es zu jeder Strahlmatrix M zwei Eigenwerte und Eigenvektoren. Ein Strahlvektor $v_1=(x_1,\alpha_1)$ der Eigenvektor ist, zeigt folgendes Verhalten: der Punkt x_1 wird in den Punkt μx_1 abgebildet, der Winkel wird um den Faktor μ gestreckt. Man bezeichnet deshalb $|\mu|$ auch als Vergrößerung.

Um dies besser zu verstehen, betrachten wir die Abbildung der Krümmungsradien der zugehörigen Kugelwellen. Es gilt:

$$R_2 = x_2/\alpha_2 = \mu x_1/\mu \alpha_1 = x_1/\alpha_1 = R_1 \tag{1.24}$$

Der Krümmungsradius bleibt also unverändert! Aus dem ABCD-Gesetz erhalten wir somit die Bestimmungsgleichung für sich reproduzierende Kugelwellen:

$$R_1 = \frac{A \ R_1 + B}{C \ R_1 + D} \tag{1.25}$$

Es gibt zu jedem optischen System zwei Krümmungsradien R_{11}, R_{12}, die diese Gleichung erfüllen. Zu jeder dieser Kugelwellen gehört einer der Eigenwerte μ_1 und μ_2:

$$\mu_1 = \frac{A+D}{2} + \sqrt{\frac{(A+D)^2}{4} - 1} \quad (1.26) \qquad R_{11} = \frac{1}{2C}\left[A-D + \sqrt{(A+D)^2 - 4} \right] \quad (1.27)$$

$$\mu_2 = \frac{A+D}{2} - \sqrt{\frac{(A+D)^2}{4} - 1} \quad (1.28) \qquad R_{12} = \frac{1}{2C}\left[A-D - \sqrt{(A+D)^2 - 4} \right] \quad (1.29)$$

Hat man also die Matrix zu einem optischen System, so kann man mit (1.27) bzw. (1.29) zwei Krümmungsradien von Kugelwellen finden, die nach Durchgang durch das System erhalten bleiben. Der Betrag des zugehörigen Eigenwerts μ_i gibt an, um wieviel der Durchmesser des einfallenden Strahls durch das optische System vergrößert wird.

Beispiel: Ein Teleskop, bestehend aus einer Sammellinse mit Brennweite f_2 und einer Zerstreuungslinse mit Brennweite $-f_1$, die einen gemeinsamen Brennpunkt besitzen (Bild 1.10). Die Matrix M des Systems ist

$$M = \begin{pmatrix} f_2/f_1 & f_2-f_1 \\ 0 & f_1/f_2 \end{pmatrix}$$

Anwendung der Gleichungen (1.26)-(1.29) liefert:

$$\mu_1 = f_2/f_1 \qquad R_{11} = \infty$$
$$\mu_2 = f_1/f_2 \qquad R_{12} = -(f_1 f_2)^2/(f_2-f_1) < 0$$

Erste Zeile besagt, daß eine Planwelle wieder plan austritt, jedoch ist der Strahl um f_2/f_1 vergrößert (Bild 1.10a). Dieses Verhalten eines Teleskops ist sicherlich den meisten Lesern geläufig. Es gibt aber noch einen zweiten Krümmungsradius der sich reproduziert, wobei der Strahl jedoch um den Faktor f_1/f_2 verkleinert wird (Bild 1.10b).

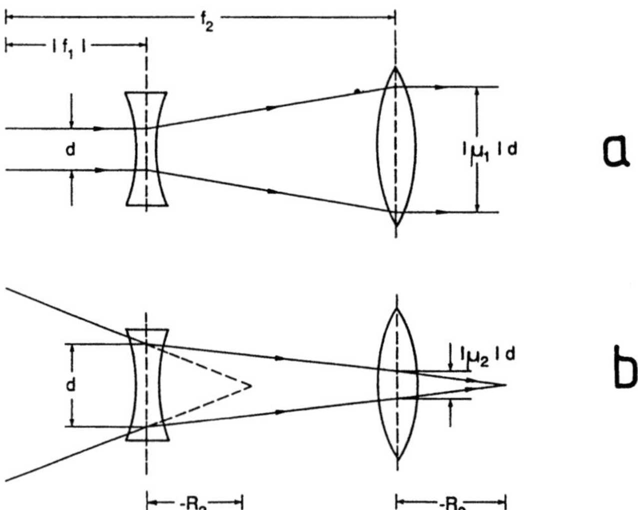

Bild 1.10 Sich reproduzierende Kugelwellen beim Teleskop. Für die Planwelle wird der Strahldurchmesser um $|\mu_1|$ vergrößert (a), für die konvergierende Kugelwelle um $|\mu_2|$ verkleinert (b).

1.1.7 Laserresonatoren im Matrixformalismus

Ein Laserresonator besteht normalerweise aus zwei Spiegeln im Abstand L mit Krümmungsradien ρ_1 und ρ_2 (Bild 1.11a). Verwenden wir nun das Äquivalenzprinzip und ersetzen jeden Spiegel durch zwei Linsen mit Brennweite ρ_i. Somit kann man einen Umlauf im Resonator startend auf Spiegel 1 auffassen als Durchgang durch eine Linsenleitung (Bild 1.11b). Die Matrix die die Abbildung zwischen den gestrichelten Ebenen, d.h. den Umlauf im Resonator, beschreibt, erhält man durch Multiplikation der Einzelmatrizen:

$$M = \begin{pmatrix} 2g_1 g_2 - 1 & 2L g_2 \\ \dfrac{(2g_1 g_2 - 1)^2 - 1}{2L g_2} & 2g_1 g_2 - 1 \end{pmatrix} \tag{1.30}$$

mit $g_1 = 1 - L/\rho_1 \qquad g_2 = 1 - L/\rho_2$

g_1 und g_2 bezeichnet man als die g-Parameter des Resonators.

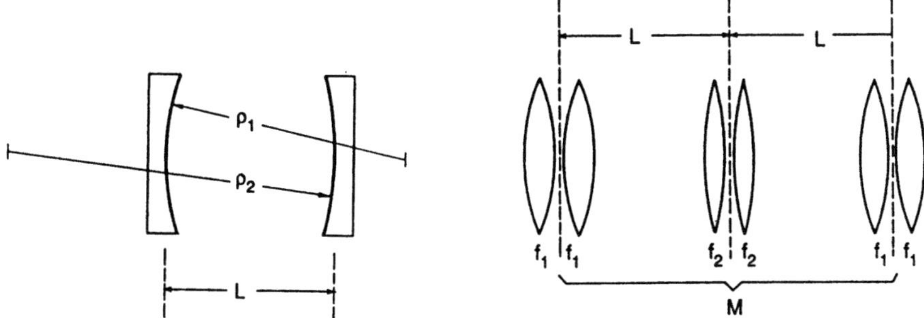

Bild 1.11 Der Umlauf im Resonator kann auch als Durchgang durch eine Linsenleitung mit Brennweiten $f_i = \rho_i$ beschrieben werden.

Die geometrischen Eigenschaften eines Laserresonators sind nach (1.30.) vollständig durch die Angabe der g-Parameter und der Resonatorlänge charakterisiert. *Bei der Berechnung von g_1 und g_2 muß darauf geachtet werden, daß der Krümmungsradius ρ_i für fokussierende Spiegel positiv, für zerstreuende Spiegel negativ ist!* Zur Vereinfachung der Matrix ist es üblich, den äquivalenten G-parameter G einzuführen mit $G = 2g_1g_2 - 1$.

Versuchen wir nun stationäre Lösungen im Resonator zu finden, d.h. Kugelwellen deren Krümmungsradien sich auf Spiegel 1 reproduzieren. Anwendung der Gleichungen 1.26-1.29 liefert:

$$\mu_1 = G + \sqrt{G^2 - 1} \qquad R_{11} = + 2Lg_2/\sqrt{G^2 - 1}$$

$$\mu_2 = G - \sqrt{G^2 - 1} \qquad R_{12} = - 2Lg_2/\sqrt{G^2 - 1}$$

Man kann also drei Fälle unterscheiden:

a) $|g_1g_2| > 1$, d.h. $|G| > 1$

Es gibt zwei reelle Krümmungsradien von Kugelwellen die sich im Resonator reproduzieren. Startet der Strahl mit Durchmesser d auf Spiegel 1, so kommt er vergrößert zurück um den Faktor $|\mu_1|$ oder $|\mu_2|$, je nachdem welcher Krümmungsradius die Kugelwelle hat. Laserresonatoren, die diese Eigenschaft haben, bezeichnet man als *instabile Resonatoren* (Bild 1.12a).

b) $g_1g_2 = 1$ oder $g_1g_2 = 0$, d.h. $|G| = 1$

Beide Krümmungsradien R_{11} und R_{12} werden unendlich, beide Eigenwerte gleich eins. Eine Planwelle kommt also wieder plan mit demselben Strahldurchmesser zurück. Diese Resonatoren bezeichnet man als *Resonatoren auf den Stabilitätsgrenzen*. Ein Beispiel ist der Plan-Plan-Resonator.(Bild 1.12b)

c) $0 < g_1g_2 < 1$, d.h. $|G| < 1$

Sowohl die Eigenwerte wie auch die Krümmungsradien der Kugelwellen werden komplex. Ein Resultat, das wir erst in einem späteren Kapitel verstehen werden. Wir können es im Moment nur soweit interpretieren, daß im Rahmen der geometrischen Optik keine sich reproduzierenden Kugelwellen existieren können. Wir werden später sehen, daß auch in diesen Resonatoren sich reproduzierende Feldverteilungen existieren, die im Gegensatz zum Fall der instabilen Resonatoren nicht über den Spiegelrand hinausragen müssen. Solche Resonatoren bezeichnet man als *stabile Resonatoren* (Bild 1.12c).

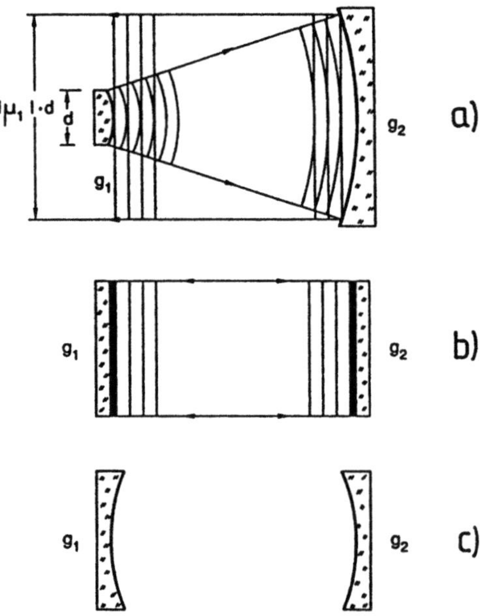

Bild 1.12 Die drei Typen von Resonatoren mit sphärischen Spiegeln.
a) Instabiler Resonator b) Plan-Plan Resonator als Beispiel eines Resonators auf den Stabilitätsgrenzen, c) stabiler Resonator. Für stabile Resonatoren kann man keine sich reproduzierenden Kugelwellen im Rahmen der geometrischen Optik finden.

Die drei verschiedenen Resonatorarten können in einem Diagramm dargestellt werden, auf dessen Achsen die g-Parameter aufgetragen sind. Dieses Diagramm bezeichnet man als *g-Diagramm* oder auch als *Stabilitätsdiagramm*. Ein Resonator der durch das g-Parameterpaar (g_1, g_2) definiert ist, wird im g-Diagramm als Punkt an der entsprechenden Stelle dargestellt (Bild 1.13). Diese Darstellung ist aber nicht umkehrbar eindeutig, da die Resonatorlänge nicht angegeben ist.

Beispiele: $\rho_1 = 1m,\quad \rho_2 = 1m,\quad L = 1m \longrightarrow g_1 = 0,\ g_2 = 0\quad konfokal$

$\rho_1 = 2m,\quad \rho_2 = \infty,\quad L = 0,5m \longrightarrow g_1 = 0,5,\ g_2 = 1\quad stabil$

$\rho_1 = -0.5m,\ \rho_2 = 1,5m,\ L = 0,5m \longrightarrow g_1 = 2,\ g_2 = 0,66\quad instabil$

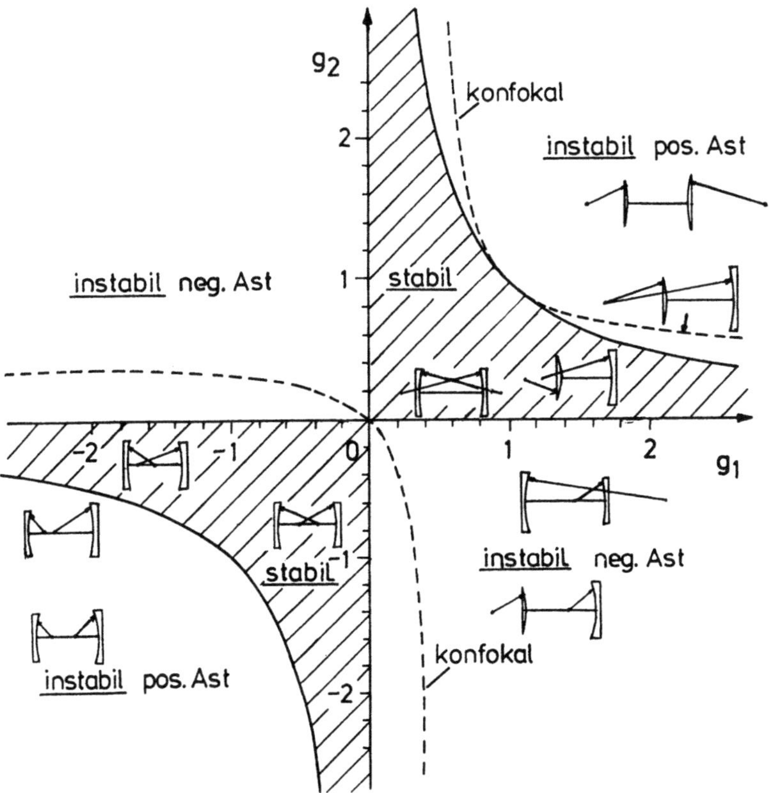

Bild 1.13 Das g-Diagramm optischer Resonatoren mit sphärischen Spiegeln. Konfokale Resonatoren erfüllen die Bedingung $g_1 + g_2 = 2g_1 g_2$.

1.2 Wellenoptik

1.2.1 Huygensches Prinzip und Kirchhoff-Integral

Die bisherige Betrachtungsweise war nur eine genäherte Beschreibung der Ausbreitung von Licht, die keine Aussagen über die räumliche Struktur des elektromagnetischen Feldes lieferte. Eine umfassendere Beschreibung des Lichts kann nur durch Lösung der Maxwellschen Gleichungen und der daraus folgenden Wellengleichung erfolgen. Wird der Vektorcharakter des Feldes zunächst vernachlässigt, so lautet die Wellengleichung für homogene, isotrope und nichtleitende Medien [1.2,1.3]

$$\frac{\delta^2 E}{\delta x^2} + \frac{\delta^2 E}{\delta y^2} + \frac{\delta^2 E}{\delta z^2} - \frac{1}{c^2}\frac{\delta^2 E}{\delta t^2} = 0 \tag{1.31}$$

wobei c die Lichtgeschwindigkeit im betreffenden Medium ist.

Es gibt prinzipiell unendlich viele Lösungen der Gleichung (1.31), denn jedes Feld E, das die Bedingung

$$E(x,y,z,t) = E(x-ct, y-ct, z-ct)$$

erfüllt, erfüllt auch die Wellengleichung. Ein allen bekanntes Beispiel einer solchen Lösung ist die ebene Welle der Form

$$E(x,y,z,t) = E_0 \, cos(kz-\omega t) = E_0 \, cos(k(z-ct)) \tag{1.32}$$

Es bedeuten

ω : Kreisfrequenz
c : Lichtgeschwindigkeit im betreffenden Medium
λ : Wellenlänge

und es gelten die Relationen

$k = \omega/c = 2\pi/\lambda$: Wellenzahl (Betrag des Wellenvektors)

Eine andere bekannte Lösung ist die Kugelwelle

$$E = E_0 \, \frac{\lambda}{r} \, cos(kr-\omega t) \qquad\qquad r \gg \lambda \tag{1.33}$$

wobei r der Abstand vom Entstehungsort der Welle ist.

Beide Lösungen sind in voller Strenge nicht realisierbar, denn sie setzen voraus, daß keinerlei Begrenzungen existieren. Außerdem ist der Energieinhalt dieser Felder unendlich groß, d.h. diese Lösungen sind auch unphysikalisch. Aber es sind gute Näherungen, mit denen sich viele Phänomene beschreiben lassen.

Bevor auf reale Felder eingegangen wird, soll noch eine häufig benutzte Formulierung diskutiert werden, die komplexe Schreibweise der Felder. Es ist in den meisten Fällen bequemer, die trigonometrischen Funktionen durch die komplexen Exponentialfunktionen zu ersetzen, d.h. (1.32) wird zu

$$E(x,y,z,t) = E_0 \frac{1}{2} \left[\exp[i(kz-\omega t)] + \exp[-i(kz-\omega t)] \right] = \frac{1}{2} [E + E^*],$$

und nur eine der beiden komplexen Funktionen zu betrachten. Das reale physikalische Feld wird also durch ein komplexes Feld ersetzt. Die im folgenden häufig verwendete Kugelwelle lautet dann nach (1.33)

$$E = E_0 \frac{\lambda}{r} \exp[i(kr-\omega t)] \tag{1.34}$$

Die relle physikalische Feldstärke E_r ergibt sich aus dem komplexen Feld E zu

$$E_r = \frac{1}{2} \left[E + E^* \right]$$

wobei * die konjugiert komplexe Funktion kennzeichnet. Im folgenden ist mit der Feldstärke E stets die komplexe Feldstärke bezeichnet!

Welche Lösung aus der Vielzahl der Lösungen der Wellengleichung ausgewählt werden muß, hängt von den Randbedingungen, d.h. von der Vorgabe des elektrischen Feldes in einem bestimmten Raumbereich zu einer festen Zeit ab. Mit diesem Problem wollen wir uns im folgenden beschäftigen und die Frage klären, wie man aus einer vorgegebenen Feldverteilung (z.B. auf einem Resonatorspiegel) die Feldverteilung in jedem beliebigen Punkt des Raumes berechnen kann. Die Ausbreitung von vorgegebenen Feldverteilungen in den Raum bezeichnet man als *Beugung*.

28

Zur Lösung dieses Problems kann man sich das Huygensche Prinzip zunutze machen: *Eine gegebene Feldverteilung E(x,y) breitet sich so in den Raum aus, als ob jeder Punkt (x,y) in der Ebene F Ursprung einer Kugelwelle mit Amplitude E(x,y) ist* (Bild 1.14).

Betrachten wir nun in Bild 1.14 wie das Feld im Punkt P aussehen wird. Jeder Punkt (x_i, y_i) strahlt eine Kugelwelle aus, die im Punkt P die Form

$$E_i(P) = C\, E(x_i, y_i)\, \frac{e^{ikr_i}}{r_i}\, \cos\theta_i \tag{1.33}$$

hat. r_i bezeichnet den Abstand zum Punkt P. Der Term $\cos\theta_i$ berücksichtigt dabei, daß die Kugelwellen eine Richtcharakteristik besitzen, d.h. am meisten in Richtung der Flächennormalen abstrahlen ($\cos\theta_i =1$) und überhaupt nicht senkrecht dazu ($\cos\theta_i =0$). Die Konstante C ist ein zunächst unbekannter Proportionalitätsfaktor.

Um das resultierende Feld im Punkt P zu erhalten, muß nun über alle Startpunkte summiert werden, d.h. das Feld $E(P)$ im Punkt P ergibt sich bei N Startpunkten zu

$$E(P) = \sum_{i=1}^{N} E_i(P) = c \sum_{i=1}^{N} E(x_i, y_i)\, \frac{e^{ikr_i}}{r_i}\, \cos\theta_i \tag{1.34}$$

Macht man das Punktraster immer feiner, so wird die Summation durch die Integration ersetzt. Die hier gezeigte Vorgehensweise ist rein phänomenologisch, und sollte dem Leser helfen, die physikalische Bedeutung des im folgenden eingeführten Kirchhoff-Integral besser zu verstehen.

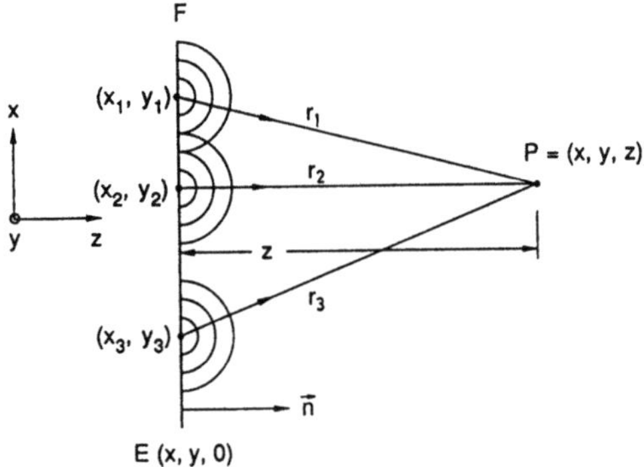

Bild 1.14 Bei der Ausbreitung einer auf einer Fläche F vorgegeben Feldverteilung wirkt jeder Punkt der Fläche als Ausgangspunkt einer Kugelwelle. Das Feld im Punkt P erhält man durch Überlagerung aller Kugelwellen.

Eine mathematische Herleitung*[1.2,1.4], liefert für die Feldstärke im Punkt P den Ausdruck

$$E(P) = - \frac{i}{\lambda} \int_F E_1(Q) \frac{e^{ikr}}{r} dF \qquad (1.35)$$

der als *Kirchhoff-Integral* bezeichnet wird.

Bei dieser Herleitung wird die Paraxialnäherung mit $cos\theta \approx 1$ verwendet. Außerdem muß die Dimension der Fläche F (Durchmesser des Spiegels) sehr viel größer sein als die Wellenlänge des Lichts. Beide Bedingungen sind in Laserresonatoren generell erfüllt. Der Vorfaktor $-i/\lambda$ entsteht dabei durch die Bedingung, daß die Energie des Feldes erhalten bleiben muß. Das Kirchhoff-Integral ermöglicht nun die Berechnung des Feldes im Punkt P, wenn eine bekannte Feldverteilung auf der Fläche F vorliegt (Bild 1.15). Es ist dabei erlaubt, den Term $1/r$ vor das Integral zu ziehen, da sich dieser unter der benutzten Vorraussetzung $cos\theta \approx 1$ vernachlässigbar während der Integration ändert.

*Eine streng mathematische Herleitung des Kirchhoff-Integrals ist eigentlich nicht möglich, da ein fundamentaler Satz der Funktionentheorie verletzt wird. Trotz dieser Problematik wird das Integral in dieser Form benutzt, da die Experimente sehr genau damit beschrieben werden können. Eine exakte Behandlung der Beugung wurde von A. Sommerfeld durchgeführt [1.4]. In den Ergebnissen zeigen sich jedoch nur Abweichungen zum Kirchhoff-Integral bei großem Abstand von der optischen Achse oder bei sehr kleinem Abstand von der beugenden Fläche.

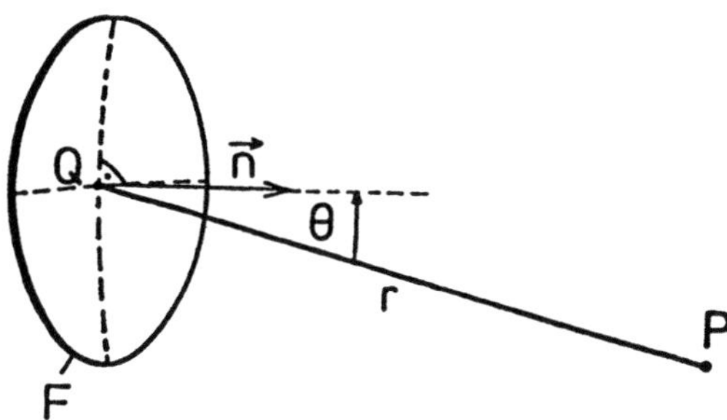

Bild 1.15 Die Feldverteilung im Punkt P vor einem Spiegel läßt sich aus der Feldverteilung auf dem Spiegel mit Hilfe des Kirchhoff-Integrals bestimmen. Dabei wird vorausgesetzt, daß $cos\theta \approx 1$ und $r^2 \gg F \gg \lambda$ [Q.3].

1.2.2 Beugung an der Rechteckblende

Wenden wir nun das Kirchhoffintegral für eine vorgegebene Feldverteilung auf einem Rechteck der Dimension $2a \cdot 2b$ (Rechteckblende, Bild 1.16)
an.

Der Abstandsvektor r ist gegeben durch

$$r = L \sqrt{1 + \frac{(x_2-x_1)^2 + (y_2-y_1)^2}{L^2}} \qquad (1.36)$$

Das Feld $E(x_2,y_2)$ berechnet sich mit (1.35) zu

$$E_2(x_2,y_2) = \frac{-i}{\lambda L} \int\limits_{-b}^{b} \int\limits_{-a}^{a} E_1(x_1,y_1)\, e^{jkL\sqrt{1+((x_2-x_1)^2+(y_2-y_1)^2)/L^2}}\, dx_1\, dy_2 \qquad (1.37)$$

Das Integral (1.37) ist in dieser Form nicht lösbar. Beschränkt man sich
auf Abstände $L \gg x_1,y_1$ und setzt voraus, daß das Strahlungsfeld nicht
zu schnell auseinanderläuft, also x_2/L, $y_2/L \ll 1$, so kann der Wurzelaus-
druck im Exponenten in eine Reihe entwickelt werden:

$$r = L \left[1 + \frac{1}{2}\left(\frac{x_2-x_1}{L}\right)^2 + \frac{1}{2}\left(\frac{y_2-y_1}{L}\right)^2 + \dots \right] \qquad (1.38)$$

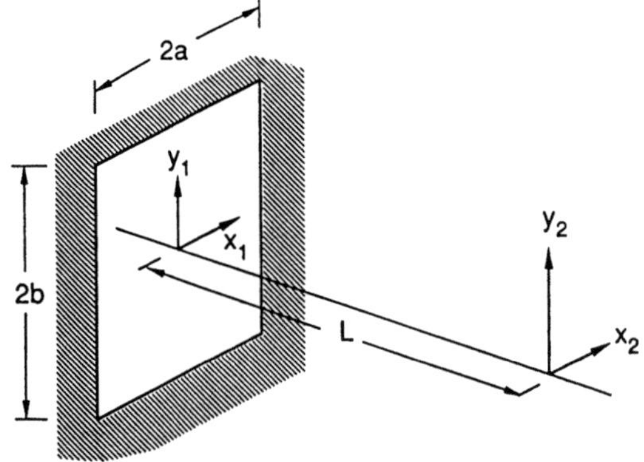

Bild 1.16 Zur Berechnung der Feldverteilung im Punkt (x_2,y_2) hinter
einer mit einer vorgegebenen Feldverteilung $E_1(x_1,y_1)$ ausgefüllten
Rechteckblende.

Die folgenden Fälle werden unterschieden:

a) Fraunhoferbeugung

Ist der Abstand L sehr groß gegen die Blendenabmessungen, können die quadratischen Glieder $x_1{}^2$, $y_1{}^2$ vernachlässigt werden und der Ausdruck für r reduziert sich zu

$$r = L - (x_1 x_2 + y_1 y_2)/L + (x_2^2 + y_2^2)/2L$$

Der in x_2, y_2 quadratische Term bedeutet nur eine Phasenverschiebung und beeinflußt nicht das Integral, falls nur Intensitäten betrachtet werden. Er wird deshalb oft weggelassen. Führt man noch die Winkelkoordinaten $\theta_x = x_2/L$ und $\theta_y = y_2/L$, sowie normierte Koordinaten $x_1' = x_1/a$ und $y_1' = y_1/b$ ein, so ergibt sich aus (1.37)

$$E_2(\theta_x, \theta_y) = -i\, ab/\lambda L \; e^{ikL} \int_{-1}^{1} \int_{-1}^{1} E_1(x_1', y_1')\, e^{-ik(a\theta_x x_1' + b\theta_y y_1')}\, dx_1' dy_1'$$

$$(1.39)$$

Diese Gleichung kann in zwei getrennte Gleichungen für die x- bzw. y-Richtung überführt werden, falls gilt

$$E_1(x_1', y_1') = u_1(x_1') \cdot v_1(y_1')$$

Dann folgt

$$E_2(\theta_x, \theta_y) = u_2(\theta_x) \cdot v_2(\theta_y)$$

und aus (1.39) ergeben sich die beiden Gleichungen

$$u_2(\theta_x) = e^{i(kL/2 - \pi/4)} \sqrt{N_x} \int_{-1}^{1} u_1(x_1')\, e^{-ikax_1'\theta_x}\, dx_1' \qquad (1.40)$$

$$v_2(\theta_y) = e^{i(kL/2 - \pi/4)} \sqrt{N_y} \int_{-1}^{1} v_1(y_1')\, e^{-ikby_1'\theta_y}\, dy_1' \qquad (1.41)$$

wobei $N_x = a^2/\lambda L$ und $N_y = b^2/\lambda L$ die Fresnelzahlen in x- bzw. y-Richtung sind.

Diese Feldverteilungen bezeichnet man als *Fernfeld*. $\theta_{x,y}$ ist dabei der Winkel gegen die optische Achse, unter dem das Feld auseinanderstrebt, auch als Divergenzwinkel bezeichnet.

Beispiel:

Ist die Blende homogen beleuchtet, d.h. $E_1(x_1,y_1)$ = const = E, so lassen sich die Integrale (1.40/41) analytisch lösen. Die Intensität in y-Richtung ergibt sich bis auf einen konstanten Vorfaktor zu

$$I_x(\theta_x) = u_2 u_2^* = N_x \; \frac{sin^2(ka\theta_x)}{(ka\theta_x)^2} \qquad (1.42)$$

und dem analogen Ausdruck in y-Richtung. Die gesuchte Intensitätsverteilung in hinreichend großem Abstand von der Blende ist also gegeben durch

$$I(\theta_x,\theta_y) = N_x \; N_y \; I_0 \; \frac{sin^2(ka\theta_x)}{(ka\theta_x)^2} \; \frac{sin^2(kb\theta_y)}{(kb\theta_y)^2} \qquad (1.43)$$

wobei I_0 die Intensität des Feldes in der Spaltebene ist. Bild 1.17 zeigt die berechnete Intensitätsverteilung in der x-Richtung.

Die Minima der Verteilung sind gegeben durch

$$a\,\theta_x = n\,\lambda/2 \qquad \text{in der x-Richtung}$$
$$b\,\theta_y = m\,\lambda/2 \qquad \text{in der y-Richtung} \quad n,m \in N$$

Die absolute Lage der Minima im Abstand L bzw. in der Brennweite f einer Linse ergibt sich zu

$$x_2 = n\,\lambda L/2a = n\,\lambda f/2a$$
$$y_2 = m\,\lambda L/2b = m\,\lambda f/2b$$

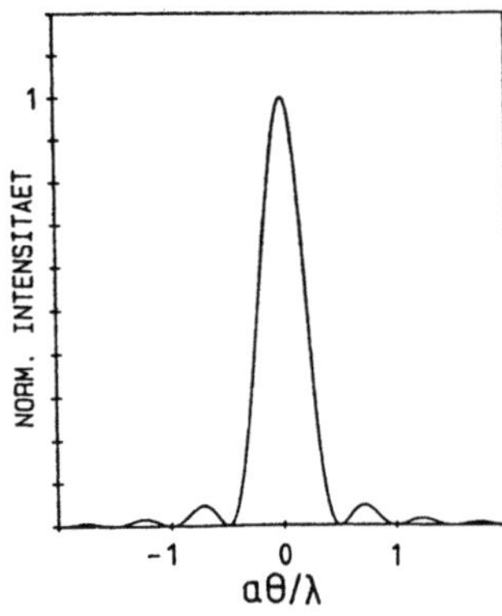

Bild 1.17 Intensitätsverteilung im Fern feld eines Rechteckspalts (Fraunhofer- hoferbeugung, 2a:Spaltbreite).

Die volle Halbwertsbreite des Hauptmaximums ergibt sich in x-Richtung
zu

$$\Delta\theta_x = 0,44\ \lambda/a \quad \text{in x-Richtung}$$

und analog in y-Richtung.

Befindet man sich also hinreichend weit von der Blende entfernt, verändert sich die Intensitätsverteilung nicht mehr und ist durch die Verteilung nach (1.43) gegeben. Dieses formtreue Feld bezeichnet man als das
Fernfeld, und es berechnet sich aus dem Kirchhoff-Integral in der
Fraunhofernäherung. Diese Näherung ist gültig, wenn für die Fresnelzahlen $N_{x,y} \ll 1$ gilt.

Zahlenbeispiel: Für $\lambda=500$ nm (grünes Licht) und einer Blendenbreite von
2 mm ist die Fraunhofernäherung erfüllt für $L > 2$m. Im Abstand 4m beträgt der Abstand des ersten Minimums von der optischen Achse 1mm,
nach 4km beträgt der Abstand 1m. In beiden Fällen ist die Verteilung die
gleiche.

b) Fresnelbeugung

Ist eine Fresnelzahl größer als eins, d.h. man rückt näher zur Blende
vor, ist die lineare Näherung des Abstandes r in (1.38) nicht mehr genau
genug. Vielmehr muß nun die nächste Ordnung der Entwicklung hinzugenommen werden, d.h. die quadratischen Terme in x_1 und y_1

$$r = L - \frac{x_1 x_2 + y_1 y_2}{L} + \frac{x_1^2 + x_2^2 + y_1^2 + y_2^2}{2L} \tag{1.44}$$

Benutzt man die normierten Koordinaten $x_i'=x_i/a$ und $y_i'=y_i/b$ ergibt sich
aus (1.39)

$$E_2(x_2',y_2')=-i\ e^{ikL}\sqrt{N_x N_y}\int_{-1}^{1}\int_{-1}^{1} E_1(x_1',y_1')\ e^{i\pi N_x (x_1'^2+x_2'^2-2x_1'x_2')+i\pi N_y (y_1'^2+y_2'^2-2y_1'y_2')}\ dx_1\, dy_1 \tag{1.45}$$

Diese Integralgleichung kann analog zum Fall der Fraunhoferbeugung in zwei getrennte Gleichungen für die beiden Raumrichtungen umgeformt werden, falls E_1 in Produktform geschrieben werden kann. Leider kann Integral (1.45) in der Regel nicht analytisch gelöst werden und man muß dann auf numerischem Wege eine Lösung suchen. Für den Fall der homogen beleuchteten Rechteckblende ist das Integral tabelliert (Fresnelsche Integrale [1.14]).

Die Bilder 1.18 und 1.19 zeigen für den Fall der homogen ausgeleuchteten Rechteckblende berechnete eindimensionale und gemessene zweidimensionale Intensitätsverteilungen für verschiedene Fresnelzahlen N_x. Je kleiner die Fresnelzahl wird, desto mehr ähnelt die Verteilung dem Fraunhoferschen Beugungsbild. Die Gültigkeit der Fresnelnäherung ist auf Fresnelzahlen kleiner 100 beschränkt.

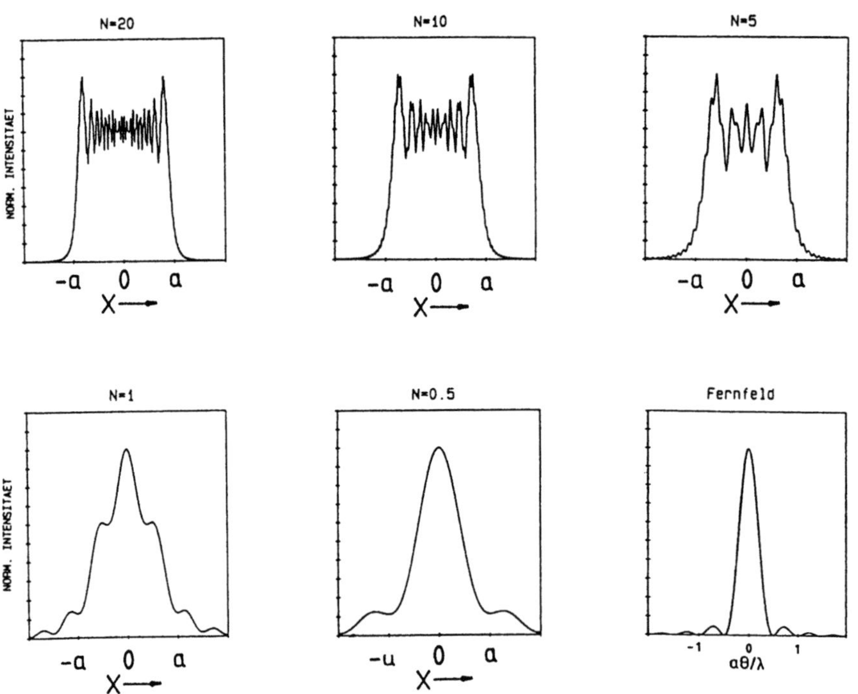

Bild 1.18 Berechnete eindimensionale *Intensitätsver*teilungen hinter einem homogen beleuchteten Rechteckspalt der Breite *2a* für verschiedene Fresnelzahlen $a^2/\lambda L$.

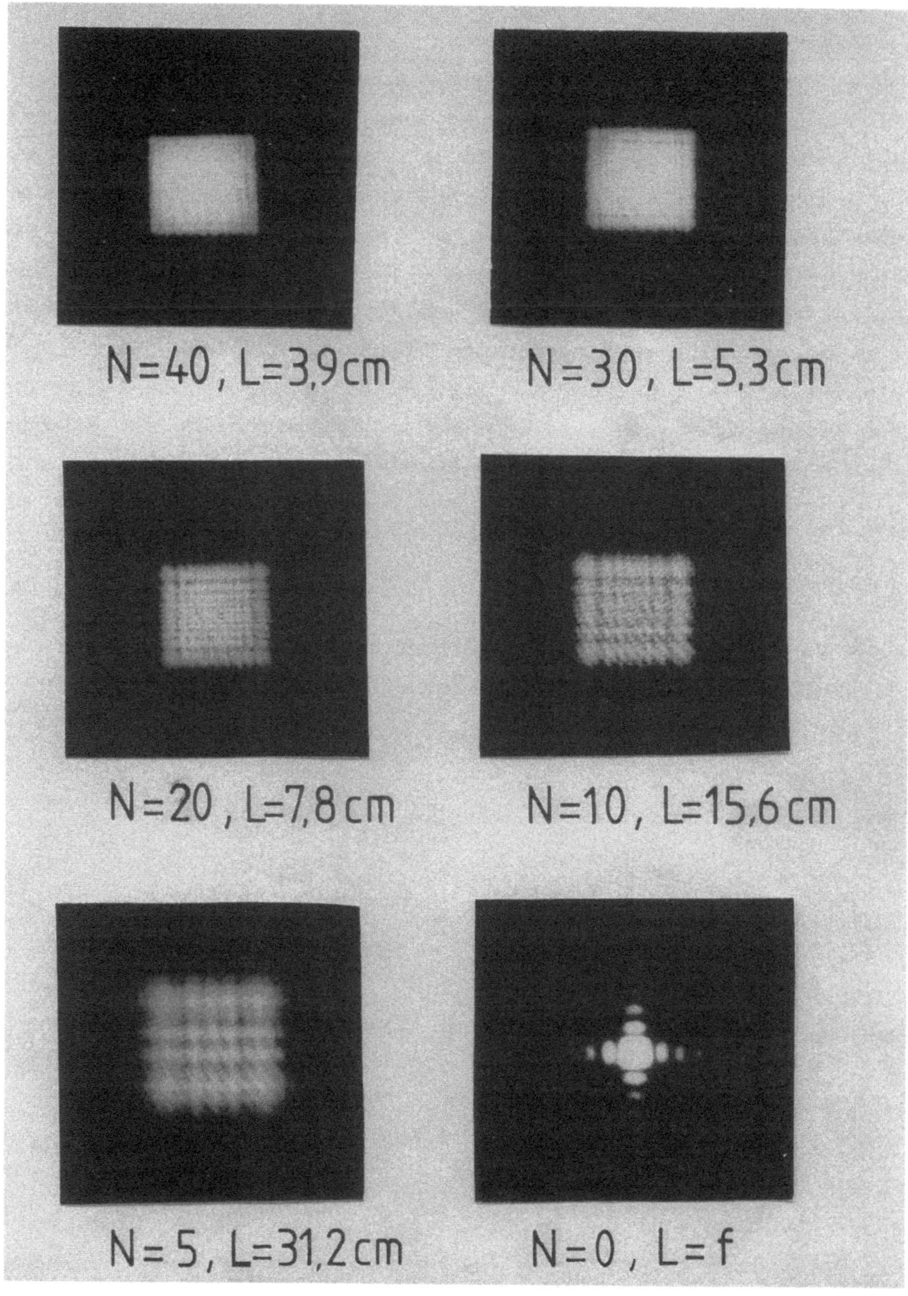

Bild 1.19 Fotographierte Intensitätsverteilungen hinter einer quadratischen Blende der Kantenlänge 2a=2mm in Abhängigkeit der Fresnelzahl $N=a^2/\lambda L$ (HeNe-Laser, λ=633 nm). Der Abstand L ist jeweils angegeben. Das Fernfeld (rechts unten) wurde in der Brennweite einer Linse aufgenommen, allerdings übersteuert um die Nebenmaxima herauszuheben.

c) Geometrische Optik

Nähert man sich noch mehr der Blende, d.h. wird N_x oder N_y größer 100, so reicht die Fresnelnäherung zur genauen Beschreibung nicht mehr aus. Man müßte nun bei der Entwicklung der Wurzel in (1.38) Terme noch höherer Ordnung mitberücksichtigen. Allerdings ist man schon so nahe an der Blende, daß die Paraxialnäherung nicht mehr gilt ($cos\theta < 1$). Das KirchhoffIntegral ist deshalb in diesem Bereich nicht mehr gültig! Eine genaue Untersuchung zeigt jedoch, daß das resultierende Feld für große Fresnelzahlen mit der vorgegebenen Verteilung fast identisch ist. Für Fresnelzahlen größer 100 erfolgt die Feldausbreitung nach den Gesetzen der geometrischen Optik, solange man Feinstrukturen in der direkten Umgebung der Begrenzung vernachlässigt.

1.2.3 Beugung an der Kreisblende

Liegt die Feldverteilung auf einer kreisförmigen Blende mit Radius R vor, so führt man im Kirchhoff-Integral Radialkoordinaten r, Φ ein (Bild 1.20)

$$x_i = r_i \cos\Phi_i \, , \quad y_i = r_i \sin\Phi_i \, , \quad 0 \leq r_i \leq R$$

Man erhält dann in Fraunhofer-Näherung aus (1.39) mit $\theta = r_2/L$:

$$E_2(\theta, \Phi_2) = -iN \, e^{ikL} \int_0^{2\pi} \int_0^1 E_1(r_1', \Phi_1) \, e^{i(2\pi/\lambda)R\theta \, r_1' \cos(\Phi_2 - \Phi_1)} \, r_1' dr_1' d\Phi_1$$

$$(1.46)$$

und das Fresnelintegral lautet:

$$E_2(r_2', \Phi_2) = -iN \, e^{ikL} \int_0^{2\pi} \int_0^1 E_1(r_1', \Phi_1) \, e^{i\pi N(r_1'^2 + r_2'^2 - 2r_1' r_2' \cos(\Phi_2 - \Phi_1))} \, r_1' dr_1' d\Phi_1$$

$$(1.47)$$

mit der Fresnelzahl $N = R^2/\lambda L$. Hierbei sind $r_i' = r_i/R$ wieder normierte Koordinaten.

Hängt die Feldverteilung E_1 nicht vom Winkel Φ_1 ab, so gilt dies auch für E_2 und die Ausdrücke können durch Integration über den Winkel in die Form

$$E_2(\theta) = -i2\pi N\, e^{ikL} \int_0^1 E_1(r_1')\, J_0(2\pi/\lambda\ R\theta r_1')\, r_1'\, dr_1'$$

Fraunhofer-Näherung   (1.48)

$$E_2(r_2') = -i2\pi N\, e^{ikL} \int_0^1 E_1(r_1')\, e^{i\pi N(r_1'^2 + r_2'^2)}\, J_0(2\pi N r_1' r_2')\, r_1'\, dr_1'$$

Fresnel-Näherung   (1.49)

gebracht werden, mit J_0: Besselfunktion nullter Ordnung [1.14].

Beispiel: Fernfeld einer homogen beleuchteten Kreisblende, d.h. $E_1(r_1') = \text{const} = E$. Das Integral (1.47) kann analytisch berechnet werden und ergibt die Fernfeldverteilung

$$E_2(\theta) = 2\pi\, N\, E\, \frac{J_1(2\pi R\theta/\lambda)}{2\pi R\theta/\lambda} \tag{1.50}$$

mit J_1: Besselfunktion 1. Ordnung [1.14]

Die entsprechende Intensitätsverteilung zeigt Bild 1.20. Die Verteilung sieht ähnlich aus wie bei der Rechteckblende. Die Intensitätsverteilung im Fernfeld einer homogen beleuchteten Kreisblende bezeichnet man als *Airy-Pattern*. Eine fotografierte Intensitätsverteilung im Fernfeld einer kreisförmigen Blende mit Radius $R = 1\,\text{mm}$ zeigt Bild 1.21. Ein Vergleich der charakteristischen Zahlenwerte der Beugungsbilder im Fernfeld von Spalt (eindimensionale Rechteckblende) und Kreisblende gibt Tabelle 1.1. Ebenfalls angegeben sind die entsprechenden Werte für einen Gaußstrahl, bei dem es sich um eine Feldverteilung der Form

$$E_1(r_1) = E_0\, \exp{-[r_1/w_0]^2} \qquad w_0 : \text{Strahlradius}$$

handelt. Das Fernfeld dieser Verteilung hat ebenfalls ein gaußförmiges Profil:

$$E_2(\theta) = E_F\, \exp{-[\theta w_0 \pi/\lambda]^2}$$

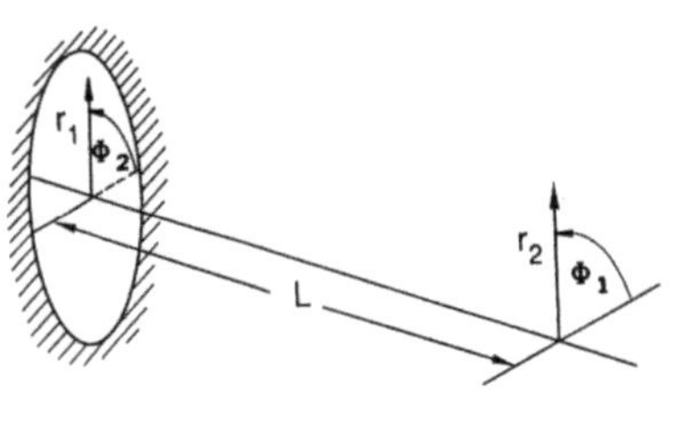
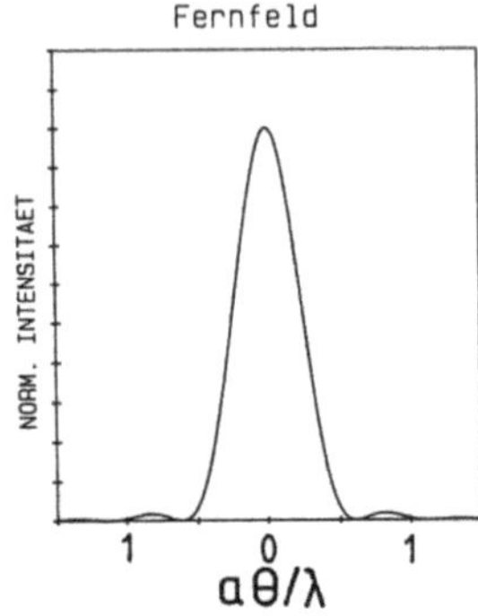

Bild 1.20 Intensitätsverteilung im Fernfeld einer homogen ausgeleuchteten Kreisblende mit Radius R und Geometrie des Beugungsobjektes.

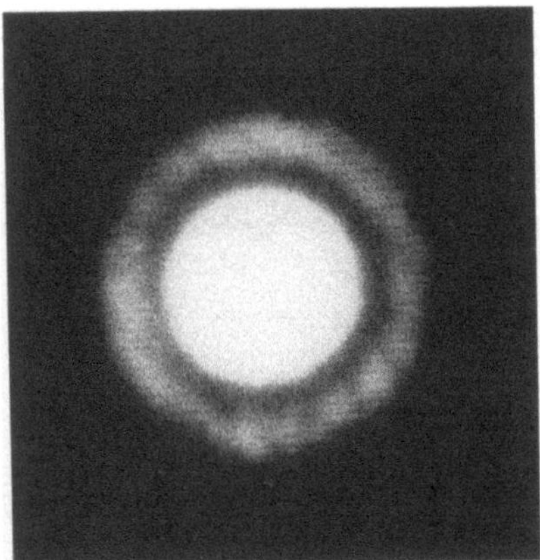

Bild 1.21 Fotografiertes Fernfeld einer mit einem HeNe-Laser weitgehend homogen beleuchteten Kreisblende mit Radius R = 1mm. Die Aufnahme wurde in der Brennebene einer Linse gemacht.

Tabelle 1.1 Vergleich der Fernfeldverteilungen von Spalt, Kreisblende und Gaußstrahl. Alle Angaben beziehen sich auf das Fernfeld als Funktion des Öffnungswinkels.

	Spalt Breite $2a$	Kreisblende Radius R	Gaußstrahl Durchmesser $2w_0$
Volle Halbwertsbreite	$0,44\lambda/a$	$0,52\lambda/R$	$0,53\lambda/w_0$
Abstand des 1. Minimums	$0,5\ \lambda/a$	$0,61\lambda/R$	–
Abstand des 2. Minimums	$1,0\ \lambda/a$	$1,12\lambda/R$	–
Höhe des 1. Maximums, normiert auf die Maximalintensität	$0,04718$	$0,0175$	–
Höhe des 2. Maximums, normiert auf die Maximalintensität	$0,01694$	$0,0052$	–
Breite, die 86% der Gesamtleistung enthält	$1,05\ \lambda/a$	$1,6\ \lambda/R$	$0,64\lambda/w_0$

Für größere Fresnelzahlen muß das Fresnelintegral (1.49) gelöst werden, was jedoch wiederum nur mit Hilfe numerischer Methoden möglich ist. Beispiele von numerisch berechneten Intensitätsverteilungen zeigt Bild 1.22 für verschiedene Fresnelzahlen N.

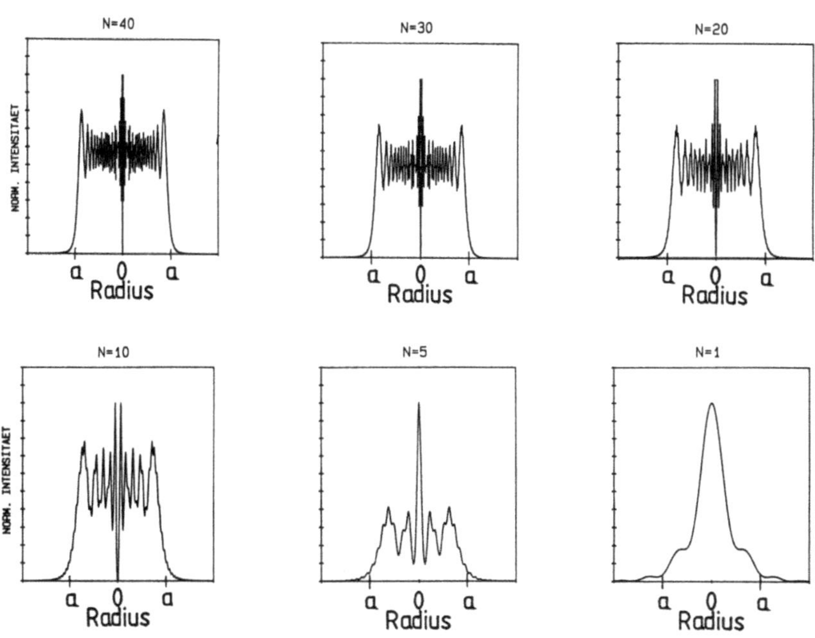

Bild 1.22 Berechnete Intensitätsverteilungen hinter einer homogen ausgeleuchteten Kreisblende in Abhängigkeit der Fresnelzahl N. Mit abnehmender Fresnelzahl nähert sich die Verteilung der des Fernfeldes aus Bild 1.20. Die Beugungsbilder zirkularer Begrenzungen ähneln denen von Rechteckblenden, besitzen jedoch sehr hohe zentrale Maxima (Poissonscher Fleck), die zur Zerstörung optischer Komponenten führen können.

In beiden Beispielen, der Rechteck- und der Kreisblende haben wir festgestellt, daß das Fernfeld bei fester Wellenlänge nur vom Produkt aus Abmessung der Blende und Divergenzwinkel θ abhängt (1.43),(1.50). Je kleiner die Blende gewählt wird, desto größer wird demnach der Winkel θ, d.h. die Divergenz der Strahlung nimmt zu. Will man also einen Laserstrahl charakterisieren, so reicht es nicht aus nur die Strahldivergenz anzugeben, vielmehr muß das Produkt Divergenzwinkel × Strahlradius zur Charakterisierung gewählt werden. Ein aus dem Laserresonator austretender Strahl ist im Prinzip nichts anderes als eine vorgegebene Feldverteilung auf dem Resonatorspiegel. Dieses Produkt wird uns in einem späteren Kapitel über die Strahlqualität von Laserstrahlen wiederbegegnen.

1.2.4 Collins-Integral

Bisher wurde nur der Fall betrachtet, daß sich die auf der Fläche F vorgegebene Feldverteilung E_1 frei in den Raum ausbreitet. Das daraus resultierende Feld E_2 auf einer Ebene hinter der Fläche ist mit dem Kirchhoff-Integral berechenbar. Nun können sich natürlich zwischen der Fläche und der Ebene auch optische Elemente, wie Linsen oder Spiegel, befinden. In diesem Fall kann der Abstand zwischen einzelnen Punkten nicht mehr durch den Satz des Pythagoras - siehe (1.38) - berechnet werden, da Lichtstrahlen, die in (x_1,y_1) starten, durch die Optik umgelenkt werden. Die Verbindungslinie zum Punkt (x_2,y_2) ist also keine Gerade mehr, und die Länge hängt von den Elementen der Strahlmatrix M ab. Die Herleitung des Zusammenhangs soll hier nicht durchgeführt und nur das Ergebnis angeben werden [1.13]. Befindet sich zwischen den Bezugsebenen ein optisches System mit Strahlmatrix M, so lautet das Kirchhoff-Integral in Fresnelnäherung (Bild 1.23)

$$E_2(x_2,y_2) = -i\, e^{ikL}\frac{1}{\lambda B} \int_F E_1(x_1,y_1)\, e^{i\frac{\pi}{\lambda B}\left[Ax_1^2+Dx_2^2-2x_1x_2\ +\ Ay_1^2+Dy_2^2-2y_1y_2\right]}\, dx_1\,dy_1$$

$$(1.51)$$

A,B und D sind die entsprechenden Elemente der Strahlmatrix M, wobei hier vorausgesetzt ist, daß diese in x- und y-Richtung identisch sind. Dies ist bei sphärischen Optiken immer der Fall, bei Verwendung von Zylinderlinsen oder -spiegeln sind jedoch A,B und D in den beiden Raumrichtungen verschieden. In diesem Fall müssen in (1.51) in den x- und y-abhängigen Teilen des Phasenterms die jeweiligen Elemente der Strahlmatrix in dieser Richtung gewählt werden. Der Vorfaktor $1/B$ wird dabei ersetzt durch $1/\sqrt{B_x B_y}$, wobei der Index die Zugehörigkeit zur jeweiligen Raumrichtung angibt. Wir wollen im folgenden immer annehmen, daß das optische System rotationssymmetrisch ist und das Integral in der Form (1.51) benutzen.

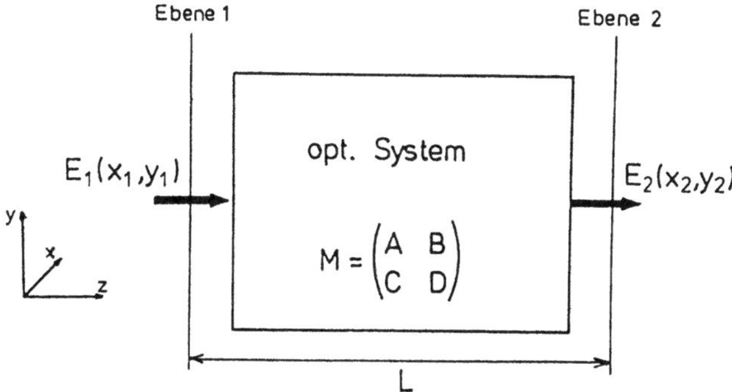

Bild 1.23 Zur Berechnung der Feldverteilung E_2 hinter einem optischen System bei vorgegebener Feldverteilung E_1 mit dem Collins-Integral.

Das Integral wird als *Collins-Integral* [1.13] bezeichnet. Es unterscheidet sich prinzipiell nicht vom Kirchhoff-Integral in Fresnelnäherung, nur der Abstand zwischen zwei Punkten ist schon als Funktion der Elemente der Strahlmatrix berechnet. Auch hier wird bei der Herleitung die Paraxialnäherung benutzt und die Gültigkeit ist auf Fresnelzahlen kleiner 100 beschränkt.

Beispiel:

Freie Ausbreitung.

Prüfen wir zunächst nach, ob das bekannte Fresnelintegral entsteht, indem wir die freie Ausbreitung über die Strecke L betrachten. Einsetzen der Elemente der Matrix

$$M = \begin{pmatrix} 1 & L \\ 0 & 1 \end{pmatrix}$$

in (1.51) liefert für eine Rechteckblende tatsächlich den Ausdruck (1.45).

Da das Collins-Integral später sehr häufig benutzt wird, sind hier die (1.50) entsprechenden Ausdrücke für Rechteckblende und Kreisblende aufgeführt:

Rechtecksymmetrie (Beugung an einer Blende mit Kantenlänge _2a×2b_):

$$E_2(x_2,y_2) = -i\,\frac{e^{ikL}}{\lambda\,B}\int_{-b}^{b}\int_{-a}^{a} E_1(x_1,y_1)\; e^{\,i\frac{\pi}{\lambda B}[(Ax_1^2+Dx_2^2-2x_1x_2)+(Ay_1^2+Dy_2^2-2y_1y_2)]}\; dx_1\,dy_1$$

$$(1.53)$$

Kreissymmetrie (Beugung an einer Kreisblende mit Radius _R_):

$$E_2(r_2,\Phi_2) = -i\,\frac{e^{ikL}}{\lambda\,B}\int_{0}^{2\pi}\int_{0}^{R} E_1(r_1,\Phi_1)\; e^{\,i\frac{\pi}{\lambda B}[Ar_1^2+Dr_2^2-2r_1r_2\cos(\Phi_2-\Phi_1)]}\; r_1\,dr_1\,d\Phi_1$$

$$(1.53)$$

r_i,Φ_i: Radial- bzw. Azimutalkoordinate

1.2.5 Feldverteilung in der Brennebene einer Linse – Fouriertransformation

Im Abstand g vor einer Linse mit der Brennweite f sei eine Feldverteilung $E_1(x_1,y_1)$ gegeben. Es soll die Feldverteilung in der Brennebene berechnet werden. Die Matrix der Ausbreitung ergibt sich zu

$$M = \begin{pmatrix} 1 & f \\ 0 & 1 \end{pmatrix} \begin{pmatrix} 1 & 0 \\ -1/f & 1 \end{pmatrix} \begin{pmatrix} 1 & g \\ 0 & 1 \end{pmatrix} = \begin{pmatrix} 0 & f \\ -1/f & 1-g/f \end{pmatrix}$$

Einsetzen in den Ausdruck (1.51) liefert:

$$E_2(\theta_x,\theta_y) = -i\,\frac{e^{ik\delta}}{\lambda f}\iint_{-\infty}^{+\infty} E_1(x_1,y_1)\; e^{\,-i\frac{2\pi}{\lambda}(\theta_x x_1+\theta_y y_1)}\; dx_1\,dy_1$$

$$(1.54)$$

$$\text{mit } \delta = k\left[\, g + f + \tfrac{1}{2}(\theta_x^2 + \theta_y^2)(f-g)\,\right]$$

Hierbei wurden die Koordinaten x_2,y_2 in der Brennebene der Linse durch die Winkel ersetzt:

$$\theta_x = x_2/f \, , \qquad \theta_y = y_2/f$$

Ausdruck 1.54 ist bis auf einen Vorfaktor mit dem Kirchhoff-Integral in Fraunhofer-Näherung identisch! Beschränkt man sich auf den Vergleich der Intensitätsverteilungen, so folgt: *In der Brennebene einer Linse mißt man die Fernfeldverteilung des auf die Linse auftreffenden Feldes* [1.9]. Anstatt in einem großen Abstand das Fernfeld auszumessen, genügt es die Intensitätsverteilung in der Brennebene einer Linse zu bestimmen.

Man bezeichnet das Integral (1.54) auch als Fouriertransformation. Für einfache Funktionen $E_1(x_1,y_1)$ ist diese tabelliert [1.14]. Liegt zirkulare Symmetrie vor, d.h. ist E_1 nur eine Funktion der Radialkoordinate, kann die Integration über den Winkel Φ_1 ausgeführt werden und aus (1.54) folgt

$$E_2(\theta) = -i \ 2\pi \ \frac{e^{i\delta}}{\lambda \ f} \int\limits_0^\infty E_1(r_1) \ J_0\left(\frac{2\pi}{\lambda} \theta r_1\right) r_1 dr_1 \tag{1.55}$$

Hierbei ist J_0 die Besselfunktion nullter Ordnung [1.14].

1.2.6 Der Gaußstrahl und das ABCD-Gesetz

Das allgemeine Beugungsintegral nach Collins beschreibt, wie sich ein Strahlungsfeld bei der Ausbreitung verändert. Es gibt nun spezielle Strahlungsfelder, die sich in ihrer Form nicht verändern, wohl aber auseinander laufen und in der Amplitude abnehmen. Derartige Felder bezeichnet man als Eigenlösungen des Ingegrals. Für den Fall, daß keine Begrenzungen auftreten, also das Integral von $-\infty$ bis $+\infty$ erstreckt wird, lassen sich geschlossene Lösungen des Collins-Integrals angeben.

An der Struktur des Integrals erkennt man, daß eine solche Lösung eine Feldverteilung der Form

$$E_1(x_1,y_1) = E_0 \ exp\left[\frac{-ik}{2} \frac{(x_1^2+y_1^2)}{q_1}\right] \tag{1.56}$$

sein könnte, wobei q_1 eine frei wählbare komplexe Konstante ist. Die

Amplitude des Feldes hat eine glockenförmige Struktur (Gauß-Verteilung), weshalb man dieses Feld auch Gauß-Strahl nennt. Setzt man diese Feldverteilung in (1.51) ein und führt die Integration durch, wobei diese über die gesamte x_1,y_1-Ebene zu erstrecken ist, ergibt sich wieder eine Gaußverteilung der Form

$$E_2(x_2,y_2) = \frac{E_0}{A-B/q_1} \; exp \left[\frac{-ik}{2} \frac{(x_2^2+y_2^2)}{q_2} \right] \qquad (1.57)$$

mit

$$q_2 = \frac{A\,q_1 + B}{C\,q_1 + D} \qquad (1.58)$$

Ein Gaußstrahl bleibt bei der Ausbreitung in optischen Systemen, die durch eine Matrix nach Bild 1.5 beschrieben werden können, ein Gaußstrahl. Es ändern sich jedoch Amplitude und der charakteristische Parameter q, der *Strahlparameter* genannt wird.

Das Transformationsgesetz (1.57) wird als *ABCD-Gesetz* bezeichnet. Das bereits in der geometrischen Optik diskutierte ABCD-Gesetz (1.21) geht hieraus hervor, wenn die Beugung vernachlässigt wird, d.h. für den Grenzübergang $\lambda \longrightarrow 0$.

Ausbreitung des Gaußstrahls im freien Raum

Im einfachsten Fall ist die Feldverteilung in der Ebene 1 eine rein reelle Gaußverteilung mit dem Strahlradius w_0:

$$E_1(x_1,y_1) = E_0 \; exp \left[- \frac{(x_1^2+y_1^2)}{w_0^2} \right] \qquad (1.59)$$

woraus sich durch Vergleich mit (1.56) der Strahlparameter zu

$$q_1 = i\,\pi w_0^2/\lambda = i\,z_0 \qquad (1.60)$$

ergibt. Im Abstand z von der Ebene 1 folgt dann mit dem ABCD-Gesetz und der Ausbreitungsmatrix M_A nach (1.7)

$$q_2 = q_1 + z \qquad (1.61)$$

Um die neue Feldverteilung des Gaußstrahl nach (1.57) zu bestimmen wird der Kehrwert von q_2 benötigt. Dieser ergibt sich aus obiger Gleichung zu

$$\frac{1}{q_2} = \frac{1}{z_0\,(z/z_0 + z_0/z)} - \frac{i\,\lambda}{\pi w_0^2\,(1 + (z/z_0)^2)}$$

Der Realteil von $1/q_2$ kennzeichnet die Phase des neuen Gaußstrahls, der Imaginärteil den neuen Strahlradius $w(z)$. Setzt man

$$R(z) = z_0\left[\frac{z}{z_0} + \frac{z_0}{z}\right] \quad (1.62) \qquad w(z) = w_0\,\sqrt{1 + (z/z_0)^2} \quad (1.63)$$

so läßt sich der Kehrwert des komplexen Strahlparameters an jeder Stelle z schreiben

$$\frac{1}{q} = \frac{1}{R} - \frac{i\,\lambda}{\pi w^2} \tag{1.64}$$

und der Gaußstrahl im Abstand z vom Ursprung lautet

$$E_2(x_2,y_2) = \frac{E_0(x_1,y_1,0)}{1 - iz/z_0}\;\exp\left[\frac{-ik}{2}\,\frac{(x_2^2 + y_2^2)}{R(z)}\right]\;\exp\left[-\frac{x_2^2 + y_2^2}{w(z)^2}\right]$$

$$\tag{1.65}$$

Mit zunehmendem Abstand z öffnet sich der Gaußstrahl (Bild 1.24), seine Breite wächst gemäß (1.63), wobei die charakteristische Größe der Parameter z_0 ist

$$z_0 = \pi\,w_0^2/\lambda \tag{1.66}$$

z_0 wird als Rayleighlänge oder Schärfentiefe (manchmal auch als konfokaler Parameter) bezeichnet und gibt den Abstand vom Ursprung an, bei dem sich der Radius des Gaußstrahl um $\sqrt{2}$ vergrößert hat. w_0 bezeichnet man als Taillenradius des Gaußstrahls.

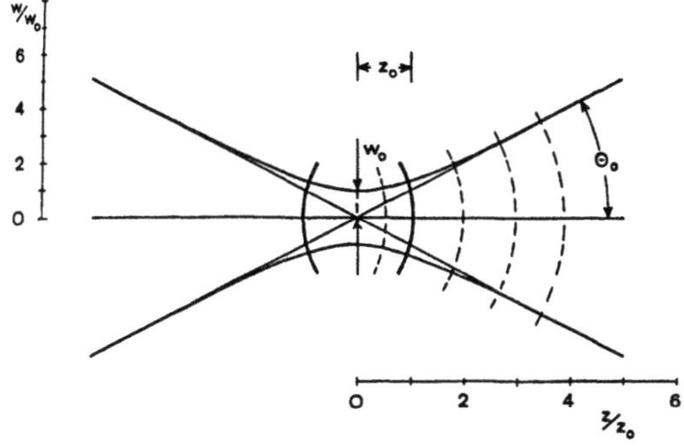

Bild 1.24 Ausbreitung des Gaußstrahls im freien Raum.

Der Gaußstrahl verhält sich nur für große Entfernungen z von der Strahltaille wie eine Kugelwelle, deren Krümmungsradius und Strahlradius linear mit dem Abstand wächst. Bis zur Rayleighlänge z_0, bei der der Gaußstrahlradius um den Faktor $\sqrt{2}$ gegenüber dem Taillenradius w_0 zugenommen hat, nimmt der Krümmungsradius der Phasenflächen sogar ab. Wie wir im folgenden noch näher sehen werden, unterscheiden sich deshalb die Abbildungsgesetze von denen der geometrischen Optik.

Für große Entfernungen $z \gg z_0$ nähert sich der Gaußstrahlradius $w(z)$ einer Asymptote. Es ergibt sich mit (1.63) ein endlicher Winkel θ_0 für diese Asymptote

$$\theta_0 = \lim_{z \to \infty} \frac{w(z)}{z} = \frac{w_0}{z_0} \tag{1.67}$$

den man als Öffnungswinkel des Gaußstrahls bezeichnet. Es folgt mit (1.66)

$$\theta_0 = \frac{\lambda}{\pi \, w_0} \tag{1.68}$$

Das Produkt aus Taillenradius und Öffungswinkel θ_0

$$w_0 \, \theta_0 = \lambda / \pi \tag{1.69}$$

wird als *Strahlparameterprodukt* bezeichnet (siehe hierzu auch Abschnitt 3.1.1). Beim Durchgang durch beliebige, lineare optische Systeme bleibt dieses Produkt konstant, kann aber in ungünstigen Systemen größer werden.

Beispiel: Gegeben sei eine gaußförmige Feldverteilung mit Strahlradius w_0=1mm und planer Phasenfläche der Wellenlänge λ=500nm. In welchem Abstand ist der Strahlradius auf 1m gewachsen ?
Die Rayleighlänge z_0 des Strahls ergibt sich aus (1.66) zu z_0=6,283 m. Mit (1.63) erhält man durch Auflösen nach z den gesuchten Abstand zu z=6283 m. Der gesuchte Abstand läßt sich in der Kugelwellen-Näherung ($z \gg z_0$) auch über (1.67) berechnen

$$z \approx w(z) / \theta_0$$

woraus sich z zu 6283,19 m ergibt.

Transformation von Gaußstrahlen

Betrachten wir zunächst ein allgemeines optisches System, das z.B aus mehreren Linsen in bestimmten Abständen bestehen kann und das durch die Strahlmatrix (siehe Abschn.1.1)

$$M = \begin{pmatrix} A & B \\ C & D \end{pmatrix}$$

charakterisiert ist (Bild 1.25). Der Gaußstrahl, der auf dieses optische System trifft hat an der Eintrittsebene den q-Parameter $q = z + i \cdot z_0$. Beim Austritt aus dem optischen System (in Bild 1.25 dargestellt durch den Kasten) besitzt der Gaußstrahl einen neuen q-Parameter $q' = -z' + i z_0'$. z' bezeichnet hier die Position der neuen Strahltaille. Die Beziehung zwischen den beiden q-Parametern ist durch das ABCD-Gesetz (1.58) festgelegt. Aus diesem folgt:

$$z' = \frac{(Az+B)(Cz+D)-ACz_0^2}{C^2 z_0^2 + (Cz+D)^2} \qquad falls\ C \neq 0$$

$$\qquad\qquad\qquad\qquad\qquad\qquad\qquad\qquad\qquad (1.70)$$

$$z' = -\frac{(Az+B)}{D} \qquad falls\ C = 0$$

$$z_0' = z_0 \left[\frac{(Cz'+A)}{(Cz+D)}\right] \qquad mit\ z'\ aus\ (1.70) \qquad (1.71)$$

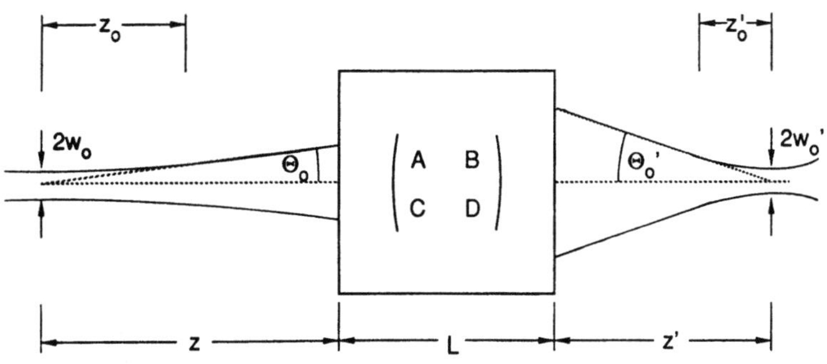

Bild 1.25 Beim Durchgang durch ein optisches System mit Länge L wird der Gaußstrahl transformiert. Die neue Position der Taille z' und die neue Rayleighlänge z_0' hängen von den alten Werten z, z_0 und den Matrixelementen der Strahlmatrix ab.

Daraus lassen sich der neue Öffnungswinkel θ_0' und der neue Taillenradius w_0' mit

$$\theta_0' = \sqrt{\frac{\lambda}{\pi z_0'}} \qquad w_0' = \sqrt{\frac{\lambda z_0'}{\pi}}$$

bestimmen.

Man beachte, daß z' von der Austrittsebene zur neuen Taille w_0' zeigt und negativ ist, wenn die Taille links von der Austrittsebene liegt. In Bild 1.25 ist z' positiv. Unabhängig vom speziellen Aufbau des optischen Systmes bleibt das Strahlparameterprodukt ungeändert, d.h. es gilt stets

$$w_0' \theta_0' = w_0 \theta_0 = \lambda/\pi \tag{1.72}$$

Die Formeln (1.70),(1.71) wurden hier angegeben, um es dem interessierten Leser zu ermöglichen, für ein beliebiges optisches System die Transformation des Gaußstrahls zu berechnen. Meist treten in der Praxis nur einige spezielle Fälle auf. Die Transformationsgesetze für wichtige Systeme sind im folgenden aufgelistet.

1) Durchgang durch eine Planplatte
Anwendung der Matrix für die Planplatte (Bild 1.5) liefert mit (1.70) und (1.71)

$$z_0' = z_0 \qquad z' = -z - \ell/n$$
$$\theta_0' = \theta_0 \qquad w_0' = w_0$$

Wäre der Brechungsindex der Planplatte $n=1$, ergäbe sich $z'=-z-\ell$. Dem gegenüber ist der Ort der Taille um

$$\Delta = \ell(1-1/n) \tag{1.73}$$

nach rechts verschoben, der Gaußstrahl bleibt unverändert.

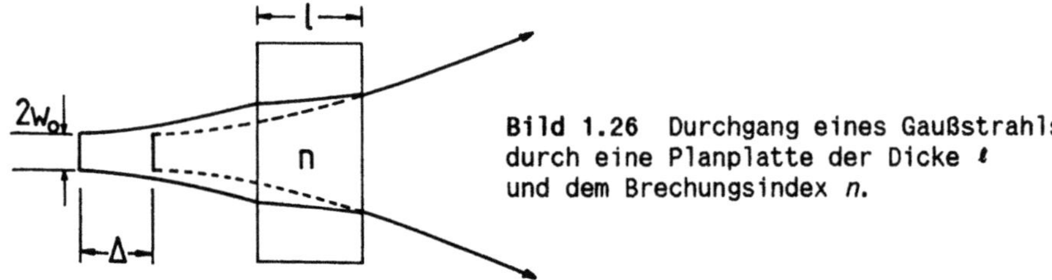

Bild 1.26 Durchgang eines Gaußstrahls durch eine Planplatte der Dicke ℓ und dem Brechungsindex n.

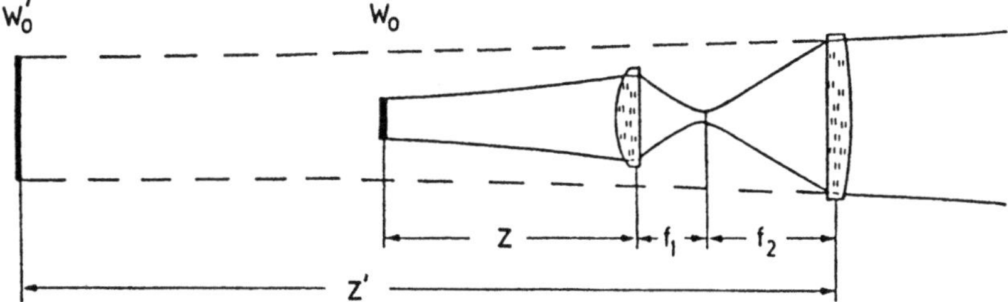

Bild 1.27 Durchgang eines Gaußstrahls durch ein Teleskop mit Vergrößerung $M = f_2/f_1$. Der Öffnungswinkel wird um den Faktor M verkleinert.

2) Durchgang durch ein Teleskop

Teleskope werden häufig zur Transformation des Gaußstrahls eingesetzt, um den Öffnungswinkel zu verringern (Bild 1.27). Es gilt:

$$z' = -z \left(\frac{f_2}{f_1}\right)^2 + \frac{f_2}{f_1} (f_1 + f_2)$$

$$z_0' = z_0 \, (f_2/f_1)^2$$

$$w_0' = w_0 \, f_2/f_1 \qquad \theta_0' = \theta_0 \, f_1/f_2$$

Ein Teleskop mit der Vergrößerung $M = f_2/f_1$ verkleinert also den Öffnungswinkel um den Faktor $1/M$ und vergrößert die Strahltaille um den Faktor M. Das Strahlparameterprodukt bleibt wiederum konstant.

3) Abbildung durch eine Linse – Fokussierung

Wir betrachten den Durchgang eines Gaußstrahls durch eine Linse und suchen Ort und Größe der neuen Strahltaille (Bild 1.28). Ist die Brennweite der Linse positiv, wird der Gaußstrahl durch die Linse fokussiert. Da die Fokussierung beim Laser von besonderem Interesse ist, wird dieser Fall hier etwas ausführlicher besprochen.

Um die üblichen Vorzeichenregelungen zu benutzen, werden Gegenstandsweite z und Bildweite z' positiv gezählt, wenn der Gegenstand links und das Bild rechts der Linse liegen, in Bild 1.27 ist also z' negativ.

Die aus der geometrischen Optik bekannte Abbildungsgleichung

$$\frac{1}{z} + \frac{1}{z'} = \frac{1}{f}$$

50

gilt auch hier, aber verknüpft nicht die beiden Taillen. Im Gegensatz zur geometrischen Optik, wo sich vom Gegenstand Kugelwellen ausbreiten, deren Krümmungsradien linear mit dem Abstand wachsen, gilt dieses nicht für Gaußstrahlen (vgl. Bild 1.24). Das Abbildungsgesetz für Taillen nimmt deshalb eine andere Form an.

Es folgt aus dem ABCD-Gesetz, wenn man beachtet, daß am Ort der Taille die Phasenfläche eben ist, also $R=\infty$, bzw. der Realteil des Strahlparameters q null ist. Dann erhält man aus (1.71)

$$\frac{1}{z} + \frac{1}{z'} = \frac{1}{f} + \frac{z_0^2}{z\,[\,z^2 + z_0^2 - zf\,]} \tag{1.74}$$

wobei z' der Abstand der Taille von dem Linsenscheitel ist und positiv ist, falls die Taille rechts der Linse liegt.

Für die in Bild 1.28 gezeigten Größen gilt:

$$w_0' = w_0\,\frac{f}{\sqrt{z_0^2 + (z-f)^2}} \tag{1.75}$$

$$w_f = f\,\theta_0 \tag{1.76}$$

$$z_0' = z_0\,\frac{f^2}{z_0^2 + (z-f)^2} \tag{1.77}$$

Die Bilder 1.29 und 1.30 zeigen die graphischen Darstellungen der Abbildungsgleichung (1.74) und der Gleichung (1.75). Der Grenzfall der Abbildungsgleichung der geometrischen Optik wird nur erreicht für $z_0/z = 0$, d.h. wenn die Strahltaille in Einheiten der Rayleighlänge gemessen sehr weit entfernt ist. Das ist einleuchtend, denn in diesem Fall verhält sich der Gaußstrahl ja gerade wie eine Kugelwelle.

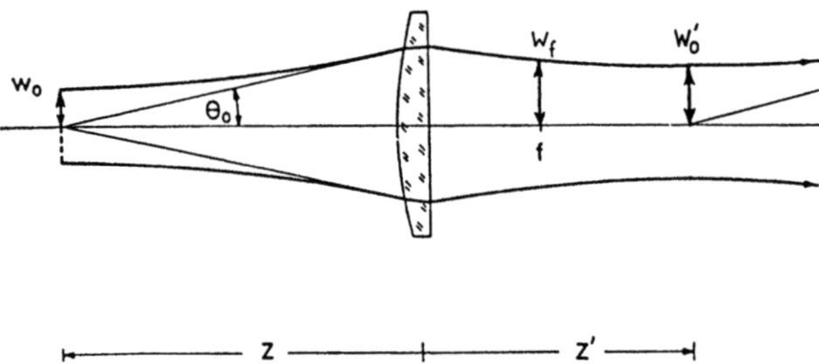

Bild 1.28 Abbildung eines Gaußstrahls durch eine Linse.

Aus (1.75) und (1.77) erkennt man, daß große Rayleighlängen z_0' und ein kleiner Fokusradius w_0' nicht vereinbar sind. Division der beiden Gleichungen liefert nämlich:

$$\frac{w_0'^2}{z_0'} = \frac{w_0^2}{z_0} = \frac{\lambda}{\pi} \qquad (1.78)$$

Neben dem Strahlparameterprodukt ist also auch das Verhältnis Fokusfläche zu Rayleighlänge eine Konstante des Gaußstrahls. Versucht man den Fokusradius möglichst klein zu wählen, indem man z.B. die Brennweite der Linse klein wählt oder die gegenstandseitige Rayleighlänge durch ein Teleskop vor der Linse vergrößert, so wird immer die bildseitige Rayleighlänge mit der Fokusfläche abnehmen. Man kann aus diesem Grund nicht beliebig dünne und gleichzeitig beliebig tiefe Schnitte in ein Werkstück machen. Als Maß für die Konstanz des Strahldurchmessers in Umgebung des Fokus, benutzt man die Schärfentiefe z_S, die nach der ISO-Norm von 1991 gleich der Rayleighlänge definiert ist.

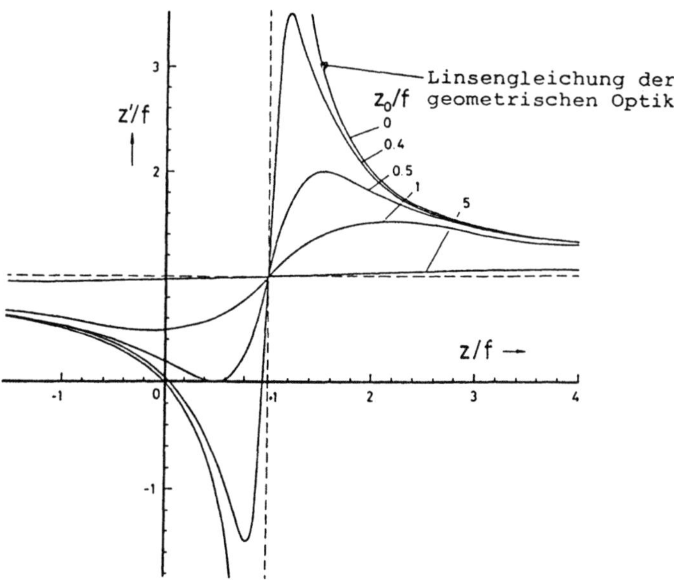

Bild 1.29 Abbildung des Gaußstrahls durch eine Linse der Brennweite f. Gezeigt ist der Zusammenhang zwischen Gegenstandsweite z, Bildweite z' und der Rayleighlänge z_0 nach (1.74).

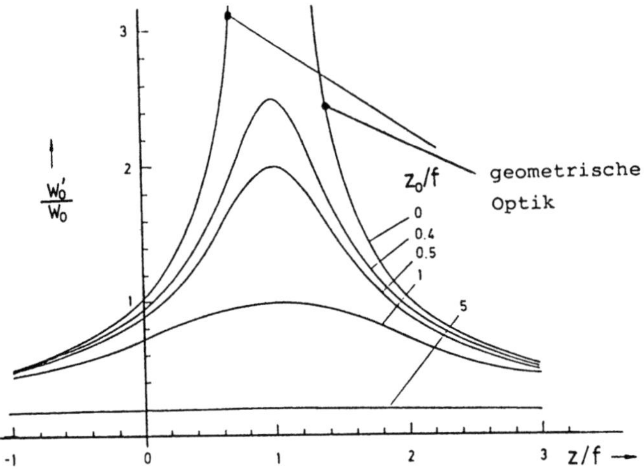

Bild 1.30 Zusammenhang zwischen Abbildungsmaßstab W_0'/W_0, Gegenstandsweite z und der Rayleighlänge z_0 nach (1.75).

Interessant ist, daß nach (1.76) der Strahlradius w_f in der Brennweite der Linse nur durch den Öffnungswinkel vor der Linse gegeben ist. Das eröffnet einem die Möglichkeit die Strahldivergenz eines Gaußstrahls mit einer Linse zu messen.

Meistens ist in der Praxis die Strahltaille w_0 nicht genau bekannt und man kennt nur den Strahlradius w_L am Ort der Linse. Ist die Gegenstandsweite z bedeutend größer als die Brennweite der Linse ($z>5f$) und die Rayleighlänge z_0, so folgt aus (1.63) für den Radius des Gaußstrahls vor der Linse

$$W_L \cong W_0 \, z/z_0$$

Die Taille w_0' liegt fast in der Brennebene der Linse und deren Radius ergibt sich aus (1.75) zu

$$W_f \cong W_0' = \frac{\lambda}{\pi} \frac{f}{W_L} \qquad\qquad z \gg z_0, f \qquad\qquad (1.79)$$

Ob diese Formel angewandt werden darf, kann man an der Lage des Fokus schnell experimentell überprüfen. Stimmt diese innerhalb von 5% mit der Brennweite der Linse überein, so kann (1.79) ohne Gefahr benutzt werden. Für die relative Abweichung des Fokus von der Brennweite ergibt sich aus (1.74) mit $z \gg f$:

$$\frac{z'-f}{f} = \frac{f}{z\,(1+(z_0/z)^2)}$$

Beispiel: Gegeben sei ein Gaußstrahl mit folgenden Daten:
Taillenradius w_0 = 0,582mm, Rayleighlänge z_0 = 1m, λ = 1,064μm. Für eine Gegenstandsweite von g = 1m und eine Linse mit Brennweite f = 50mm, folgt aus (1.74) und (1.75):

Fokusabstand z' = 51,248 mm , Fokusradius w_0' = 21,1 μm.

Berechnet man für dieses Beispiel den Fokusradius nach obiger Näherungsformel (1.79) ergibt sich w_0' = 20,57 μm.

Die Abbildungsgleichung der geometrischen Optik gilt nach wie vor, nur liefert sie nicht die neue Strahltaille, sondern den Ort des "Bildes" w' der Taille. Dieses Bild der Taille ist keine Taille, sondern größer als die Taille w_0' und besitzt auch keine ebene Phasenfläche. Die Bezeichnung Bild ist jedoch zutreffend, da alle von w_0 ausgehenden Strahlen im Bild w' vereinigt werden.

4) Übergang in ein dichteres Medium

Beim Übergang von Vakuum (n_1=1) in eine dichteres Medium (n_2=n) lautet die Matrix der Brechung (1.9)

$$M = \begin{pmatrix} 1 & 0 \\ 0 & 1/n \end{pmatrix}$$

Direkte Anwendung des ABCD-Gesetzes (1.58), formuliert für den Kehrwert des Strahlparameters, liefert

$$\frac{1}{q'} = \frac{1}{nq}$$

Die Aufteilung nach Krümmungsradius und Strahlradius gemäß (1.64) ergibt mit $\lambda'=\lambda/n$

$$R' = n\,R$$
$$w'^2 = w^2$$

Der Krümmungsradius wird größer als Folge der Brechung zum Lot hin, der Strahlradius bleibt erhalten.

1.2.7 Das verallgemeinerte ABCD-Gesetz

Bezieht man die Ausbreitungskoordinate z auf die Taille, d.h. $w(0) = w_0$, so folgt aus dem ABCD-Gesetz eine einfache Beziehung für den Strahlradius w Gaußscher Strahlen

$$w^2 = A^2 \, w_0^2 + B_2^2 \, \theta_0^2 \tag{1.80}$$

Es kann gezeigt werden, daß diese Beziehung für beliebige Strahlungsfelder in der Form [1.15,1.16]

$$\langle w_x^2 \rangle = A^2 \, \langle w_{0x}^2 \rangle + B^2 \, \langle \theta_x^2 \rangle$$
$$\langle w_y^2 \rangle = A^2 \, \langle w_{0y}^2 \rangle + B^2 \, \langle \theta_y^2 \rangle \tag{1.81}$$

gilt. Hierbei sind $\langle w_x^2 \rangle$, $\langle w_y^2 \rangle$ die Strahlradien, $\langle \theta_x^2 \rangle$, $\langle \theta_y^2 \rangle$ die Öffnungswinkel und $\langle w_{0x}^2 \rangle$, $\langle w_{0y}^2 \rangle$ die Taillenradien. Sie werden allgemein als zweite Momente definiert

$$\langle w_x^2 \rangle = 4 \, \frac{\displaystyle\iint\limits_{-\infty}^{\infty} x^2 \, |E(x,y)|^2 \, dx\,dy}{\displaystyle\iint\limits_{-\infty}^{\infty} |E(x,y)|^2 \, dx\,dy} \tag{1.82}$$

$$\langle \theta_x^2 \rangle = 4 \, \frac{\displaystyle\iint\limits_{-\infty}^{\infty} \theta_x^2 \, |E(\theta_x,\theta_y)|^2 \, d\theta_x\,d\theta_y}{\displaystyle\iint\limits_{-\infty}^{\infty} |E(\theta_x,\theta_y)|^2 \, d\theta_x\,d\theta_y} \tag{1.83}$$

und entsprechend $\langle w_y^2 \rangle$ und $\langle \theta_y^2 \rangle$. $|E(x,y)|^2$ ist bis auf eine Konstante die an einem Ort z vorliegende Intensität, also experimentell direkt bestimmbar. $|E(\theta_x,\theta_y)|^2$ ist proportional der Fernfeldintensität nach (1.54) und kann in der Brennebene einer Linse ermittelt werden.

Bei Radialsymmetrie, d.h. für den Fall, daß das Feld nur von der r-Koordinate abhängt, lauten die zweiten Momente

$$\langle w_r^2 \rangle = 2 \, \frac{\displaystyle\int\limits_{0}^{\infty} r^3 \, |E(r)|^2 \, dr}{\displaystyle\int\limits_{0}^{\infty} r \, |E(r)|^2 \, dr} \tag{1.84}$$

$$\langle \theta_r^2 \rangle = 2 \, \frac{\displaystyle\int\limits_{0}^{\infty} \theta^3 \, |E(\theta)|^2 \, d\theta}{\displaystyle\int\limits_{0}^{\infty} \theta \, |E(\theta)|^2 \, d\theta} \tag{1.85}$$

wobei $E(\theta)$ sich aus der radialen Fouriertransformation nach (1.55) ergibt. Das verallgemeinerte ABCD-Gesetz für radialsymmetrische Felder lautet dann

$$\langle w_r^2 \rangle = A^2 \langle w_{or}^2 \rangle + B^2 \langle \theta_r^2 \rangle$$

Wird ein beliebiges radialsymmetrisches Strahlungsfeld fokussiert, so ergibt sich für den Fall, daß der Fokus mit Radius $\langle w_{or}^2 \rangle$ an die Stelle $z=0$ gelegt wird mittels (1.87) und der Ausbreitungsmatrix (1.7)

$$\langle w_r^2 \rangle = \langle w_{or}^2 \rangle + z^2 \langle \theta_r^2 \rangle \tag{1.87}$$

Man kann analog zu (1.67) eine Rayleighlänge z_0 für beliebige Strahlungsfelder einführen

$$z_0^2 = \langle w_0^2 \rangle / \langle \theta_r^2 \rangle \tag{1.88}$$

womit sich (1.87) umschreiben läßt zu

$$\langle w_r^2 \rangle = \langle w_{or}^2 \rangle \left[1 + \frac{z^2}{z_0^2} \right]$$

Bild 1.31 zeigt ein experimentelles Beispiel für den Fokusbereich eines Lasers, der ein Strahlungsfeld erzeugt, das extrem von dem eines Gaußstrahls abweicht. Es handelt sich um einen Rohr-Laser, dessen ausgekoppelter Strahl eine ringförmige Struktur besitzt. Trotzdem gilt (1.87) und die wichtigen Parameter $\langle w_{or}^2 \rangle$ und z_0^2 lassen sich bestimmen, woraus Öffnungswinkel und Strahlparameterprodukt des Strahls berechnet werden können.

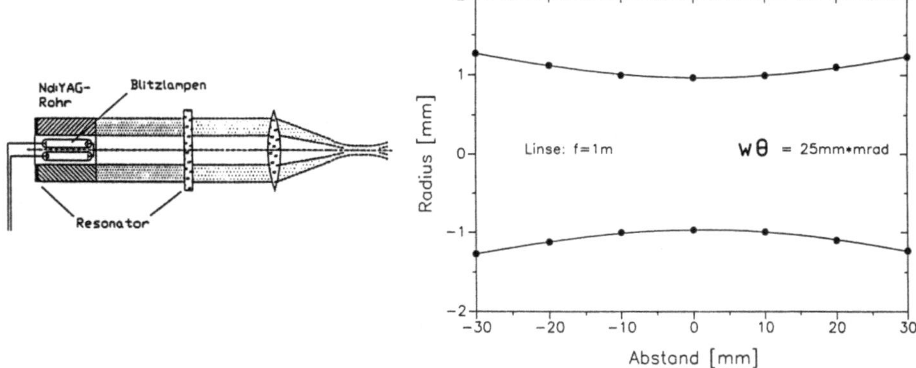

Bild 1.31 Mit Hilfe von (1.84) gemessene Strahlradien in der Umgebung des Fokus eines von einem Nd:YAG-Rohr-Laser emittierten Strahlungsfeldes. Die Brennweite der Linse beträgt $f=1$m, der Strahlradius auf der Linse etwa 30mm [Q.18].

1.2.8 Beugungstheoretische Beschreibung von Laserresonatoren

Mit dem oben eingeführten Collins-Integral ist es nun relativ einfach einen Formalismus anzugeben, mit dem man die Feldverteilungen auf den Resonatorspiegeln und in jedem anderen beliebigen Punkt berechnen kann. Betrachten wir einen optischen Resonator, der auf dem Spiegel 1 eine zunächst unbekannte Feldverteilung E_1 besitzt. Wie sieht dieses Feld nach einem Umlauf im Resonator aus (Bild 1.32) ? In Abschn.1.1 wurde die Strahlmatrix für diesen Fall berechnet. Sie lautete (1.30):

$$M = \begin{pmatrix} G & 2Lg_2 \\ \dfrac{G^2-1}{2Lg_2} & G \end{pmatrix} \qquad G = 2g_1 g_2 - 1$$

Setzt man dies in (1.51) ein so erhält man:

$$E_2(x_2,y_2) = -i\,\frac{e^{ikL}}{2Lg_2\lambda} \int_F E_1(x_1,y_1)\; e^{\frac{i\,\pi}{2Lg_2\lambda}\left(G(x_1^2+x_2^2+y_1^2+y_2^2)-2(x_1 x_2+y_1 y_2)\right)} dx_1\,dy_1 \tag{1.89}$$

Im stationären Betrieb muß das Feld E_2 aber bis auf eine Proportionalitätskonstante γ mit dem startenden Feld E_1 identisch sein. Schließlich soll sich die Struktur der Feldverteilung nicht ändern.
Es muß also gelten:

$$E_2(x_2,y_2) = \gamma\, E_1(x_2,y_2) \tag{1.90}$$

Man bezeichnet γ als Eigenwert der Feldverteilung des Resonators.
Einsetzen von (1.90) in (1.89) liefert eine Bestimmungsgleichung für die Feldverteilung E_1. Hat man die Feldverteilung bestimmt (meist numerisch), so kann mit dem Collins-Integral das Feld in jedem beliebigen Punkt berechnet werden (natürlich muß die Paraxialnäherung gelten) [1.10, 1.11, 1.13].
Bei Anwendung des Collins-Integrals muß darauf geachtet werden, daß damit nur die Ausbreitung zwischen zwei Blenden berechnet werden kann. Sind z.B beide Laserspiegel durch Blenden begrenzt, so kann man nicht wie oben die Strahlmatrix für den Resonatorumlauf benutzen und mit einem Collins-Integral das Feld nach dem Umlauf berechnen. Vielmehr muß in diesem Fall die Ausbreitung von Spiegel 1 zum Spiegel 2 und zurück getrennt betrachtet werden.

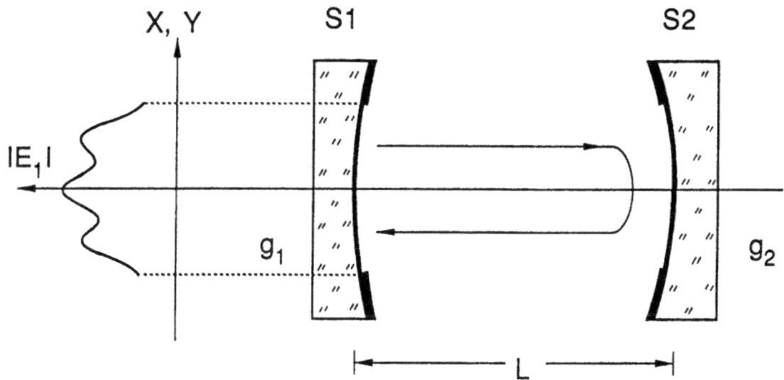

Bild 1.32 Zur Berechnung der Feldverteilung auf den Resonatorspiegeln. Nach einem Umlauf muß sich die ursprüngliche Feldverteilung bis auf einen konstanten Faktor reproduziert haben.

Die Bedeutung des Eigenwertes γ wird klar, wenn man die Leistung P_1, die auf dem Spiegel startet mit der Leistung P_2 vergleicht, die nach dem Umlauf noch auftrifft. Es gilt

$$P_2 = \frac{1}{2} c\varepsilon_0 \int E_2 E_2^* \, dF = \gamma\gamma^* \frac{1}{2} c\varepsilon_0 \int E_1 E_1^* \, dF = \gamma\gamma^* P_1$$

Der Faktor $\gamma\gamma^*$ gibt also an, welcher Anteil der gestarteten Leistung nach dem Umlauf wieder auf den Spiegel fällt. Diesen Faktor bezeichnet man als Verlustfaktor pro Umlauf V. In Bild 1.32 trifft also nur der Anteil V der Ausgangsleistung nach dem Umlauf wieder innerhalb der Blende auf, der Rest, also $1-V$, trifft auf die Blende und geht damit für den Resonator verloren. Der Anteil der Leistung die pro Umlauf verloren geht bezeichnet man als Verlust ΔV. Dieser hängt mit dem Verlustfaktor zusammen über

$$\Delta V = 1 - V$$

Befindet sich ein verstärkendes Medium im Resonator wird natürlich im stationären Betrieb dieser Verlust durch die Verstärkung kompensiert.

Der Gaußstrahl als Grundmode

Eine spezielle Lösung des Eigenwertproblems (1.89/90) ist der Gaußstrahl, der dem Grundmode stabiler Resonatoren entspricht. Wir wollen im folgenden die Diskussion etwas allgemeiner halten und die Integralgleichung (1.89) wieder nach Collins als Funktion der Matrixelemente der Strahlmatrix ausdrücken. Die Integrationsfläche F sei dabei als unendlich angenommen, d.h. es existieren keine Begrenzungen auf der Referenzebene (Bild 1.33).

Im Resonator mögen sich eine beliebige Anzahl von Linsen befinden und es sei M die resultierende Matrix für einen Umlauf. Für die gesuchten stationären Feldverteilungen $E(x,y)$ auf der Referenzebene muß gelten

$$\gamma E(x_2,y_2)=-i\,\frac{e^{ikL}}{\lambda B}\int\limits_{-\infty}^{\infty}\int\limits_{-\infty}^{\infty} E(x_1,y_1)\;e^{\frac{i\pi}{\lambda B}(A(x_1^2+y_1^2)+D(x_2^2+y_2^2)-2(x_1x_2+y_1y_2))}dx_1\,dy_1$$

In diesem Fall ist der Gaußstrahl nach (1.57) Lösung dieser allgemeinen Integralgleichung, es muß nur noch gefordert werden, daß der Strahl sich nach einem Umlauf reproduziert, also $q_1 = q_2$.

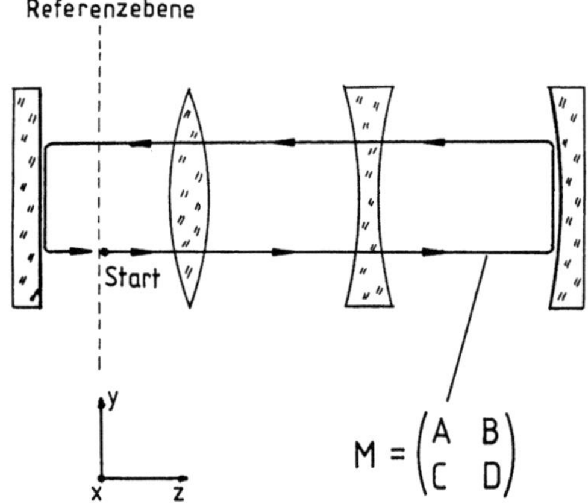

Bild 1.33 Zur Berechnung der stationären, sich reproduzierenden Feldverteilung $E(x,y)$ in einem geschlossenen optischen System mit der Strahlmatrix M für den Umlauf.

Gleichung (1.58) unter Benutzung von (1.13) nach $1/q_1$ aufgelöst ergibt

$$\frac{1}{q_1} = \frac{D-A}{2\,B} - \frac{i}{2\,B}\sqrt{4 - (A+D)^2} \tag{1.91}$$

Der Vergleich mit (1.64) liefert den Krümmungsradius R_1 und den Strahlradius w_1 dieses Gaußstrahls in der Referenzebene:

$$R_1 = \frac{2B}{(D-A)} \qquad w_1^2 = \frac{\lambda}{\pi}\,\frac{2\,B}{\sqrt{4 - (A+D)^2}} \tag{1.92a,b}$$

Aus (1.92) entnimmt man sofort eine notwendige Voraussetzung für die Existenz des Gaußstrahls. Es muß gelten

$$\mid A + D \mid \ < \ 2 \tag{1.93}$$

Man bezeichnet solche Resonatoren als stabil. Der Gaußstrahl ist die einfachste stationäre Feldverteilung in einem stabilen Resonator und wird deshalb Grundmode (TEM_{00}) genannt. Hierauf wird noch näher in Kapitel 3 eingegangen.

Im Fall des leeren Resonators ohne Linsen mit der Umlaufmatrix

$$M = \begin{pmatrix} G & 2Lg_2 \\ \dfrac{G^2-1}{2Lg_2} & G \end{pmatrix} \qquad G = 2g_1 g_2 - 1$$

lautet die Stabilitätsbedingung (1.93)

$$\mid G \mid \ < \ 1 \qquad \text{oder} \qquad -1 < g_1 g_2 < 1 \tag{1.94}$$

Aus (1.92b) erhält man den Gaußstrahlradius auf Spiegel 1 (Bild 1.24)

$$w_1^2 = \frac{2Lg_2\lambda}{\sqrt{1 - G^2}} \tag{1.95}$$

Durch Vertauschen der Indizes ergibt sich für den Gaußstrahlradius auf Spiegel 2 entsprechend

$$w_2^2 = \frac{2Lg_1\lambda}{\sqrt{1 - G^2}} \tag{1.96}$$

Auf beiden Spiegeln erhält man aus (1.92a) den Krümmungsradius $R=\infty$, was anschaulich bedeutet, daß die Spiegeloberflächen Phasenflächen des Gaußstrahls sind. Man bedenke dabei, daß sich die Referenzebenen zwischen den jeden Spiegel ersetzenden Linsen befinden.

1.3 Polarisation des Lichts

Licht, welches sich im freien Raum ausbreitet, ist stets transversal polarisiert, d.h. die elektrische Feldstärke steht senkrecht auf der Ausbreitungsrichtung z und ist vollständig durch die Angabe der x- und
y-Komponente bestimmt. Bei natürlichem Licht und auch bei vielen Lasern
ändert der Feldstärkevektor seine Richtung statistisch und schnell gegen
die Detektionszeit. Dieses Licht bezeichnet man als unpolarisiert.
Im folgenden soll vollständig polarisiertes Licht betrachtet werden, d.h.
der Feldstärkevektor zeigt in eine feste Raumrichtung oder ändert seine
Richtung streng periodisch.

1.3.1 Beschreibung des Polarisationzustandes

Der allgemeine Polarisationszustand wird durch die Angabe der x,y-Kom-
ponenten des E-Vektors beschrieben:

$$E = \begin{pmatrix} E_{0x} \\ E_{0y} \ exp(i\Phi) \end{pmatrix} \tag{1.97}$$

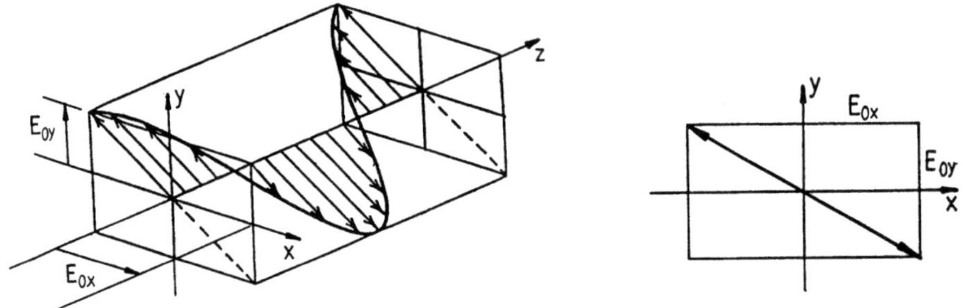

Bild 1.34 Der Schwingungszustand des elektrischen Feldes kann bzgl.
eines kartesischen Koordinatensystems, dessen z-Achse in Ausbreitungsrichtung steht, durch Angabe der transversalen Feldkomponenten beschrieben werden. Der Polarisationszustand wird bildlich durch eine
Kurve in der x,y-Ebene dargestellt die von der Spitze des Feldstärkevektors während einer Periodendauer überstrichen wird. In dem hier
dargestellten Fall linearer Polarisation ergibt sich somit die Winkelhalbierende des rechten Bildes.

Zum Verständnis sei darauf hingewiesen, daß der Feldvektor E den zeitunabhängigen Anteil des komplexen Feldes darstellt. Das beobachtbare reelle Feld an einem festen Ort z hat die Form

$$E = \begin{pmatrix} E_{ox} \, \cos \omega t \\ E_{oy} \, \cos(\omega t + \Phi) \end{pmatrix} \qquad (1.98)$$

Die zeitlich gemittelte Intensität ergibt sich zu $I=(E_{ox}^2+E_{oy}^2)/2c\varepsilon_0$.

Spezialfälle:

1) **linear polarisiertes Licht**, $\Phi=0$ oder $\Phi=\pi$ (Bild 1.35)

Beide Feldkomponenten schwingen in Phase. Der elektrische Vektor schwingt unter dem Winkel α zur x-Achse, wobei gilt

$$\alpha = arctan(E_{oy}/E_{ox}) \qquad \text{für } \Phi=0$$
$$\alpha = \pi - arctan(E_{oy}/E_{ox}) \qquad \text{für } \Phi=\pi$$

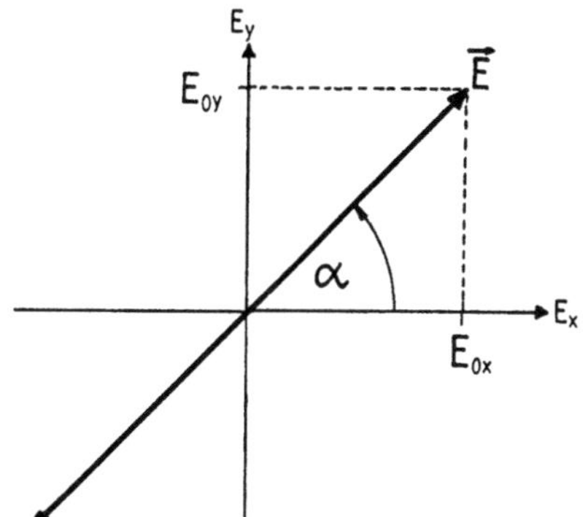

Bild 1.35 Ist Licht linear polarisiert, schwingt das elektrische Feld nur in einer Richtung. Die Lage der Schwingungsebene ist durch die Komponenten E_{ox} und E_{oy} festgelegt.

2) **zirkular polarisiertes Licht:** $\Phi = \pm \, \pi/2$, $E_{ox}=E_{oy}=E_0/\sqrt{2}$

Mit (1.97) ergibt sich der Feldvektor zu

$$E = E_0/\sqrt{2} \begin{pmatrix} 1 \\ -i \end{pmatrix} \qquad \text{für } \Phi = -\,\pi/2$$

$$E = E_0/\sqrt{2} \begin{pmatrix} 1 \\ +i \end{pmatrix} \qquad \text{für } \Phi = +\,\pi/2$$

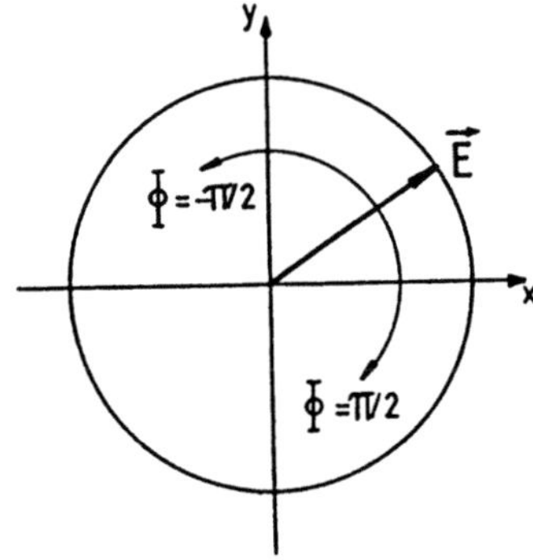

Bild 1.36 Bei zirkular polarisiertem Licht beschreibt die Spitze des Feldstärkevektors einen Kreis.

Das zeitliche Verhalten des Feldes ist aus Bild 1.36 ersichtlich. Die beiden Feldkomponenten sind um 90° phasenverschoben. Die Spitze des Feldstärkevektors beschreibt also einen Kreis mit Radius E_0. Blickt man in Ausbreitungsrichtung des Feldes, so erfolgt die Drehung im Uhrzeigersinn für $\Phi = +^\pi/_2$ (*rechtszirkular polarisiert*), im anderen Fall entgegengesetzt (*linkszirkular polarisiert*).

3) elliptische Polarisation: $E_{ox}=E_{oy}=E_0/\sqrt{2},\ \Phi = $ **beliebig**
Der Feldstärkevektor ist nach (1.97) gegeben durch

$$E = E_0/\sqrt{2} \begin{pmatrix} 1 \\ e^{i\Phi} \end{pmatrix}$$

Die Spitze des elektrischen Feldvektors beschreibt eine Ellipse, deren Hauptachse um 45° zur x-Achse geneigt ist. Linear polarisiertes Licht und zirkular polarisiertes Licht sind Spezialfälle der elliptischen Polarisation für $\Phi=0,\pi$ bzw. $\Phi = \pm\,^\pi/_2$ (Bild 1.37).

Im allgemeinen sind auch die Amplituden der beiden Feldkomponenten verschieden. Generell erhält man immer eine Ellipse, deren große Hauptachse um den Winkel

$$\alpha = arctan(E_{oy}/E_{ox}) \qquad \text{für } -\pi/2 \leq \Phi < \pi/2$$
$$\alpha = \pi - arctan(E_{oy}/E_{ox}) \qquad \text{für } \pi/2 \leq \Phi < 3\pi/2$$

gegen die x-Achse geneigt ist. Die Koordinatenabschnitte der Ellipse sind gegeben durch

$$\Delta_x = E_{ox}\,|\sin\Phi| \qquad\qquad \Delta_y = E_{oy}\,|\sin\Phi|$$

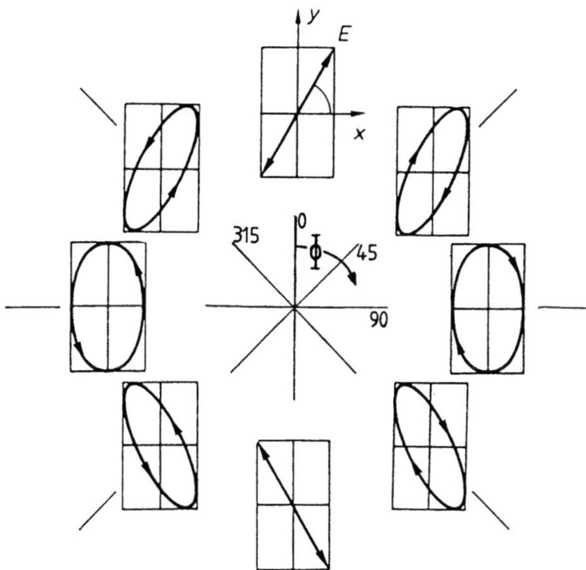

Bild 1.37 Polarisationszustände von Licht in Abhängigkeit der Phasenverschiebung Φ zwischen x und y-Komponente des elektrischen Feldes. Gezeigt sind die Verbindungslinien der Spitzen des sich zeitlich verändernden Feldvektors. Blickrichtung ist die Ausbreitungsrichtung.

1.3.2 Jones-Matrizen

Analog zum Fall der Matrixoptik kann die Änderung des Polarisationzustandes durch ein optisches Element mit einer 2×2-Matrix M^P beschrieben werden. Ist E_0 der Feldstärkevektor vor dem Element, so folgt der Vektor E_1 dahinter zu

$$E_1 = M^P \, E_0 \tag{1.99}$$

Die Matrix M^P bezeichnet man als Jones-Matrix [1.1,1.17]. Im folgenden werden die Jones-Matrizen für zwei wichtige polarisierende Elemente hergeleitet.

a) Polarisator

Ein Polarisator zeichnet sich dadurch aus, daß das einfallende elektrische Feld nur bzgl. einer Schwingungsrichtung durchgelassen wird. Trifft beliebig polarisiertes oder unpolarisiertes Licht auf einen Polarisator, werden nur diejenigen Feldanteile durchgelassen, die in der Durchlaßrichtung schwingen. Hinter einem Polarisator ist Licht im Idealfall linear polarisiert.

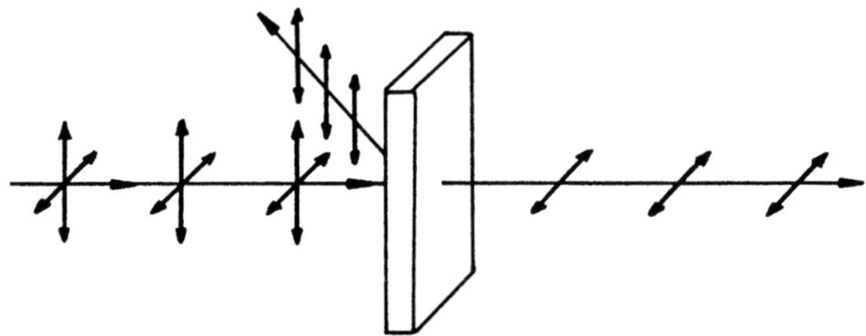

Bild 1.38 Wirkung eines Polarisators auf einfallendes Licht. Hinter dem Polarisator ist das Licht parallel zur Durchlaßrichtung linear polarisiert.

Die Matrix des Polarisators lautet also

$$MP_p = \begin{pmatrix} 1 & 0 \\ 0 & 0 \end{pmatrix} \qquad \text{\textit{falls Durchlaßrichtung in x-Richtung}}$$

$$MP_p = \begin{pmatrix} 0 & 0 \\ 0 & 1 \end{pmatrix} \qquad \text{\textit{falls Durchlaßrichtung in y-Richtung}}$$

Den Fall, daß die Durchlaßrichtung nicht mit einer Achse des gewählten Koordinatensystem zusammenfällt werden wir später behandeln.

In der Praxis sind Polarisatoren jedoch nicht zu 100% polarisierend, sondern lassen bei Einstrahlung unpolarisierten Lichts auch teilweise Feldkomponenten, die senkrecht zur Durchlaßrichtung schwingen, durch. Bezeichnen I_p und I_s die Intensitäten der hinter dem Polarisator parallel und senkrecht zur Durchlaßrichtung schwingenden Feldstärken, so wird die Güte eines Polarisators durch den Polarisationsgrad P mit

$$P = \frac{I_p - I_s}{I_p + I_s}$$

angegeben. Im idealen Fall ($I_p = I, I_s = 0$) ergibt sich $P = 1$.

Die Jones-Matrix eines solchen realen Polarisators ist (Durchlaßrichtung:y)

$$MP_p = \begin{pmatrix} \sqrt{1-P}/\sqrt{1+P} & 0 \\ 0 & 1 \end{pmatrix}$$

b) Verzögerungsplatte

Eine Verzögerungsplatte besteht aus einem doppelbrechenden Material. Solch ein Material zeichnet sich dadurch aus, daß zwei senkrecht zueinander stehende Raumrichtungen, die Hauptachsen, verschiedene Brechungsindizes aufweisen. Licht, daß parallel zu den Hauptachsen polarisiert ist, erfährt dadurch verschiedene Phasenverschiebungen Φ_1 und Φ_2, je nachdem welche der beiden Hauptachsen in Richtung der Schwingungsebene liegt. Fallen die Hauptachsen der Verzögerungsplatte mit dem gewählten Koordinatensystem zusammen, so ergibt sich die Matrix M^P zu

$$M^P{}_V = \begin{pmatrix} e^{i\Phi_1} & 0 \\ 0 & e^{i\Phi_2} \end{pmatrix} \tag{1.100}$$

$$= \begin{pmatrix} 1 & 0 \\ 0 & e^{i(\Phi_2-\Phi_1)} \end{pmatrix} e^{i\Phi_1}$$

Der Faktor $\exp(i\Phi_1)$ hat keinen Einfluß auf die Änderung des Polarisationszustandes, so daß die Jones-Matrix der Verzögerungsplatte lautet:

$$M^P{}_V = \begin{pmatrix} 1 & 0 \\ 0 & e^{i\delta} \end{pmatrix} \quad , \quad \delta = \Phi_2 - \Phi_1 \tag{1.101}$$

Spezialfälle:

a) $\delta = \pm\,\pi/2$, "$\lambda/4$ – Platte"

Die Jones-Matrix ergibt sich zu

$$\begin{pmatrix} 1 & 0 \\ 0 & \pm i \end{pmatrix}$$

Trifft linear polarisiertes Licht unter dem Winkel $\alpha=45°$ zur x-Achse auf die Platte, d.h. der Feldvektor $E_0 = E_0(1,1)$, so ergibt sich hinter der $\lambda/4$-Platte

$$E_1 = E_0\,(1,\pm i)$$

d.h. das Licht ist je nach Vorzeichen rechts- oder linkszirkular polarisiert (Bild 1.39)

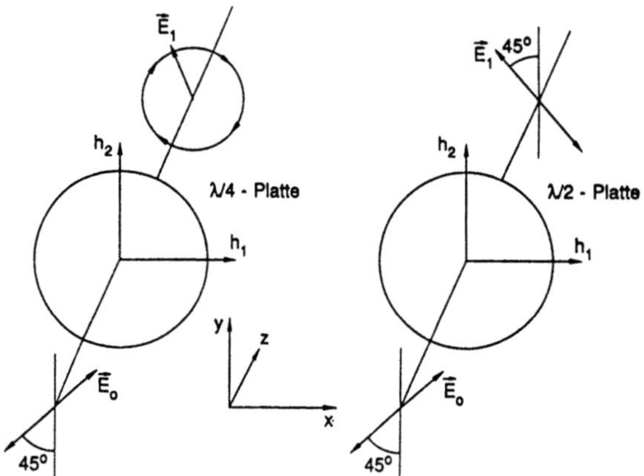

Bild 1.39 Wirkung einer λ/4-Platte und einer λ/2-Platte auf linear polarisiertes Licht dessen Schwingungsrichtung um 45° zu einer Hauptebene
h_1, h_2 gedreht ist. Es entsteht zirkular polarisiertes bzw. um 90° gedreht
linear polarisiertes Licht.

b) $\delta = \pm\,\pi$, "λ/2-Platte"

Aus (1.101) folgt die Jones-Matrix zu

$$\begin{bmatrix} 1 & 0 \\ 0 & -1 \end{bmatrix}$$

Fällt unter 45° linear polarisiertes Licht $E_0 = E_0(1,1)$ auf die λ/2-Platte, so
erhält man für den Feldvektor dahinter

$$E_1 = E_0\ (1,-1)$$

Das Licht ist weiterhin linear polarisiert, jedoch hat sich die Schwingungsrichtung um 90° gedreht (Bild 1.39).

Ist das polarisierende optische Element um den Winkel α zur x-Achse gedreht, d.h. in unseren Beispielen bildet die Durchlaßrichtung des
Polarisators bzw. die Hauptachse h_1 der Verzögerungsplatte mit der
x-Achse den Winkel α, so erhält man die nun gültige Jones-Matrix $M^P(\alpha)$
mittels

$$M^P(\alpha) = \begin{bmatrix} \cos\alpha & -\sin\alpha \\ \sin\alpha & \cos\alpha \end{bmatrix} M^P \begin{bmatrix} \cos\alpha & \sin\alpha \\ -\sin\alpha & \cos\alpha \end{bmatrix} \tag{1.102}$$

M^P bezeichnet hier die Jones-Matrix des ungedrehten Elements (α=0).

Im folgenden sind die Jones-Matrizen für die wichtigsten polarisierenden Elemente angegeben.

1) Polarisator

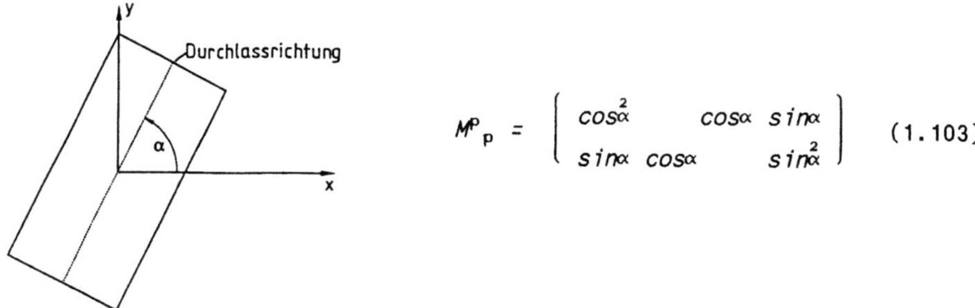

$$MP_p = \begin{pmatrix} \cos^2\alpha & \cos\alpha \; \sin\alpha \\ \sin\alpha \; \cos\alpha & \sin^2\alpha \end{pmatrix} \qquad (1.103)$$

Bild 1.40 Der gedrehte Polarisator

2) Brewsterplatte

Als Brewsterplatte bezeichnet man eine Platte aus transparentem Material mit Brechungsindex n, die unter dem Winkel $\theta = arctan(n)$ in den Strahl gestellt wird (Bild 1.41). Parallel zur Einfallsebene schwingendes Licht geht verlustfrei durch die Platte, die senkrecht dazu schwingende Komponente erleidet Reflexionsverluste bei Eintritt in und Austritt aus der Platte. Es gilt

$$MP_B = \begin{pmatrix} \left[\dfrac{2n}{n^2 + 1}\right]^2 & 0 \\ 0 & 1 \end{pmatrix} \qquad (1.104)$$

Auf die Angabe der Matrix des gedrehten Systems wird verzichtet, da diese nur selten gebraucht wird. Meist benutzt man ein Koordinatensystem, das mit den Symmetrieachsen der Brewsterplatte zusammenfällt, wie in Bild 1.41. Bei Bedarf kann die Jones-Matrix des gedrehten Elements leicht mit (1.102) bestimmt werden.

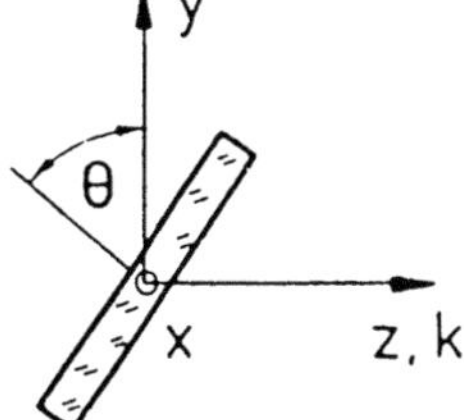

Bild 1.41 Die Brewsterplatte im Strahlengang

68

3) Stack-Plate-Polarisator

Eine Folge von hintereinandergereihten Brewsterplatten bezeichnet man als Stack-Plate-Polarisator (Bild 1.42). Ist N die Anzahl der verwendeten Platten, so gilt

$$M^P{}_{sp} = \begin{pmatrix} \left[\dfrac{2n}{n^2 + 1}\right]^{2N} & 0 \\ 0 & 1 \end{pmatrix} \qquad (1.105)$$

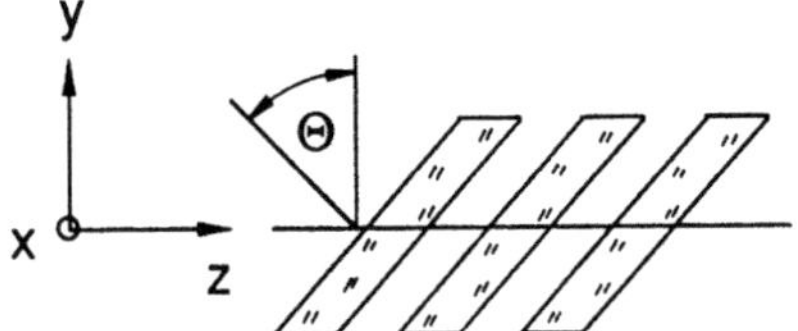

Bild 1.42 Stack-Plate-Polarisator aus drei Brewsterplatten.

Das linke obere Matrixelement ist kleiner eins und wird umso kleiner je mehr Brewsterplatten verwendet werden und je höher der Brechungsindex n ist. Die Wirkung des Stack-Plate-Polarisators besteht darin, daß parallel zur x-Achse schwingendes Licht durch Reflexion geschwächt wird, während die Schwingungsrichtung parallel zur y-Achse verlustfrei passiert. Bei genügend hoher Anzahl N ist das transmittierte Licht quasi linear zur y-Achse polarisiert.

4) Verzögerungsplattte

Die Jones-Matrix für eine gedrehte Verzögerungsplatte lautet

$$M^P{}_v = \begin{pmatrix} \cos^2\alpha + e^{i\delta}\sin^2\alpha & \sin\alpha\,\cos\alpha\,(1-e^{i\delta}) \\ \cos\alpha\,\sin\alpha\,(1-e^{i\delta}) & \sin^2\alpha + e^{i\delta}\cos^2\alpha \end{pmatrix} \qquad (1.106)$$

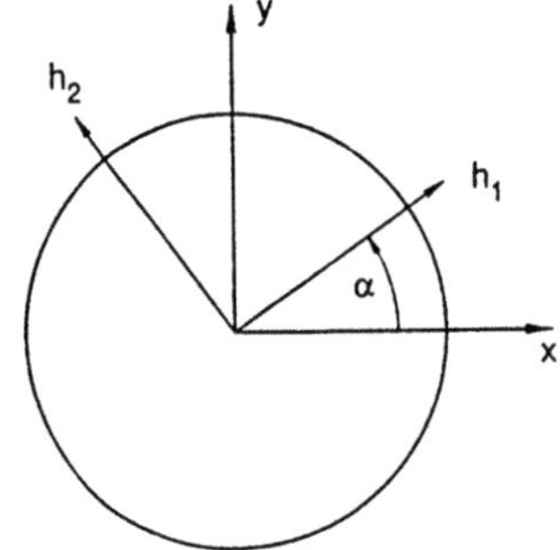

Bild 1.43 Die gedrehte Verzögerungsplatte

5) Faraday-Rotator

Ein Faraday-Rotator besteht aus einem Kristall, der in einem konstanten Magnetfeld liegt, dessen Richtung mit der Strahlausbreitungsrichtung übereinstimmt. Das Magnetfeld wird üblicherweise durch eine Spule erzeugt, die den Kristall umschließt (Bild 1.44). Die Wirkung des Faraday-Rotators besteht darin, daß linear polarisiertes Licht, unabhängig welchen Winkel die Schwingungsebene mit einer Koordinatenachse bildet, wieder linear polarisiert heraustritt, wobei sich jedoch die Schwingungsrichtung um den Winkel β gedreht hat. Der Winkel hängt von der Magnetfeldstärke und dem Medium ab. Die Jones-Matrix lautet

$$M^p{}_F = \begin{pmatrix} \cos\beta & -\sin\beta \\ \sin\beta & \cos\beta \end{pmatrix} \qquad (1.107)$$

Wie man mit (1.102) leicht verifiziert, ist die Matrix des gedrehten Faraday-Rotators mit der des ungedrehten identisch. Das ist natürlich klar, denn die Drehung des Lichts erfolgt schließlich unabhängig von seiner Schwingungsrichtung. Für den Drehwinkel β gilt

$$\beta = V \ell \, [k \, H]/k$$

mit V: Verdet-Konstante, H: Magnetfeldvektor, k: Wellenvektor, ℓ: Länge. Tabelle 1.2 gibt einen Überblick über Verdet-Konstanten einiger Materialien.

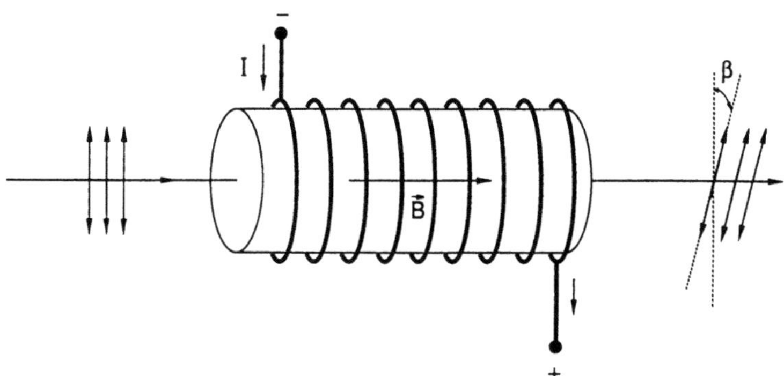

Bild 1.44 Der Faraday-Rotator dreht die Schwingungsrichtung linear polarisierten Lichts.

Tabelle.1.2 Verdet-Konstanten verschiedener Materialien.

Material	V [Grad/(cm Tesla)]
Wasser	2,2
Phosphatglas	2,7
Quarz	2,8
Flintglas	5,3
Phosphor	22,2
Terbium dotiertes Glas	40,0
Terbium dotiertes Gallium-Granat	76,8

6) Reflexion

Analog zur Behandlung der Reflexion in der geometrischen Optik (Strahl-matrix) drehen wir das Koordinatensystem so um, daß die z-Achse immer in die Ausbreitungsrichtung des Feldes zeigt. x- und y-Achse bleiben dabei aber raumfest stehen. Mit dieser Vereinbarung folgt die Jones-Matrix eines Spiegels bei senkrechtem Einfall zu:

$$M^p{}_S = r \begin{pmatrix} 1 & 0 \\ 0 & 1 \end{pmatrix} \qquad r : \text{Amplitudenreflexionsgrad}$$

Ist die Spiegelnormale aber zur Ausbreitungsrichtung geneigt, d.h. der Spiegel gedreht um die x- oder y-Achse, so erhalten die beiden Komponenten des Feldes i.a. verschiedene Phasenverschiebungen. Die Jones-Matrix ist dann die einer Verzögerungsplatte. Die relative Phasenverschiebung δ hängt dabei vom Einfallswinkel und von der Art des Spiegels ab. Es gibt auch dielektrische Spiegel, die bei nicht senkrechtem Einfall die Polarisation erhalten.

Die relative Phasenschiebung tritt auf jeden Fall immer bei Totalreflexion (z.B. durch ein 90°-Prisma) auf, wodurch die Jones-Matrizen totalreflektierender Elemente das gleiche Aussehen haben wie die einer Verzögerungsplatte.

Wird nach Reflexion an einem Spiegel ein Element nochmals, diesmal in umgekehrter Ausbreitungsrichtung passiert, so wird dieses Element durch die gleiche Jones-Matrix beschrieben, wie beim ersten Durchgang des Strahls (siehe die optische Diode weiter unten). Einzige Ausnahme sind Polarisationsdreher wie Quarz und Milchsäure, bei denen in Umkehr-richtung das Vorzeichen des Winkels in der Matrix geändert werden muß.

Stehen mehrere polarisierende Elemente hintereinander im Strahlengang so bestimmt die resultierende Jones-Matrix MP_{Res} die Änderung der Polarisation. Bezeichnet MP_i Jones Matrix des i-ten Elements das der Strahl passiert, so gilt bei N Elementen

$$MP_{Res} = MP_N \cdot MP_{N-1} \cdot \ \ldots \ \cdot MP_2 \cdot MP_1 \qquad (1.108)$$

Wie in der geometrischen Optik steht die Matrix des zuerst passierten Elements ganz rechts.

Beispiele:

a) die optische Diode

Eine Kombination aus Polarisator und $\lambda/4$-Platte bezeichnet man als optische Diode (Bild 1.45). Der Strahl trifft auf den Schirm S und ist dabei durch die $\lambda/4$-Platte so polarisiert worden, daß keine Leistung in die Lichtquelle zurückreflektiert wird, sondern am Polarisator absorbiert oder herausreflektiert wird. Der zweifache Durchgang durch die $\lambda/4$-Platte hat die Schwingungsrichtung um 90° gedreht.

Dies wird deutlich, wenn man die resultierende Matrix betrachtet. Diese ergibt sich zu

$$MP_{OD} = MP_p \ MP_v(45°) \ MP_v(45°) \ MP_p = \begin{pmatrix} 0 & 0 \\ 0 & 0 \end{pmatrix} \qquad (1.109)$$

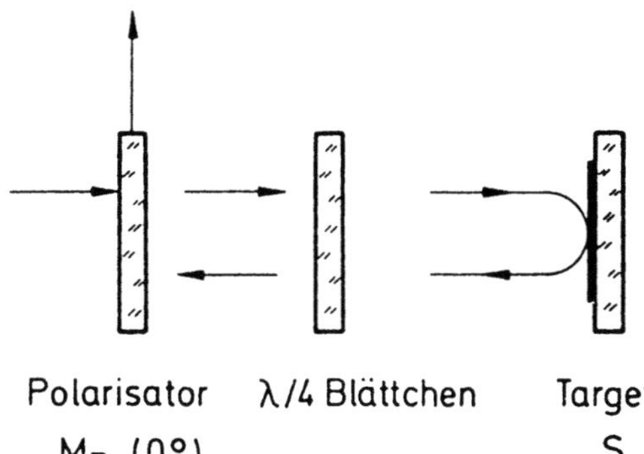

Bild 1.45 Die optische Diode. Durch die $\lambda/4$-Platte wird die Schwingungsrichtung um 90° gedreht. Das reflektierte Licht kann den Polarisator deshalb nicht passieren.

Voraussetzung bei dieser optischen Diode ist, daß der Spiegel nicht depolarisiert. Sollte dies der Fall sein, muß man ein System kombiniert aus Polarisator ($\alpha=0°$), Faraday-Rotator ($\beta=45°$) und einem weiteren Polarisator ($\alpha=45°$) verwenden. Wie sich anhand der Jones-Matrix leicht zeigen läßt, sperrt dieses System die von rechts nach links laufende Welle vollständig.

b) zwei gedrehte Polarisatoren

Gegeben sei ein Polarisator, der die x-Richtung als Durchlaßrichtung besitzt und dahinter ein zweiter Polarisator dessen Durchlaßrichtung um den Winkel α zur ersten gedreht ist (Bild 1.46). Die resultierende Jones-Matrix ergibt sich aus (1.103) und (1.108) zu

$$MP_{2P} = \begin{pmatrix} \cos^2\alpha & 0 \\ \cos\alpha \ \sin\alpha & 0 \end{pmatrix}$$

Fällt unpolarisiertes Licht mit $E_{ox}= E_{oy}= E_o$ und der Intensität

$$I_o = \varepsilon_o \ c \ E_o^2$$

in das System, so ergibt sich die Intensität dahinter zu

$$I_1 = \frac{1}{2} \varepsilon_o \ c \ (E_{ox}^2 \cos^2\alpha \ \sin^2\alpha + E_{ox}^2 \ \cos^4\alpha)$$

$$= \frac{1}{2} I_o \ \cos^2\alpha$$

Stehen die Polarisatoren gekreuzt ($\alpha = 90°,270°$) wird keine Intensität durchgelassen, bei paralleler Stellung ist die Transmission maximal.

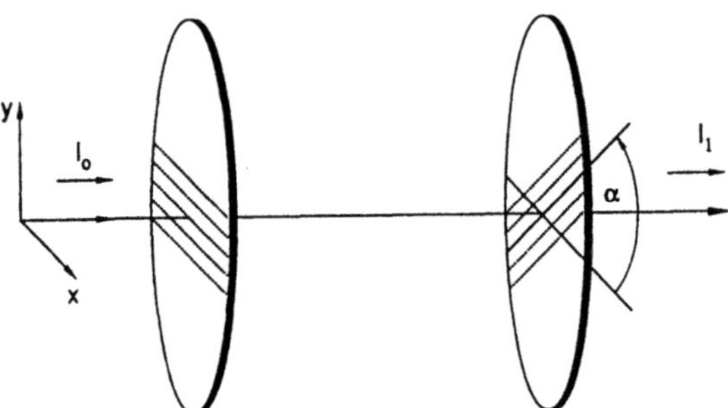

Bild 1.46 Gegeneinander gedrehte Polarisatoren.

c) gekreuzte Polarisatoren und drehbare λ/4-Platte

Zwei gekreuzte Polarisatoren kann normalerweise kein Lichtstrahl passieren. Erst wenn zwischen den Polarisatoren nochmals die Polarisation geändert wird, können Anteile entstehen, die in der Durchlaßrichtung des zweiten Polarisators schwingen. Diese Tatsache wird in der Praxis benutzt, um Spannungen in transparenten Materialien sichtbar zu machen. Dabei macht man sich zunutze, daß Spannungen die Polarisation des durchstrahlten Lichts ändern. Bringt man einen solchen Körper zwischen zwei gekreuzte Polarisatoren, so können aus der Intensitätsverteilung hinter dem zweiten Polarisator Informationen über den Ort und die Größe der Spannungen gewonnen werden. Die λ/4-Platte stellt ein Modell eines solchen Materials dar.

Die resultierende Jones-Matrix ergibt sich zu (Bild 1.47):

$$M^P = \begin{bmatrix} 1 & 0 \\ 0 & 0 \end{bmatrix} \begin{bmatrix} \cos^2\alpha + i\,\sin^2\alpha & \sin\alpha\,\cos\alpha\,(1-i) \\ \cos\alpha\,\sin\alpha\,(1-i) & \sin^2\alpha + i\,\cos^2\alpha \end{bmatrix} \begin{bmatrix} 0 & 0 \\ 0 & 1 \end{bmatrix}$$

$$= \begin{bmatrix} 0 & \sin\alpha\,\cos\alpha\,(1-i) \\ 0 & 0 \end{bmatrix} \tag{1.110}$$

Ein unpolarisierter Strahl mit Intensität I_0 hat demnach hinter der Anordnung die Intensität

$$I_1 = \sin^2\alpha\,\cos^2\alpha\;I_0$$

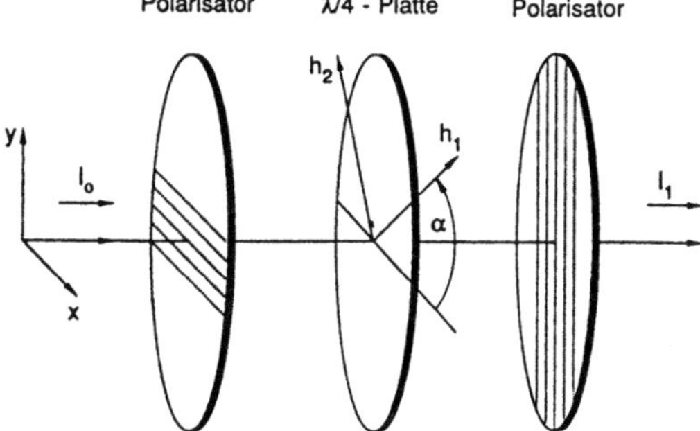

Bild 1.47 Gekreuzte Polarisatoren mit eingebrachter drehbarer λ/4-Platte.

Vollständige Dunkelheit herrscht für $\alpha=0,90,180,270$ Grad, denn in diesen Fällen liegt die Schwingungsebene des linear polarisierten Lichts hinter dem ersten Polarisator in Richtung einer Hauptachse, d.h. die Schwingungsrichtung ändert sich nicht und der zweite Polarisator sperrt total. Für $\alpha=45,135,225,315$ Grad erhält man die maximale Intensität $^1/_4\,I_0$, da in diesen Fällen zirkulare Polarisation hinter der $\lambda/4$-Platte vorherrscht.

1.3.3 Eigenwerte und Eigenvektoren

Gibt es nun Polarisationszustände, die sich bei Durchgang durch ein polarisierendes System nicht ändern? In diesem Fall müßten die Feldvektoren vor (E_0) und hinter dem System (E_1) bis auf einen konstanten Faktor μ^P identisch sein. Wir müssen demnach Feldvektoren E_0 finden, für die folgende Gleichung erfüllt ist:

$$E_1 = \mu^P\,E_0 = M^P\,E_0 \qquad\qquad (1.111)$$

Die gesuchten Polarisationzustände werden also durch die Eigenvektoren der Jones-Matrix beschrieben. Die Bedeutung der Eigenwerte wird einsichtig, wenn man die Intensität vor und hinter dem polarisierenden System vergleicht. Es gilt:

$$I_1 = {}^1/_2\,\varepsilon_0 c\,E_1 E_1^* = {}^1/_2\,\varepsilon_0 c\,\mu^P\mu^{P*}\,E_0 E_0^* = |\mu^P|^2\,I_0 \qquad (1.112)$$

Der Faktor $|\mu^P|^2$ gibt also den Anteil der Leistung an, die nach Durchgang durch das polarisierende System noch vorhanden ist. Diesen Faktor bezeichnen wir, wie schon in Abschn.1.2, als Verlustfaktor V.
Die beiden Eigenwerte lassen sich aus den Elementen der Jones-Matrix

$$M^P = \begin{pmatrix} m_{11} & m_{12} \\ m_{21} & m_{22} \end{pmatrix}$$

zu

$$\mu_{1,2} = \frac{m_{11}+m_{22}}{2} \pm \sqrt{\left(\frac{m_{11}+m_{22}}{2}\right)^2 - m_{11}m_{22}+m_{12}m_{21}}$$

berechnen.
Die zugehörigen Eigenvektoren ergeben sich für $m_{12}\neq0$ zu

$$E_i \quad = \quad \begin{pmatrix} 1 \\ \dfrac{\mu_i - m_{11}}{m_{12}} \end{pmatrix} \qquad\qquad i=1,2$$

Zusammenfassend gilt also: Eine Jones-Matrix besitzt im allgemeinen zwei Eigenvektoren und zwei dazugehörige Eigenwerte. Die Eigenvektoren beschreiben Polarisationszustände, die nicht durch das polarisierende System geändert werden. Das Betragsquadrat des Eigenwertes gibt an, welcher Anteil der eingestrahlten Lichtleistung in diesen beiden Fällen das System passiert.

Beispiele:

a) Verzögerungsplatte

Die Jones-Matrix der ungedrehten Verzögerungsplatte war:

$$\begin{pmatrix} 1 & 0 \\ 0 & e^{i\delta} \end{pmatrix}$$

Eigenvektoren sind

$$E_{01} = \begin{pmatrix} 1 \\ 0 \end{pmatrix} \qquad\qquad \text{mit Eigenwert } \mu^P_1 = 1$$

$$E_{02} = \begin{pmatrix} 0 \\ 1 \end{pmatrix} \qquad\qquad \text{mit Eigenwert } \mu^P_2 = e^{i\delta}$$

Parallel zu den Hauptachsen linear polarisiertes Licht bleibt also linear polarisiert. In beiden Fällen ist das Betragsquadrat des Eigenwerts gleich eins, d.h. es treten keine Leistungverluste auf.

b) **Brewsterplatte**

Die Jones-Matrix der Brewsterplatte war (1.104)

$$M^P_B = \begin{pmatrix} \left[\dfrac{2n}{n^2 + 1}\right]^2 & 0 \\ 0 & 1 \end{pmatrix}$$

Eigenvektoren sind

$$E_{01} = \begin{pmatrix} 1 \\ 0 \end{pmatrix} \qquad \text{mit Eigenwert } \mu^{P}_{1} = \left[\ 2n/(n^2+1)\ \right]^2$$

$$E_{02} = \begin{pmatrix} 0 \\ 1 \end{pmatrix} \qquad \text{mit Eigenwert } \mu^{P}_{2} = e^{i\delta}$$

Parallel zur y-Achse polarisiertes Licht geht verlustfrei durch die Brewsterplatte ohne die Schwingungsrichtung zu ändern. Ist das Licht parallel zur x-Achse polarisiert, bleibt zwar auch der Polarisationszustand erhalten, jedoch ist der Verlustfaktor V kleiner eins:

$$V = \left[\ 2n/(n^2+1)\ \right]^4$$

Der Anteil $\Delta V = 1-V$ der Eingangsleistung geht durch Reflexionen an den beiden Grenzflächen verloren.

1.3.4 Polarisation im Laserresonator

Mit dem Formalismus der Jones-Matrix kann man nun bestimmen, wie das Strahlungsfeld im Resonator polarisiert ist [1.18]. Befinden sich im Resonator polarisierende Elemente, so muß sich im stationären Betrieb der Polarisationszustand nach jedem Umlauf reproduzieren. Dieser Polarisationszustand ist also durch einen der Eigenvektoren der Jones-Matrix für einen Resonatorumlauf bestimmt. An welcher Stelle im Resonator man dabei startet, um die Jones-Matrix zu berechnen, ist gleichgültig, denn aus den Eigenvektoren erhält man die Polarisation an jeder beliebigen Position im Resonator durch Anwendung der entsprechenden Jones-Matrix für die Ausbreitung bis dorthin.

Eine definierte Polarisation der Laserstrahlung findet man jedoch nur dann, wenn die Eigenwerte der beiden Eigenvektoren verschieden sind. In diesem Fall wird der Polarisationszustand mit den geringsten Verlusten bevorzugt. Sind beide Eigenwerte gleich bleibt der Laserstrahl unpolarisiert.

Beispiel: Resonator mit interner Brewsterplatte (Bild 1.48)

Startet man auf Spiegel 1, so ergibt sich die resultierende Jones-Matrix

$$M^P = M^P_S \cdot M^P_B \cdot M^P_S \cdot M^P_B = \begin{pmatrix} \left[\dfrac{2n}{n^2+1}\right]^4 & 0 \\ 0 & 1 \end{pmatrix} \qquad n : \text{Brechungsindex}$$

Wie weiter oben gezeigt wurde, sind in x- und y-Richtung linear polarisierte Felder Eigenvektoren der Brewsterplatte. Der im Resonator hin
und her wandernde Strahl ist jedoch in y-Richtung linear polarisiert, da
der entsprechende Eigenwert eins ist und für diese Polarisation demnach
keine Verluste auftreten. Parallel zur x-Achse polarisiertes Licht ist zwar
ebenfalls ein Polarisationszustand, der sich im Resonator reproduziert,
jedoch ist der Verlustfaktor pro Umlauf in diesem Fall kleiner eins, nämlich

$$V = \left[\, 2n/(n^2+1) \,\right]^8$$

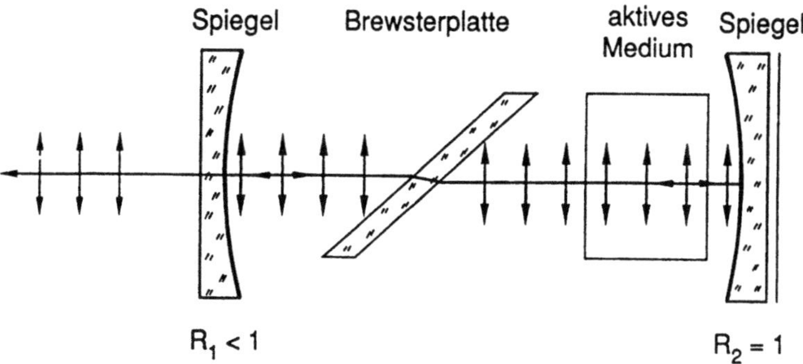

Bild 1.48 Ein Resonator mit interner Brewsterplatte emittiert parallel zur
Einfallsebene linear polarisiertes Licht. Die Einfallsebene wird durch den
Normalenvektor n und den Wellenvektor k aufgespannt. Dieser Polarisationszustand reproduziert sich nach jedem Umlauf und besitzt keine Verluste.

78

1.3.5 Depolarisatoren

Bisher hatten wir nur optische Elemente behandelt, die den Polarisation-
zustand ändern, wie die Verzögerungsplatte, oder die unpolarisiertem
Licht eine definierte Polarisation aufzwingen, wie der Polarisator. Es gibt
jedoch auch optische Elemente, die polarisiertes Licht in unpolarisiertes
verwandeln können. Solche Elemente bezeichnet man als Depolarisatoren.
Während die Umwandlung von unpolarisiertem Licht in polarisiertes generell nicht ohne Verlust an Strahlleistung möglich ist, kann die Depolari-
sation ohne Verlust erreicht werden. Als Beispiel betrachten wir den Depolarisator von Cornu (Bild 1.49).
Dieser Depolarisator für monochromatisches Licht besteht aus zwei anein-
andergekitteten Quarzprismen. Ein Quarzprisma wirkt im Prinzip wie eine
Verzögerungsplatte, jedoch ist die Phasenverschiebung δ umso größer, je
länger die Strecke ist, die der Strahl im Prisma durchlaufen muß. Entsprechend hängt die Phasenverschiebung in jedem Prisma von der Ein-
trittshöhe y ab. Bei der Verwendung nur eines Prismas würde der Strahl
jedoch abgelenkt werden. Dies wird durch das zweite angekittete Prisma
verhindert. Um die y-abhängige Phasenschiebung dadurch nicht aufzuhe-
ben, muß dieses Prisma eine negative Phasenverschiebung verursachen.
Ein parallel einfallender linear polarisierter Strahl kommt also wieder
parallel aus dem Depolarisator, jedoch mit einem y-abhängigen Polarisationszustand. Bei Mittelung über den Strahlquerschnitt erscheint das
Licht dann unpolarisiert.

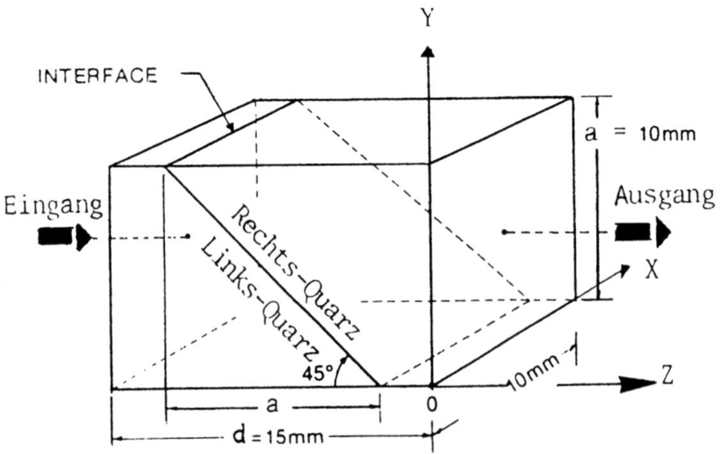

Bild 1.49 Depolarisator nach Cornu.

2 Resonanzeigenschaften optischer Resonatoren

Ob ein stationäres Strahlungsfeld in einem optischen Resonator existieren
kann hängt entscheidend von der Wellenlänge der Strahlung und dem
Abstand der Spiegel ab. Stationarität bedeutet hierbei, daß sich nicht
nur die Amplitude sondern auch die Phase des elektromagnetischen Feldes auf den Spiegeloberflächen nach jedem Umlauf reproduziert. Es ist
klar, daß dies nur erfüllt sein kann, wenn die Resonatorlänge ganz-
zahlige Vielfache der halben Wellenlänge beträgt. Nur dann bilden sich
stehende Wellen aus, die an den Spiegeloberflächen Knotenpunkte besitzen (Bild 2.1). (Wir vernachlässigen hier zunächst die Beeinflussung der
Phase durch Beugung an Begrenzungen und durch das aktive Medium.)
Somit können bei gegebenem Spiegelabstand L nur für solche Wellenlängen λ_q stationäre Feldverteilungen existieren, für die gilt:

$$\lambda_q = \frac{2L}{q} \tag{2.1}$$

λ_q : Vakuumwellenlänge
$L = L_o n$: optische Weglänge zwischen den Spiegeln
L_o : geometrischer Spiegelabstand
n : Brechungsindex des Resonatormediums

Die Ordnungszahl q ist eine ganze Zahl, die die Anzahl von Schwin-
gungsbäuchen im Resonator angibt. Ein Resonator besitzt demnach eine
periodische Folge von Resonanzfrequenzen $\nu_q = c_o/\lambda_q$, deren Frequenzabstand $\Delta\nu$ gegeben ist durch

$$\Delta\nu = \frac{c_o}{\lambda_q} - \frac{c_o}{\lambda_{q+1}} = \frac{c_o}{2L} \tag{2.2}$$

c_o : Vakuumlichtgeschwindigkeit

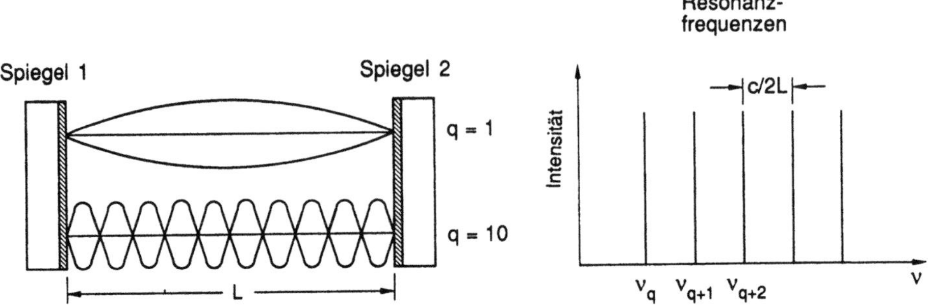

Bild 2.1 Stationäre Feldverteilungen in einem Resonator können nur existieren, wenn Vielfache der halben Wellenlängen in die Länge passen. Hin- und rücklaufende Wellen überlagern sich dann zu stehenden Wellen. Die Ordnungszahl *q* gibt die Anzahl der Schwingungsbäuche an.

Für einen optischen Spiegelabstand von 1m – eine typische Länge von Laserresonatoren – beträgt dieser Frequenzabstand 150 MHz, verglichen mit der Frequenz sichtbaren Lichts ($\nu = 6 \cdot 10^8$ MHz für $\lambda = 500$nm) ein sehr geringer Wert. Die Ordnungszahl *q*, d.h die Anzahl halber Wellenlängen die in einen solchen Resonator passen, ist deshalb sehr hoch: für $\lambda = 500$ nm existieren $4 \cdot 10^6$ Schwingungsbäuche im Resonator. Der Frequenzabstand $\Delta\nu$ wird auch als *Dispersionsbereich* des Resonators bezeichnet.

Stehende Wellen derart, daß Nullstellen der Strahlungsdichte im Resonator auftreten, gibt es nur für verlustfreie Resonatoren mit 100%-Spiegeln. In allen anderen Fällen treten im Resonator Anteile laufender Wellen auf, so daß die Minima der Strahlungsdichte größer null sind. Trotzdem gilt die Resonanzbedingung (2.1) hinreichend genau. Sie besagt allgemeiner, daß für diese Wellenlängen die Strahlungsdichte im Resonator maximal wird.

Im folgenden werden die Resonanzeigenschaften optischer Resonatoren, d.h. Lage der Resonanzfrequenzen und Abhängigkeit der Bandbreite $\delta\nu$ von Spiegelreflexionsgrad, Verlusten und Verstärkung, an dem einfachsten Vertreter, dem Fabry-Perot-Interferometer, näher untersucht.

2.1 Das Fabry-Perot-Interferometer

Ein Fabry-Perot-Interferometer, im folgenden mit FPI bezeichnet, besteht aus zwei Spiegeln mit Reflexionsgraden R_1 und R_2 im Abstand L (Bild 2.2). Zur Vereinfachung der Diskussion seien die Spiegel plan-parallel und als unendlich ausgedehnt angenommen. Dadurch kann die Beugung des Lichts vernachlässigt werden und eine geometrische Analyse erfolgen. Verluste, die an den Spiegeloberflächen durch Streuung und Absorption entstehen werden durch ein fiktives Medium mit Verlustfaktor V zwischen den Spiegeln berücksichtigt. Der Verlustfaktor V gibt dabei den Anteil der eingestrahlten Intensität des Lichts an, der nach dem Durchgang durch das Medium noch vorhanden ist [2.12,2.13].

Kontinuierlich in das FPI eingestrahltes Licht der Wellenlänge λ und Intensität I_0 wird zunächst beim Eintritt an Spiegel 1 reflektiert. Der transmittierte Anteil wird nun im FPI hin- und herreflektiert, wobei bei jeder Reflexion ein Teil der Intensität in Vorwärts- bzw. Rückwärtsrichtung ausgekoppelt wird. Summation über alle ausgekoppelten Teilwellen liefert den Transmissionsgrad T bzw. den Reflexionsgrad R des FPI, d.h. den Anteil des eingestrahlten Intensität I_0 der vom FPI durchgelassen bzw. reflektiert wird.

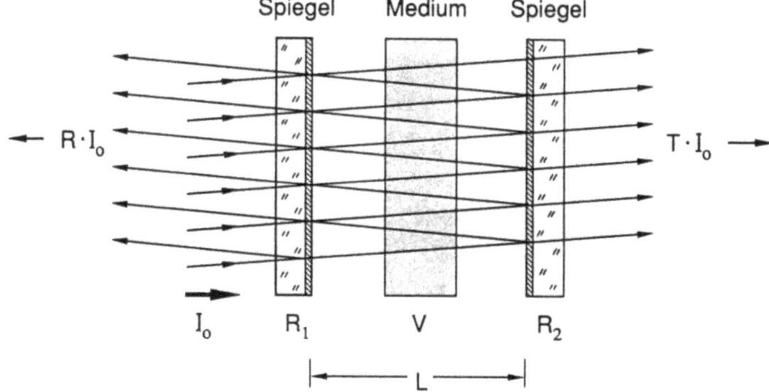

Bild 2.2 Plan-paralleles Fabry-Perot-Interferometer (FPI). Einfallendes Licht mit Intensität I_0 wird zwischen den Spiegeln hin- und herreflektiert und bei jeder Reflexion teilweise ausgekoppelt. Die Strahlen sind zur besseren Darstellung geneigt gezeichnet.

Es gilt:

$$R = \frac{(\sqrt{R_1} - \sqrt{R_2}\,V)^2 + 4\sqrt{R_1 R_2}\,V\,\sin^2(kL)}{(1-\sqrt{R_1 R_2}\,V)^2 + 4\sqrt{R_1 R_2}\,V\,\sin^2(kL)} \qquad (2.3)$$

$$T = \frac{T_1\,T_2\,V}{(1-\sqrt{R_1 R_2}\,V)^2 + 4\sqrt{R_1 R_2}\,V\,\sin^2(kL)} \qquad (2.4)$$

Es bedeuten

R_i : Reflexionsgrad von Spiegel i

$T_i = 1-R_i$: Transmissionsgrad von Spiegel i

V : Verlustfaktor pro Durchgang

$k = 2\pi/\lambda = 2\pi\nu/c_0$: Wellenzahl

L : optischer Spiegelabstand

λ : Vakuum-Wellenlänge

Bild 2.3 zeigt den Verlauf von Transmissionsgrad und Reflexionsgrad in Abhängigkeit von kL für ein verlustfreies FPI ($V=1$) mit $R_1=R_2=R$. Die Transmission ist genau dann maximal, wenn gilt

$$\sin(kL) = 0 \quad d.h. \qquad kL = q\cdot\pi \quad , \; q \in \mathbb{N}$$
$$bzw. \qquad \lambda = 2L/q$$

Es ergibt sich eine periodische Folge von Transmissionsmaxima im Abstand $\Delta(kL){=}\pi$, was einem Frequenzabstand von $\Delta\nu{=}c_0/2L$ entspricht. Wie in der Einleitung schon erläutert, ist dies aber die Bedingung für die Existenz stehender Wellen! Ein FPI transmittiert demnach Licht der Wellenlänge λ genau dann maximal, wenn Vielfache der halben Wellenlänge in den Spiegelabstand passen.

Es gelten folgende Relationen (Bild 2.3):

$$\textit{Maximale Transmission} \qquad T_{max} = \frac{T_1\,T_2\,V}{(1-\sqrt{R_1 R_2}\,V)^2} \qquad (2.6)$$

$$T_{max} = 1 \quad \textit{für } R_1=R_2\,, \; V=1 \qquad (2.6a)$$

$$\textit{Maximale Strahlungsdichte} \quad \rho_{max} = \frac{I_0}{c}\,\frac{T_1\,(1+R_1)}{(1-\sqrt{R_1 R_2}\,V)^2} \qquad (2.7)$$

$$\rho_{max} = \frac{I_0}{c}\,\frac{1+R}{1-R} \quad \text{für } R_1 = R_2 = R,\ V=1 \qquad (2.7a)$$

Halbwertsbreite der Maxima $\quad \delta\nu = |\ln(\sqrt{R_1 R_2}\,V)|\,\dfrac{c_0}{2\pi L} \simeq (1-\sqrt{R_1 R_2}\,V)\,\Delta\nu/\pi$
(Bandbreite)

$$(2.8)$$

Dispersionsbereich $\qquad \Delta\nu = \dfrac{c_0}{2L} \qquad\qquad\qquad\qquad (2.9)$$

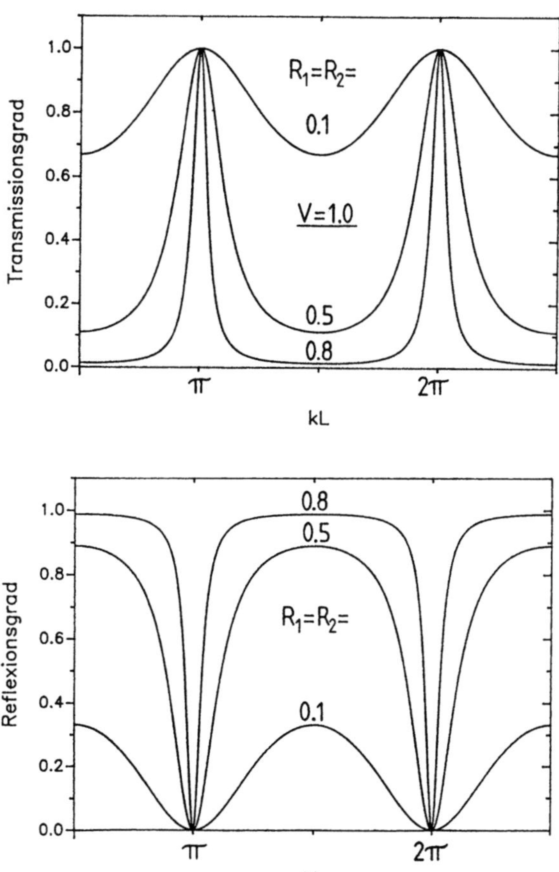

Bild 2.3 Transmissionsgrad und Reflexionsgrad eines verlustfreien FPI ($V=1$) in Abhängigkeit von kL. Maxima der Transmission treten auf, wenn $kL=q\pi$ gilt, d.h. wenn die Länge L einem ganzen Vielfachen der halben Wellenlänge entspricht. In diesem Fall treten stehende Wellen im FPI auf. Reflexionsgrad und Transmissionsgrad verhalten sich im verlustfreien FPI komplementär, d.h. es gilt $R + T = 1$.

Innerhalb der Bandbreite $\delta\nu$ wird Licht entsprechender Frequenz noch merklich transmittiert. Die Resonanzfrequenzen zeichnen sich also durch das Auftreten von Transmissionsmaxima mit einer charakteristischen Bandbreite aus, die umso kleiner ist je höher die Spiegelreflexionsgrade, d.h. je geringer die Auskoppelverluste sind. Umgekehrt ist der Reflexionsgrad des FPI bei den Resonanzfrequenzen immer minimal, da die Teilwellen, die das FPI in Rückwärtsrichtung verlassen, destruktiv interferieren. Sind beide Spiegelreflexionsgrade gleich, wird der Reflexionsgrad des FPI sogar null, wie in Bild 2.3 zu sehen ist. Beim verlustfreien FPI gilt stets die Relation:

$$R + T = 1$$

Es ist überraschend, daß der Transmissionsgrad eines verlustfreien FPI in Resonanz immer eins ist, d.h. die gesamte eingestrahlte Intensität wird transmittiert, obwohl doch beide Spiegel einen von null verschiedenen Reflexionsgrad besitzen. Selbst für hochreflektierende Spiegel mit $R_1 = R_2 = 0,9999$ wird keine Intensität reflektiert! Dieses zunächst paradox erscheinende Verhalten ist in der Interferenz der Teilwellen begründet. In Resonanz erhält man konstruktive Interferenz der hin- und herreflektierten Strahlen im FPI, wodurch sich die Intensität I^+ zu solch hohen Werten aufsummiert, daß der durch Spiegel 2 transmittierte Anteil gleich der einfallenden Intensität I_0 wird. Für $R_1 = R_2 = 0,9999$ heißt dies, daß die Intensität I^+ im FPI zehntausendmal höher als die eingestrahlte ist. Bild 2.4 zeigt die Intensitätsüberhöhung I^+/I_0 für die Kurven aus Bild 2.3. Die Resonanzüberhöhung beträgt hier fünf bei einem Auskoppelgrad von 20%.

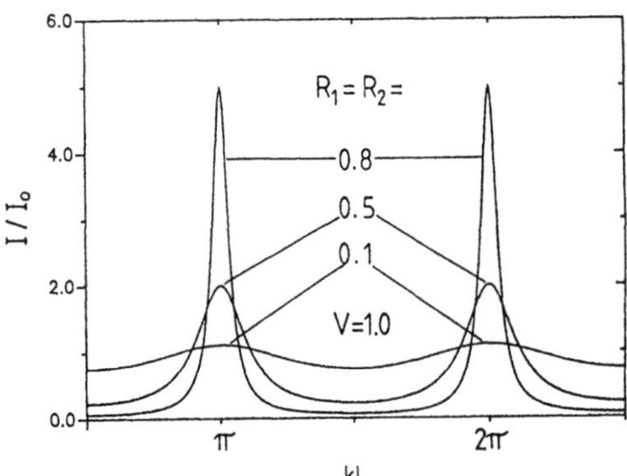

Bild 2.4 Verhältnis von Intensität im FPI zur eingestrahlten Intensität I_0 für die Reflexionsgrad- und Transmissionsgradkurven in Bild 2.3. Im Resonanzfall wird die Intensitätsüberhöhung umso größer je geringer die Verluste des FPI durch die Auskopplung sind.

Wird die Lichtquelle ausgeschaltet, so klingt die im FPI gespeicherte
Energie zeitlich ab. Die Abklingzeit τ, nach der nur noch der 1/e-te Teil
der ursprünglichen Energie vorhanden ist, ergibt sich zu:

$$\tau = \frac{L}{c_0} \; \frac{1}{|\ln(\sqrt{R_1 R_2}\, V)|} = \frac{1}{2\pi\delta\nu} \tag{2.9}$$

Diese Zeit vergeht auch bis nach Einschalten der Lichtquelle das FPI
funktionsbereit ist. Einschwingzeit und Bandbreite sind, wie bei allen
linearen Resonanzsystemen, zueinander umgekehrt proportional.

Es sollen noch zwei häufig verwendete Größen beim FPI erwähnt werden,
die Finesse F und die Güte Q. Sie sind wie folgt definiert

$$F = \Delta\nu/\delta\nu = \frac{\text{Dispersionbereich}}{\text{Bandbreite}} \tag{2.10}$$

$$Q = 2\pi \, \Delta\nu \, \tau = \nu/\delta\nu \tag{2.11}$$

Der Gütefaktor gibt an, wie schmal die Bandbreite $\delta\nu$ der Resonanz im
Verhältnis zur Resonanzfrequenz ν ist. Tabelle 2.1 zeigt anhand eines
FPI, wie es in der Atomphysik zur Vermessung von Spektrallinien
benutzt wird, dessen hohen Gütefaktor im Vergleich zum Federpendel.

Tabelle 2.1 Vergleich der Resonanzeigenschaften von FPI und Federpendel.

	FPI ($R_1=R_2=0,97$, $V=0,94$)		Federpendel
Resonanzfrequenz	$\nu = 4,94\cdot10^{14}$ Hz	($\lambda = 607$ nm)	2 Hz
Ordnungszahl	$q = 3,3\cdot10^4$		–
Bandbreite	$\delta\nu = 3,8\cdot10^8$ Hz		0,1 Hz
Dispersionsbereich	$\Delta\nu = 1,5\cdot10^{10}$ Hz		–
Max. Transmission	$T_{max} = 0,13$		–
Abklingzeit	$\tau = 3,61\cdot10^{-10}$ s		1,6 s
Gütefaktor	$Q = 1,3\cdot10^6$		20

Betrachten wir nun noch etwas genauer den Fall, daß V kleiner eins ist, d.h. Verluste durch Absorption oder Streuung auftreten. In diesem Fall gilt natürlich nicht mehr daß $R + T = 1$, vielmehr geht nun der Anteil ΔV^* der eingestrahlten Intensität verloren, d.h. nun gilt

$$R + T + \Delta V^* = 1$$

Mit (2.4) und (2.5) ergibt sich für den Verlust ΔV^*:

$$\Delta V^* = \frac{T_1 \ (1-V)(1+R_2 V)}{(1-\sqrt{R_1 R_2} V)^2 \ + \ 4\sqrt{R_1 R_2} V \ sin^2(kL)} \tag{2.12}$$

Bevor wir uns diese Funktion als Graph ansehen, wollen wir mit dem bisher Gesagten überlegen, wie der Verlust in Abhängigkeit von kL bzw. der Spiegelreflexionsgrade aussehen wird.

Wir haben bereits gesehen, daß die Intensität im FPI im Resonanzfall überhöht ist. Je höher die Intensität im FPI ist, desto stärker wirkt sich jedoch der Verlust des Mediums aus. Zwar geht immer der konstante Teil *(1-V)* der resonatorinternen Intensität verloren, bezogen auf die eingestrahlte Intensität wird der Verlust des FPI jedoch immer höher. In Resonanz ist deshalb der Verlust am höchsten.

Ähnlich läßt sich auch über die Abklingzeit argumentieren. In Resonanz verweilt das Licht lange im FPI, erfährt dadurch sehr viele Reflexionen und dementsprechend auch hohe Verluste, da bei jedem Durchlauf durch das Medium (Bild 2.2) ein Teil der Intensität verlorengeht. Der Verlust des FPI entsteht also durch Aufsummieren über die mittlere Anzahl von Reflexionen. Hohe Abklingzeiten erzeugen demnach hohe Verluste, so daß der Verlust im FPI umso höher ist je größer das Produkt der Spiegelreflexionsgrade $R_1 R_2$ wird. Geringe Bandbreite (d.h. $R_1 R_2 \longrightarrow 1$) und hoher Transmissionsgrad T_{max} sind deshalb schwer gleichzeitig zu realisieren.

Bild 2.5 zeigt den Verlust eines FPI in Abhängigkeit von kL für 5% Verlust pro Durchgang. Wie erwartet ergibt sich maximaler Verlust im Resonanzfall. Wichtig ist es sich zu merken, daß der Verlust eines FPI bedeutend höher werden kann als der Verlust der pro Durchgang durch das Medium entsteht. Insbesondere bei hohen Reflexionsgraden beträgt der Verlust um 50% selbst wenn nur geringe Verluste von 1% pro Durchgang im FPI existieren (Bild 2.6).

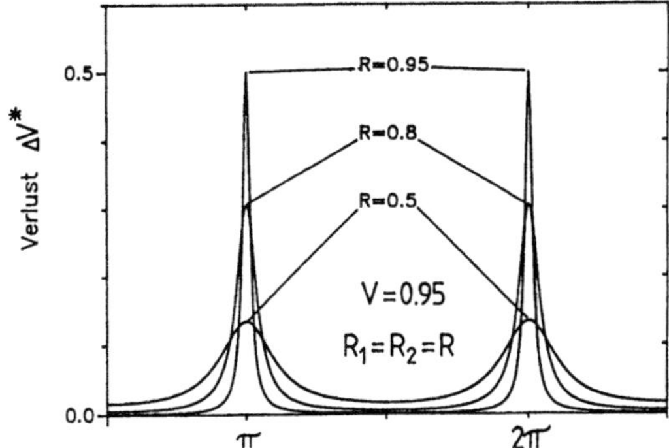

Bild 2.5 Abhängigkeit des Verlustes eines FPI von kL $(R_1 = R_2)$. Parameter ist der Reflexionsgrad der Spiegel $R = R_1 = R_2$. Durch die hohe Anzahl von Reflexionen ist der Verlust im Resonanzfall am größten. (5% Verlust pro Durchgang).

Dieses interessante Ergebnis zeigt, wie sensitiv auch geringe Verluste durch Absorption oder Streuung in das Verhalten eines Resonators eingehen. In einem späteren Kapitel werden wir sehen, daß die Ausgangsleistung eines Lasers sehr stark abnehmen kann, wenn nur geringe Verluste im Resonator existieren. Ein Verlust von 1% pro Durchgang hat unter Umständen eine Leistungsabnahme auf die Hälfte zur Folge. Den Grund hierfür haben wir nun schon kennengelernt: die große Anzahl von Reflexionen summiert den Verlust auf!

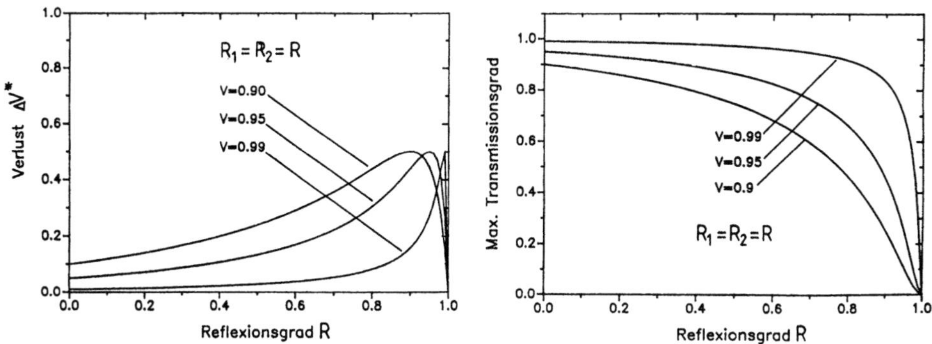

Bild 2.6 Maximaler Verlust und maximaler Transmissionsgrad eines FPI in Resonanz mit $R_1 = R_2$ in Abhängigkeit des Spiegelreflexionsgrad $R_1 = R_2 = R$. Parameter ist der Verlustfaktor pro Durchgang V. Bei hohem Reflexionsgrad bewirkt der hohe Verlust eine starke Abnahme der Transmission.

Abschließend sei noch auf den wichtigen Fall hingewiesen, daß das FPI in Resonanz auch mit internen Verlusten nicht reflektiert. Dies ist gegeben wenn nach (2.3) gilt:

$$\sqrt{R_1'} = \sqrt{R_2'}\, V$$

Ein FPI, das diese Bedingung erfüllt, bezeichnet man als *impedanz-angepaßt*. In Bild 2.6 ist dies nicht der Fall. Deshalb nimmt der Verlust wieder ab wenn der Reflexionsgrad der Spiegel gegen 1 strebt, da dann das FPI zu 100% reflektiert.

Anwendungen [2.5,2.6,2.7,2.9]

Da die Transmission des FPI von der Wellenlänge bezüglich der Länge abhängt, liegt seine Anwendung in der Messung kleiner Längenänderungen, der Vermessung der spektralen Zusammensetzung schmalbandiger Lichtquellen sowie in der spektralen Filterung (Interferfenzfilter).
Bild 2.7 zeigt einen Meßaufbau zur Messung kleiner Längenänderungen, in diesem Fall zur Bestimmung der Charakteristik einer Piezokeramik. Angeschlossen an eine Wechselspannung bewegt diese einen Spiegel eines FPI hin und her, wobei die maximale Auslenkung proportional zur anliegenden Spannung ist. Detektion des transmittierten Lichts liefert die Transmissionskurve des FPI für das Laserlicht der bekannten Wellenlänge λ. Der Abstand zweier Transmissionsmaxima entspricht einer Längenänderung von $\lambda/2$. Mit einer solchen Anordnung ist es möglich noch Längenänderungen von einigen Nanometern (10^{-9}m) aufzulösen.

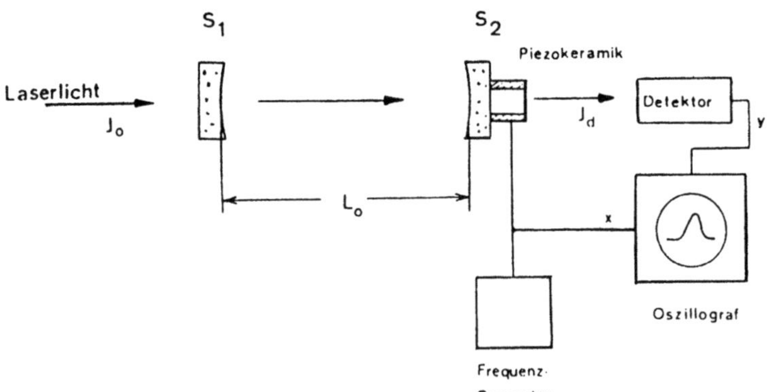

Bild 2.7 Meßaufbau zur Vermessung der Längenänderung einer Piezokeramik mit einem FPI [2.7].

Dieser Aufbau kann aber auch zur Wellenlängenmessung des eingestrahlten Lichts benutzt werden. Ersetzt man den Laser mit Wellenlänge λ durch einen anderen mit Wellenlänge λ', so ergibt sich wieder eine Folge von Transmissionsmaxima, die jedoch gegenüber den ersten verschoben sind. Aus dem Verschub läßt sich auf die Wellenlänge schließen. Entsprechend lassen sich auch Lichtquellen, die auf mehreren Wellenlängen emittieren untersuchen. Damit zwei benachbarte Wellenlängen noch als getrennte Transmissionspeak erscheinen, muß die Bandbreite des FPI hierzu möglichst gering sein. Gleichzeitig sollte der Dispersionsbereich möglichst groß sein, da nur solche Frequenzen gemessen werden können, deren Frequenzunterschied innerhalb des Dispersionsbereichs liegt. Deshalb verwendet man kleine Längen ($L \approx 1cm$) und hohe Spiegelreflektionsgrade. Typische Dispersionsbereiche liegen bei einigen 10 GHz.

Eine weitere Anwendung des FPI ist das Interferenzfilter, das aus einer breitbandigen Lichtquelle nur Licht mit einer schmalen Bandbreite um eine zentrale Frequenz transmittiert. Dazu muß der Dispersionsbereich größer als die Bandbreite der Lichtquelle (das Licht einer Glühbirne besitzt eine Bandbreite von etwa $3 \cdot 10^{14}$ Hz). Aus diesem Grund besitzen Interferenzfilter Spiegelabstände von einigen μm (siehe (2.8)). Auftretende höhere Ordnungen werden durch Farbgläser abgeblockt.

Zahlenbeispiel: Interferenzfilter für $\lambda=500nm$; $L=1\mu m$; $R_1=R_2=0,93$; $V=0,97$

Bandbreite	$\delta\nu = 4,7 \cdot 10^{12}$ Hz	$=$	$\delta\lambda = 3,9$ nm
Dispersionsbereich	$\Delta\nu = 1,5 \cdot 10^{14}$ Hz	$=$	$\Delta\lambda = 170$ nm
Einschwingzeit	$\tau = 1,5 \cdot 10^{-14}$ s		
Ordnungszahl	$q = 2$		
Gütefaktor	$Q = 100$		
Max. Transmission	$T_{max} = 0,5$		

2.2 Fabry-Perot-Interferometer mit Verstärkung, Laserresonator

Betrachten wir nun den Fall, daß das verlustbehaftete Medium mit Verlustfaktor V das Licht nicht nur schwächt sondern auch verstärkt. Sei G der Faktor um den die Intensität bei jedem Durchgang durch das Medium durch Verstärkung erhöht wird, mit $G>1$. Nach dem Durchgang durch das Medium beträgt die Intensität nun GVI, wenn I die eingestrahlte Intensität bezeichnet, und nicht VI wie bisher. Wir müssen also in den bisher angegeben Formeln nur V durch GV ersetzen, um die Verstärkung zu berücksichtigen. Somit erhält man aus (2.6)-(2.9):

$$Dispersionsbereich \qquad \Delta\nu = c_0/(2L)$$

$$Resonanzfrequenzen \qquad \nu_q = q\, c/(2L)$$

$$Bandbreite \qquad \delta\nu = |\ln(GRV)|\, c_0/(2\pi L) \simeq \Delta\nu/\pi\ (1-GRV)$$

$$Abklingzeit \qquad \tau = L/(c_0|\ln(GRV)|) \simeq L/(c_0(1-GRV))$$

$$Max.\ Transmission \qquad T_{max} = T_1 T_2 VG/(1-GRV)^2$$

$$R = \sqrt{R_1 R_2}$$

Durch die Verstärkung ändern sich die Resonanzfrequenzen nicht. (Eine genauere Theorie zeigt zwar eine leichte Verschiebung der Frequenzen mit der Verstärkung, jedoch ist diese gering und in den meisten Fällen vernachlässigbar). Die Bandbreite wird jedoch umso geringer, je höher der Verstärkungsfaktor ist. Das ist einleuchtend, da die Verluste, die das Licht pro Umlauf erfährt, nun geringer sind, denn das Medium liefert einen Teil der ausgekoppelten Leistung ständig nach. Entsprechend verlängert sich die Abklingzeit und erhöht sich der Transmissionsgrad des FPI. Diese Entdämpfung des FPI durch ein verstärkendes Medium wird zur Erhöhung des Auflösungsvermögens bei der Messung benachbarter Spektrallinien eingesetzt. Voraussetzung dafür ist, daß das Medium die Intensität pro Umlauf im FPI nicht stärker erhöht als sie durch die Auskopplung und die Verluste geschwächt wird, d.h. es muß gelten $GRV < 1$.
Wählt man den Verstärkungsfaktor G so hoch, daß alle Verluste exakt kompensiert werden, d.h. gilt

$$G\,R\,V = 1 \tag{2.13}$$

so divergieren Abklingzeit, Transmission und Strahlungsdichte im Resonator. Die eingangs verwendete Summationsmethode zur Ermittlung dieser Größen ist nicht mehr zulässig, insbesondere auch deshalb, weil die im Resonator ansteigende Strahlungsdichte den Verstärkungsfaktor beeinflußt. Man bezeichnet den Fall $GRV \geq 1$ als Selbsterregung. Aus der spontanen Emission des Verstärkers baut sich eine stationär stehende Welle im FPI auf, ohne das Licht in das FPI eingestrahlt werden muß. Aus dem FPI ist nun ein Laser-Resonator geworden [1.18].

Ein Laser-Resonator emittiert also Licht auf den Resonanzfrequenzen ν_q, wenn der Verstärkungsfaktor bei diesen Frequenzen Gleichung (2.13) erfüllt. Die zugehörigen Schwingungsformen im Resonator – bei zwei identischen Reflexionsgraden sind dies stehende Wellen – werden als **axiale Moden** des Resonators bezeichnet und durch Angabe der Ordnungszahl q gekennzeichnet.

Der Verstärkungsfaktor hängt von der Frequenz und von der Intensität des Lichts ab und ist nur um bestimmte Frequenzen $\nu_{0,i}$ mit der Bandbreite $\Delta\nu_{0,i}$ größer eins (Bild 2.8). Beim Laser beschränkt man sich meistens auf eine solche Frequenz ν_0, die entsprechende Wellenlänge λ_0 ist dann charakteristisch für die Laseremission.

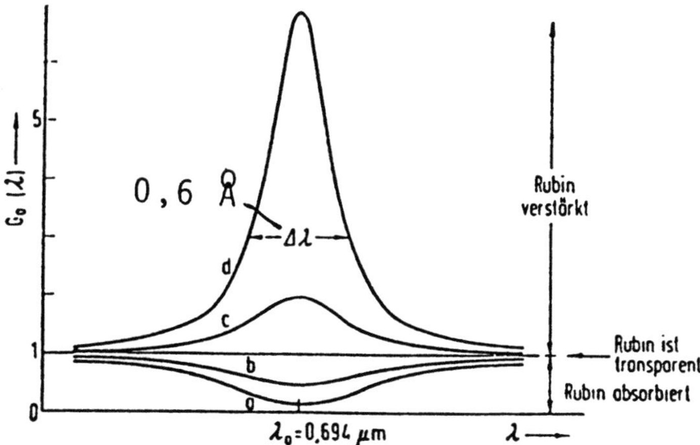

Bild 2.8 Lasermaterialien entwickeln nur um charakteristische Wellenlängen ein Verstärkungsprofil. Dieses Beispiel zeigt den Verstärkungsfaktor eines Rubinkristalls bei $\lambda=694$ nm für verschiedene Pumpleistungen (a–d). Nur solche axiale Moden werden im Laser-Resonator anschwingen, die innerhalb der Bandbreite $\Delta\lambda$ unter dem Verstärkungsprofil liegen.

Nur innerhalb der vorgegebenen Bandbreite des Verstärkungsprofils kann Laseremission auftreten; die Anzahl der schwingenden axialen Moden ergibt sich dabei in guter Näherung aus dem Verhältnis von Bandbreite des Verstärkungsprofils zum Dispersionsbereich des Resonators.

Die Bandbreite der Laserübergange hängt stark vom Material ab und reicht von einigen 100 MHz bei Gas-Laser bis zu mehreren tausend THz ($1\text{THz}=10^{12}$ Hz) bei Farbstoff-Laser. Entsprechend stark variiert auch die Zahl axialer Moden. Tabelle 2.2 zeigt Laserwellenlängen und Bandbreiten einiger wichtiger Lasermedien sowie die Zahl axialer Moden, die in einem Resonator der Länge 1m anschwingen können.

Tabelle 2.2 Laserwellenlänge λ_0, Bandbreite $\Delta\lambda$ und Anzahl n axialer Moden einiger wichtiger Lasermedien bei einer optischen Resonatorlänge von 1m).

Medium	Laser-Art	λ_0(nm)	$\Delta\lambda_0$(nm)	n
KrF	Excimer-Laser	249	20	$6,5\cdot10^5$
Argon	Gas-Laser	488	0,003	3
Rhodamin 6G	Farbstoff-L.	600	60	$3,3\cdot10^5$
HeNe	Gas-Laser	632,8	0,002	10
Alexandrit	Festkoerper-L.	760	50	$1,7\cdot10^5$
Al:GaAs	Halbleiter-L.	804	2	6200
Nd:Glas	Festkoerper-L.	1054	10	$1,8\cdot10^4$
Nd:YAG	Festkoerper-L.	1064	0,5	$0,9\cdot10^3$
CO_2	Gas-Laser	10600	2	36

Kann nun auch der Fall eintreten, daß *GRV* > *1* ? Das hätte natürlich zur Folge, daß die Intensität bei jedem Umlauf im Resonator mehr verstärkt als durch Auskopplung geschwächt würde. Die Intensität im Resonator würde unendlich hoch werden!

Diese Katastrophe wird im Laser durch die **Sättigung** der Verstärkung verhindert: der Verstärkungsfaktor wird mit zunehmender Intensität I des Lichts geringer, er sättigt ab. Für die Intensitätsabhängigkeit des Verstärkungsfaktor gilt näherungsweise (siehe Abschn.4.2)

$$G = exp\ \frac{g_0\ell}{(1 + I/I_s)^x} \qquad (2.13)$$

Die Kleinsignal-Verstärkung $g_0\ell$ ist dabei proportional zur Inversion, die bei 4-Niveau-Lasern propotional zur Pumpleistung ist, die Sättigungsintensität I_s ist eine Materialkonstante des Lasermediums.

Die Größe x hängt von der Art des Mediums ab. Zwei Grenzfälle sind homogen ($x=1$) und inhomogen ($x=1/2$) verbreiterte aktive Medien. Im folgenden soll für den Fall $x=1$ kurz diskutiert werden, was oberhalb der Selbsterregung im FPI geschieht.

Der Verstärkungsfaktor, der allein durch das Medium bestimmt wird, d.h. ohne Resonator, bezeichnet man als Kleinsignal-Verstärkungsfaktor G_0:

$$G_0 = exp(g_0\ell) \qquad (2.15)$$

Ohne Resonatorspiegel würde Licht geringer Intensität (d.h. bedeutend geringer als die Sättigungsintensität) und passender Wellenlänge mit diesem Faktor verstärkt werden.

Überlegen wir uns nun, was passiert wenn der Kleinsignal-Verstärkungsfaktor sehr hoch ist, ein Resonatorspiegel jedoch zunächst abgedeckt ist (d.h. $V=0$). Sobald die Abdeckung entfernt ist ($V=1$) können all diejenigen axialen Moden schwingen, für die gilt $G_0RV \geq 1$. Die Intensität der Moden wächst nun zunächst sehr stark von Umlauf zu Umlauf an. Nach (2.14) verringert sich mit zunehmender Intensität der Verstärkungsfaktor, so daß schließlich nur noch der zentrale Mode oszilliert für den $GRV = 1$ erfüllt ist. Die Intensität dieses Modes läßt sich aus (2.13) und (2.14) berechnen zu

$$I = I_s\ \frac{g_0\ell - |\,\ln(RV)|}{|\,\ln(RV)|} \qquad (2.17)$$

Daß nur ein einziger axialer Mode stationär existiert, ist nur bei homogener Verbreiterung des Mediums der Fall. Bei inhomogener Verbreiterung können alle Moden, die die Selbsterregungsbedingung erreicht haben, auch stationär existieren. Auf diesen Umstand wird in Abschn.4.2 noch ausführlich eingegangen.

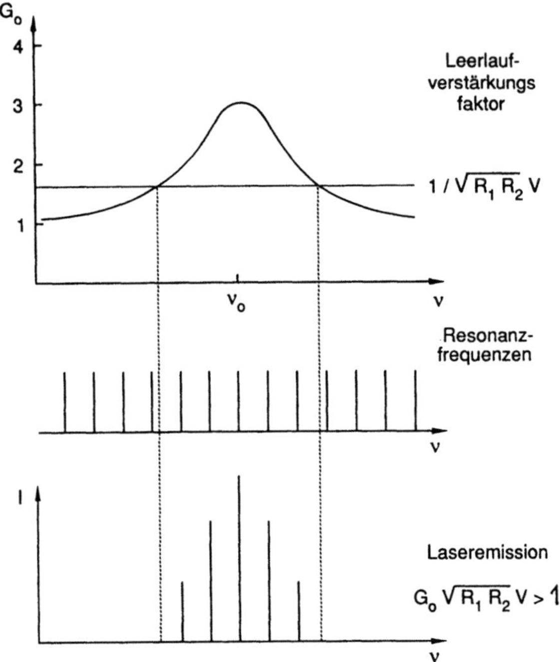

Bild 2.9 Nur diejenigen axialen Moden des Resonators schwingen im Laser an für die $G_0 RV > 1$ ist. Durch die Sättigung wird der Verstärkungsfaktor soweit erniedrigt, daß die Verluste stationär kompensiert werden. Bei homogener Verbreiterung bleibt im stationären Fall nur der zentrale Mode übrig, bei inhomogener Verbreiterung schwingen alle Moden, die die Schwellbedingung $G_0 RV > 1$ erfüllt haben.

Bild 2.9 veranschaulicht noch einmal das oben Erläuterte. Nur die axialen Moden des Resonators, für die der Kleinsignalverstärkungsfaktor hoch genug ist, um die Verluste wenigstens zu kompensieren, schwingen an. Die Intensität derjenigen Moden ist am höchsten, die die höchste Kleinsignalverstärkung erfahren haben. Im Fall inhomogener Verbreiterung des Mediums schwingen all diese Moden auch stationär. Die Einhüllende des Modenspektrums ist dann durch das Verstärkungsprofil des Lasers gegeben (Bild 2.10 und 2.11). Dies wurde in Tabelle 2.2 stillschweigend angenommen. Nur bei homogen verbreiterten Medien existiert im stationären Fall nur der Mode mit der höchsten Kleinsignalverstärkung.

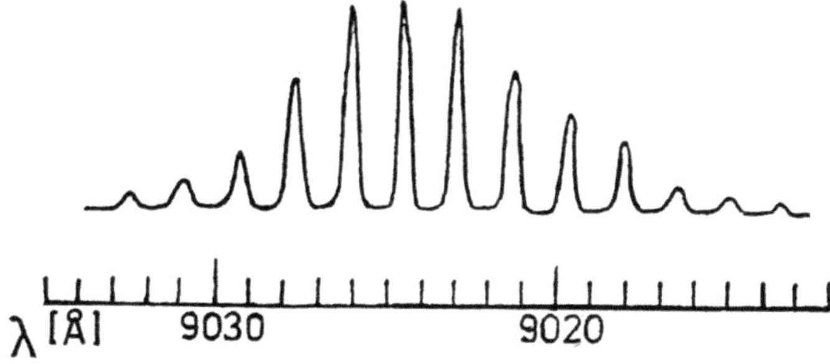

Bild 2.10 Mit einem FPI gemessenes Spektrum eines GaAs-Diodenlasers. Die Länge des Resonators ist durch die Länge des Halbleiterkristalls gegeben, da die geschliffenen Endflächen als Spiegel dienen ($L_o \approx 1$mm). Wegen des daraus folgenden großen Dispersionsbereich des Resonators, schwingen nur wenige axiale Moden, obwohl der Laserübergang, wie man aus der Einhüllenden erkennt, relativ breitbandig ist.

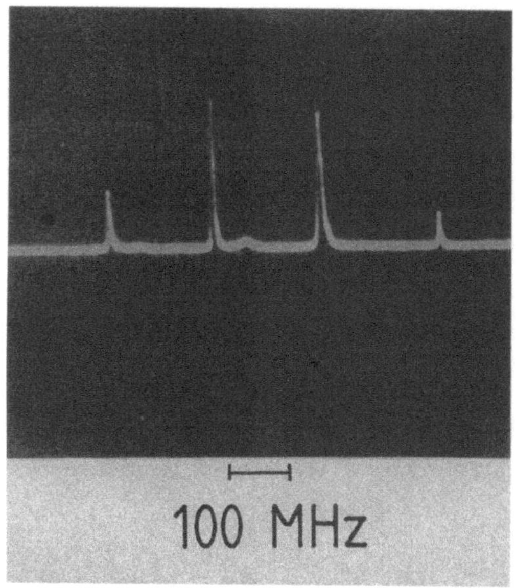

Bild 2.11 Mit einem FPI gemessenes Spektrum eines HeNe-Lasers mit λ=632,8 nm und einem 0,7m langen Resonator. Die schmale Bandbreite des Laserübergangs erlaubt nur vier axialen Moden die Oszillation.

Da der Verstärkungsfaktor mit steigender Pumpleistung steigt und das Verstärkungsprofil sich dadurch auf immer größer werdender Frequenzbreite über die Schwelle, die durch die Verluste gegeben ist, emporschiebt, nimmt die Anzahl der axialen Moden bei inhomogener Verstärkung mit der Pumpleistung zu. Die Werte in Tabelle 2.2 stellen die Grenzwerte bei hohen Pumpleistungen dar.

Die Bandbreite der einzelnen Moden nimmt beim Laser sehr geringe Werte an. Nach der Theorie des entdämpften FPI sollte diese gleich null werden, in Realität ist die Bandbreite jedoch bedeutend größer. Zwei Effekte spielen dabei eine Rolle: die spontane Emission, die einen Rauschuntergrund zur eigentlichen durch induzierte Emission verstärkten Intensität liefert und nicht phasenrichtig mit diesem Signal überlagert wird, sowie Erschütterungen und thermische Einflüsse, die ständig den Resonatorabstand ändern. Letzterer Effekt übersteigt den ersten um mehrere Größenordnungen. Entsprechend stabilisierte Laser können Bandbreiten von 1 Hz erreichen, was jedoch einen hohen technischen Aufwand erfordert. Ohne Stabilisierung besitzen die axialen Lasermoden Bandbreiten von MHz.

Im allgemeinen schwingen jedoch sehr viele axiale Moden im Laser (vgl. Tab. 2.2), da ideal homogen verbreiterte Lasermedien, bei denen nur ein axialer Mode schwingen kann, die Ausnahme darstellen. Ohne zusätzliche frequenzeinengende Elemente (FPI) im Resonator ist die Bandbreite des emittierten Lichts durch die Bandbreite des Laserübergangs bestimmt. Die Realisierung schmalbandiger Laser erfordert neben der oben angesprochenen Stabilisierung noch die spektrale Einengung des Verstärkungsprofils durch resonatorinterne Etalons.

Mit den axialen Moden, ihrer Intensität und Bandbreite werden wir uns noch einmal in Kapitel 4 beschäftigen, da die, durch die stehenden Wellen entstehende, inhomogene Intensitätsverteilung im Medium Einflüsse auf die Emission des Lasers hat.

3 Passive Resonatoren

In diesem Kapitel werden die grundlegenden Eigenschaften von optischen Resonatoren mit sphärischen Spiegeln, sowohl stabiler als auch instabiler, behandelt. Dabei wird zunächst die Verstärkung der Lichtintensität durch das aktive Medium außer acht gelassen. Man spricht in diesem Fall von passiven Resonatoren. Obwohl natürlich das verstärkende Medium Voraussetzung für Laseremission ist, ist diese Vorgehensweise durchaus berechtigt, da die Eigenschaften des Resonators durch das aktive Medium nur modifiziert aber nicht grundlegend geändert werden. Der Einfluß der Verstärkung auf das stationäre Strahlungsfeld wird im daran anschlie-ßenden Kapitel behandelt. Die Reflexionsgrade der Spiegel sind im folgenden als $R_{1,2}=1,0$ angenommen.

3.1 Stabile Resonatoren

Ein stabiler Resonator besteht im allgemeinen aus zwei Spiegel mit Krüm-mungsradien ρ_1 und ρ_2 im geometrischen Abstand L_0, wobei eine be-stimmte Bedingung zwischen den Krümmungsradien und der Länge erfüllt sein muß (Bild 3.1). Diese Bedingung ergibt sich daraus, daß keine geometrisch-optische Beschreibung dieser Resonatoren möglich ist, d.h. keine Kugelwellen gefunden werden können die sich im Resonator repro-duzieren (siehe Abschn.1.1.7).

Durch Einführen der g-Parameter der Spiegel

$$g_i = 1 - L/\rho_i \; ; \qquad i = 1,2$$

lassen sich stabile Resonatoren dadurch kennzeichnen, daß sie die Bedin-gung

$$0 < g_1 g_2 < 1$$

erfüllen. Wie in Abschn.1.2.7 gezeigt wurde, ist nur dann ein Gaußstrahl Eigenlösung des unbegrenzten Resonators.

Vorzeichenkonvention des Krümmungsradius: fokussierende Spiegel besitzen positive Krümmungsradien.

Im g-Diagramm, in dem die g-Parameter auf den Koordinatenachsen aufgetragen sind, liegen die stabilen Resonatoren in dem Gebiet das durch die Hyperbeln $g_2 = 1/g_1$ und die Koordinatenachsen begrenzt ist (Bild 3.2). Manchmal zählt man den Punkt $(g_1, g_2) = (0,0)$ noch zum stabilen Bereich hinzu. Da dieser sogenannte konfokale Resonator sich jedoch durch einige Besonderheiten auszeichnet, wird er zunächst von der Behandlung ausgeschlossen und erst zusammen mit den anderen Resonatoren auf den Stabilitätsgrenzen in Abschn.3.2 besprochen.

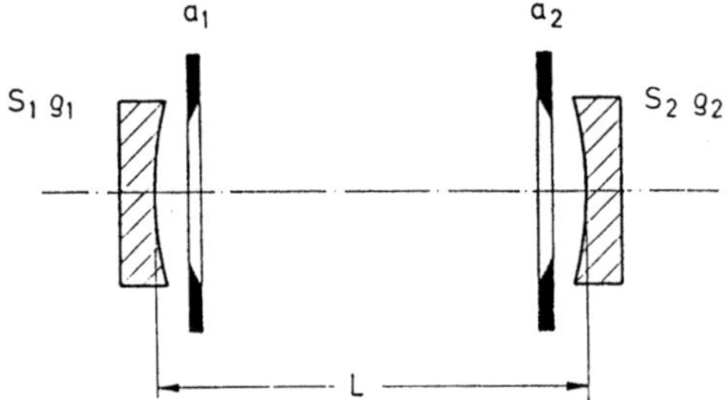

Bild 3.1 Der allgemeine optische Resonator ist gekennzeichnet durch die g-Parameter, den Spiegelabstand und die Abmessungen eventuell vorhandener interner Blenden. Für stabile Resonatoren gilt: $0 < g_1 g_2 < 1$.

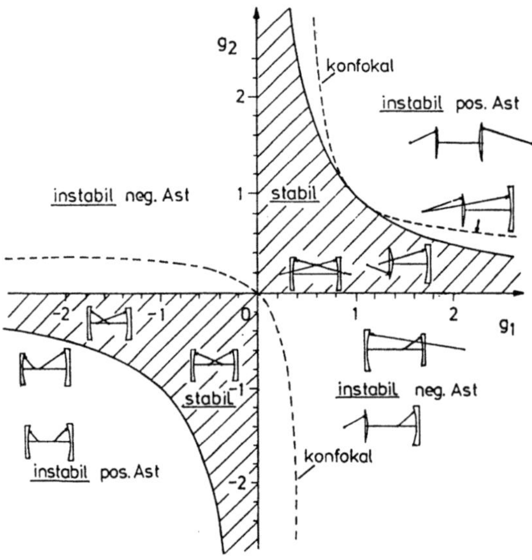

Bild 3.2 Das g-Diagramm optischer Resonatoren. Stabile Resonatoren liegen im schraffierten Bereich der durch die Koordinatenachsen und die Hyperbeln $g_1 g_2 = 1$ begrenzt ist.

Im allgemeinen ist ein optischer Resonator durch die Angabe der g-Parameter, des Spiegelabstands und der Abmessungen eventuell im Resonator befindlicher Blenden vollständig definiert. Ziel dieses Kapitels ist es, die Abhängigkeit des stationären Strahlungsfeldes, d.h. der Intensitätsverteilung und der Verluste, von diesen Parametern zu verstehen. Dazu wird zunächst vom Fall unbegrenzter Spiegel (keine Blenden im Resonator) ausgegangen.

3.1.1 Unbegrenzte stabile Resonatoren

Die Frage, die wir zunächst zu klären haben ist, welche Feldverteilungen des elektrischen Feldes auf den Resonatorspiegeln die stationären Lösungen eines stabilen Resonators sind. Eine solche Feldverteilung $E_i(x,y)$ auf Spiegel i muß sich bei jedem Umlauf im Resonator wieder reproduzieren (Bild 3.3). Mathematisch wird der Umlauf im Resonator, startend von Spiegel i, durch die Kirchhoff-Integralgleichung beschrieben [3.7,3.10, 3.18,3.19,3.24] (vgl. (1.87)):

$$\gamma E_i(x_2,y_2) = -i\,\frac{e^{ikL}}{2Lg_j\lambda} \int_{-\infty}^{\infty} \int_{-\infty}^{\infty} E_i(x_1,y_1)\, e^{\frac{i\pi}{2Lg_j\lambda}\left(G(x_1^2+x_2^2+y_1^2+y_2^2)-2(x_1x_2+y_1y_2)\right)}\, dx_1\,dy_1$$

$$\tag{3.1}$$

$$\text{mit} \qquad G = 2g_1g_2-1; \qquad i,j=1,2 \quad i\neq j$$

Da sich die Feldverteilung nicht ändern darf, steht auf der linken Seite von (3.1) wieder $E_i(x,y)$, jedoch kann die Amplitude in jedem Punkt durchaus abnehmen, was durch den Eigenwert γ berücksichtigt wird. Der Verlustfaktor

$$V = |\gamma|^2$$

gibt den Anteil der Leistung an, der nach dem Umlauf wieder auf dem Spiegel auftrifft. Bei unbegrenzten Spiegel ist natürlich der Verlustfaktor gleich eins, da ja keine Leistung verlorengehen kann. In diesem Fall muß wegen der Stationarität gelten

$$\gamma = 1$$

was auch als *Resonanzbedingung* bezeichnet wird.

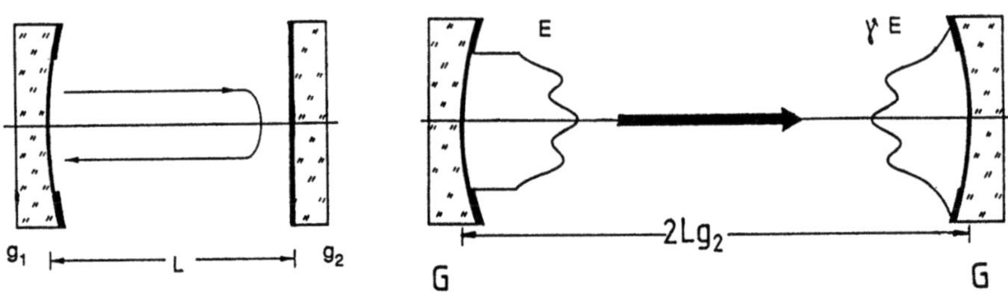

Bild 3.3 Die stationäre Feldverteilung *E* muß sich nach jedem Umlauf bis auf einen Faktor γ reproduzieren. Der Umlauf ist hier als Durchgang im äquivalenten Resonator dargestellt.

Transversale Modenstrukturen

Gleichung (3.1) kann analytisch gelöst werden, wobei sich zeigt, daß unendlich viele Feldverteilungen existieren, die diese Integral-Gleichung erfüllen. Welche dieser Feldverteilungen in Realität im Laserresonator beobachtbar sind hängt von der Geometrie der Spiegel ab. Im realen Resonator haben die Spiegel natürlich eine Begrenzung die meist rechteckig oder kreisförmig ist. Diesem Umstand wird nun dadurch Rechnung getragen, daß aus der Vielzahl der Lösungen von (3.1) solche ausgewählt werden, die Kreissymmetrie bzw. Rechtecksymmetrie besitzen.

Für die Feldverteilungen auf Spiegel i erhält man [3.7]

a) in Kreissymmetrie:

$$E_{p\ell}^{(i)}(r,\Phi) = E_o \; e^{-\frac{r^2}{w_i^2}} \; \left[\frac{\sqrt{2}\,r}{w_i}\right]^{\ell} \; L_p^{(\ell)}\left[\frac{2r^2}{w_i^2}\right] \begin{cases} \cos \ell\Phi \\ \sin \ell\Phi \end{cases}$$

$$(3.2a)$$

mit $L_p^{(\ell)}$: Laguerre-Polynom der Ordnung p,ℓ; p,ℓ: natürliche Zahlen

r, Φ : Radial- bzw. Azimutalkoordinate

$$\text{Eigenwert } \gamma = \exp\left[-ik\left[2L - \frac{\lambda}{\pi}(2p+\ell+1)\arccos\sqrt{g_1 g_2}\right]\right] \qquad (3.2b)$$

$$\text{Verlustfaktor } V = |\gamma|^2 = 1$$

Die Laguerre-Polynome sind in mathematischen Handbüchern tabelliert (z.B. [3.13,3.14]). Einige Laguerre-Polynome niedriger Ordnung lauten:

$$L_0^{(\ell)}(t) = 1$$
$$L_1^{(\ell)}(t) = \ell+1-t$$
$$L_2^{(\ell)}(t) = 0,5(\ell+1)(\ell+2)-(\ell+2)t+0,5t^2$$

b) in Rechtecksymmetrie:

$$E_{mn}^{(i)}(x,y) = E_0 \; e^{-\frac{x^2+y^2}{w_i^2}} \; H_m\left[\frac{\sqrt{2}\,x}{w_i}\right] \; H_n\left[\frac{\sqrt{2}\,y}{w_i}\right] \tag{3.3a}$$

mit $\quad H_m$: Hermite-Polynom der Ordnung m; m,n: natürliche Zahlen;

$\qquad$ x,y: kartesische Koordinaten

$$\text{Eigenwert } \gamma = exp\left[-ik\left[2L - \frac{\lambda}{\pi}\,(m+n+1)\,arccos\sqrt{g_1 g_2}\,\right]\right] \tag{3.3b}$$

$$\text{Verlustfaktor } V = |\gamma|^2 = 1$$

Die Hermite-Polynome können ebenfalls in mathematischen Handbüchern nachgeschlagen werden. In niedriger Ordnung lauten diese:

$$H_0(t) = 1$$
$$H_1(t) = 2t$$
$$H_2(t) = 4t^2-2$$
$$H_3(t) = 8t^3-12t$$

In beiden Symmetrien ist der Verlustfaktor eins. Das ist einleuchtend, da die Spiegel unbegrenzt sind und deshalb auch keine Leistung aus dem Resonator entweichen kann. Bild 3.4 zeigt mit (3.2) und (3.3) berechnete Intensitätsverteilungen in Abhängigkeit der Ordnungszahlen m,n bzw. p,ℓ.

Das stationäre Strahlungsfeld im Resonator ist durch die Angabe drei Indizes m,n,q bzw. p,ℓ,q charakterisiert. Die Bedeutung dieser Indizes ist aus Bild 3.3 ersichtlich. Die ersten beiden Indizes geben jeweils die Anzahl der Knotenlinien der Intensitätsverteilung in der entsprechenden Raumrichtung an: so hat in Kreissymmetrie die Intensitätsverteilung jeweils p radiale und ℓ azimutale Knotenlinien, an denen die Intensität verschwindet. q ist die aus Kapitel 2 schon bekannte Ordnungszahl des axialen Modes, und gibt an, wie oft die halbe Wellenlänge in die Resonatorlänge passt.

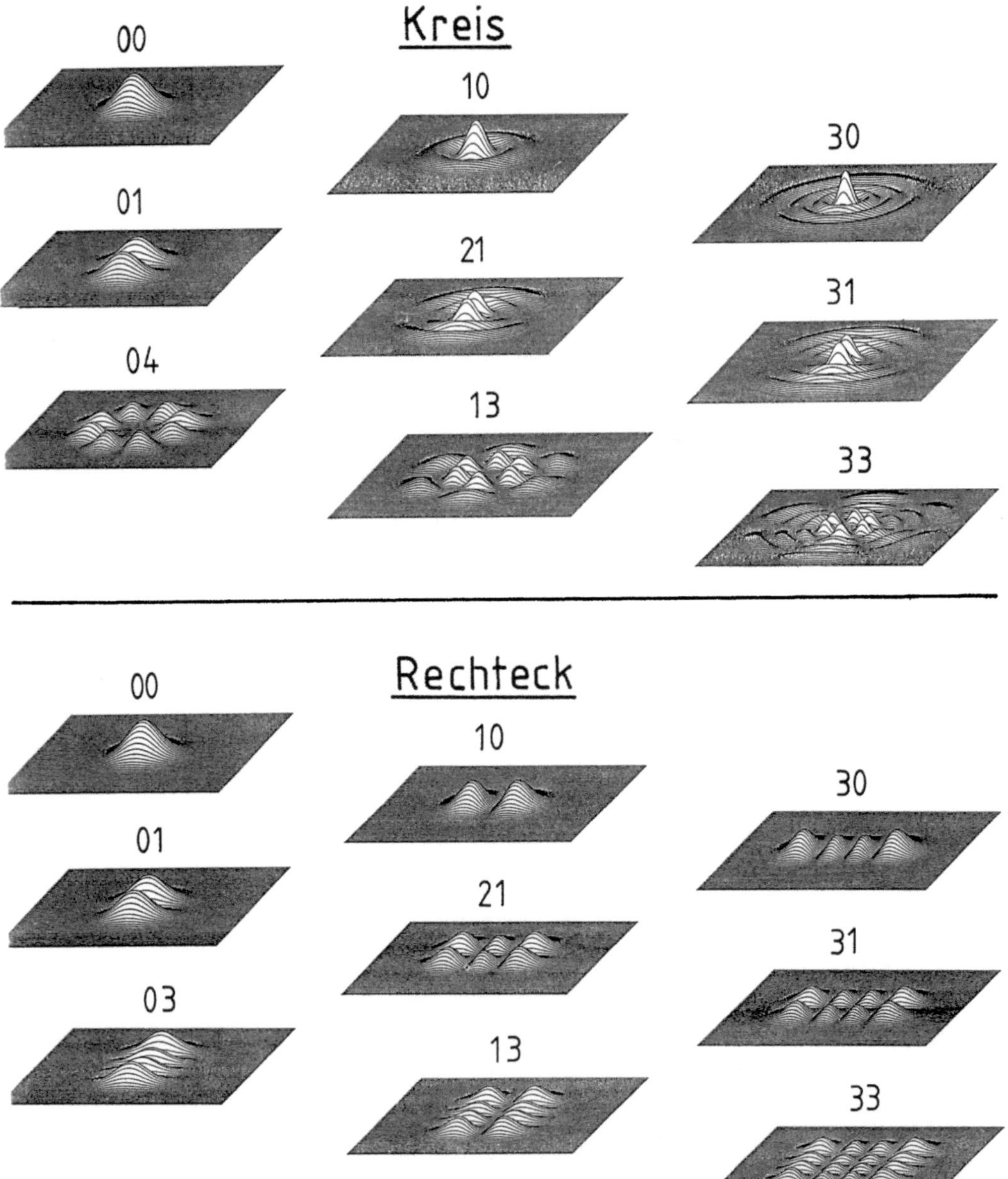

Bild 3.4 Mit (3.2) und (3.3) berechnete Intensitätsverteilungen auf den Spiegeln stabiler Resonatoren in Kreis- und Rechtecksymmetrie. Der Gaußstrahlradius w_i ist bei allen Verteilungen gleich [Q.1].

Eine stationäre Feldverteilung, die im Resonator anschwingt und durch die drei Ordnungszahlen gekennzeichnet ist, wird als Mode des Resonators bezeichnet. Der Mode eines Resonators ist charakterisiert durch eine transversale Modenstruktur (p,ℓ oder m,n) und eine axiale Modenstruktur (stehende Wellen mit Ordnung q). Die Moden haben die Bezeichnung

$$\text{TEM}_{p\ell q} \qquad \text{bzw.} \qquad \text{TEM}_{mnq}$$

wobei die Abkürzung TEM angibt, daß elektrisches und magnetisches Feld senkrecht zueinander und zur Ausbreitungsrichtung schwingen (Transversal-Elektro-Magnetisch). Genau genommen ist dies aber nicht der Fall. Aufgrund der Beugung besitzt das elektrische Feld auch eine Komponente in Ausbreitungsrichtung. Nur im Grenzfall großer Strahldurchmesser, d.h. großer Fresnelzahlen, ist das Feld im Resonator rein transversal. Die Bezeichnung TEM ist von der Modenbezeichnung in der Wellenleitertheorie übernommen und beim offenen Resonator bzgl. der physikalischen Aussage nur in guter Näherung passend, aber trotzdem gebräuchlich.

Meist verzichtet man auf die Angabe der axialen Ordnungszahl *q*. Als transversale Ordnung eines Modes bezeichnen wir im folgenden den Term *2p+ℓ+1* bzw. *m+1* und *n+1*.

Die transversale Ausdehnung der Moden auf dem Resonatorspiegel i ist durch den Radius w_i des TEM_{00}-Modes bestimmt. Dieser hängt von den Resonatorparametern ab und ist gegeben durch (vgl. (1.95)/(1.96)):

$$w_i^2 \;=\; \frac{\lambda L}{\pi} \sqrt{\frac{g_j}{g_i\,(1 - g_1 g_2)}} \;; \qquad i,j = 1,2; \; i \neq j \tag{3.4}$$

Wie aus Bild 3.4 ersichtlich, nimmt die Ausdehnung der Intensitätsverteilung (transversale Modenstruktur) mit wachsender transversaler Ordnung des Modes zu. Der TEM_{00}-Mode hat in beiden Symmetrien die gleiche Form (Bild 3.5): die Intensitätsverteilung ist gaußförmig und im Abstand $r=w_i$ vom Symmetriezentrum auf den $1/e^2$-ten Teil abgesunken. Innerhalb des Radius w_i sind 86,5% der Strahlungsleistung eingeschlossen. Die Ausdehnung des TEM_{00}-Modes ist demnach durch den Radius w_i gegeben, weshalb sich für diesen die Bezeichnung Gaußstrahlradius eingebürgert hat. Den TEM_{00}-Mode bezeichnet man auch als Grundmode eines Lasers oder als Gaußstrahl.

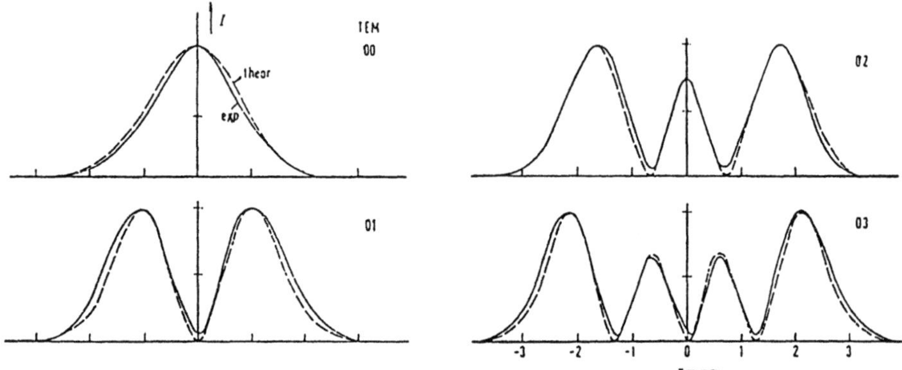

Bild 3.5 Gemessene und berechnete eindimensionale Intensitätsverteilungen transversaler Moden in Rechteckgeometrie. Der Strahlradius wird beim Grundmode über den $1/e^2$-Abfall der Intensität definiert, bei Moden höherer Ordnung über das zweite Moment nach (1.82)/(1.84) [Q.2].

Für Moden höherer Ordnung wird der Strahlradius $w_{p\ell}$ über das zweite Moment $\langle w_r^2 \rangle$ nach (1.82) bzw. (1.84) zu $w_{p\ell} = \sqrt{\langle w_r^2 \rangle}$ berechnet. Es ergibt sich für die Radien der Moden auf Spiegel i [3.31,3.32]:

Kreissymmetrie:
$$w_{p\ell}^{(i)} = w_i \sqrt{2p + \ell + 1} \tag{3.5}$$

Rechtecksymmetrie:
$$w_m^{(i)} = w_i \sqrt{2m + 1} \tag{3.6}$$

Man beachte, daß die zweiten Momente energetisch gesehen zu große Strahlradien liefern, d.h. innerhalb des Radius $r = w_{p\ell}^{(i)}$ ein höherer Leistungsanteil enthalten ist als beim Gaußstrahl. Tabelle 3.1 zeigt den Unterschied zwischen dem Strahlradius berechnet mit dem zweiten Moment und dem Strahlradius $r_{86,5\%}$, innerhalb dessen, wie beim Gaußstrahl, 86,5% der Leistung vorhanden sind. Zwar ermöglicht nur die Radiendefinition über das zweite Moment die Berechnung der Strahlausbreitung über das verallgemeinerte ABCD-Gesetz (Abschn. 1.2), jedoch werden bei der Definition der Strahlqualität eines Strahls in der Praxis die Strahlradien über den 86,5%-Leistungseinschluß definiert.

Tabelle 3.1 Berechnete Verhältnisse der Strahlradien definiert über den 86,5%-Leistungseinschluß ($r_{86,5\%}$) und über das zweite Moment ($w_{p\ell}$) für GaußLaguerre-Polynome unterschiedlicher Ordnung. Für ein homogenes Intensitätsprofil mit Radius R (Kastenprofil) ergibt sich dieses Verhältnis zu 0,93, bei einem 86,5%-Radius von $0,93R$.

p	ℓ	$r_{86,5\%}/w_{p\ell}$	p	ℓ	$r_{86,5\%}/w_{p\ell}$
0	0	1,000	0	7	0,853
1	0	0,960	0	10	0,813
4	0	0,960	0	100	0,746
7	0	0,960	0	∞	$1/\sqrt{2}$
∞	0	0,960	1	10	0,865
0	1	0,944	4	10	0,920
0	4	0,857	7	10	0,941

Im folgenden wird in der Bezeichnung des Strahlradius w_i Rechnung getragen, daß dieser den Strahlradius des Grundmodes bezeichnet. Wir ersetzen deshalb w_i durch $w_{00}^{(i)}$.

Betrachten wir zunächst einige Beispiele, um ein Gefühl für die Größe der Moden und ihre Abhängigkeit von Wellenlänge und Resonatorlänge zu bekommen.

a) HeNe-Laser, Kreissymmetrie, $\lambda = 632,8$ *nm,* $L = 1$ *m,* $\rho_1 = \rho_2 = 2$ *m*

$$w_{00}^{(1)} = w_{00}^{(2)} = 0,4823 \ mm$$
$$w_{10}^{(1)} = w_{10}^{(2)} = 0,8354 \ mm$$
$$w_{11}^{(1)} = w_{11}^{(2)} = 0,9646 \ mm$$

b) HeNe-Laser, Kreissymmetrie, $\lambda = 623,8$ *nm,* $L = 1$ *m,* $\rho_1 = 5$ *m,* $\rho_2 = \infty$ *m*

$$w_{00}^{(1)} = 0,7092 \ mm \qquad w_{00}^{(2)} = 0,3173 \ mm$$
$$w_{10}^{(1)} = 1,2284 \ mm \qquad w_{10}^{(2)} = 0,5496 \ mm$$
$$w_{11}^{(1)} = 1,4184 \ mm \qquad w_{11}^{(2)} = 0,6346 \ mm$$

c) CO_2-Laser, Kreisgeometrie, $\lambda = 10600$ *nm,* $L = 1$ *m,* $\rho_1 = 5$ *m,* $\rho_2 = \infty$ *m*

$$w_{00}^{(1)} = 2,9026 \ mm \qquad w_{00}^{(2)} = 1,2986 \ mm$$
$$w_{10}^{(1)} = 5,0275 \ mm \qquad w_{10}^{(2)} = 2,2492 \ mm$$
$$w_{11}^{(1)} = 5,8052 \ mm \qquad w_{11}^{(2)} = 2,5972 \ mm$$

Der Gaußstrahlradius skaliert mit der Wurzel der Wellenlänge und mit der
Wurzel der Resonatorlänge. Aus diesem Grund besitzen CO_2-Laser mit ihrer langen Laser-Wellenlänge von $10,6\mu m$ sehr große Gaußstrahlradien.
Zusätzlich wird der Gaußstrahlradius bei fester Wellenlänge und Resonatorlänge umso größer, je mehr man sich im g-Diagramm den Stabilitätsgrenzen nähert. Bild 3.6 zeigt eine Darstellung dieses Sachverhaltes.

Welche transversalen Moden in einem stabilen Resonator oszillieren,
bestimmt nicht nur die Form sondern auch die Größe der Spiegel. Die
Resonatorspiegel sind in realiter entweder durch Blenden oder durch
das aktive Medium selbst begrenzt. Nur solche Moden können beobachtet
werden, deren Strahlradien kleiner als die Begrenzungen der Spiegel
sind. Damit können nur Moden bis zu einer gewissen transversalen Ordnung vorkommen, Moden höherer Ordnung besitzen zu hohe Verluste an
den Spiegelbegrenzungen.
Als Faustformel gilt, daß ein Mode noch anschwingt, wenn für Moden
höherer Ordnung der Radius der Begrenzung $d/2 \gtrapprox 0,95-1,0\ w_{p\ell}^{(i)}$ und
für den Grundmode $d/2 \gtrapprox 1,1-1,4\ w_{0}^{(i)}$ ist. Der untere Zahlenwert gilt
für hoch verstärkende, der obere für schwach verstärkende Medien.

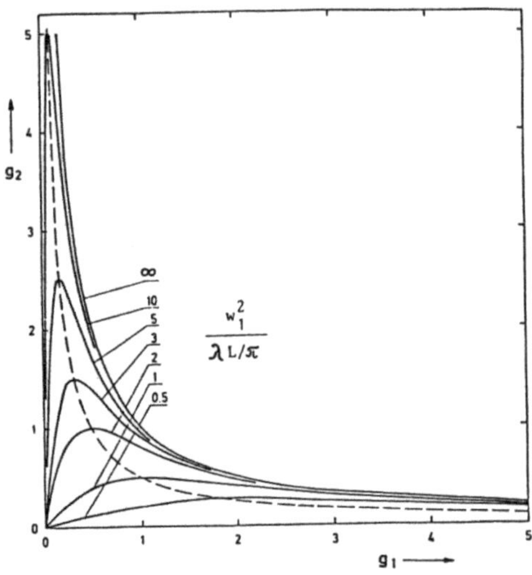

Bild 3.6 Gaußstrahlradius auf Resonatorspiegel 1 stabiler Resonatoren als
Funktion der g-Parameter. Der Gaußstrahlradius ist in Einheiten von
$\sqrt{\lambda L/\pi}$ angegeben. Den Strahlradius auf Spiegel 2 erhält man durch Vertauschen von g_1 und g_2 [Q.2].

Beispiel:

HeNe-Laser, λ= 632,8nm, L= 0,3m, ρ_1= 5m, ρ_2= 3m, Innendurchmesser des Gasrohrs d = 3,0mm

Es folgt $w_{0\delta}^{(1)}$=0,388mm und $w_{0o}^{(2)}$=0,397mm. Da für i=1 und i=2 gelten muß

$$d/2 \geq 1,0 \; w_{0\delta}^{(i)} \; \sqrt{2p+\ell+1}$$

erhält man die möglichen transversalen Moden aus der Bedingung

$$2p + \ell + 1 \leq 14$$

Die Moden höchster Ordnung die bei diesem Laser auftreten können sind TEM_{60} und $\text{TEM}_{0,12}$.

Laser, die nur im TEM_{00}-Mode schwingen bezeichnet man als *Grundmode-Laser*. Um Grundmode-Betrieb zu erreichen, müssen Blenden entsprechender Größe vor den Resonatorspiegeln plaziert werden. Sind die Begrenzungen deutlich größer als der Gaußstrahlradius, können auch höhere Moden oszillieren. In diesem Fall spricht man von einem *Multimode-Laser*.

In einem Multimode-Laser hoher transversaler Ordnung beobachtet man im allgemeinen nicht die in Bild 3.4 gezeigten charakteristischen Intensitätsverteilungen. Da die Moden alle quasi keine Verluste besitzen, oszillieren sie auch gleichzeitig, wodurch die Intensitätsverteilung auf den Spiegeln eine Überlagerung der Intensitätsverteilungen der einzelnen Moden darstellt. Diese wird umso homogener je mehr transversale Moden beteiligt sind. Das gleichzeitige Anschwingen der Moden wird zusätzlich dadurch begünstigt, daß die einzelnen Moden ihre Intensitätsmaxima an unterschiedlichen Positionen haben. Jeder Mode wird deshalb nur in bestimmten Bereichen des aktiven Mediums die Verstärkung sättigen. In den anderen Gebieten bleibt die Inversion stehen und kann von einem anderen Mode genutzt werden, der genau hier seine Intensitätsmaxima aufweist. Bild 3.7 zeigt die Aufnahme der Intensitätsverteilung auf einem Resonatorspiegel eines Nd:YAG-Lasers mit maximaler transversaler Ordnung *(2p+ℓ+1)=60*. Man erkennt deutlich das relativ homogene Intensitätsprofil.

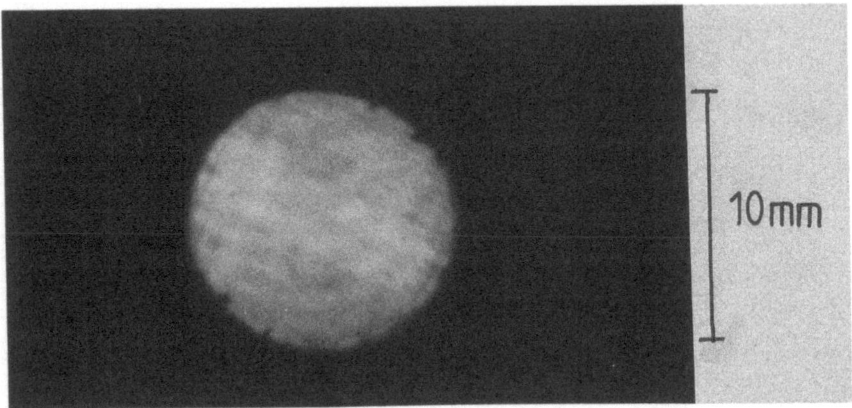

Bild 3.7 Aufnahme des Strahlprofils eines Nd:YAG-Lasers ($\lambda=1{,}064\mu$m) mit stabilem Resonator im Multimode-Betrieb $((2p+\ell+1)_{max} = 60)$.

Um dennoch die Modenstrukturen der einzelnen Moden zu beobachten, benutzt man einen Trick. Man erzeugt künstlich Verluste, indem man ein Fadenkreuz in den Resonator schiebt (Bild 3.8). Nur der Mode, der längs der Fäden seine Knotenlinien besitzt schwingt dann alleine an, da alle anderen Moden durch die Fäden deutlich erhöhte Verluste besitzen und die Schwellbedingung nicht mehr erreichen. Durch Verschieben des Fadenkreuzes können so nacheinander unterschiedliche transversale Moden erzwungen werden. Bild 3.9 zeigt mit dieser Methode aufgenommene Intensitätsverteilungen transversaler Moden eines HeNe-Lasers in Rechteckgeometrie.

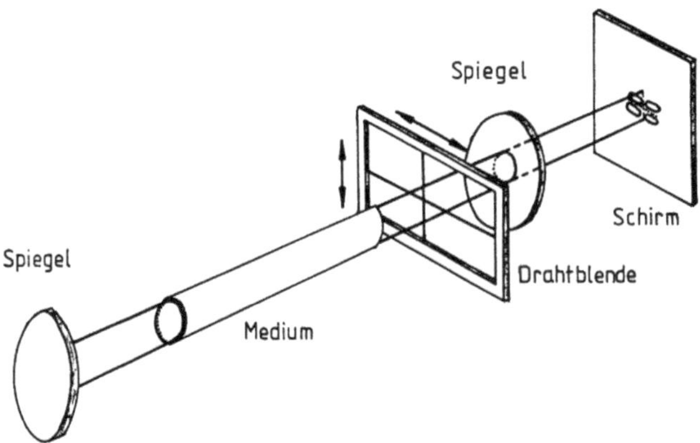

Bild 3.8 Aufbau zur Aufnahme der Struktur transversaler Moden.

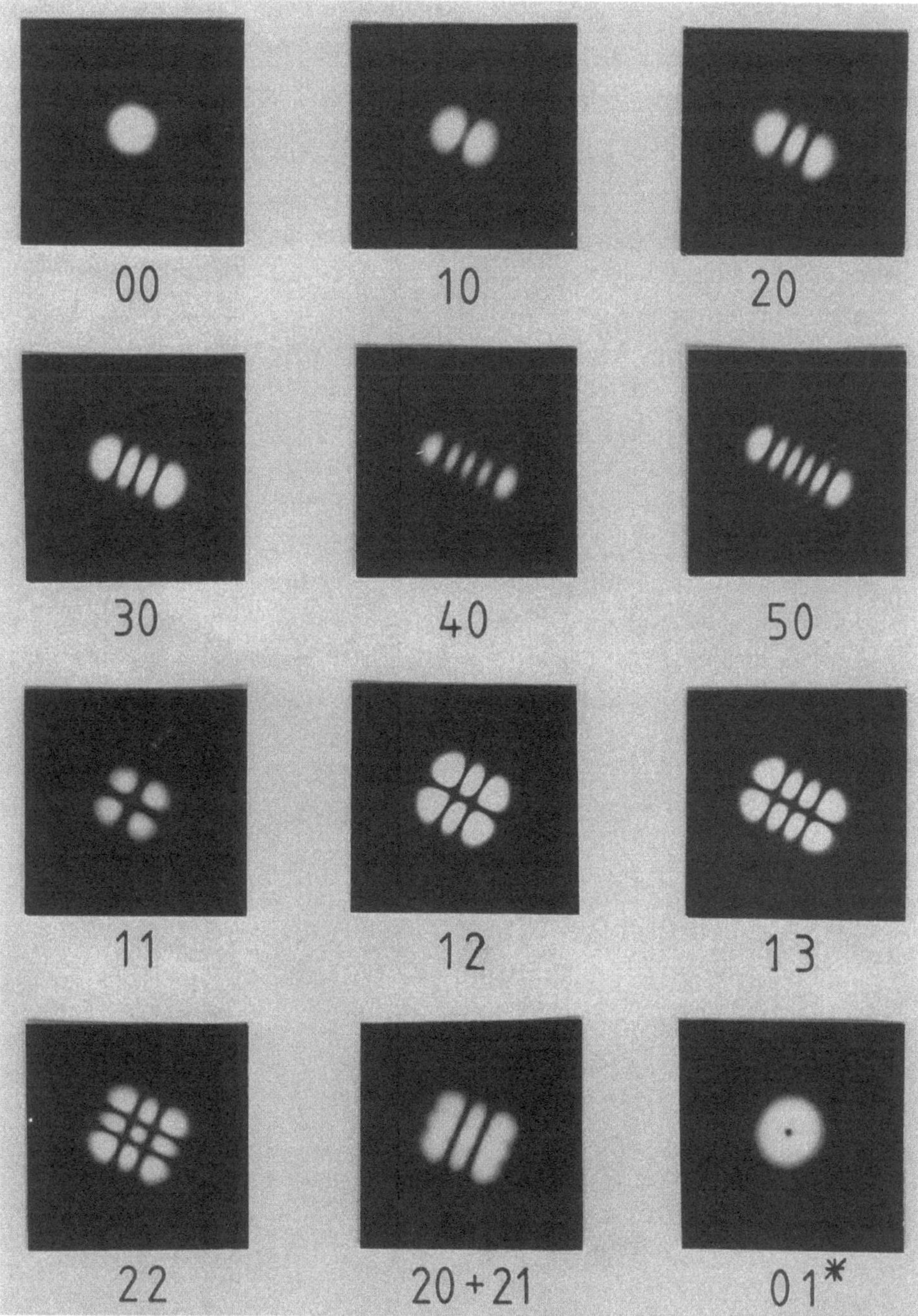

Bild 3.9 Fotographierte Intensitätsverteilungen auf einem Resonatorspiegel eines HeNe-Lasers mit stabilem Resonator. Obwohl das Gasrohr rund ist, schwingen aufgrund des eingeführten Fadenkreuzes Moden mit Rechtecksymmetrie an. Rechts unten ein Donat-Mode (ohne Fadenkreuz).

Hybrid-Moden

Häufig beobachtet man im Experiment das Auftreten von Intensitätsverteilungen, die ein Intensitätsminimum in der Mitte besitzen, d.h. die ringförmig sind. Diese transversalen Moden bezeichnet man als Hybrid-Moden oder Donat-Moden (nach. den amerikanischen Pfannkuchen Doughnuts). Diese Moden entstehen durch Überlagerung zweier kreissymmetrischer transversaler Moden gleicher Ordnung p,ℓ, die jedoch senkrecht zueinander linear polarisiert sind und um 90º zueinander verdreht schwingen (Bild 3.10). Man erhält als Überlagerung eine ringförmige Intensitätsverteilung mit p+1 Ringen und einem Loch in der Mitte. Die entsprechenden Moden werden mit einem * an den Indizes gekennzeichnet. Experimentell kann man diese Moden häufig beobachten, in reiner Form allerdings nur für kleine radiale Ordnungen p. Bild 3.11 zeigt fotographierte Intensitätsverteilungen eines Nd:YAG-Laserstrahls mit stabilem Resonator in Abhängigkeit des Radius einer resonatorinternen Blende. Die Modenstrukturen stellen Überlagerungen vieler Moden dar, besitzen aber häufig ein für Donat-Moden charakteristisches zentrales Minimum.

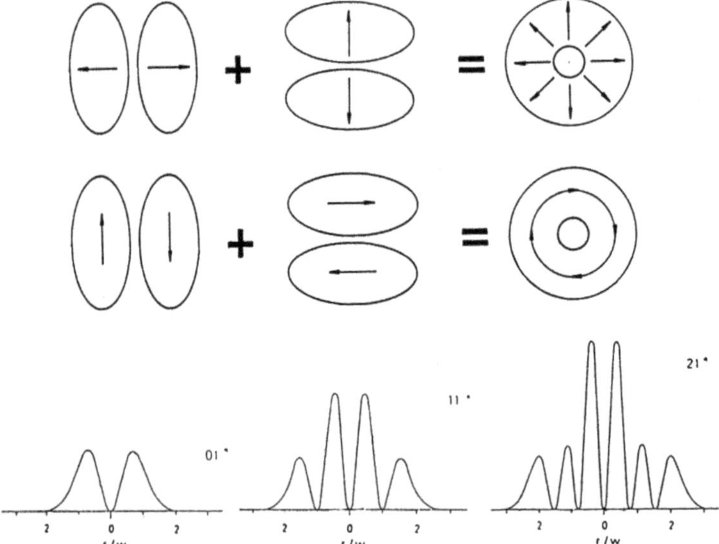

Bild 3.10 Hybrid-Moden entstehen durch Überlagerung zweier senkrecht zueinander polarisierter transversaler Moden gleicher Ordnung p,ℓ. Unabhängig von der Kombination ergibt sich immer eine Ringstruktur mit Loch in der Mitte, jedoch unterschiedliche Polarisationszustände. Dargestellt sind zwei von vier Möglichkeiten zwei TEM_{01}-Mode zu hybridisieren. Die untere Reihe zeigt radiale Intensitätsverteilungen der drei niedrigsten Hybrid-Moden mit $\ell=1$.

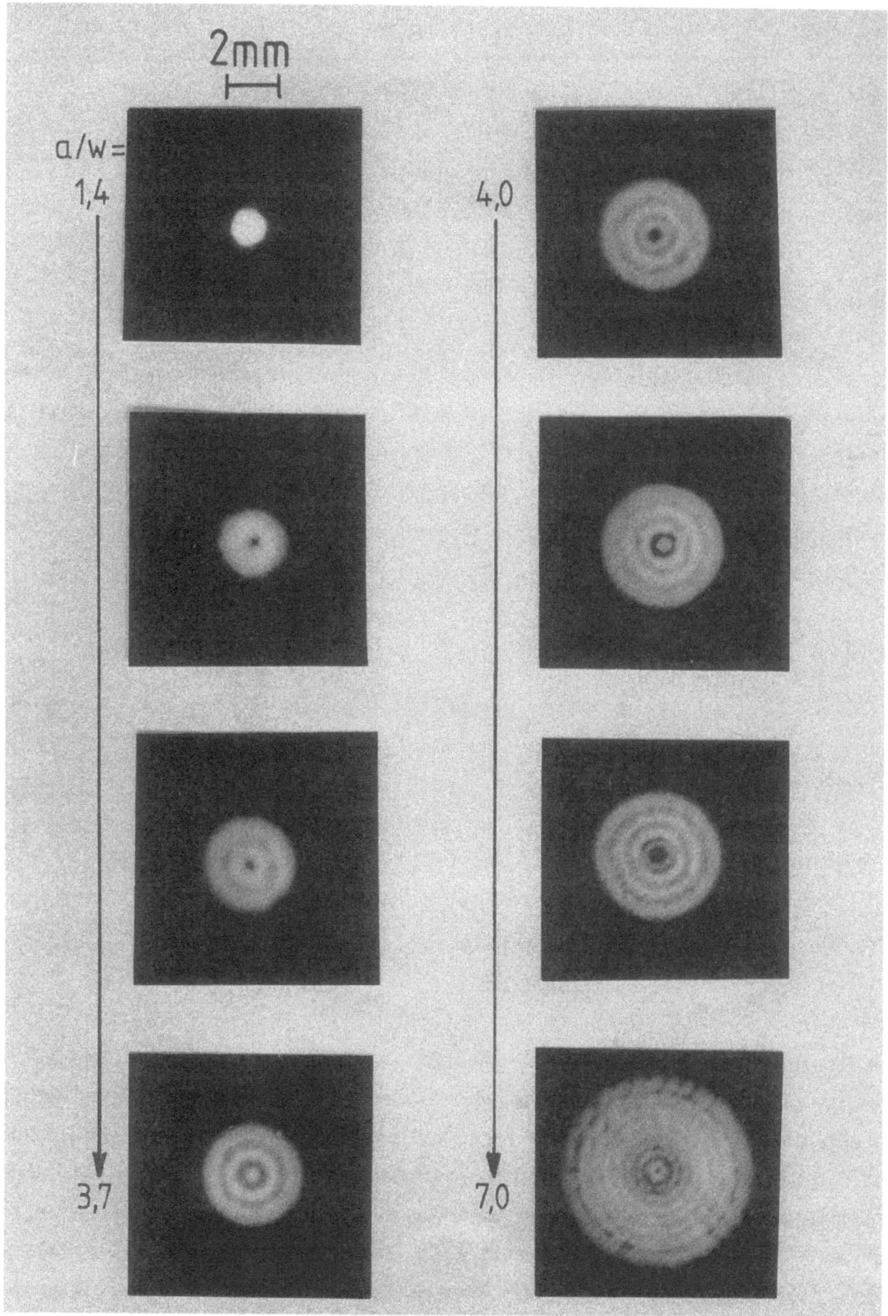

Bild 3.11 Fotographierte Intensitätsverteilungen im Nahfeld eines gepulsten Nd:YAG-Lasers mit stabilem Resonator für unterschiedliche Verhältnisse von Blendenradius zu Gaußstrahlradius. Die Blende befindet sich im Resonator *(g₁=1, g₂=0,5, L=0,5m, λ=1,064nm).*

Die Intensitätsverteilungen der Hybridmoden auf Spiegel i ergibt sich zu

$$I_{p\ell} = I_0 \; e^{-t}t^\ell \; \left[L_p^{(\ell)}(t) \right]^2$$

$$t = 2 \left[r/w_0^{(i)} \right]^2$$

Resonanzfrequenzen

Stationäre Feldverteilungen in einem Resonator erfordern, daß sich die Feldstärke in Amplitude und Phase nach einem Umlauf reproduziert. Das erfordert, daß der Eigenwert $\gamma = 1$ ist. Aus (3.2b) und (3.3b) ergibt sich damit eine Bedingung für die zulässigen Wellenlängen oder Frequenzen, die Resonanzbedingung.

Sie lautet [3.7]:

a) Kreissymmetrie

$$\nu_{p\ell q} = \frac{c_0}{2L} \left(q + \frac{2p+\ell+1}{\pi} \arccos\sqrt{g_1 g_2} \right) \tag{3.7}$$

b) Rechtecksymmetrie

$$\nu_{mnq} = \frac{c_0}{2L} \left(q + \frac{m+n+1}{\pi} \arccos\sqrt{g_1 g_2} \right) \tag{3.8}$$

mit c_0 : Vakuumlichtgeschwindigkeit

      L : optische Resonatorlänge $= L_0 n$; L_0: geometrische Länge

Die Resonanzfrequenzen hängen demnach sowohl von der axialen als auch von der transversalen Ordnung des Modes ab. Im Gegensatz zum planparallelen FPI ($g_1 = g_2 = 1$, siehe Kap. 2), bei dem die Resonanzfrequenzen nur durch die axiale Ordnungszahl q gegeben sind, spaltet durch die Krümmung der Spiegel die Resonanzfrequenz eines axialen Modes zusätzlich auf (Bild 3.12). Je mehr man sich dem Ursprung des g-Diagramms nähert, desto grösser wird der Frequenzunterschied zwischen den einzelnen transversalen Moden zu einer festen axialen Ordnung q. Im Grenzfall des konfokalen Resonators ($g_1 = g_2 = 0$) entspricht dieser Frequenzunterschied genau dem halben axialen Modenabstand $c_0/4L$. Alle Moden, die die Bedingungen

$$q + 2p + \ell + 1 = k \quad \text{bzw.} \quad q + m + n + 1 = k \quad , \ k \in N$$
$$\text{sowie} \quad q + 2p + \ell + 1 = k/2 \quad \text{bzw.} \quad q + m + n + 1 = k/2$$

erfüllen, besitzen deshalb die gleiche Resonanzfrequenz. Man spricht in diesem Fall von Frequenzentartung.

Die Frequenzunterschiede der einzelnen Moden spielen für die zeitliche Emission eines Lasers eine Rolle. Schwingen mehrere Moden gleichzeitig, ist der zeitliche Intensitätsverlauf mit der Differenzfrequenz der Moden moduliert, was bei mehr als zwei transversalen Moden zu chaotischer Emission führen kann.

Laser mit möglichst stabiler Ausgangsleistung laufen deshalb nur in einem transversalen und einem axialen Mode, was durch spektrale Einengung der Bandbreite, meist durch mehrere resonatorinterne Etalons (FPI), realisiert werden kann.

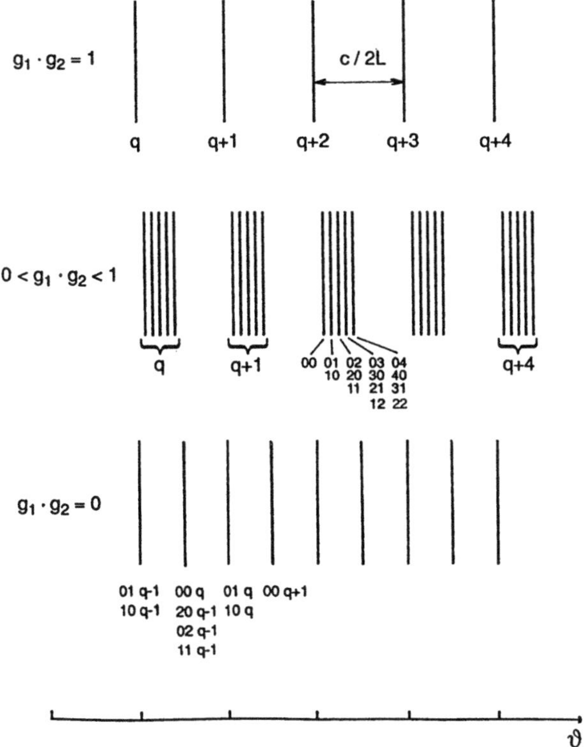

Bild 3.12 Resonanzfrequenzen der Moden stabiler Resonatoren in Rechtecksymmetrie. Die Indices m,n sind für einige Frequenzen angegeben.

Intensitätsverteilung des Gaußstrahls im Resonator

Bisher kennen wir nur die Intensitätsverteilungen auf den Resonatorspiegeln und wie diese aus den g-Parametern und der Resonatorlänge bestimmt werden können. Der Gaußstrahlradius $w_{oo}^{(i)}$ auf Spiegel i legt dabei die transversale Ausdehnung der Modenstruktur fest.

Für stabile Resonatoren mit unbegrenzten Spiegeln gilt, daß die Intensitätsverteilung (transversale Modenstruktur) auf einer Ebene zwischen den Spiegeln die gleiche ist wie auf den Resonatorspiegeln, jedoch mit verändertem Strahlradius.

Bezeichnet z die Position längs der optischen Achse gemessen vom Ort der Strahltaille, so gilt für den Gaußstrahlradius $w_{oo}(z)$ (Bild 3.13):

$$w_{oo}(z) = w_0 \sqrt{1 + (z/z_0)^2} \qquad\qquad (3.9)$$

mit

$$\text{\textit{Taillenradius}} \quad w_0^2 \;=\; \frac{\lambda L}{\pi} \; \frac{\sqrt{g_1 g_2 (1-g_1 g_2)}}{|g_1 + g_2 - 2g_1 g_2|} \qquad\qquad (3.10)$$

$$\text{\textit{Rayleighlänge}} \quad z_0 \;=\; \frac{\pi w_0^2}{\lambda} \qquad\qquad (3.11)$$

$$\text{und} \quad L_{o1} = L \, \frac{(1-g_1)\cdot g_2}{|g_1 + g_2 - 2g_1 g_2|} \qquad\qquad L_{o2} = L - L_{o1} \qquad (3.12\ a,b)$$

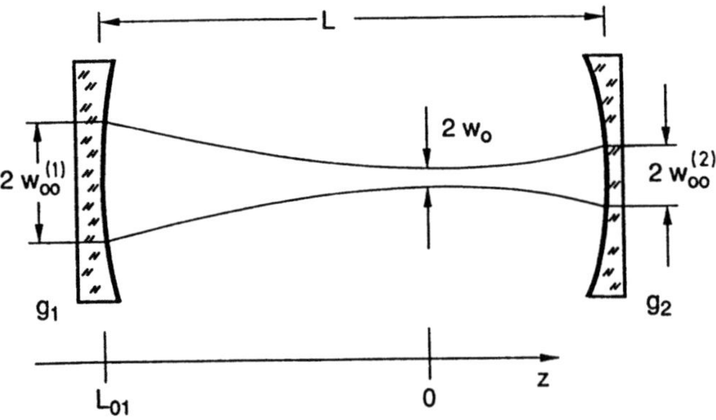

Bild 3.13 Verlauf des Gaußstrahls im stabilen Resonator.

L_{01} gibt den Abstand von Spiegel 1 an, bei dem der Gaußstrahl seinen kleinsten Radius, den Taillenradius w_0 besitzt. Ist L_{01} positiv, so liegt die Strahltaille in Bild 3.13 rechts, für negatives L_{01} links von Spiegel 1, sie kann auch außerhalb des Resonators liegen, wie Bild 3.14 zeigt.

Die Rayleighlänge z_0 gibt den Abstand vom Ort der Strahltaille an, bei dem der Strahlradius sich um den Faktor $\sqrt{2}$ vergrößert hat, d.h. die Fläche des Gaußstrahls sich verdoppelt hat. Der Rayleighlänge wird bei der späteren Diskussion der Strahlqualität noch eine bedeutende Rolle zukommen.

Für $z=L_{01}$ bzw. $z=L-L_{01}$ erhält man aus (3.9) und (3.10) den schon bekannten Ausdruck (3.4) für die Gaußstrahlradien auf Spiegel 1 bzw. Spiegel 2.

Beispiel:
Stabiler Resonator mit $L=1,5m$, $\rho_1=-1m$, $\rho_2=+2m$, $\lambda=632,8$ **nm**   (Bild 3.14)
Die g-Parameter ergeben sich zu $g_1 = 2,5$ und $g_2 = 0,25$
Mit (3.9) bis (3.12) erhält man:
$w_0= 0,3123mm$, $w_0^{(1)}=0,395$ mm, $w_0^{(2)}= 1,249$ mm, $z_0= 485$ mm, $L_{01}=-375$ mm
Die Strahltaille befindet sich also im Abstand 0,375m links von Spiegel 1. Aus diesem Grund ist der Gaußstrahlradius auf Spiegel 1 erheblich kleiner als auf Spiegel 2, da letzterer weiter von der Strahltaille entfernt ist.

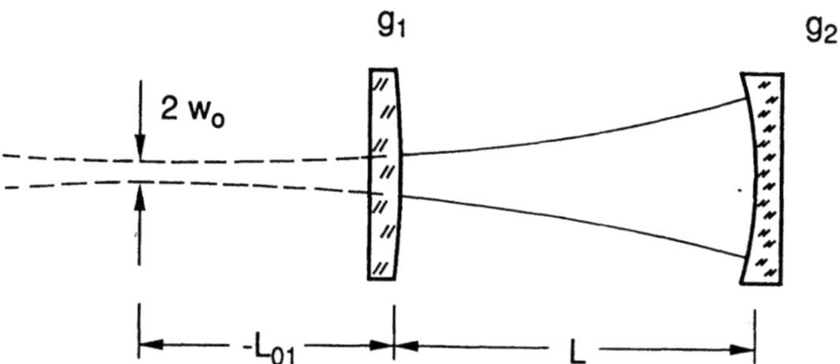

Bild 3.14 Stabiler Resonator mit außerhalb des Resonators befindlicher Strahltaille.

116

Der Gaußstrahl ist durch die Angabe des Taillenradius w_0, der Lage der Taille L_{0i} und der Rayleighlänge z_0 vollständig festgelegt. Der Öffnungswinkel ergibt sich daraus nach (1.68) zu

$$\theta_0 = \frac{\lambda}{\pi\, w_0} = \frac{w_0}{z_0} \tag{3.12}$$

Die Ausbreitung des Gaußstrahls nach links bzw. rechts kann dann vollständig durch das ABCD-Gesetz (1.58) beschrieben werden. Benutzt man dieses, kann man leicht mit (1.62) verifizieren, daß die Krümmungsradien R des Gaußstrahls auf den jeweiligen Resonatorspiegeln gleich dem Krümmungsradius ρ des Spiegels ist. Legt man den Ursprung des Koordinatensystems in die Taille (Bild 3.13), folgt aus (1.62)

$$R(z{=}L_{01}) = \rho_1 \qquad R(z{=}L_{02}) = \rho_2$$

Beim Durchgang durch den Resonatorspiegel wirkt dieser wie eine Zerstreuungslinse und ändert den Gaußstrahl. Die Gleichungen (1.70)/(1.71) liefern für die beiden Öffnungswinkel außerhalb des Resonators:

$$\theta_{0i}'^{\,2} = \theta_0^2 \; \frac{g_i \; g_1 g_2 (n^2-1) + n^2 (g_i - 2g_1 g_2) + g_i}{|\, g_1 + g_2 - 2g_1 g_2 \,|} \qquad \begin{array}{l} i,j=1,2 \\ i \neq j \end{array} \tag{3.13}$$

Die beiden Öffnungswinkel sind bei nicht-symmetrischen Resonatoren ($g_1 \neq g_2$) verschieden groß und im allgemeinen größer als der Öffnungswinkel im Resonator.

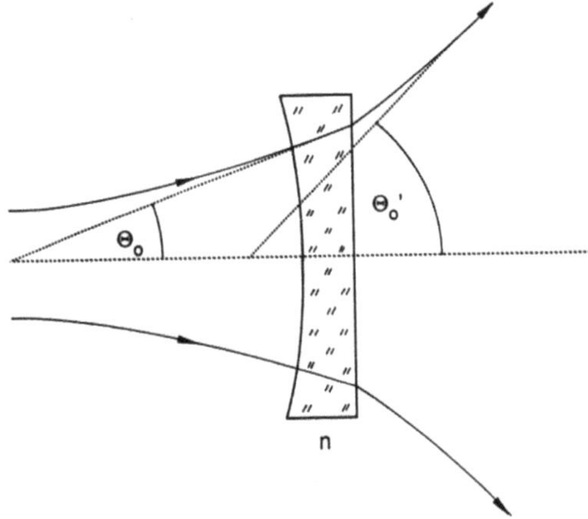

Bild 3.15 Beim Durchgang durch die Spiegelsubstrate ändert sich der Öffnungswinkel des Gaußstrahls.

Resonatortypen, Strahlradien und Öffnungswinkel des TEM$_{00}$-Modes

Die Strahlradien und Öffnungswinkel im Resonator einiger wichtiger Resonatortypen sind aus Tabelle 3.2 in Verbindung mit Bild 3.16 ersichtlich. Hierbei sind die Resonatoren auf den Stabilitätsgrenzen mit hinzugenommen worden, um zu zeigen, daß bei diesen die Strahltaille entweder null oder unendlich und entsprechend der Öffnungswinkel $\pi/2$ oder null wird. Das ist natürlich Folge davon, daß der Gaußstrahl in diesen Resonatoren nicht existieren kann. Es handelt sich deshalb nur um Grenzwerte, die bei Annäherung an die Stabilitätsgrenzen erreicht werden.

Tabelle 3.2 Resonatortypen. Gaußstrahlradien auf den Spiegeln sowie Taillenradius und Öffnungswinkel des Gaußstrahls.

Resonatortyp	$w_{0}^{2}(1)$	$w_{0}^{2}(2)$	w_0^2	θ_0^2
symmetrisch ($\rho_1=\rho_2$, $g_1=g_2=g$)	$\dfrac{\lambda L}{\pi \sqrt{1-g^2}}$		$\dfrac{\lambda L\sqrt{1+g}}{2\pi\sqrt{1-g}}$	$\dfrac{2\lambda \sqrt{1-g}}{\pi L \sqrt{1+g}}$
plan-plan ($\rho_1=\rho_2=\infty$)	∞	∞	∞	0
semikonfokal $\rho_1=\infty, \rho_2=2L, g_1=1, g_2=.5$	$\dfrac{\lambda L}{\pi}$	$\dfrac{2\lambda L}{\pi}$	$\dfrac{\lambda L}{\pi}$	$\dfrac{\lambda}{\pi L}$
symmetrisch konfokal ($\rho_1=\rho_2=L$, $g_1=g_2=0$)	$\dfrac{\lambda L}{\pi}$		$\dfrac{\lambda L}{2\pi}$	$\dfrac{2\lambda}{\pi L}$
allg. konzentrisch ($\rho_1+\rho_2=L$, $g_1 g_2=1$)	∞	∞	0	$\pi^2/4$
symm. konzentrisch ($\rho_1=\rho_2=L/2$)	∞	∞	0	$\pi^2/4$

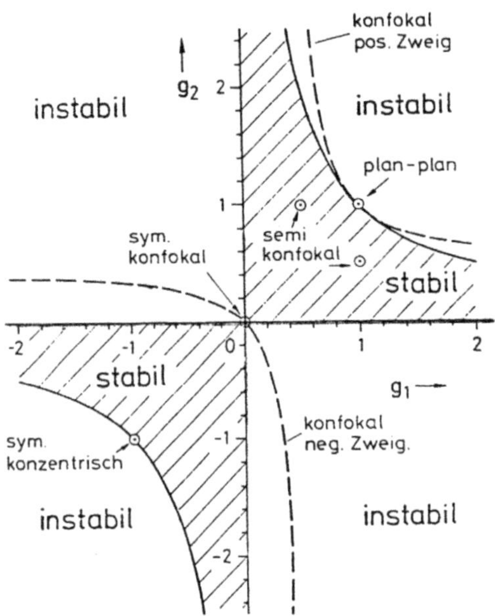

Bild 3.16 Das g-Diagramm optischer Resonatoren mit Lage einiger wichtiger Resonatortypen.

Bild 3.17 zeigt die Abhängigkeit des Öffnungswinkels θ_0 von den g-Parametern der Resonatorspiegeln. Diese Abhängigkeit ist nach (3.10) und (3.12) gegeben durch

$$\theta_0^2 = \frac{\lambda}{\pi L} \frac{|g_1 + g_2 - 2g_1 g_2|}{\sqrt{g_1 g_2 (1 - g_1 g_2)}} \tag{3.19}$$

In Bild 3.17 wurde deshalb der normierte Öffnungswinkel $\theta_0 \sqrt{L/\lambda}$ aufgetragen, da dieser nur noch von den g-Parametern abhängt.

Bei gleicher Resonatorlänge wird der Öffnungswinkel θ_0 umso kleiner, je mehr man sich der Hyperbel im ersten Quadranten nähert. Gleichzeitig wird natürlich die Strahltaille größer, da das Strahlparameterprodukt $w_0 \theta_0$ erhalten bleiben muß. Die größten Öffnungswinkel erhält man für negative g-Parameter an der Stabilitätsgrenze $g_2 = 1/g_1$, d.h. in der Nähe der konzentrischen Resonatoren.

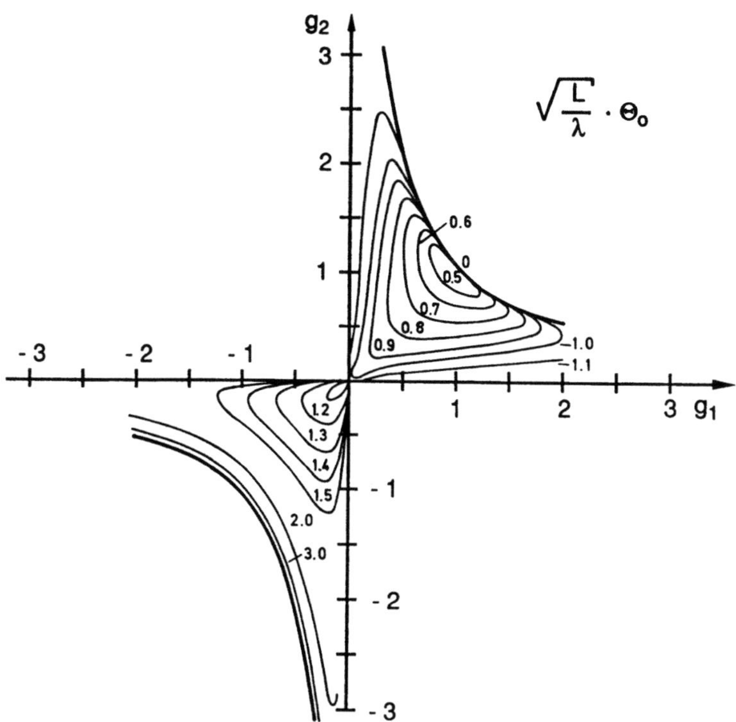

Bild 3.17 Kurven konstanten Öffnungswinkels des TEM_{00}-Modes im g-Diagramm nach (3.13). Parameter ist der normierte Öffnungswinkel $\theta_0\sqrt{L/\lambda}$ [Q.2].

Zahlenbeispiele:

1)L=1m, λ=1064nm (semikonfokal) : w_0 = 0,5819 mm, θ_0 = 0,5819 mrad

2)L=1m, λ=1064nm (konfokal) : w_0 = 0,5819 mm, θ_0 = 0,5819 mrad

3)L=1m, ρ_1=-1,5m, ρ_2=1,5m, λ=1064nm : w_0 = 0,2008 mm, θ_0 = 1,6864 mrad

4)L=1m, ρ_1=∞, ρ_2=5m, λ=1064nm : w_0 = 0,8230 mm, θ_0 = 0,4115 mrad

5)L=1m, ρ_1=ρ_2=0,55m, λ=1064nm : w_0 = 0,2315 mm, θ_0 = 1,4631 mrad

Modenvolumen des TEM$_{00}$-Modes

Die Ausgangsleistung eines Lasers ist unter anderem durch das Volumen festgelegt, daß der Mode im aktiven Medium ausfüllt. Nur in diesem Volumen, dem Modenvolumen, kommt es zum Abbau der gespeicherten Energie durch induzierte Emission.

Durch Integration von (3.9) über die Resonatorlänge erhält man für das Modenvolumen, das der TEM$_{00}$-Mode zwischen den Resonatorspiegeln ausfüllt, den Ausdruck

$$V_{oo} = \pi \, w_0^2 \, L \, \left(1 + \frac{(g_2-g_1)^2 + (1-g_1)(1-g_2)g_1 g_2}{3g_1 g_2 (1-g_1 g_2)} \right) \qquad (3.14)$$

wobei w_0 mit (3.10) bestimmt werden muß. Bild 3.19 zeigt die Abhängigkeit des normierten Modenvolumens $V_{oo}/(\lambda L^2)$ von den g-Parametern. Man erkennt, daß an den Stabilitätsgrenzen bei positiven g-Parametern sehr hohe Modenvolumen erreicht werden. Bei der Realisierung von Lasern im TEM$_{00}$-Mode-Betrieb werden deshalb Konkav-Konvex-Resonatoren favorisiert, da diese, bedingt durch das hohe Modenvolumen, hohe Ausgangsleistung garantieren.

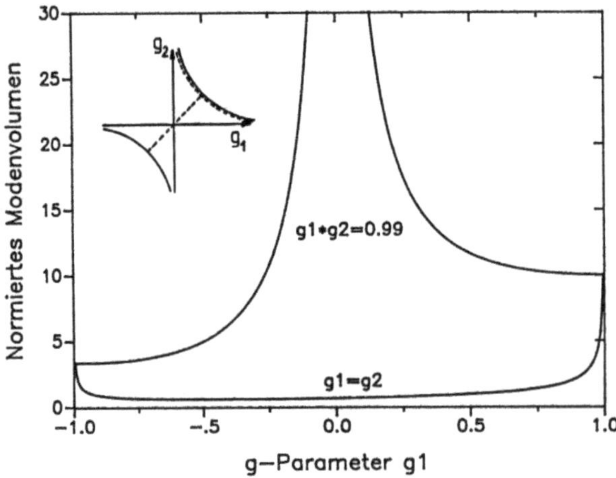

Bild 3.18 Modenvolumen des TEM$_{00}$-Modes in Abhängigkeit von g_1 auf den gezeigten Linien des g-Diagramms. Aufgetragen ist das normierte Modenvolumen $V_{oo}/(\lambda L^2)$, da dieses nur von den g-Parametern nach (3.14) abhängt. Sehr hohes Modenvolumen besitzen demnach Konkav-Konvex-Resonatoren mit $g_1 g_2 \cong 1$ und $g_1 < 0{,}25$.

Strahlverlauf höherer transversaler Moden

Mit der ausführlichen Besprechung der Ausbreitung des Gaußstrahls (TEM_{00}-Mode) kann die entsprechende Diskussion für Moden höherer Ordnung kurz gefaßt werden. Für die höheren Moden gilt nämlich, daß sie sich in der gleichen Form wie der Gaußstrahl ausbreiten (Bild 3.19).

Es gilt in Kreissymmetrie:

$$\textit{Strahlradius} \qquad w_{p\ell}(z) = w_{p\ell} \ \sqrt{1 + (z/z_0)^2} \qquad\qquad (3.15)$$

$$\textit{Taillenradius} \qquad w_{p\ell} \quad = w_0 \ \sqrt{2p+\ell+1} \qquad\qquad (3.16)$$

Der Öffnungswinkel wird wie beim Gaußstrahl als der Grenzwinkel der Asymptote gegen die z-Achse definiert und ergibt sich zu

$$\theta_{p\ell} \ = \ \theta_0 \ \sqrt{2p+\ell+1} \qquad\qquad (3.17)$$

Die Rayleighlänge bleibt unverändert

$$z_0 \ = \ \frac{w_{p\ell}}{\theta_{p\ell}} \ = \ \frac{w_0}{\theta_0} \ = \ \frac{\pi w_0}{\lambda} \qquad\qquad (3.18)$$

und das Strahlparameterprodukt wird dann

$$w_{p\ell}\theta_{p\ell} \ = \ w_0\theta_0 \ (2p+\ell+1) \qquad\qquad (3.19)$$

mit $w_0\theta_0 = \lambda/\pi$ nach (1.68).

In Rechteckecksymmetrie muß in obigen Formeln $2p+\ell+1$ durch $2m+1$ ersetzt werden.

Höhere Moden besitzen also die gleiche Rayleighlänge wie der Grundmode, jedoch ist der Strahlradius $w_{p\ell}$ und der Divergenzwinkel $\theta_{p\ell}$ der transversalen Ordnung entsprechend erhöht. Die maximale Ordnung der Moden, die schwingen können ist, wie schon weiter oben erläutert wurde, durch die Größe der Begrenzung festgelegt.

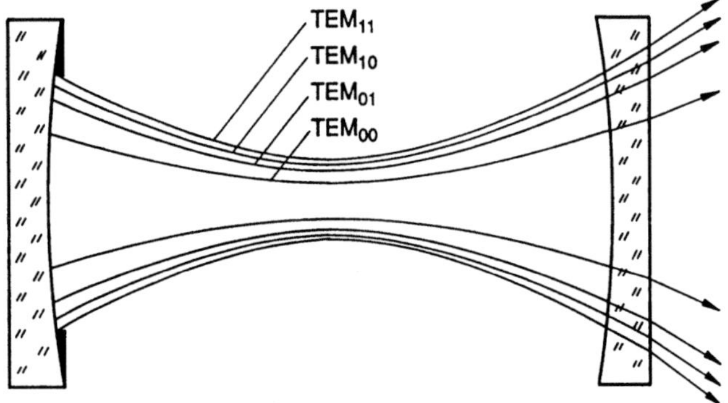

Bild 3.19 Höhere transversale Moden gehorchen demselben Ausbreitungs-gesetz wie der TEM$_{00}$-Mode (Gaußstrahl). Die Anzahl der Moden wird durch das Verhältnis von Blendenradius zu Gaußstrahlradius festgelegt. In diesem Fall schwingen TEM$_{00}$,TEM$_{01}$,TEM$_{10}$,TEM$_{11}$. Der Strahlradius des TEM$_{11}$-Mode legt den Radius des Laserstrahls fest.

Beispiel:

CO$_2$-Laser, λ=10,6 μm, Durchmesser des Gasrohrs : d=3cm, Länge: ℓ=30cm

ρ_1= -5m, ρ_2= 5m, L= 0,5m

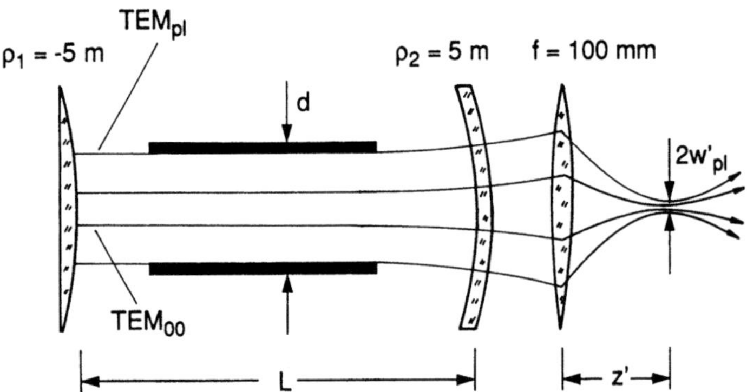

Bild 3.20 CO$_2$-Laser mit Konkav-Konvex-Resonator.

Die g-Parameter des Resonators ergeben sich zu g_1=1,1 und g_2=0,9. Mit den vorhergehenden Gleichungen erhält man:

$$
\begin{aligned}
\textit{Gaußstrahlradius am Spiegel 1} && w_{0\delta}^{(1)} &= 3,906mm \\
\textit{Gaußstrahlradius am Spiegel 2} && w_{0\delta}^{(2)} &= 4,319mm \\
\textit{Taillenradius des Gaußstrahls} && w_0 &= 2,897mm \\
\textit{Position der Taille} && L_{01} &= -2,25m \\
\textit{Rayleighlänge} && z_0 &= 2,4875m \\
\textit{Gaußstrahlradius am linken Rohrende} && w_{0\delta}^{L} &= 3,985mm \\
\textit{Gaußstrahlradius am rechten Rohrende} && w_{0\delta}^{R} &= 4,233mm
\end{aligned}
$$

Am rechten Rohrende ist der Gaußstrahlradius am größten. Der Rohrradius legt dort die höchste transversale Ordnung fest:

Aus $\quad w_{0\delta}^{R}\,\sqrt{2p+\ell+1} \leq d/2$ folgt $(2p+\ell+1) = 13$

Die Strahlradien an den verschiedenen Stellen ergeben sich aus (3.15) und (3.16) mit $2p+\ell+1=13$ zu:

$w_{p\ell}=10,44mm$, $w_{p\ell}^{(1)}=14,08mm$, $w_{p\ell}^{(2)}=15,57mm$, $w_{p\ell}^{L}=14,37mm$, $w_{p\ell}^{R}=15,26mm$

Mit (3.17) erhält man für den Öffnungswinkel:

$$\theta_{p\ell} = 4,15 \ mrad$$

Fokussierung des Strahls mit der 100mm-Linse ergibt mit (1.74)-(1.77)

$$\textit{Fokusposition } z' = 101,93 \ mm, \ \textit{Fokusradius } w'_{p\ell} = 281,2 \ \mu m$$
$$\textit{Rayleighlänge } z'_0 = 23,86 \ mm$$

Für den TEM_{00}-Mode ergibt sich die gleiche Fokusposition und die gleiche Rayleighlänge, für den Fokusradius erhält man aus (1.75) $w'_0=78\mu m$.

Fokussierbarkeit und Strahlqualität

Bei der Fokussierung eines Laserstrahls handelt es sich um die Abbildung der Strahltaille durch eine Linse oder Teleskop. Ort und Größe des Fokus sind dabei durch die Abbildungsgesetze, die in Abschn.1.2.6 diskutiert wurden, festgelegt.
Unabhängig vom Abstand der Linse zur Strahltaille und der gegenstandseitigen Rayleighlänge bleiben zwei Größen bei der Abbildung erhal-

ten: das Strahlparameterprodukt $w\,\theta$ (wir lassen die Indices $p\ell$ fallen)
und das Verhältnis von Taillenfläche πw^2 zu Rayleighlänge z_0:

$$\frac{\pi w^2}{z_0} = \pi\,w\,\theta \qquad\qquad (3.20)$$

Je größer das Strahlparameterprodukt $w\theta$, desto größer wird die Fokusfläche im Verhältnis zur Rayleighlänge. Unabhängig auf welche Art man
einen Laserstrahl fokussiert, ist das Verhältnis von Fokusfläche zur
Rayleighlänge durch das Strahlparameterprodukt des Strahls eindeutig
festgelegt (Bild 3.21) und verändert sich nicht beim Durchgang durch
optische Elemente, falls diese durch Strahlmatrizen beschrieben werden
können. Es ist in der Praxis üblich, das Strahlparameterprodukt über
den 86,5%-Leistungseinschluß zu definieren, und nicht, wie bisher in
diesem Buch geschehen, über das zweite Moment. Die Definition der
Strahlradien über den Leistungsinhalt ist praktikabler, da dann ein
direkter Bezug zur Wechselwirkungszone bei der Materialbearbeitung
besteht. Um den Unterschied des so definierten Strahlparameterprodukts
zu dem bisherigen $w\theta$ deutlich zu machen, wird nun der Strahldurchmesser d_0 und der volle Öffnungswinkel Φ, jeweils mit 86,5%-Leistungsein-
schluß, benutzt. Das neu definierte Strahlparameterprodukt ist also
$d_0\Phi/4$.

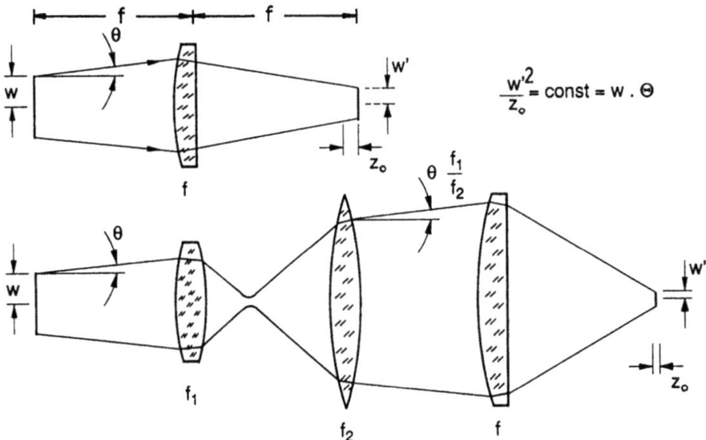

Bild 3.21 Fokussierung eines Laserstrahls der durch die Strahltaille w
und den Öffnungswinkel θ charakterisiert ist. Unabhängig von dem Aufbau der Fokussierungsoptik ist das Verhältnis von Fokusfläche zu
Schärfentiefe immer konstant und durch das Strahlparameterprodukt
bestimmt (3.20).

Im Hinblick auf die Materialbearbeitung ist es erwünscht, möglichst große Schärfentiefen und gleichzeitig geringe Fokusflächen zu erhalten, um z.B. möglichst dünne Schnitte bei großer Materialdicke zu erzielen. Je geringer das Strahlparameterprodukt $d_0\Phi/4$, desto eher ist diese Forderung erfüllt. Die Strahlqualität wird deshalb über das Strahlparameterprodukt definiert.

Definition der Strahlqualität und des Ausbreitungsparameters

Der Laser ist vorgegeben, er liefert ein Strahlungsfeld mit einem Durchmesser d und einem vollen Öffnungswinkel Φ. Die Lage der Strahltaille ist i.a. unbekannt, es sei denn, daß der Auskoppelspiegel ein Planspiegel ist. Es ist auch generell nicht möglich, dem Laserstrahl eine bestimmte Modenstruktur zuzuordnen, da durch thermische und mechanische Störungen insbesondere bei Hochleistungslasern selten die in den vorangehenden Abschnitten diskutierten idealen Modenstrukturen auftreten. Außerdem können in stabilen Resonatoren viele transversale Moden koexistieren. Somit ist das Strahlungsfeld eine Überlagerung vieler Moden mit solchen transversalen Ordnungen, die durch die Größe der Apertur erlaubt sind. Deshalb ist es auch nicht möglich, Ordnungszahlen p,ℓ,m anzugeben, um den Strahl zu charakterisieren, abgesehen von einigen wenigen Lasern, die geringe Leistungen im Grundmode-Betrieb liefern, wie der HeNe-Laser. Die bisherige Behandlungsweise den Strahl über die maximal auftretende Modenordnung zu beschreiben, liefert nicht in allen Fällen eine brauchbare Abschätzung der Strahleigenschaften. Man muß deshalb anders vorgehen. Auf die experimentellen Einzelheiten wird in Abschn.6.2 näher eingegangen.

Die unbekannte Laserstrahlung wird dazu fokussiert und man bestimmt den Strahldurchmesser d_0 der Taille. Dabei ist d_0 dadurch festgelegt, daß 86,5% der Leistung enthalten sind. Entsprechend wird der volle Fernfeldwinkel Φ ermittelt. Der 86,5%-Wert entspricht beim TEM_{00}-Mode gerade dem $1/e^2$-Abfall der Intensität. Deshalb gilt

$$(d_0\Phi/4)_{TEM_{00}} = w_0\,\theta_0 = \frac{\lambda}{\pi}$$

Bei allen anderen Strahlungsfeldern ist dieses Produkt größer, d.h. allgemein gilt:

$$d_0 \Phi / 4 \;\geqq\; \frac{\lambda}{\pi}$$

Man bezieht den tatsächlichen Wert auf den idealen

$$d_0 \Phi / 4 \;=\; M^2 \, \frac{\lambda}{\pi}$$

und nennt M^2 den Strahlausbreitungsparameter mit $M^2 \geqq 1$.

Fokusbereich für beliebige Strahlungsfelder bei gleichem Fokusradius

Betrachten wir den Fokusbereich mit einem Taillenradius w_T (Bild 3.21).
Einmal läge Grundmodebetrieb vor, d.h. $w_T = w_0$. Dann gelten die Gleichungen (3.9) und (3.11), die lauten

$$w(z)^2 = w_0^2 \left(1 + (z/z_0)^2 \right) \qquad\qquad\qquad (3.23)$$

$$z_0 = \frac{\pi \, w_0^2}{\lambda} \qquad\qquad \theta_0 = \frac{w_0}{z_0} \qquad\qquad \text{TEM}_{00}\text{-Betrieb}$$

Liegt dagegen Multimode-Betrieb der Form $w_T = M \, w_0'$, so ist bei gleichem
Taillenradius w_T der dazugehörige Grundmoderadius w_0' nun um den Faktor $1/M$ geringer und in der Rayleighlänge nach (3.11) ist w_0 entsprechend durch w_0/M zu ersetzen.

$$z_M = \frac{\pi \, w_0^2}{\lambda \, M^2} = \frac{z_0}{M^2} \qquad\qquad \theta = \frac{w_T}{z_M} = M^2 \, \theta_0$$

und (3.23) lautet jetzt

$$w(z)^2 = w_T^2 \left(1 + (zM^2/z_0)^2 \right) \qquad\qquad\qquad (3.24)$$

Die Rayleighlänge ist kleiner geworden, was nicht im Widerspruch zu
(3.18) und Bild 3.19 steht. Dort wurde zugelassen, daß die höheren Moden auch einen entsprechend größeren Durchmesser einnehmen. Hier dagegen wurde der Durchmesser vorgegeben und untersucht was geschieht, wenn immer mehr Moden in diesem Durchmesser auftreten. Diese
Situation tritt auch bei Lasern auf, deren aktives Medium eine thermische Linse besitzt (Abschnitt 4.5). Die Gleichung (3.24) geht aus (3.23)
hervor, indem man die Rayleighlänge z_0 durch z_0/M^2 ersetzt. Diese Regel

gilt aber nur, wenn von konstantem Fokusradius ausgegangen wird. Wie dies erreichbar ist, wird im folgenden noch besprochen. Die Strahlausbreitung kann auch für unbekannte Strahlen mit dem ABCD-Gesetz des Gaußstrahls beschrieben werden, wenn man folgende Umschreibungen vornimmt

$$w_{00} \longrightarrow w$$
$$w_0 \longrightarrow w_T$$
$$\theta_0 \longrightarrow \theta$$
$$z_0 \longrightarrow z_M = z_0 / M^2$$

Es gelten die Relationen

$$w_T \theta = M^2 \frac{\lambda}{\pi} \tag{3.25}$$

$$z_M = \frac{\pi}{\lambda} \frac{w_T^2}{M^2} \tag{3.26}$$

$$\theta = \frac{w_T}{z_M} \tag{3.27}$$

und (3.20) wird mit (3.22)

$$\frac{\pi w_T^2}{z_M} = \pi w_T \theta$$

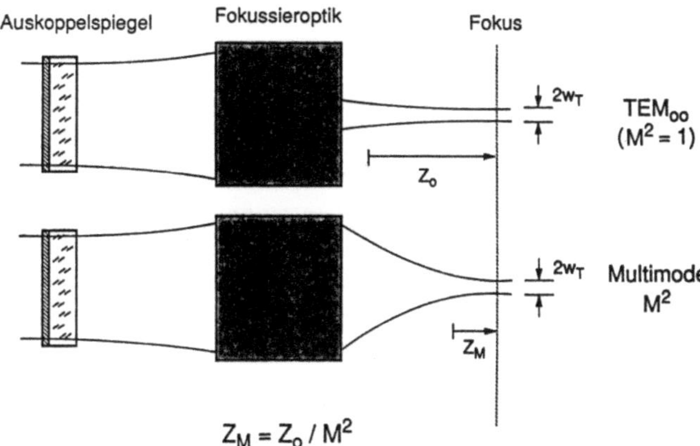

Bild 3.22 Der Fokusbereich im Grundmode-Betrieb (links, $w_T = w_0$) und im Multimode-Betrieb mit $w_T = M w_0$.

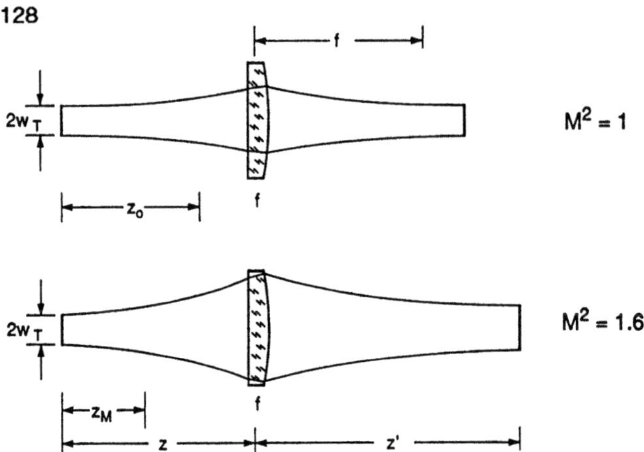

Bild 3.23 Die Abbildung der Laserstrahlung hängt bei gleichem Strahlradius w_T vom Faktor M^2 ab.

Der Faktor M^2 geht auch entscheidend in die Abbildungsgleichungen ein, da durch die geänderte Rayleighlänge sich die Lage der Taille nach (1.74) verschiebt. In Bild 3.23 ist dieser Sachverhalt skizziert.

Schärfentiefe und Gütezahl

Nach der Rayleighlänge z_0 bzw. z_M hat sich die Strahlfläche verdoppelt, d.h. die Intensität halbiert. Für die meisten Anwendungen ist dies zuviel. Man benutzt deshalb als Schärfentiefe

$$z_s = 0,5 \; z_M$$

Nach dieser Strecke hat sich der Strahldurchmesser um 12% vergrößert. Häufig verwendet wird statt des Strahlausbreitungsparameters M^2 auch die Gütezahl K mit

$$K = 1/M^2 \tag{3.30}$$

Mit der neu eingeführten Gütezahl K lautet die Relation (3.20) zwischen Fokusfläche $F = \pi w_T^2$ und der Schärfentiefe z_s:

$$z_s = 0,5 \; K \; F/\lambda \tag{3.31}$$

Wie erhält man nun mit einem gegebenen Laserstrahl, charakterisiert durch den Taillendurchmesser d_o und den vollen Divergenzwinkel Φ, möglichst kleine Fokusdurchmesser d_o' (Bild 3.24) ?

Nach (1.75) gilt bei Fokussierung mit einer Linse der Brennweite f

$$d_o' = d_o \frac{f}{\sqrt{z_M^2 + (z-f)^2}} \qquad (3.32)$$

$$\text{mit} \quad z_M = d_o/\Phi$$

mit z: Abstand der Linse von der gegenstandsseitigen Strahltaille, z_M bezeichnet die gegenstandseitige Rayleighlänge des Strahls. Für den Strahldurchmesser d_L auf der Fokussierlinse folgt mit (1.63) und (3.31)

$$d_L = \frac{4\,\lambda}{\pi\,d_o\,K} \sqrt{z_M^2 + z^2} \qquad (3.33)$$

Für große Abstände der Linse von der Strahltaille $z \gg f$, sind die Wurzelterme der Ausdrücke (3.32) und (3.33) etwa gleich. Einsetzen von (3.33) in (3.32) ergibt dann für den Fokusdurchmesser:

$$d_o' = \frac{4\,\lambda\,f}{\pi\,d_L\,K} \qquad (3.34)$$

Durch diese Näherung ist es nicht mehr nötig, die Rayleighlänge bzw. den Abstand der Linse zur Strahltaille zu kennen (über die Anwendbarkeit der Näherung siehe auch Abschn. 1.2.6).
Die bildseitige Schärfentiefe z_S' läßt sich mittels (3.31) berechnen.

Geringe Fokusdurchmesser erhält man bei gegebener Gütezahl K entweder durch Verwendung einer geringen Brennweite f oder, falls ein fester Abstand Linse-Werkstück vorgegeben ist, durch einen möglichst großen Strahldurchmesser d_L auf der Linse. Aus diesem Grund werden Laserstrahlen vor dem Fokussieren aufgeweitet. Dadurch wird allerdings nach (3.20) die Schärfentiefe verringert, da das Strahlparameterprodukt konstant bleibt.

Tabelle 3.2 zeigt typische Gütezahlen K, Fokusdurchmesser d_o' und Schärfentiefen z_S' hinter einer Linse mit Brennweite 100mm für Nd:YAG und CO_2-Laser verschiedener Ausgangsleistungen P_{out} mit einem Strahldurchmesser auf der Fokussierlinse von d_L=10mm.

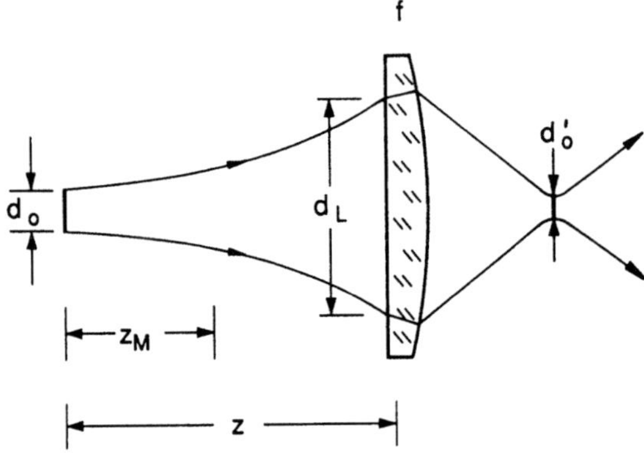

Bild 3.24 Zur Fokussierung eines Laserstrahls mit gegebenem gegenstandsseitigen Taillendurchmesser und Divergenzwinkel.

Tabelle 3.2 Fokussierbarkeit von Nd:YAG- und CO_2-Laser *(f=100mm, d_L =10mm).*

Laser	P_{out} (W)	K	M^2	d_o' (μm)	z_S' (mm)
Nd:YAG (λ=1,064μm)	20	1	1	13,3	0,067
	400	0,0111	90	1218	6,08
	1500	0,0074	185	1830	9,15
CO_2 (λ=10,6 μm)	500	1	1	133	0,68
	3000	0,5	2	191	1,36
	10000	0,333	3	235	2,04

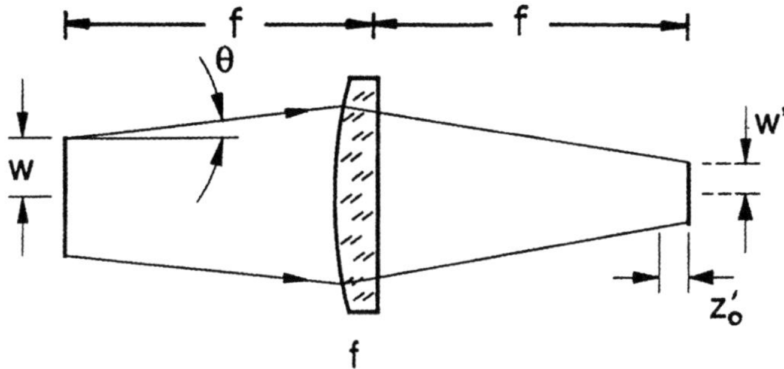

Bild 3.25 Befindet sich die Strahltaille in der vorderen Brennebene der Linse, so hängt der Fokusradius nur vom Divergenzwinkel θ ab.

Spezielle Fokussieroptiken

1) Fokussierung bei konstantem Divergenzwinkel θ

Bei manchen Resonatoren mit thermischer Linse (siehe Abschn.4.5) tritt der Fall ein, daß sich mit steigender Pumpleistung der Taillenradius w ändert, der Divergenzwinkel θ hingegen konstant bleibt. Trotzdem kann Konstanz des Fokusradius erreicht werden, falls der Abstand der gegenstandsseitigen Strahltaille von der Linse genau der Brennweite f entspricht (Bild 3.25). In diesem Fall gilt $w'=f\theta$, der Fokus befindet sich in der Brennweite der Linse.

2) Fokussierung bei konstantem Strahlradius

Für den Fall konstanter Strahltaille w und variablem Divergenzwinkel, ein Fall der bei Resonatoren mit thermischer Linse die Regel ist, ist ebenfalls eine Abbildung möglich, die den Fokusradius konstant läßt.

Dazu wird die Strahltaille mit einem Teleskop der Vergrößerung $f_2/f_1 < 1$ abgebildet (Bild 3.26). Für die Position z' des Fokus und den Fokusradius w' gilt

$$z' = -(f_2/f_1)^2 z + f_2(1+f_2/f_1) \qquad\qquad w' = (f_2/f_1)\,w$$

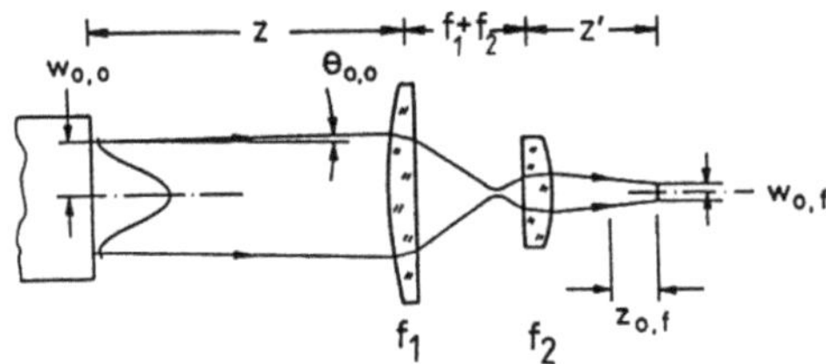

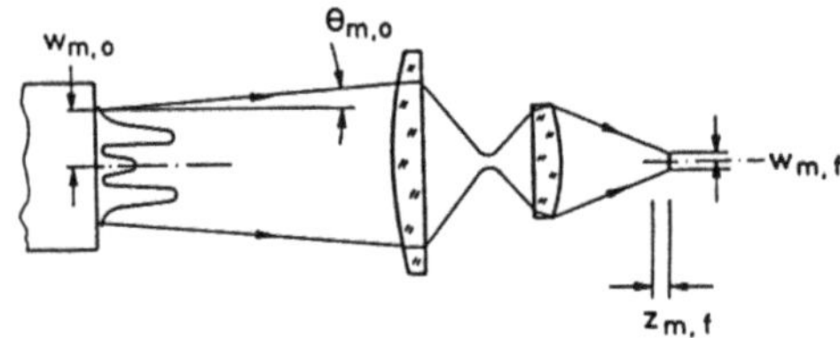

Bild 3.26 Fokussierung bei konstantem Strahlradius über ein Teleskop. Der höhere Mode mit seiner größeren Strahldivergenz besitzt den gleichen Fokusradius wie der TEM_{00}-Mode, jedoch bei reduzierter Schärfentiefe.

Strahlqualität und g-Parameter

Wie groß das Strahlparameterprodukt $d_0\Phi/4$ eines Laserresonators ist, hängt von der Zahl schwingender transversaler Moden ab. Ist in Kreisgeometrie $(2p+\ell+1)$ die größte transversale Ordnung, so folgt für das Strahlparameterprodukt, definiert nach den zweiten Momenten:

$$w\theta = (2p+\ell+1)\,\frac{\lambda}{\pi} \qquad (3.35)$$

und für das Strahlparameterprodukt $d_0\Phi/4$, definiert durch den 86,5%-Energie/Leistungseinschluß

$$d_0\Phi/4 = M^2\,\frac{\lambda}{\pi} = \frac{1}{K}\,\frac{\lambda}{\pi}$$

Der Zusammenhang zwischen $d_0\Phi/4$ und $w\theta$ hängt stark von der Strahlstruktur ab, für ein gaußförmiges Intensitätsprofil sind beide gleich groß, für ein Kastenprofil ist $d_0\Phi/4$ um 0,93 kleiner als $w\theta$.

Die Gütezahl K wird durch den Ort und den Radius der Blende im Resonator festgelegt. Ist w_{oo} der Gaußstrahlradius am Ort der Blende mit Radius a, so erhält man K in guter Näherung aus

$$M^2 = \frac{1}{K} = \left[\frac{a}{w_{00}}\right]^2 \tag{3.36}$$

denn der Mode mit der höchsten Ordnung besitzt in etwa einen Strahlradius der gleich dem Blendenradius a ist.

In Rechtecksymmetrie läßt sich K für jede Raumrichtung auf die gleiche Weise berechnen, wobei der Radius a nun durch die halbe Breite bzw. Höhe der Rechteckblende ersetzt werden muß.

Begrenzt das aktive Medium den Strahl, d.h. es existiert ein Blende mit Radius b und Länge ℓ im Resonator, so müssen zunächst die Gaußstrahlradien an den Enden des aktiven Mediums berechnet und der größte der beiden dann in (3.36) eingesetzt werden (Bild 3.27).

Um diese Berechnungen nicht jedesmal neu ausführen zu müssen, ist hier die fertige Formel zur Berechnung von K angegeben:

$$\frac{1}{K} = \frac{\pi b^2}{\lambda L} \frac{|g_1+g_2-2g_1g_2|}{\sqrt{g_1g_2(1-g_1g_2)}} \left[1 + \frac{\left[(g_1+g_2-2g_1g_2)(X - L\,\frac{g_2\,(1-g_1)}{g_1+g_2-2g_1g_2})\right]^2}{L^2\,(g_1g_2(1-g_1g_2))} \right]^{-1}$$

$$\tag{3.37}$$

mit $\quad X = \ell_1 + \ell$, falls $L_{01} < \ell_1+\ell/2$ (siehe Bild 3.27 und (3.12))

$\qquad\quad X = \ell_1 \qquad$, sonst

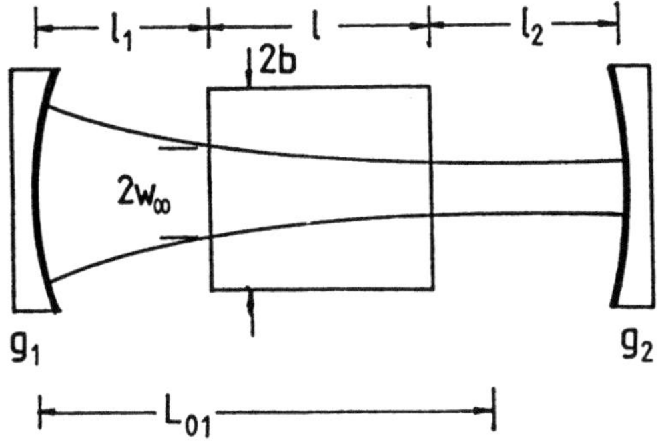

Bild 3.27 Das aktive Medium begrenzt die Anzahl schwingender Moden. Das Verhältnis von Radius b zum größten Gaußstrahlradius w_{00} an einem Ende des Mediums bestimmt die Gütezahl K nach (3.36). L_{01} ist der Abstand der Taille von Spiegel 1 nach (3.12).

134

Mit dem Gütefaktor K ist in sehr guter Näherung neben dem Strahlparameterprodukt auch Strahlradius w an jeder beliebigen Position, Divergenzwinkel θ, Modenvolumen V und Strahlparameterprodukt $w\theta$ durch die entsprechenden Werte des Gaußstrahls ((3.9),(3.33),(3.35)) festgelegt:

$$w(z) = w_{oo}(z)/\sqrt{K} \; , \quad \theta = \theta_o/\sqrt{K} \; , \quad V = V_{oo}/K \; , \quad w\theta = \lambda/(\pi K)$$

Bild 3.28 zeigt mit (3.37) berechnete Strahlparameterprodukte in Abhängigkeit der g-Parameter für Resonatoren gleicher Länge und verschiedenen Stellungen des Mediums mit Radius b. Beste Strahlqualitäten lassen sich an den Stabilitätsgrenzen bei positiven g-Parametern erzielen, die schlechteste Strahlqualität besitzt der konzentrische Resonator.

Generell ist das Strahlparameterprodukt bei festen Resonatorparametern (g_1,g_2,L,b,ℓ_1) und $K<1$ unabhängig von der Wellenlänge, da der Quotient λ/K nach (3.37) nicht mehr von λ abhängt.

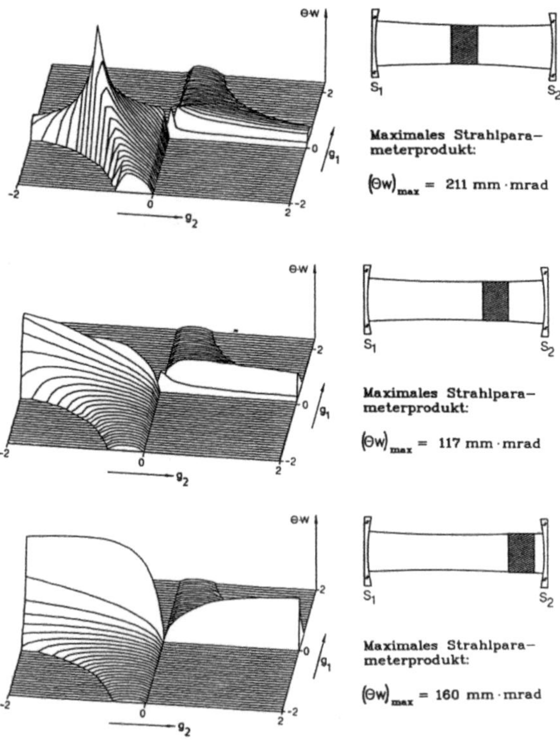

Bild 3.28 Mit (3.37) berechnete Strahlparameterprodukte $w\theta$ in Abhängigkeit der g-Parameter für verschiedene Stellungen des aktiven Mediums (Länge ℓ=10cm, Radius b=5mm) bei konstanter Resonatorlänge L=1m [Q.6].

3.1.2 Begrenzte stabile Resonatoren

Bisher wurde eine Begrenzung im Resonator nur insofern berücksichtigt, daß diese die höchste Ordnung der auftretenden transversalen Moden festlegt. Kriterium ist hier, daß der Strahlradius des Modes höchster Ordnung gerade noch kleiner als der Blendenradius ist. Die Begrenzung im Resonator führt jedoch auch zu Verlusten. Engt man den Gaußstrahl durch eine Blende ein, so führt dies zu einem erhöhten Öffnungswinkel, so daß der Strahl nach einem Umlauf teilweise auf die Blende trifft (Bild 3.29).

Mit zunehmendem Blendenradius nimmt der Verlust des Gaußstrahls ab, bis schließlich der Blendenradius sehr viel größer als der Gaußstrahlradius ist und verlustfreie Oszillation des TEM_{00}-Modes im Resonator möglich ist. Jedoch besitzt jetzt der nun ebenfalls oszillierende nächsthöhere Mode Verluste, da dieser nun durch die Blende begrenzt wird. Für einen bestimmten Blendenradius werden also alle transversalen Moden geringe oder keine Verluste aufweisen deren Strahlradius kleiner als der Blendenradius ist. Alle anderen Moden mit größeren Strahlradien zeichnen sich durch hohe Verluste aus.

Trägt man in Kreissymmetrie die Verluste der Moden über das Verhältnis von Blendenradius zu Gaußstrahlradius auf, so wird sich qualitativ Bild 3.30 ergeben. Mit zunehmendem Blendenradius verschwinden die Verluste von Moden immer höherer Ordnung, wobei die Moden niedrigster transversaler Ordnung *2p+ℓ+1* die geringsten Verluste besitzen.

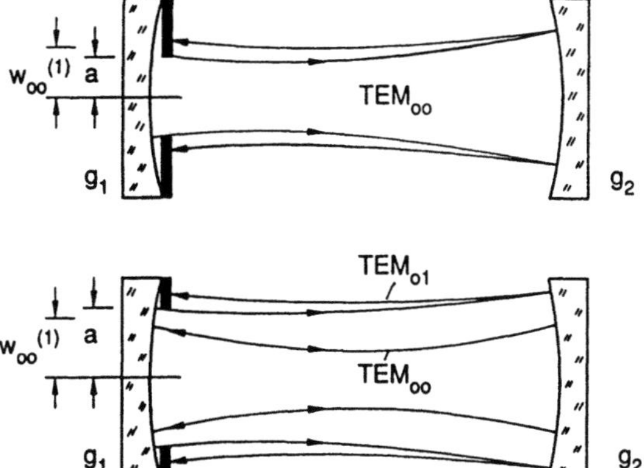

Bild 3.29 Wirkung einer Blende auf die Ausbreitung von TEM_{00}- und TEM_{01}-Mode.

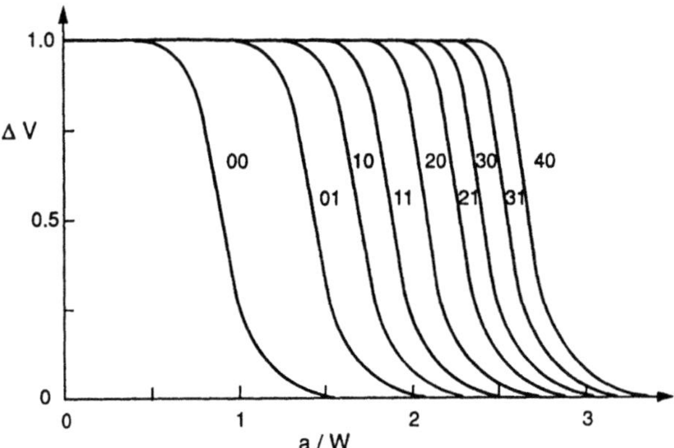

Bild 3.30 Qualitativer Verlauf des Verlustes für einige kreissymmetrische Moden $TEM_{p\ell}$ in Abhängigkeit des Verhältnisses von Blendenradius zu Gaußstrahlradius.

Die Verluste der Moden spielen bei der Konzeption eines Lasers eine wichtige Rolle. Zum einen bestimmen sie die Laserschwelle, d.h. die Pumpleistung, die mindestens aufgebracht werden muß, um Laseroszillation zu erreichen.

Der Verstärkungsfaktor pro Durchgang G_0 muß dazu den Verlust, der durch Auskopplung an den Spiegeln mit den Reflexionsgraden R_1 und R_2 entsteht, und zusätzlich den Verlust ΔV an den Blenden mindestens kompensieren. Es muß also gelten

$$G_0 \sqrt{R} \sqrt{V} \geq 1 \qquad\qquad R = R_1 R_2$$

mit $V = 1 - \Delta V$: Verlustfaktor pro Umlauf.

Zum zweiten gehen die resonatorinternen Verluste, wie schon beim passiven FPI in Kapitel 2 gezeigt wurde, sehr sensitiv in die Ausgangsleistung eines Lasers ein. Geringe Verluste von einigen Prozent im Resonator können Leistungseinbußen von 50 % und mehr verursachen.

Im folgenden wird die Abhängigkeit der Verluste der einzelnen Moden von den g-Parametern, dem Blendenradius und der Anzahl der Blenden geklärt. Dabei ist das Hauptinteresse auf den TEM_{00}-Mode gelegt, da dessen Verlust das Verhalten eines Lasers an der Schwelle charakterisiert.

Einseitig begrenzte Resonatoren

Wir betrachten zunächst nur eine Blende im Resonator, die vor Spiegel 1 angebracht ist und diesen begrenzt [3.6,3.7,3.10,3.16,3.17,3.18,3.19] (Bild 3.31). Die Feldverteilungen auf diesem Spiegel sind wiederum Eigenlösungen der Kirchhoff-Integralgleichung (3.1), jedoch sind nun die Integrationsgrenzen nicht unendlich, sondern durch die Berandung der Blende gegeben. Man erhält in Rechteckgeometrie mit rechteckiger Blende der Breite $2a$ und Höhe $2b$

$$\gamma\,E_{mn}(x_2,y_2)=-i\,\frac{e^{ikL}}{2Lg_2\lambda}\int_{-b}^{b}\int_{-a}^{a}E_{mn}(x_1,y_1)\,e^{\frac{i\pi}{2Lg_2\lambda}(G(x_1^2+x_2^2+y_1^2+y_2^2)-2(x_1x_2+y_1y_2))}\,dx_1\,dy_1 \tag{3.38}$$

und in Kreisgeometrie mit Lochblende mit Radius a:

$$\gamma\,E_{p\ell}(r_2,\Phi_2)=-i\,\frac{e^{ikL}}{2Lg_2\lambda}\int_{0}^{2\pi}\int_{0}^{a}E_{p\ell}(r_1,\Phi_1)\,e^{\frac{i\pi}{2Lg_2\lambda}[G(r_1^2+r_2^2)-2r_1r_2\cos(\Phi_1-\Phi_2)]}\,r_1\,dr_1\,d\Phi_1 \tag{3.39}$$

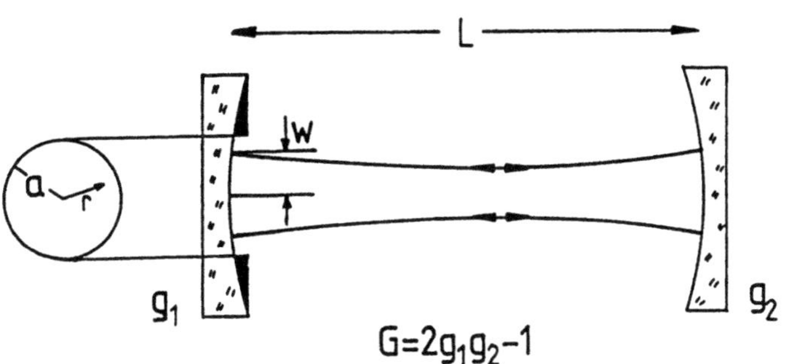

Bild 3.31 Durch eine Blende mit Radius *a* einseitig begrenzter Resonator.

Beschränken wir uns auf den kreissymmetrischen Fall.

Setzt man das Feld als Produkt aus Radial- und Azimutalteil in der Form

$$E_{p\ell}(r,\Phi)=u_p(r)\ exp(i\ell\Phi)$$

dar, so erhält man für den Radialteil $u(r)$ des Feldes nach Einführen normierter Radial-Koordinaten und Integration über den Azimutwinkel Φ die Integralgleichung:

$$\gamma_{p\ell}u_p(r_2)\ =(-i)^{(\ell+1)}2\pi N_{eff}\ e^{ikL}\int_0^1 u_p(r_1)J_\ell(2\pi N_{eff}r_1 r_2)\ e^{i\pi N_{eff}[G(r_1^2+r_2^2)]}\ r_1\,dr_1 \tag{3.40}$$

mit J_ℓ: Besselfunktion der Ordnung ℓ

Im Gegensatz zum unbegrenzten Resonator, wo die Verlustfaktoren $V=|\gamma_{p\ell}|^2$ der einzelnen Moden gleich eins und die Feldverteilungen durch die Gauß-Laguerre-Polynome bestimmt sind (vgl.(3.3)), treten nun Verluste an der Blende auf. Aus (3.40) erkennnt man, daß die Verluste der Moden und die Feldverteilungen nur von zwei Parametern abhängen:

dem äquivalenten g-Parameter $G = 2g_1 g_2 - 1$ $\hspace{2cm}$ (3.41)

der effektiven Fresnelzahl $N_{eff} = a^2/(2Lg_2\lambda)$ $\hspace{2cm}$ (3.42)

Die effektive Fresnelzahl N_{eff} ist proportional zur Fläche der Blende und hängt mit dem Gaußstrahlradius auf Spiegel 1 $w_0^{(1)}$ über die Beziehung

$$\left(\frac{a}{w_0^{(1)}}\right)^2\ =\ \pi\ N_{eff}\ \sqrt{1-G^2} \tag{3.43}$$

zusammen. Grob kann man also sagen, daß Laserresonatoren im Grundmode-Betrieb (d.h. mit an den Gaußstrahlradius angepaßtem Blendenradius) effektive Fresnelzahlen um 1 besitzen.

Moden von Resonatoren, die betragsmäßig dieselbe effektive Fresnelzahl und denselben äquivalenten g-Parameter haben, besitzen die gleichen Verluste an der Blende und die gleichen Modenstrukturen auf Spiegel 1! Solche Resonatoren bezeichnet man als äquivalent [3.12,3.37,3.38].

Würde man also die Abhängigkeit von $V=|\gamma_{p\ell}|^2$ von $|G|$ und $|N_{eff}|$ kennen, könnte man für jeden beliebigen stabilen Resonator sofort die Verlustfaktoren und, über die Beziehung $\Delta V=1-V$, die Verluste ΔV der einzelnen Moden angeben.

Beispiel zur Äquivalenz (diese Resonatoren besitzen dieselben Verluste)

1) $\rho_1=\infty$, $\rho_2=2m$, $L=1m$, $a=0,8mm$, $\lambda=1,064\mu m$

$\longrightarrow$ $g_1=1$, $g_2=0,5$, $G=0$, $N_{eff}=0,602$, $a/w_{0\delta}^{(1)} = 1,376$

2) $\rho_1=2,5m$, $\rho_2=1,333m$, $L=0,5m$, $a=0,633mm$, $\lambda=1,064\mu m$

$\longrightarrow$ $g_1=0,8$, $g_2=0,625$, $G=0$, $N_{eff}=0,602$, $a/w_{0\delta}^{(1)} = 1,376$

3) $\rho_1=0,2777m$, $\rho_2=0,3077m$, $L=0,5m$, $a=0,633mm$, $\lambda=1,064\mu m$

$\longrightarrow$ $g_1=-0,8$, $g_2=-0,625$, $G=0$, $N_{eff}=-0,602$, $a/w_{0\delta}^{(1)} = 1,376$

Die Integralgleichung (3.40) läßt sich allerdings nicht analytisch lösen. Bild 3.32 zeigt numerisch berechnete Verlustfaktoren verschiedener transversaler Moden niedriger Ordnung für $G=0,0$ in Abhängigkeit von N_{eff}.

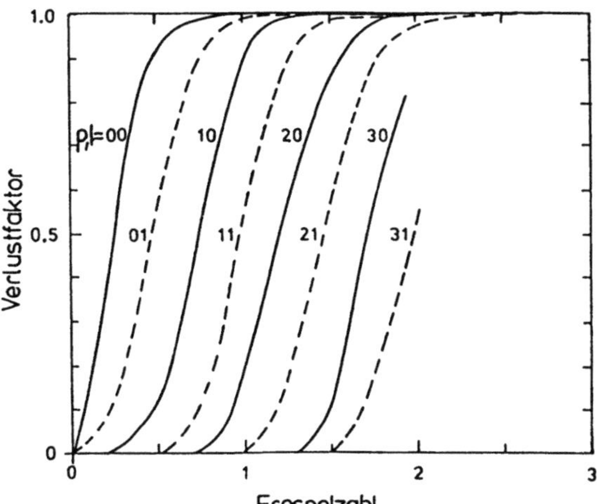

Bild 3.32 Verlustfaktoren pro Umlauf einiger transversaler Moden niedriger Ordnung in Kreissymmetrie für $G=0,0$ in Abhängigkeit der effektiven Fresnelzahl N_{eff}. Der Blendenradius ist gleich dem Gaußstrahlradius für $N_{eff}=1/\pi$ [Q.3].

Dieses Ergebnis bestätigt genau den erwarteten Verlauf aus Bild 3.30! Da die Verlustfaktoren über dem Quadrat der Blende aufgetragen sind, besitzen die einzelnen Kurven nun einen fast äquidistanten Abstand voneinander.

Um die Verluste für alle möglichen Resonatoren bestimmen zu können, müßten nun solche Darstellungen für viele G-Parameter zwischen 0 und 1 berechnet werden, was etwas aufwendig wäre. In der Praxis interessiert in den meisten Fällen jedoch nur der Verlust des TEM_{00}-Modes. Die Laserschwelle wird nur durch die Begrenzung des Grundmodes beeinflußt. Die Verluste höherer Moden spielen dagegen nur eine Rolle für die Ausgangsleistung, jedoch nicht für die Schwellbedingung.

Bild 3.33 zeigt berechnete Verlustfaktoren pro Umlauf für den TEM_{00}-Mode in Abhängigkeit von G und dem Verhältnis von Blendenradius zu Gaußstrahlradius $a/w_0{}^{(1)}$, Bild 3.34 den Vergleich mit dem Experiment.

Wie zu erwarten sind die Verlustfaktoren symmetrisch zu $G=0$, da Resonatoren mit demselben Betrag des G-Parameters äquivalent sind. Bemerkenswert ist der Umstand, daß bei konstantem Verhältnis $a/w_0{}^{(1)}$ der Verlust noch vom äquivalenten G-Parameter abhängt und besonders niedrig wird, wenn $|G|$ gegen eins geht. Somit besitzen die stabilen Resonatoren an den Stabilitätsgranzen $g_1 g_2=1$ und $g_1 g_2=0$ die geringsten Verluste bei gegebenem Verhältnis von Blendenradius zu Gaußstrahlradius.

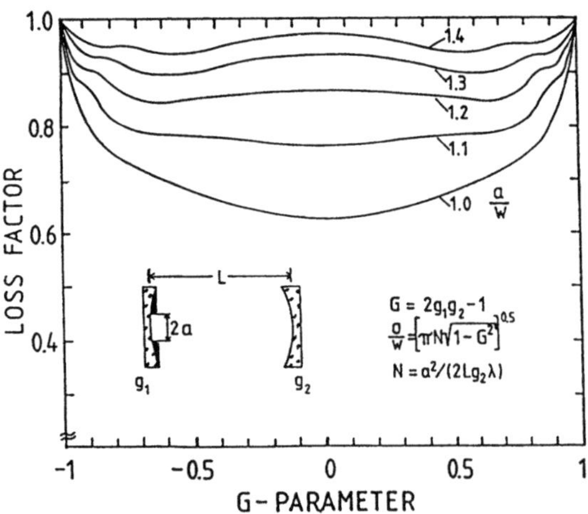

Bild 3.33 Berechnete Verlustfaktoren pro Umlauf des TEM_{00}-Modes einseitig begrenzter stabiler Resonatoren mit kreisförmiger Blende in Abhängigkeit des äquivalenten G-Parameters $G=2g_1g_2-1$. Parameter ist das Verhältnis von Blendenradius a zu Gaußstrahlradius w.

Um möglichst geringe Verluste zu erzeugen, ist man nach Betrachten von Bild 3.33 geneigt, den Blendenradius möglichst groß zu wählen. Ab einem bestimmten Verhältnis von Gaußstrahlradius zu Blendenradius wird allerdings der nächst höhere Mode (TEM_{10}) anschwingen und die Strahlqualität verschlechtern. Um Grundmode-Betrieb zu gewährleisten, wählt man deshalb Radienverhältnisse zwischen 1,2 und 1,4 , wobei gilt: je größer $|G|$ und je größer die Pumpleistung, desto kleiner muß das Radienverhältnis gewählt werden.

Mit Hilfe von Bild 3.33 können die Verluste beliebiger stabiler Resonatoren im Grundmode-Betrieb bestimmt werden. Eine Näherungsformel zur Berechnung des Verlustes pro Umlauf ist:

$$\Delta V = exp \ (-\alpha \ N_{eff}^{\beta} \ ) \tag{3.44}$$

Die Konstanten α und β hängen vom äquivalenten G-Parameter ab. Für TEM_{00}- und TEM_{01}-Mode lauten diese [3.39,3.41]:

G	0,0	0,2	0,4	0,5	0,6	0,7	0,8	0,85	0,9	0,95	0,99
TEM_{00}:											
α	8,4	6,9	4,9	4,4	3,8	3,5	2,9	2,6	2,3	2,0	1,83
β	1,84	1,66	1,38	1,34	1,34	1,27	1,16	1,08	1,01	0,86	0,59
TEM_{01}:											
α	5,1	4,3	2,84	2,46	2,18	1,86	1,5	1,34	1,18	1,05	1,02
β	2,69	2,46	1,91	1,83	1,84	1,81	1,58	1,46	1,35	1,12	0,835

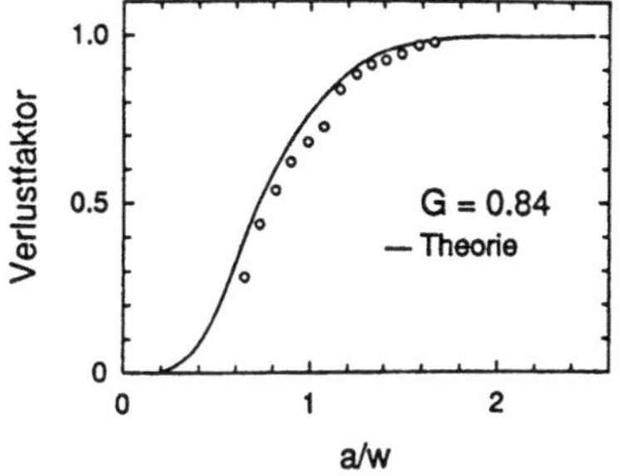

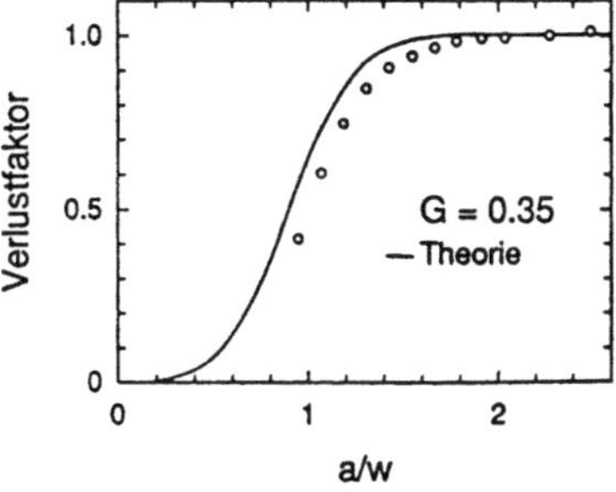

Bild 3.34 Gemessene Verlustfaktoren im TEM_{00}-Mode-Betrieb stabiler Resonatoren für verschiedene äquivalente G-Parameter in Abhängigkeit des Verhältnisses von Blendenradius zu Gaußstrahlradius [Q.4].

Verluste im Multimode-Betrieb

Ist der Blendenradius bedeutend größer als der Gaußstrahlradius kommt es zum gleichzeitigen Schwingen sehr vieler transversaler Moden. Nur die Moden, deren Strahlradius etwa dem der Blende entspricht besitzen nicht verschwindende Verluste. Ab einer gewissen Modenzahl hängen diese Verluste jedoch kaum mehr vom Blendenradius ab. Verringert man den Verlust des Modes mit dem größten Strahlradius durch Aufziehen der Blende, erscheint sofort der nächsthöhere Mode mit etwa dem gleichen Verlust wie sein Vorgänger. Dieser Modenwechsel erzeugt bei Moden niedriger Ordnungen eine Oszillation des Verlustfaktors, die mit zunehmendem Blendenradius bzw. zunehmender transversaler Ordnung abnimmt (Bild 3.35). Ab einer Grenze von etwa *(2p+ℓ+1)=20* hat die Oszillation soweit abgenommen, daß man von einem konstanten Verlustfaktor sprechen kann, der langsam mit der Ordnung gegen eins konvergiert. Typische Multimode-Laser mit Modenzahlen 20 und 100 besitzen deshalb Verluste um 1,5% pro Umlauf.

Damit folgt (Bild 3.36):

Multimode-Laser mit einer Gütezahl K<0,05 besitzen einen Verlust von etwa 1–1,5% pro Umlauf.

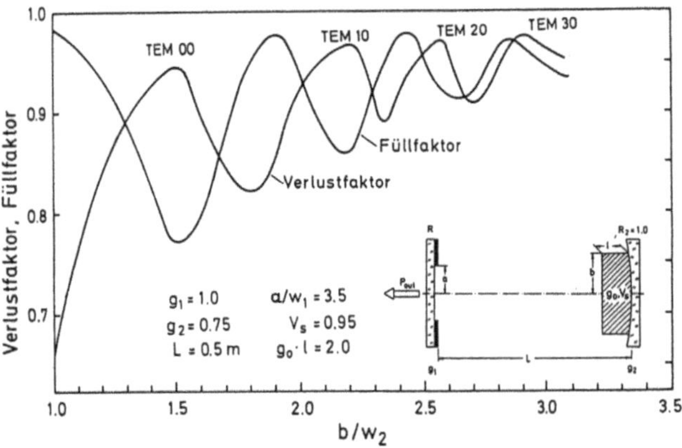

Bild 3.35 Berechneter Verlauf des Verlustfaktors pro Umlauf und des Füllfaktors für einen stabilen Resonator in Abhängigkeit des Verhältnisses Medienradius zu Gaußstrahlradius. Die Begrenzung des Auskoppelspiegels bleibt mit $a=1,3w_1$ konstant. Der Füllfaktor gibt das Verhältnis von Modenvolumen zum Volumen des aktiven Mediums an. Vergößerung des Radius des aktiven Mediums führt zum Anschwingen immer höherer Moden. Die Oszillation des Verlustfaktors werden mit wachsender Modenordnung kleiner, der Verlustfaktor konvergiert gegen eins [Q.5].

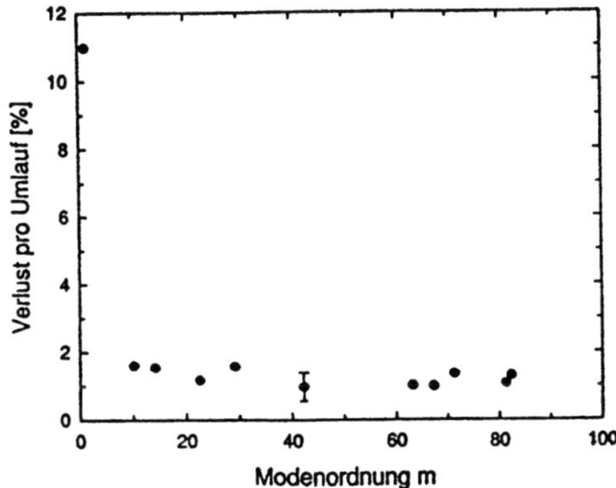

Bild 3.36 Gemessene Verluste pro Umlauf von Nd:YAG-Lasern im Multi-mode-Betrieb in Abhängigkeit der transversalen Ordnung *2p+ℓ+1*. Der Verlust wurde durch Messung der auf den Blendenrand gefallenen Leistung bestimmt.

Beidseitig begrenzte Resonatoren

Sind beide Spiegel durch Blenden mit Radius a_1 und a_2 begrenzt (Bild 3.37), so hängt der Verlust der pro Umlauf an den beiden Begrenzungen entsteht von den Parametern $g_1 a_1 /a_2$, $g_2 a_2 /a_1$ und der Fresnelzahl N mit

$$N = \frac{a_1 a_2}{\lambda L} \tag{3.45}$$

und nicht mehr nur von $|G|$ und $|N_{eff}|$ ab.

Eine alle Resonatoren umfassende Darstellung ist deshalb ungleich schwerer. Es existieren darüber hinaus relativ wenige Veröffentlichungen mit berechneten Verlusten [3.16,3.18,3.35,3.36].

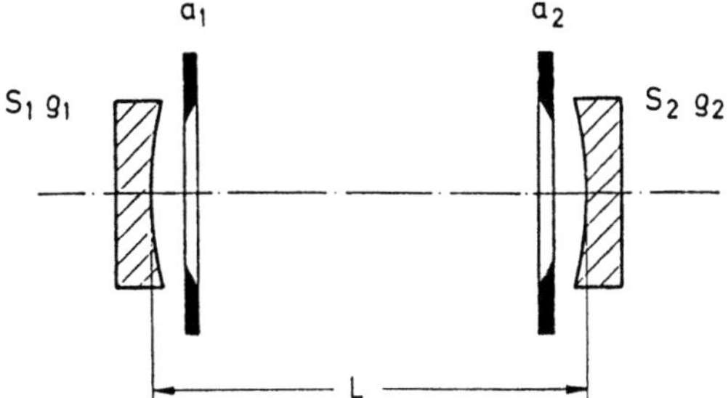

Bild 3.37 Beidseitig begrenzter Resonator.

Der Sonderfall des symmetrischen Resonators läßt sich mit den Ergebnissen des einseitig begrenzten Resonators behandeln [3.12,3.37].

Ein einseitig begrenzter Resonator kann, mit Ausnahme der Resonatoren mit $g_2=0$, immer in einen symmetrischen Resonator mit gleichem Blendenradius umgewandelt werden (Bild 3.38). Ein Umlauf im einseitig begrenzten Resonator entspricht dann einfach einem Durchgang im symmetrischen Resonator. In beiden Fällen ergibt sich die gleiche Strahlmatrix (siehe Abschn. 1.1). Der Verlust der pro Umlauf in einem einseitig begrenzten Resonator entsteht ist deshalb genauso groß wie der Verlust den der äquivalente symmetrische Resonator mit dem g-Parameter G und der Länge $2Lg_2$ pro Durchgang besitzt.

Damit entspricht der Verlustfaktor pro Durchgang in einem symmetrischen Resonator mit $g_1=g_2=g$ und $a_1=a_2=a$ dem Verlustfaktor pro Umlauf in dem einseitig begrenzten mit $G=g$ und $N_{eff}=N$ und kann deshalb aus Bild 3.33 bzw. mit (3.44) bestimmt werden. Der Verlustfaktor pro Umlauf entsteht aus dem Verlustfaktor pro Durchgang durch Quadrieren.

Ist der Resonator nicht symmetrisch, so muß der Verlustfaktor in Abhängigkeit von g_1,g_2 und N berechnet werden. Einige berechnete Beispiele zeigt Bild 3.39.

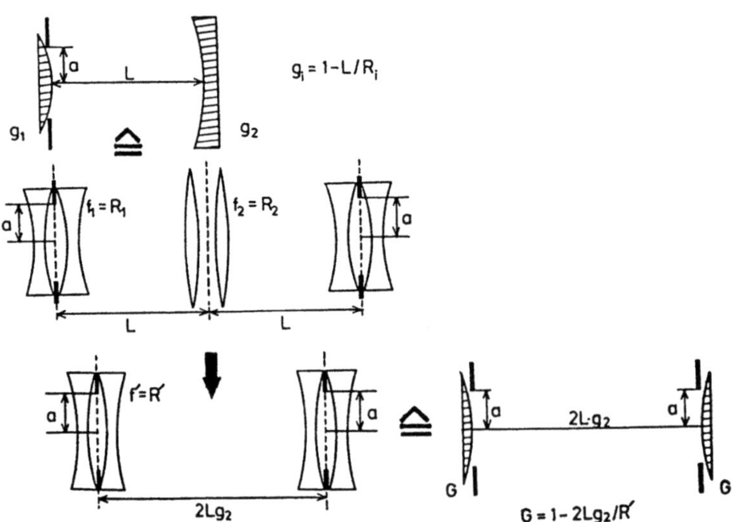

Bild 3.38 Einseitig begrenzter und äquivalenter symmetrischer Resonator.

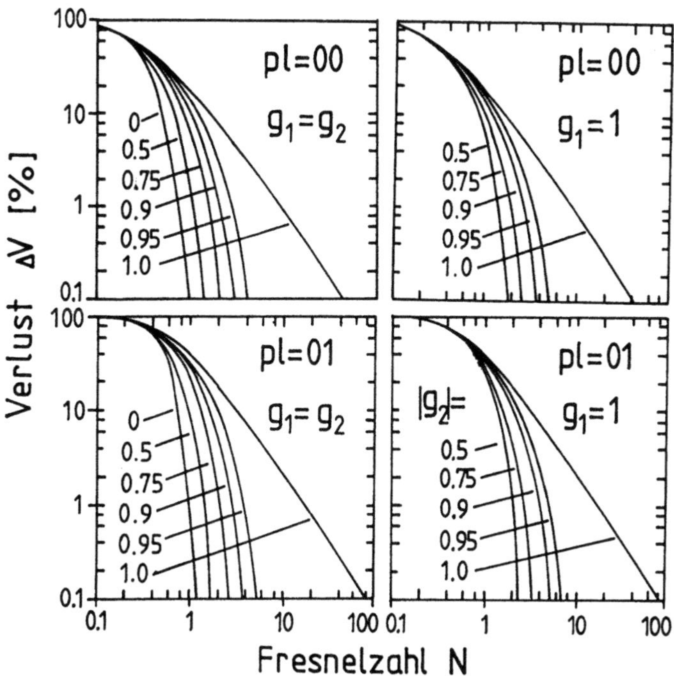

Bild 3.39 Beugungsverluste pro Durchgang beidseitig begrenzter stabiler Resonatoren in Kreissymmetrie als Funktion der Fresnelzahl $N = a_1 a_2 / \lambda L$ für TEM_{00}- und TEM_{01}-Mode. Parameter der Kurven ist der g-Parameter g_2. a) $g_1 = g_2 = g$, b) $g_1 = 1$ [3.16]

In Rechteckgeometrie zeigen die Verlustfaktoren beidseitig oder einseitig begrenzter Resonatoren einen ähnlichen Verlauf mit der Fresnelzahl, liegen jedoch bei gleicher Fresnelzahl etwas höher. Es gilt also: *Eine quadratische Blende mit Kantenlänge 2a erzeugt in einem Resonator einen geringeren Verlust als eine Lochblende mit Radius a.*

146

3.1.3 Dejustierungsempfindlichkeit

Unter der Dejustierungsempfindlichkeit eines Laserresonators versteht
man die Empfindlichkeit mit der der Verlust oder die Ausgangsleistung
auf Verkippung der Resonatorspiegel reagiert. In diesem Abschnitt wird
nur die Zunahme des Verlustes bei Spiegeldejustierung behandelt. Die
damit verbundene Abnahme der Ausgangsleistung wird erst in Abschn.4.3
besprochen werden.

Bild 3.40 zeigt die geometrische Auswirkung der Dejustierung eines Spiegels auf den Resonator. Durch Drehung des Spiegels j um den Winkel α_j
wird die optische Achse, die durch die Verbindungslinie der Spiegel-
krümmungsmittelpunkte definiert ist, verkippt. Für den Drehwinkel θ_j,
auch als Richtungsstabilität bezeichnet, und die Verschiebungen der
Durchstoßpunkte Δ_{jj} auf Spiegel j und Δ_{ij} auf Spiegel i gilt [3.27,3.33]:

$$\theta_j = \alpha_j \frac{(1 - g_i)}{(1 - g_1 g_2)} \tag{3.46}$$

$$\Delta_{jj} = \alpha_j \frac{L \, g_i}{(1 - g_1 g_2)} \tag{3.47}$$

$$\Delta_{ij} = \alpha_j \frac{L}{(1 - g_1 g_2)} \tag{3.48}$$

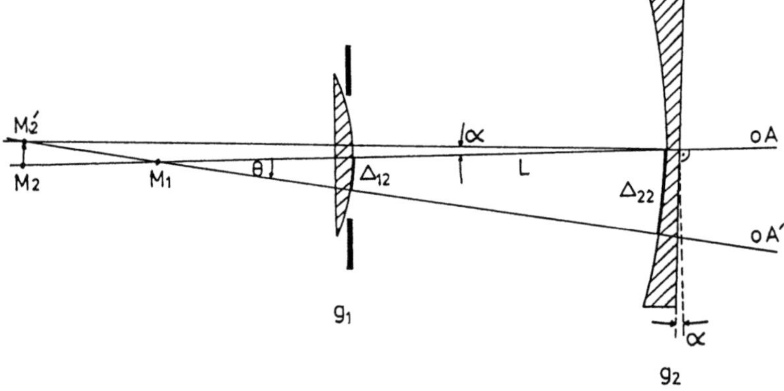

Bild 3.40 Geometrische Auswirkung der Spiegeldejustierung. Drehung
des Spiegels 2 um den Winkel α_2 bewirkt die Drehung der optischen
Achse um den Krümmungsmittelpunkt von Spiegel 1. Dadurch verschiebt
sich die optische Achse um Δ_{12} auf Spiegel 1 und um Δ_{22} auf Spiegel 2.
Drehwinkel und Verschiebungen können mit den Gleichungen 3.46-3.48
berechnet werden.

Da die Moden stets versuchen, sich parallel zur optischen Achse auszubreiten, führt die Verschiebung bei begrenzten Resonatoren zu erhöhten Verlusten. Der Radius der begrenzenden Blende wird deshalb quasi um den Verschub des Durchstoßpunktes der optischen Achse reduziert. Bei dem einseitig begrenzten Resonator in Bild 3.40 wird der begrenzende Radius *a* also auf $a-\Delta_{12}$ verkleinert.

Bezeichnet Δ den Gesamtverschub der optischen Achse an der Blende, so läßt sich der Resonator deshalb in erster Näherung durch eine neue effektive Fresnelzahl $N_{eff}(\alpha)$ charakterisieren, die mit zunehmendem Winkel abnimmt:

$$N_{eff}(\alpha) = \frac{(a-\Delta)^2}{2Lg_2\lambda} \approx N_{eff}\ (1 - 2(\Delta/a)) \tag{3.49}$$

Da die Fresnelzahl mit zunehmendem Winkel abnimmt, erhöhen sich die Verluste, bzw. sinkt der Verlustfaktor. Bei allen Resonatoren, sowohl stabilen als auch instabilen, erfolgt die Abnahme des Verlustfaktors für kleine Drehwinkel α eines Spiegels quadratisch mit diesem:

$$V(\alpha) = V(0)\ (1 - 0,1(\alpha/\alpha_{10\%})^2) \tag{3.51}$$

wobei $V(0)$ den Verlustfaktor des justierten Resonators bezeichnet (Bild 3.41). Beim Drehwinkel $\alpha_{10\%}$ haben die Verluste um 10% zugenommen. Diesen Drehwinkel benutzt man zur Charakterisierung der Dejustierungsempfindlichkeit. Je geringer dieser 10%-Winkel, desto höher ist die Dejustierungsempfindlichkeit des Resonators.

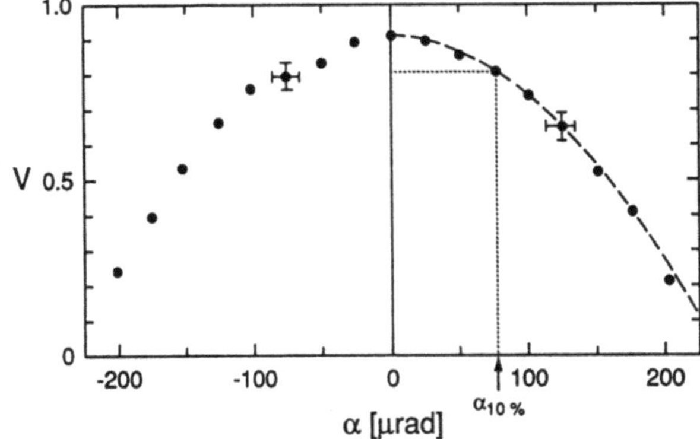

Bild 3.41 Gemessene Verlustfaktoren eines stabilen Resonators in Abhängigkeit des Drehwinkels von Spiegel 2. Spiegel 1 ist durch eine Blende begrenzt (G=0,34, L=0,7m, a=0,55mm) [Q.3].

Typische Werte von $\alpha_{10\%}$ liegen bei einem Laser im Grundmode-Betrieb und $\lambda=1\mu m$ um 50 μrad. Der genaue Wert von $\alpha_{10\%}$ hängt jedoch von den g-Parametern des Resonators, der Fresnelzahl, der Resonatorlänge und den Blendenradien ab. Jeder Resonator besitzt natürlich zwei Werte von $\alpha_{10\%}$, je nachdem welcher der beiden Spiegel dejustiert wird.

Es ist daher üblich, eine mittlere Dejustierungsempfindlichkeit über das geometrische Mittel der beiden 10%-Winkel zu bilden, d.h

$$\bar{\alpha}_{10\%} = \frac{1}{2} \sqrt{\alpha_{10\%,1}^2 + \alpha_{10\%,2}^2} \tag{3.51}$$

wobei die zusätzlichen Indizes den gedrehten Spiegel kennzeichnen. Um etwa diesen mittleren Winkel können beide Spiegel gleichzeitig gedreht werden bis 10% Verlusterhöhung auftritt.

Theoretische Überlegungen, die auch anschaulich unmittelbar verständlich sind, zeigen, daß der 10%Winkel $\alpha_{10\%}$ mit der Resonatorlänge abnimmt und mit steigendem Blendenradius größer wird. Zum Vergleich verschiedener Resonatoren führt man deshalb den Dejustierparameter D_i ein

$$D_i = \frac{L}{a} \alpha_{10\%,i} \tag{3.52}$$

Einseitig begrenzte Resonatoren

Betrachten wir zunächst den Fall, daß, wie in Bild 3.40 gezeigt, nur Spiegel 1 mit einer Blende mit Radius a begrenzt ist und der unbegrenzte Spiegel um den Winkel α_2 verkippt wird. Auch für den dejustierten Fall, lassen sich die Feldverteilungen und die Verlustfaktoren berechnen und somit der 10%-Winkel $a_{10\%,2}$ bestimmen. Bild 3.42 zeigt die Abhängigkeit des Dejustierparameters D_2 von der effektiven Fresnelzahl N_{eff} ((3.42)) und dem äquivalenten g-Parameter G (3.41) für den TEM_{00}-Mode, Bild 3.43 den Vergleich mit dem Experiment. Der Dejustierparameter ist umso höher, und damit die Dejustierempfindlichkeit des Resonators umso geringer, je geringer der G-Parameter ist. Resonatoren auf den Achsen des G-Diagramms ($G=-1$) zeigen deshalb die geringste Dejustierempfindlichkeit, Resonatoren nahe der Stabilitätsgrenze $G=1$ die höchste. Der Dejustierparameter besitzt ein Minimum in der Umgebung solcher Fresnelzahlen, bei denen der Blendenradius gleich dem Gaußstrahlradius ist.

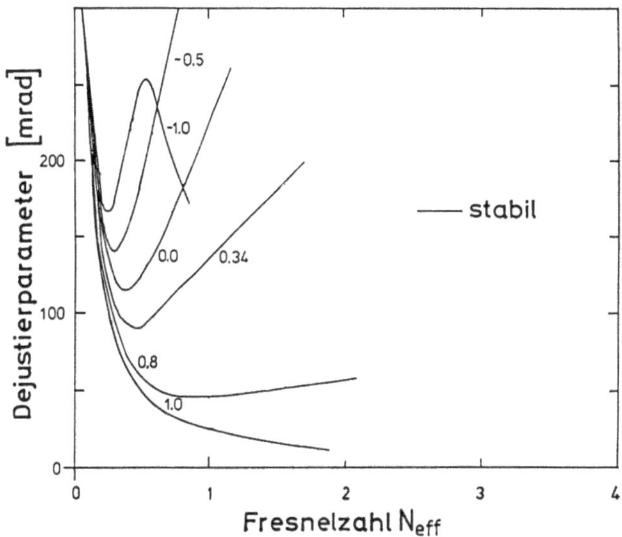

Bild 3.42 Berechneter Dejustierparameter einseitig begrenzter Resonatoren in Abhängigkeit der effektiven Fresnelzahl $N_{eff} = a^2/(2Lg_2\lambda)$ und des äquivalenten g-Parameters $G = 2g_1 g_2 - 1$. Die Blende mit Radius a steht am Spiegel 1, dejustiert wird Spiegel 2 [3.117].

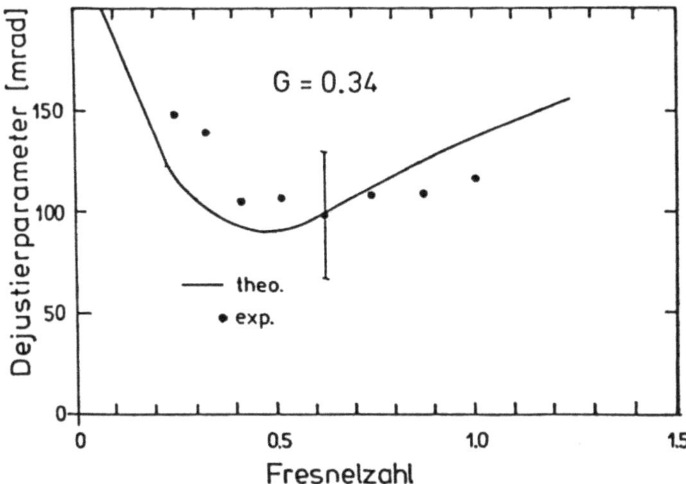

Bild 3.43 Gemessene Dejustierparameter einseitig begrenzter Resonatoren bei Dejustierung des unbegrenzten Spiegels im Vergleich mit der Theorie (Nd:YAG-Laser) [Q.3].

Besonders interessant ist natürlich das Dejustierverhalten von Resonatoren mit an den Gaußstrahlradius w_{oo} angepaßter Blende. Bild 3.44 zeigt den Dejustierparameter für den Fall $a/w_{oo} = 1{,}3$. Man erkennt deutlich die stark unterschiedliche Dejustierempfindlichkeit von Resonatoren auf den Achsen des g-Diagramms ($G=-1$) und nahe den Grenzhyperbeln mit $G=1$. Großes Modenvolumen des TEM_{00}-Modes und geringe Dejustierungsempfindlichkeit sind deshalb nicht gleichzeitig erreichbar.

Bisher wurde nur die Dejustierung des unbegrenzten Spiegels 2 betrachtet, die zu der Verschiebung Δ_{12} auf Spiegel 1 führt. Verkippt man hingegen Spiegel 1, so erzeugt dies die Verschiebung Δ_{11} an der Blende. Dreht man beide Spiegel um denselben Winkel α, so besteht zwischen den Verschiebungen die Relation (siehe (3.47) und (3.48))

$$\Delta_{11} = \Delta_{12} \cdot g_2 \qquad (3.53)$$

Dejustiert man demnach den unbegrenzten Spiegel 2 um den Winkel α, so hat dies dieselbe Auswirkung wie Drehung des begrenzten Spiegels um α/g_2. Der Dejustierparameter D_1 bei Drehung um den begrenzten Spiegel erhält man also aus dem schon bekannten Dejustierparameter durch Multiplikation mit dem Faktor $1/g_2$.

Somit kann man mit Bild 3.42 das Dejustierverhalten aller einseitig begrenzter stabiler Resonatoren im TEM_{00}-Mode-Betrieb bei Dejustierung einer der beiden Spiegel bestimmen.

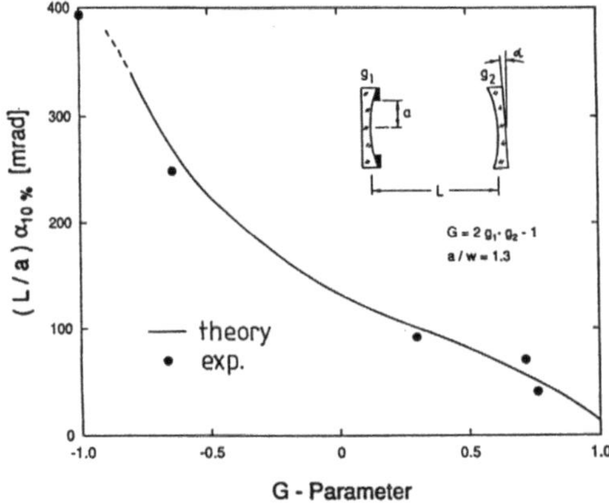

Bild 3.44 Gemessene und berechnete Dejustierungsparameter D_2 einseitig begrenzter Resonatoren mit an den Blendenradius a angepaßtem Gaußstrahl *(a=1,3w)*. Der unbegrenzte Spiegel ist dejustiert [3.119].

Der mittlere 10%-Winkel ergibt sich in diesem Fall zu:

$$\bar{\alpha}_{10\%} = \frac{a}{2L} \sqrt{D_2^2 + D_1^2} = \frac{a}{2L} D_2 \sqrt{1 + (1/g_2)^2} \tag{3.54}$$

Beim Betrieb des Lasers dürfen sich die Spiegel nicht mehr als um den mittleren 10%-Winkel verkippen, wodurch die Anforderungen an die technische Realisierung des Laserkopfes definiert sind.

Resonatoren mit $g_2 = 0$ haben also die geringste Dejustierempfindlichkeit: Drehung um Spiegel 1 bewirkt, in der hier benutzten geometrischen Beschreibung, keine Erhöhung der Verluste, und der 10%-Winkel für Spiegel 2 ist relativ groß. Damit ist auch der mittlere 10%-Winkel bei diesen Resonatoren am höchsten.

Beispiel: Dejustierungsempfindlichkeit eines CO_2-Lasers
(ρ_1=3m, ρ_2=-4m, L=1m, g_1=0,667, g_2=1,25 λ=1,064μm)
Das Gasrohr mit einem Durchmesser $2a$=8,75 mm steht an Spiegel 1.

Der Gaußstrahlradius am Spiegel 1 ist mit 3,37 mm etwa 1,3 mal kleiner als der Rohrradius. Mit G=0,666 und N_{eff}=0,555 folgt aus Abbildung 3.42 der Dejustierparameter D_2 zu ungefähr 75 mrad. Damit folgt für die 10%-Winkel der Spiegel

$$\alpha_{10\%,2} = D_2 \; a/L = 0,328 \; mrad \quad , \quad \alpha_{10\%,1} = \alpha_{10\%,2}/g_2 = 0,263 \; mrad$$

und für den mittleren 10%-Winkel $\bar{\alpha}_{10\%} = 0,21 \; mrad$.

Ist der Blendenradius sehr viel größer als der Gaußstrahlradius, so schwingen auch höhere transversale Moden. Der Verlust nimmt jedoch erst zu, wenn die optische Achse soweit verkippt ist, daß der Gaußstrahl durch die Blende begrenzt wird. Bei kleineren Dejustierwinkeln ist die Auswirkung der Dejustierung nur eine Verringerung der Anzahl der Moden, ohne daß es zu nennenswerten Verlusterhöhungen kommt (Bild 3.45). Wohl aber nimmt die Ausgangsleistung ab, da das effektive Modenvolumen verringert ist.

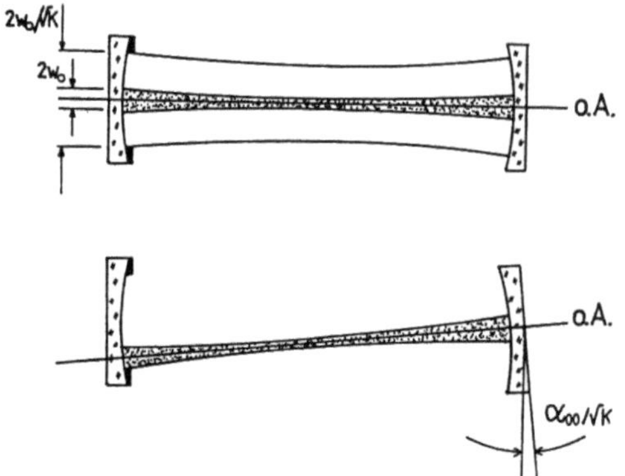

Bild 3.45 Dejustierung in einem Multimode-Laser führt erst zur Verlust-erhöhung wenn der Gaußstrahl begrenzt ist. Ist K *die* Gütezahl des Resonators, so muß die optische Achse um den Faktor $1/\sqrt{K}$ weiter ver-schoben werden als bei an den Gaußstrahl angepaßter Blende. Damit ist der Dejustierwinkel um $1/\sqrt{K}$ größer.

Ist K die Gütezahl des Resonators (siehe Abschn. 3.1.1), so gilt in sehr guter Näherung für den mittleren 10%-Winkel:

$$\overline{\alpha}_{10\%} = \frac{1}{\sqrt{K}}\ \alpha_{00} \tag{3.55}$$

mit α_{00} : mittlerer 10%-Winkel des Resonators für $a/w_{00}=1{,}3$. Gleiches gilt auch für die 10%-Winkel der einzelnen Spiegel.

Beidseitig begrenzte Resonatoren

Sind beide Resonatorspiegel durch Blenden begrenzt so führt die Deju-stierung eines Spiegels zu erhöhten Verlusten an beiden Blenden (Bild 3.46). Dadurch wird die Behandlung des Dejustierung etwas komplizierter. Wir wollen auf die genaue Diskussion dieses Falles hier verzichten und nur das Ergebnis angeben [3.27, 3.33]. Man definiert als Dejustierungs-empfindlichkeit jetzt (Achtung! D ist jetzt nicht der Dejustierparameter)

$$D = \frac{1}{2}\sqrt{D_1^2 + D_2^2}$$

Generell ergeben sich keine dramatischen Änderungen gegenüber dem einseitig begrenzten Fall: die 10%-Winkel sind aufgrund der zusätzlichen

Blende um etwa 30% geringer, die Abhängigkeit der Dejustierempfindlichkeit von den g-Parametern bleibt jedoch erhalten.

Bild 3.47 zeigt Linien mit konstanter Dejustierungsempfindlichkeit D (D
ist proportional $1/\bar{\alpha}_{10\%}$) im g-Diagramm, normiert auf die Empfindlichkeit
des konfokalen Resonators ($g_1=g_2=0$), für Resonatoren mit an die Gaußstrahlradien angepaßten Blendenradien ($a_i=1{,}3w_0{}^{(i)}$). Der konfokale Resonator besitzt von den beidseitig begrenzten Resonatoren die geringste
Dejustierempfindlichkeit, der semikonfokale Resonator ist doppelt so
empfindlich wie der konfokale Resonator.

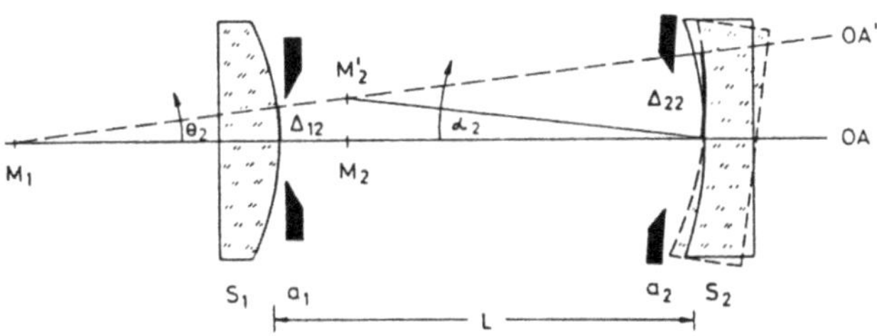

Bild 3.46 Dejustierung beim beidseitig begrenzten Resonator [3.33].

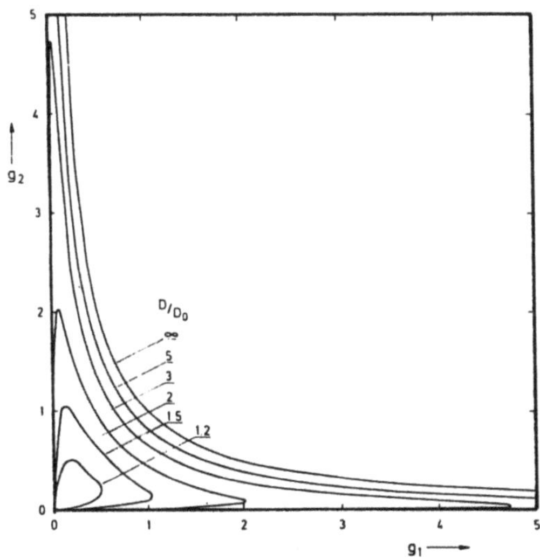

Bild 3.47 Linien konstanter Dejustierungsempfindlichkeit im g-Diagramm
für beidseitig begrenzte Resonatoren mit an den Gaußstrahlradius angepaßten Blendenradien.

3.2 Resonatoren auf den Stabilitätsgrenzen

Nähert man sich mit den g-Parametern den Hyperbeln $g_2 = 1/g_1$ oder den Koordinatenachsen $g_1 g_2 = 0$, so gehen die Gaußstrahlradien auf den Spiegeln entweder gegen null oder gegen unendlich. Auf den Stabilitätsgrenzen ist der Gaußstrahl keine Lösung des Resonators mehr. Die Feldverteilungen auf den Spiegeln und die Verlustfaktoren können nur durch numerische Lösung der Integralgleichung mit begrenzten Spiegeln gefunden werden. Nützlich ist hierbei, daß für Resonatoren auf den Stabilitätsgrenzen, mit Ausnahme des konfokalen Resonators ($g_1 = g_2 = 0$), Äquivalenzrelationen existieren, da ihr äquivalenter g-Parameter $G = 2g_1 g_2 - 1$ betragsmäßig übereinstimmt ($|G| = 1$).

Kennt man die Verluste und Modenstrukturen für einen dieser Resonatoren in Abhängigkeit des Blendenradius (z.B. für den Plan-Plan-Resonator), so läßt sich daraus auf die Verluste und Modenstrukturen jedes Resonators auf den Stabilitätsgrenzen schließen.

3.2.1 Resonatoren mit $g_1 g_2 = 1$

Diese Resonatoren liegen auf den beiden Hyperbeln die den stabilen Bereich begrenzen. Sie zeichnen sich dadurch aus, daß entweder beide Spiegel plan sind oder die Krümmungsradien ρ_i die Bedingung

$$L = \rho_1 + \rho_2$$

erfüllen (Bild 3.48).

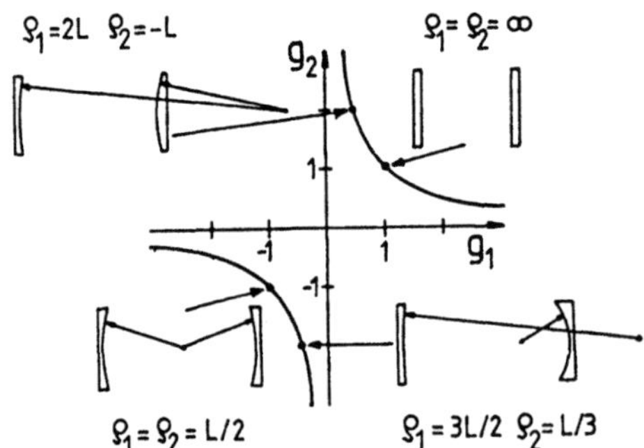

Bild 3.48 Resonatoren mit $g_1 g_2 = 1$ erfüllen die Bedingung $\rho_1 + \rho_2 = L$. Einige Resonatoren und ihre Lage im g-Diagramm sind hier gezeigt.

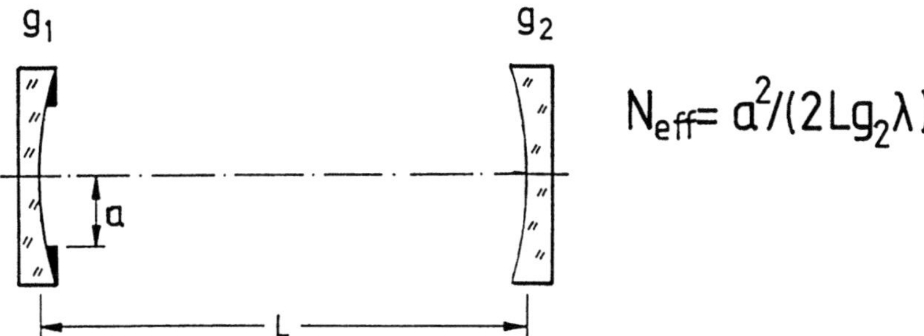

$$N_{eff} = a^2/(2Lg_2\lambda)$$

Bild 3.49 Einseitig begrenzter Resonator mit $g_1 g_2 = 1$. Der Verlust und die Strahlqualität hängt nur vom Betrag der effektiven Fresnelzahl ab.

Ist einer der Spiegel begrenzt (wir wählen wieder Spiegel 1 (Bild 3.49)), so erhält man die Intensitätsverteilungen der Moden auf diesem Spiegel, sowie den Verlustfaktor pro Umlauf auf die gleiche Weise wie bei den einseitig begrenzten stabilen Resonatoren in Abschn.3.1. Modenstrukturen und Verluste hängen also nur vom Betrag des äquivalenten g-Parameters und vom Betrag der effektiven Fresnelzahl $N_{eff} = a^2/(2Lg_2\lambda)$ ab. Da der Betrag des g-Parameters G sowieso gleich ist, muß man demnach nur die Abhängigkeit der Resonatoreigenschaften vom Betrag der effektiven Fresnelzahl untersuchen und hat damit alle Resonatoren mit $g_1 g_2 = 1$ behandelt.

Wie bei den stabilen Resonatoren, existieren in solchen Resonatoren ebenfalls Moden deren Strahlradius mit zunehmender Ordnung (p, ℓ) bzw. (m, n) zunimmt. Deshalb kommt es auch hier zum Schwingen von Moden immer höherer Ordnung falls die Begrenzung aufgezogen wird, d.h. die effektive Fresnelzahl vergrößert wird. Gleichzeitig wird dadurch die Gütezahl K des Resonators und der Verlust des TEM_{00}-Modes erniedrigt. Bilder 3.50–3.52 zeigen Intensitätsverteilung des TEM_{00}-Modes am Ort der Blende für verschiedene Beträge der effektiven Fresnelzahl, Verlauf des Verlustfaktors pro Umlauf des TEM_{00}-Modes und des Strahlparameterprodukts der Resonatoren in Abhängigkeit des Betrages der effektiven Fresnelzahl. Mit Hilfe dieser Diagramme können die Eigenschaften jedes Resonators mit $g_1 g_2 = 1$ berechnet werden.

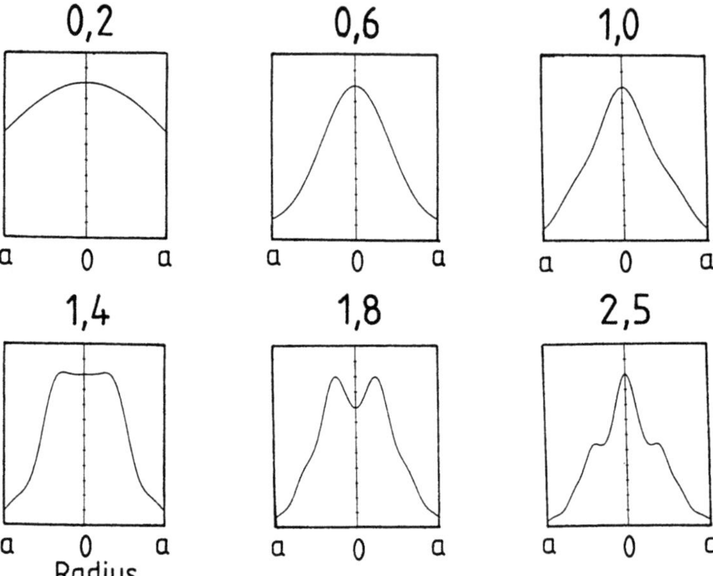

Bild 3.50 Radiale Intensitätsverteilungen des TEM_{00}-Modes von Resonatoren mit $|G|=1$ auf dem begrenzten Spiegel für verschiedene effektive Fresnelzahlen.

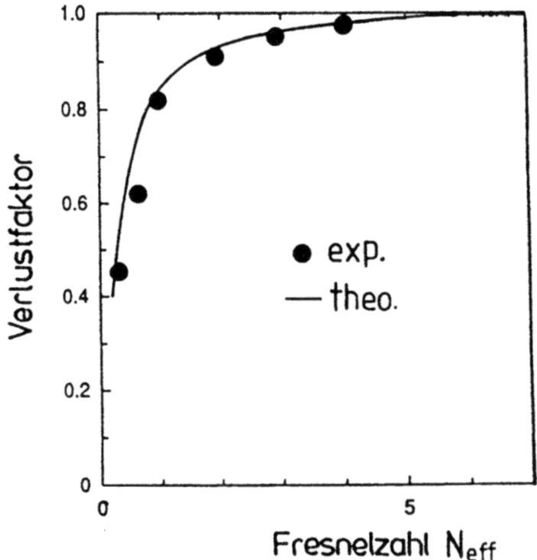

Bild 3.51 Berechnete und gemessene Verlustfaktoren pro Umlauf (= 1-Verlust) für Resonatoren mit $g_1 g_2 = 1$ in Abhängigkeit des Betrags der effektiven Fresnelzahl (runde Blende mit Radius a).

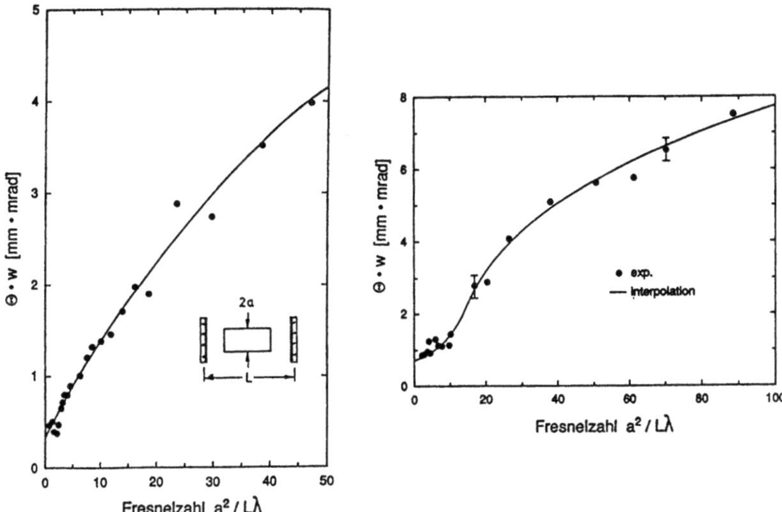

Bild 3.52 Gemessene Strahlparameterprodukte eines Plan-Plan-Resonators ($g_1=g_2=1$) in Abhängigkeit der Fresnelzahl $N = a^2/(\lambda L)$ (links: runde Blende mit Radius a, rechts: quadratische Blende mit Seitenlänge $2a$, Nd:YAG-Laser, Einzelschußbetrieb).

Der Strahlradius w_{00} des TEM$_{00}$-Modes ist in guter Näherung gegeben durch

$$w_{00} = 2 \sqrt{Lg_2\lambda}$$

Um Grundmodebetrieb in diesen Resonatoren zu gewährleisten, muß die effektive Fresnelzahl kleiner drei gewählt werden. Für die Gütezahl K des Resonators in Abhängigkeit der effektiven Fresnelzahl gilt näherungsweise

$$K = \frac{1}{\sqrt{N_{eff}}} \qquad (3.56)$$

Beispiel:

Nd:YAG-Laser ($\lambda=1{,}064\mu$m) mit 5 mm Stabradius, $\rho_1=2$m, $\rho_2=-1$m, L=1m
Der Stab befindet sich am Spiegel 1, begrenzt diesen also mit dem Blendenradius a=5mm. Es gilt: $g_1=0{,}5$, $g_2=2$, $N_{eff}=5{,}874$. Aus den Bildern 3.50-3.52 folgt:

Verlust des TEM_{00}-Modes pro Umlauf: $\Delta V = 1\%$

Gütezahl des Resonators : $K = 0,414$

Strahlparameterprodukt : $w\theta = {}^{\lambda}/_{\pi K} = 0,807$ *mm mrad*

3.2.2 Resonatoren mit $g_1=0$ oder $g_2=0$

Ist einer der beiden g-Parameter null, d.h. entspricht der Resonatorab-stand genau dem Krümmungsradius eines Spiegels, so liegt der Resonator auf einer der Koordinatenachsen des g-Diagramms (Bild 3.53). Nähert man sich der Achse vom stabilen Bereich aus, geht der Gaußstrahlradius an diesem Spiegel gegen unendlich und auf dem gegenüberliegenden Spiegel gegen null. Der Strahlverlauf in einem Resonator auf einer Koordinaten-achse des g-Diagramms zeigt deshalb stark unterschiedliche Strahlradien auf den beiden Spiegeln. Das ist auch geometrisch einsichtig, da der Spiegel mit verschwindendem g-Parameter seinen Brennpunkt auf dem gegenüberliegenden Spiegel besitzt.

Das Laser-Medium wird in einem solchen Resonator sinnvollerweise nahe des Spiegels mit g-Parameter null positioniert und stellt dabei die einzige Begrenzung im Resonator dar. Wir betrachten deshalb den ein-seitig begrenzten Resonator mit begrenztem Spiegel 1 und $g_1=0$.

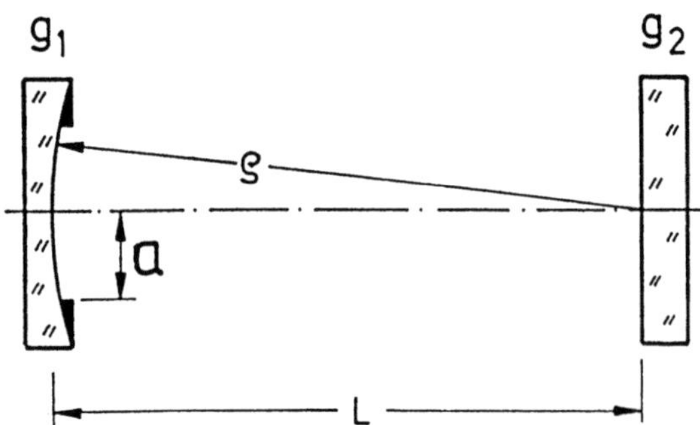

Bild 3.53 Resonatoren auf den Achsen des g-Diagramms zeichnen sich da-durch aus, daß ein Spiegelkrümmungsradius gleich der Resonatorlänge ist.

Da die Verluste und Intensitätsverteilungen einseitig begrenzter Resonatoren nur vom Betrag des äquivalenten g-Parameter $G=2g_1 g_2 -1$ und dem Betrag der effektiven Fresnelzahl $N_{eff}=a^2/(2Lg_2\lambda)$ abhängen, lassen sich die Bilder 3.50-3.52 und Gleichung (3.56) direkt übertragen!
Auch bei diesen Resonatoren erfordert der TEM$_{00}$-Mode-Betrieb effektive Fresnelzahlen betragsmäßig kleiner 3. Der Radius des Strahls ist am Spiegel 1 durch den Radius a der Begrenzung gegeben, am Spiegel 2 ergibt er sich in guter Näherung zu

$$w^{(2)} \quad = \quad \frac{\lambda\, \rho_1}{\pi\, a}\, \frac{1}{\sqrt{K}} \tag{3.57}$$

wobei K die Gütezahl nach (3.56) ist.

Im Grundmodebetrieb mit $K=1$ wird dieser Strahlradius $w^{(2)}$ sehr klein (typischerweise um 100μm für $\lambda=1\mu$m), was zur Zerstörung des Spiegels führen kann.

Beispiel:
Ein Resonator der Länge 0,5m soll für einen gepulsten Nd:Glas-Laser ($\lambda=1054$nm) mit einem 5cm langen Stab mit 6mm Durchmesser entworfen werden, der einerseits möglichst hohe Ausgangsenergie pro Puls im Grundmodebetrieb liefert, aber gleichzeitig unempfindlich gegen Dejustierung sein soll. Die Pulsfrequenz des Systems soll unter 0,1 Hz liegen (dadurch sind thermische Effekte auf den Resonator vernachlässigbar).
Mit einem stabilen Konkav-Konvex-Resonator nahe der Stabilitätsgrenze ist es zwar möglich den erforderlichen angepaßten Gaußstrahlradius von 2,5mm zu erzeugen, jedoch ist bei einem solchen Resonator die Dejustierungsempfindlichkeit sehr hoch (siehe Abschn.3.1.2). Besser geeignet ist ein Resonator auf einer Achse des g-Diagramms.
Wir wählen deshalb Spiegel 1 mit $\rho_1=0,5$m, eine Resonatorlänge von 0,5m und stellen den Stab an diesen Spiegel. Die effektive Fresnelzahl muß etwa drei sein. Damit erhalten wir den nötigen g-Parameter von Spiegel 2 aus

$$g_2 = \frac{a^2}{N_{eff}\, 2L\lambda}$$

zu $g_2 = 2,847$. Damit folgt der Krümmungsradius $\rho_2 = -0,271$ m
Der Strahlradius auf Spiegel 2 ergibt sich mit (3.57) zu $w^{(2)}=56\ \mu$m.

Die 10%-Winkel der Dejustierungsempfindlichkeit sind (siehe Abschn.3.1.2):

$$\alpha_{10\%,2} = 2,4 \text{ mrad} \qquad \alpha_{10\%,1} = \infty$$

Wie man aus dem Beispiel schon erkennt, kann man diese Resonatoren benutzen, um hohes Modenvolumen des TEM_{00}-Modes und geringe Dejustierungsempfindlichkeit zu kombinieren. Das ist natürlich auch möglich, wenn man die Achse nicht ganz genau trifft und der Resonator noch im stabilen Bereich bleibt (z.B. wenn die Resonatorlänge einige mm zu kurz gewählt wird). Dies wird beim ersten Aufbau des Resonators in der Regel der Fall sein. Nach Berechnung des Resonators wie im obigen Beispiel, kann jedoch durch leichte Variation des Spiegelabstandes die Resonatorlänge experimentell aufgefunden werden, die im Grundmode-Betrieb die höchste Ausgangsleistung liefert.

3.2.3 Der konfokale Resonator

Beim konfokalen Resonator liegen beide Krümmungsmittelpunkte der Resonatorspiegeln auf den Spiegeln, d.h. $g_1 = g_2 = 0$ [3.6,3.8] (Bild.3.54). Im Gegensatz zu den Resonatoren auf den Achsen des g-Diagramms ist der Gaußstrahl immer noch Lösung des Resonators, weshalb der konfokale Resonator manchmal zu den stabilen Resonatoren gezählt wird. Aus (3.4) und (3.10) ergibt sich

$$\textit{Gaußstrahlradius auf den Spiegeln:} \quad w_{00}^{(1)} = w_{00}^{(2)} = \sqrt{\lambda L/\pi} \qquad (3.58)$$

$$\textit{Taillenradius} \qquad\qquad\qquad : \quad w_0 = \sqrt{\lambda L/(2\pi)} \qquad (3.59)$$

Ist der Resonator symmetrisch durch zwei Blenden mit gleichem Radius a begrenzt, ergibt sich die Gütezahl des Resonators zu

$$K = \left(\frac{w_{00}^{(1)}}{a}\right)^2 = \frac{1}{\pi N} \qquad (3.60)$$

mit der Fresnelzahl $N = a^2/\lambda L$.

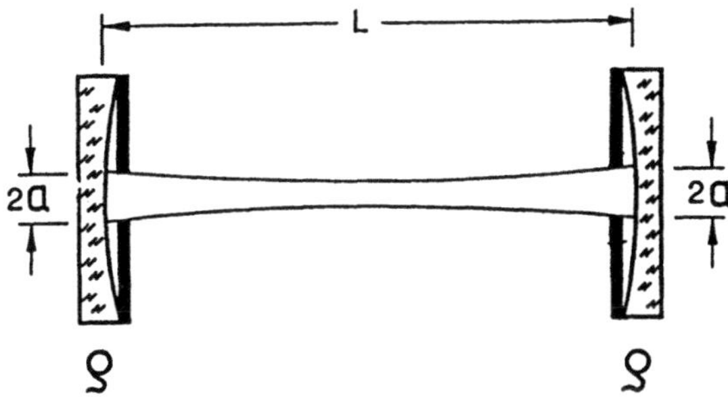

Bild 3.55 Der symmetrisch begrenzte konfokale Resonator.

Grundmode-Betrieb im konfokalen Resonator erhält man für Fresnelzahlen N<0,5, jedoch ist das Modenvolumen dann so klein, daß die Ausgangsleistungen gering bleiben.

Der konfokale Resonator zeigt jedoch einige interessante Eigenschaften, wenn man die beiden Blenden verschieden groß wählt.

Betrachten wir zunächst den einseitig begrenzten Resonator, d.h. die zweite Blende sei unendlich groß. Jede beliebige aber radialsymmetrische Feldverteilung, die auf dem begrenzten Spiegel startet, wird nach einem Umlauf exakt reproduziert (Bild 3.56). Die Blende wird durch den unbegrenzten Spiegel einfach auf sich selbst abgebildet, denn die Strahlmatrix für den Umlauf lautet (siehe Abschn.1.1):

$$M = \begin{pmatrix} -1 & 0 \\ 0 & -1 \end{pmatrix}$$

Die Feldverteilung erscheint nach dem Umlauf an x- und y-Achse gespiegelt. Stationäre Feldverteilungen sind deshalb all jene die symmetrisch zur x- und y-Achse sind, bzw. rotationssymmetrisch bei runder Blende. Jeder Gaußstrahl mit beliebigem q-Parameter q auf dem begrenzten Spiegel ist deshalb auch Eigenlösung des Resonators. Man kann also zu einem gegebenen Blendenradius a einen angepaßten Gaußstrahl wählen, mit Gaußstrahlradius $w_0^{(1)}=a$ und Krümmungsradius ρ_1 an Spiegel 1.

Bild 3.56 Im konfokalen Resonator mit einseitiger Begrenzung wird das Feld auf dem begrenzten Spiegel durch den Umlauf im Resonator auf sich abgebildet, jedoch mit Punktspiegelung an der optischen Achse [Q.7].

Je kleiner der Blendenradius und damit der Gaußstrahlradius gewählt wird, umso größer wird der Gaußstrahlradius $w_{oo}^{(2)}$ auf dem unbegrenzten Spiegel (Bild 3.57). Es gilt stets

$$w_0^{(1)} w_0^{(2)} = \lambda L/\pi \tag{3.61}$$

und für den Abstand der Strahltaille von Spiegel 1:

$$z = L \left(1 + \left(\lambda L/\pi a \right)^2 \right)^{-1} \tag{3.62}$$

Stellt man nun das aktive Medium vor Spiegel 2, sollte es deshalb möglich sein, durch Verkleinern der Blende auch Medien großen Querschnitts im Grundmodebetrieb auszufüllen.

Beispiel: λ=500 nm, L=1m
Der symmetrische Gaußstrahl besitzt den Gaußstrahlradius $w_{oo}^{(1)}{=}w_{oo}^{(2)}{=}$ 0,4 mm auf den Spiegeln. Begrenzt man einen Spiegel mit a=100μm, so vergrößert sich $w_0^{(2)}$ zu 1,6 mm. Man kann also ein stabförmiges Medium mit Durchmesser 4mm im Grundmode-Betrieb ausleuchten.

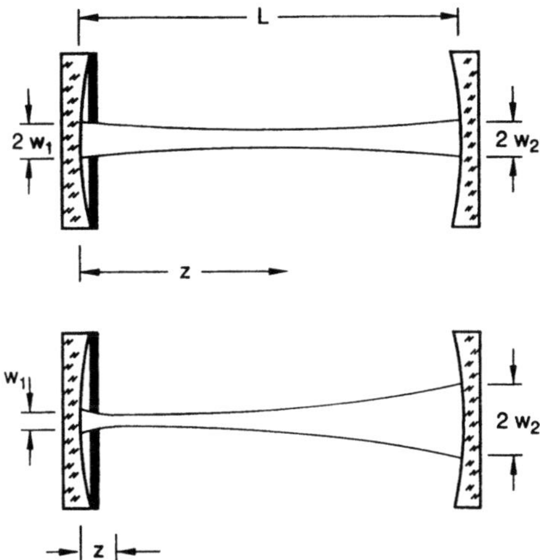

Bild 3.57 Zu jedem Blendenradius eines einseitig begrenzten konfokalen Resonators kann man einen Gaußstrahl finden, der auf den Spiegelflächen Phasenflächen besitzt und an den Blendenradius angepaßt ist.

Diese spezielle Eigenschaft konfokaler Resonatoren läßt sich auf mathematischem Wege sehr schnell einsehen. Das Collins-Integral (Abschn. 1.2.4) liefert nämlich für einen Durchgang im Resonator die Fouriertransformation. Das Feld auf Spiegel 2 ist die Fouriertransformierte des Feldes auf dem begrenzten Spiegel und vergrößert deshalb seinen Radius, wenn die Blende zugezogen wird.

Die obige Diskussion wurde durchgeführt, um die nun folgenden Ergebnisse leichter verstehen zu können. Betrachten wir nun den Fall, daß das aktive Medium mit Radius a_2 am Spiegel 2 positioniert ist und Spiegel 1 durch eine Blende mit Radius a_1 begrenzt ist (Bild 3.58).

Aus dem Collins-Integral, erhält man die Aussage, daß die Feldverteilungen eines konfokalen symmetrischen Resonators mit Blendenradien $a_1 = a_2 = a$ genau die gleichen wie beim unsymmetrisch begrenzten konfokalen Resonator sind, falls für dessen Blendenradien gilt $a_1 a_2 = a^2$. Aus (3.60) folgt deshalb die Gütezahl K des unsymmetrisch begrenzten konfokalen Resonators zu:

$$K = \frac{1}{\pi\,N} \qquad\qquad (3.63)$$

mit der Fresnelzahl $N = a_1 a_2 / \lambda L$.

164

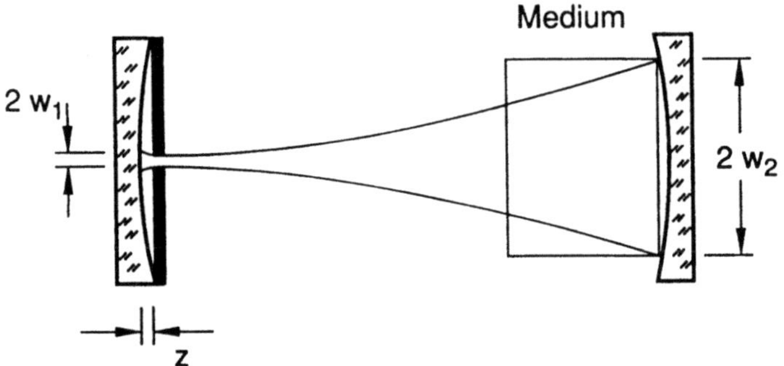

Bild 3.58 Konfokaler Resonator mit zwei Begrenzungen. Das aktive Medium selbst begrenzt den rechten Spiegel.

Im Gegensatz zu der obigen einführenden Diskussion , entscheidet nicht nur der Blendenradius a_1, sondern auch der Radius der gegenüberliegenden Blende, ob ein Gaußstrahl anschwingt!

Nur für $N{<}0{,}5$ arbeitet der Resonator im Grundmodebetrieb. Man kann also große Medien im Grundmode ausleuchten, indem man den Radius a_1 der Blende, bei gegebenem Stabradius a_2 entsprechend klein wählt. Die Fresnelzahl N darf jedoch nicht zu klein gewählt werden, da sonst der Grundmode über das aktive Medium hinausgebeugt wird und dadurch zu hohe Verluste erzeugt werden. Bild 3.59 zeigt den berechneten Verlustfaktor pro Umlauf des Grundmodes im konfokalen Resonator in Abhängigkeit der Freselzahl N.

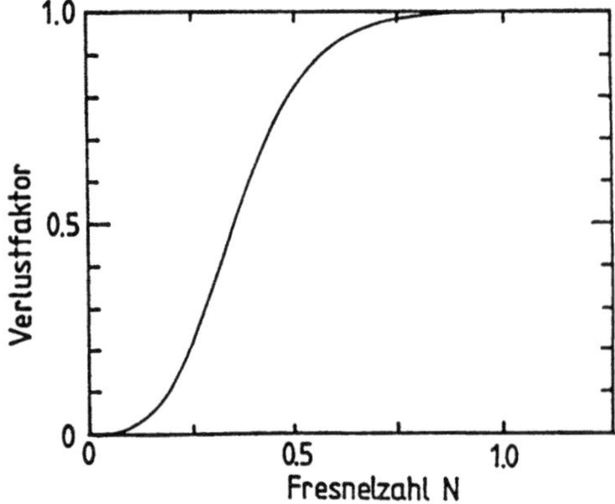

Bild 3.59 Berechneter Verlustfaktor pro Umlauf des konfokalen Resonators in Abhängigkeit der Fresnelzahl N (Kreissymmetrie).

Mit wachsender Fresnelzahl N nimmt die Anzahl schwingender Moden zu und die Gütezahl K ab. Unabhängig von der Fresnelzahl sind die Strahlradien des resonatorinternen Strahls jedoch immer durch die Blendenradien a_1 und a_2 gegeben, d.h. veringert man den Blendenradius a_1, bleibt das Medium trotzdem immer voll ausgeleuchtet. Deshalb nimmt die Ausgangsleistung mit abnehmendem Blendenradius a_1 zunächst nicht ab, erst wenn der Grundmode-Betrieb erreicht ist und weiteres Zuziehen Verluste erzeugt, bricht die Ausgangsleistung zusammen. Bild 3.60 zeigt ein experimentelles Beispiel hierfür.

Dargestellt ist die Ausgangsenergie und das Strahlparameterprodukt $d_0\Phi/4$ (86,5%-Energieeinschluß) für einen gepulsten Nd:YAG-Laser mit Stabdurchmesser 6,35mm und Stablänge 7,6cm über dem Radius der Blende a_1. Erst bei Erreichen von Fresnelzahlen N kleiner 0,5 bricht die Ausgangsenergie zusammen, während die Strahlqualität mit abnehmendem Blendenradius immer besser wird.

Um eine möglichst hohe Ausgangsenergie im Grundmode-Betrieb zu erhalten, muß der Blendenradius a_1 zu

$$a_1 = \frac{\lambda}{2\pi}\frac{L}{a_2} \qquad (3.76)$$

gewählt werden, wobei jedoch der genaue Wert noch leicht von der Verstärkung des Mediums abhängt und mit wachsender Verstärkung kleiner gewählt werden muß.

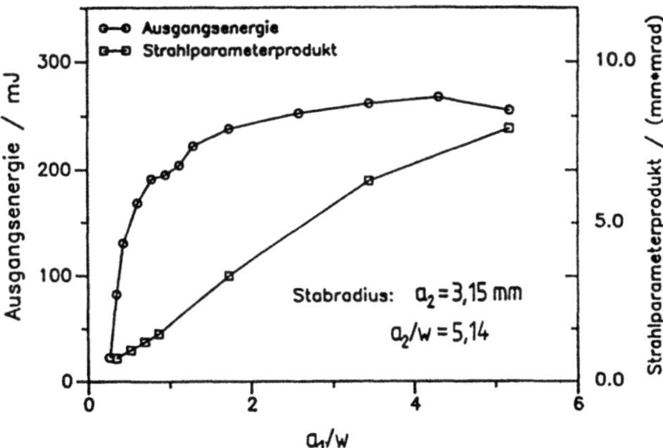

Bild 3.60 Gemessener Verlauf von Strahlqualität und Ausgangsenergie für ein Nd:YAG-Laser mit konfokalem Resonator in Abhängigkeit des Blendenradius a_1 (3×1/4-Zoll-Stab, effekt. Resonatorlänge: 1m) [Q.6].

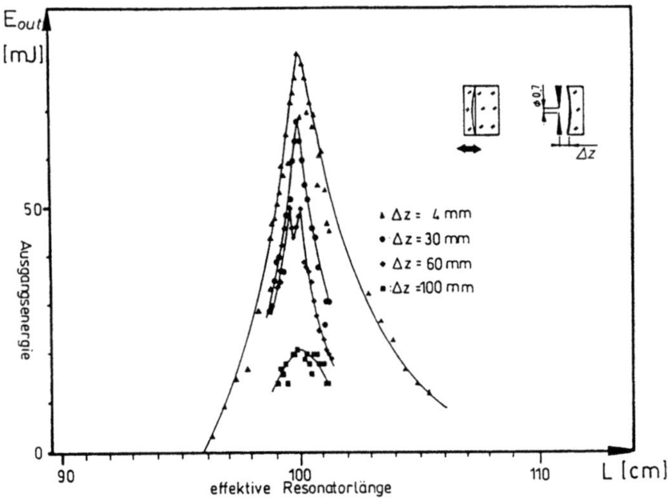

Bild 3.61 Gemessene Ausgangsenergie eines Nd:YAG-Lasers mit konfokalem Resonator in Abhängigkeit der effektiven Resonatorlänge. Parameter ist der Abstand Δz der Blende mit Radius $a_1=350\mu$m vom Spiegel. Mit dieser Blende arbeitet der Resonator im Multimode-Betrieb mit $K=0,2$ ($\rho_1=\rho_2=$1m, Stabradius 4,75mm, $\lambda=1,064\mu$m) [Q.7].

Kritisch geht bei diesem Betrieb die Resonatorlänge ein, da geringe Abweichungen von konfokalen Punkt die Verluste stark erhöht, und die Ausgangsleistung dadurch drastisch sinkt. Bild 3.61 zeigt gemessene Ausgangsenergien eines gepulsten Nd:YAG-Lasers mit konfokalem Resonator in Abhängigkeit der Resonatorlänge. Die Resonatorlänge muß auf etwa 0,5% genau eingestellt werden.

Zusammenfassend läßt sich also sagen, daß mit dem konfokalen Resonator, ähnlich wie bei den Resonatoren auf den Achsen des g-Diagramms, große Strahlradien des TEM_{00}-Modes im aktiven Medium und eine geringe Dejustierungsempfindlichkeit erzielt werden kann (vgl. Abschn. 3.1.2).

3.3 Instabile Resonatoren

Erfüllen die g-Parameter der Resonatorspiegel die Relation $g_1 g_2 < 0$ oder $g_1 g_2 > 1$, so ist das Strahlungsfeld im Resonator nicht mehr durch den Gaußstrahl bestimmt. Ein Blick auf (3.4) zeigt, daß der Gaußstrahlradius in diesem Fall komplex wird. Die stationären Feldverteilungen sind deshalb nicht mehr durch Gauß-Hermite- oder Gauß-Laguerre-Polynome gegeben. Solche Resonatoren bezeichnet man als instabile Resonatoren [3.54,3.109], wobei diese etwas unglückliche Bezeichnung daher rührt, daß ein Gaußstrahl der in einen solchen Resonator eingestrahlt wird, seinen Strahlradius nach jedem Umlauf vergrößert, sich also nicht stabil reproduzieren kann. Die Bezeichnung 'instabil' bedeutet jedoch nicht, daß diese Resonatoren bedeutend empfindlicher auf Dejustierung reagieren als stabile Resonatoren.

Führt man wieder den äquivalenten G-Parameter $G=2g_1 g_2 -1$ ein, so folgt für die Einteilung der verschiedenen Resonatoren:

stabile Resonatoren : $0 < |G| < 1$

instabile Resonatoren : $|G| > 1$

Resonatoren auf den Stabilitätsgrenzen : $|G| = 1$

Man unterscheidet zusätzlich instabile Resonatoren des *positiven Asts* *(G>1)* und des *negativen Asts (G<-1)*.
Im g-Diagramm befinden sich die instabilen Resonatoren in den Gebieten außerhalb der stabilen Bereiche (Bild 3.62)

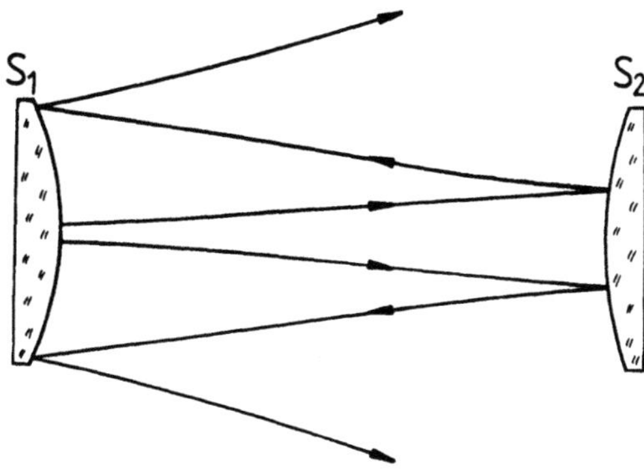

Bild 3.62 Kein Gaußstrahl kann sich in einem instabilen Resonator reproduzieren. Der Gaußstrahlradius ändert sich von Umlauf zu Umlauf.

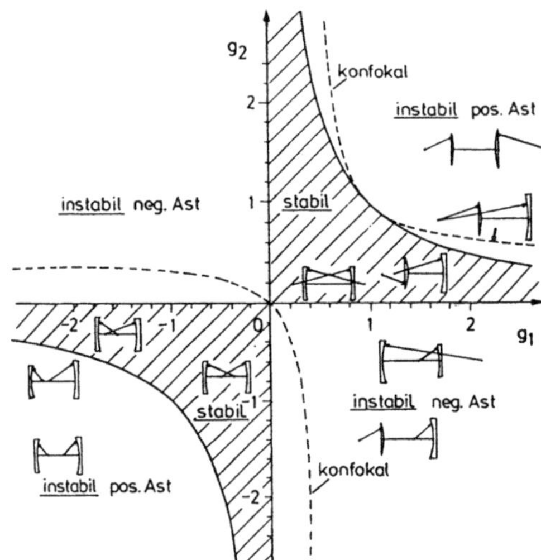

Bild 3.62 g-Diagramm optischer Resonatoren.

Die stationären Feldverteilungen auf den Spiegeln instabiler Resonatoren erhält man wie bei den stabilen Resonatoren als Lösung der Kirchhoff-Integralgleichung (siehe (3.38)/(3.39)). Im Gegensatz zu stabilen Resonatoren ist der Strahlverlauf in instabilen Resonatoren jedoch in Näherung auch durch die Gesetze der geometrischen Optik beschreibbar. Bevor die Resonatoren beugungstheoretisch untersucht werden, um Modenstrukturen und Verluste zu erhalten, wird im folgenden Kapitel die Beschreibung instabiler Resonatoren im Rahmen der geometrischen Optik behandelt. Diese liefert zwar keine Aussagen über Modenstrukturen, jedoch erhält man auf diese Weise ein besseres Verständnis der Eigenschaften instabiler Resonatoren.

3.3.1 Geometrisch-optische Beschreibung instabiler Resonatoren

Instabile Resonatoren zeichnen sich dadurch aus, daß man Kugelwellen finden kann, deren Krümmungsradien sich an jeder Stelle im Resonator nach einem Umlauf reproduzieren [3.54,3.55,3.67] (siehe Abschn.1.1.6). Eine Kugelwelle, die mit Krümmungsradius R_1 auf einem Spiegel startet (Bild 3.63), wird nach Reflexion an Spiegel 2 in eine Kugelwelle mit Radius R_2 transformiert.

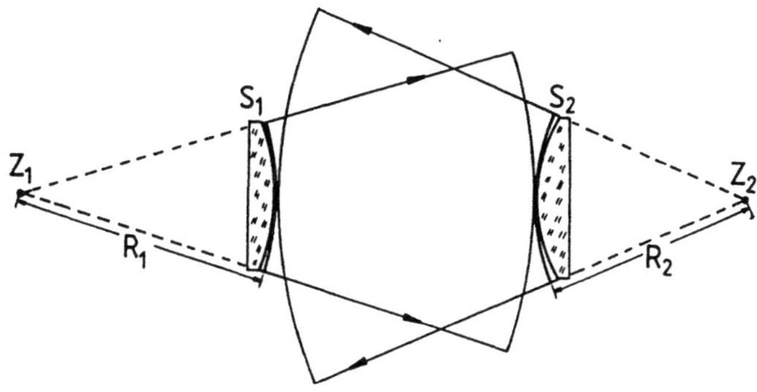

Bild 3.63 In instabilen Resonatoren können sich Kugelwellen so ausbreiten, daß der Krümmungsradius sich nach einem Umlauf reproduziert.

Diese trifft schließlich wieder auf Spiegel 1 auf, wobei sich der ursprüngliche Krümmungsradius R_1 wieder reproduziert. Die Resonatorspiegel bilden deshalb die Kugelwellenzentren Z_1 und Z_2 aufeinander ab. In jedem instabilen Resonator existieren genau zwei solcher Kugelwellen, deren Krümmungsradien sich an jeder Stelle im Resonator nach einem Umlauf reproduzieren (in Bild 3.63 ist nur eine gezeigt). Bezeichnet R_+ und R_- die Krümmungsradien dieser beiden Kugelwellen, wenn sie Spiegel 1 verlassen (Bild 3.64), so gilt

$$R_{\pm} = \frac{\pm\, 2Lg_2}{|G|\,\pm\,\sqrt{G^2-1}\,-2g_2\,+\,1} \tag{3.65}$$

Ist Spiegel 1 durch eine Blende mit Radius a begrenzt, d.h. ist der auf Spiegel 1 startende Strahlradius gleich a, so reproduzieren sich zwar beide Krümmungsradien R_+ und R_- nach einem Umlauf, jedoch vergrößert sich der Strahlquerschnitt um den Faktor M_+ bzw. M_- mit

$$M_{\pm} = |G|\,\pm\,\sqrt{G^2-1} \quad und \quad |M_+M_-| = 1 \tag{3.66}$$

Die Kugelwelle mit Radius R_+ vergrößert den Strahlradius nach jedem Umlauf um den Faktor $|M_+|$, bezeichnet als Vergrößerung. Da $|M_+|>1$ gilt, wird die zugehörige Kugelwelle als *divergierende Welle* bezeichnet.

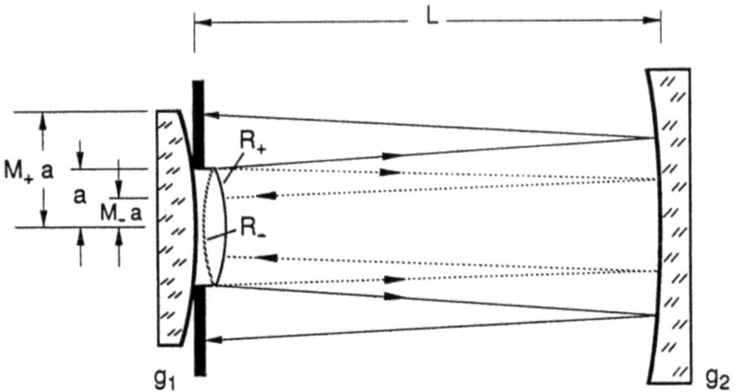

Bild 3.64 Die beiden sich reproduzierenden Kugelwellen starten auf Spiegel 1 mit Krümmungsradius R_+ und R_- und vergrößern den Strahlradius nach dem Umlauf um den Faktor $|M_+|$ bzw. $|M_-|$.

Startet auf dem Spiegel 1 die Leistung P_0 so trifft nach dem Umlauf nur noch die Leistung

$$P_1 = \frac{1}{M_+{}^2} \, P_0 \tag{3.67}$$

innerhalb der Begrenzung auf, vorausgesetzt das Strahlprofil ist homogen. Der Verlust ΔV pro Umlauf, bzw. der Verlustfaktor V pro Umlauf eides instabilen Resonators beträgt deshalb

$$\Delta V = 1 - \frac{1}{M_+{}^2} \qquad bzw. \qquad V = 1 - \Delta V = \frac{1}{M_+{}^2} \tag{3.68}$$

Der Verlustfaktor V gibt den Anteil der resonatorinternen Leistung an, die nach einem Umlauf im Resonator verblieben ist.

Im Gegensatz dazu verringert die *konvergierende Welle* (R_-) den Strahlradius um den Faktor $|M_-|$ ($|M_-|<1$) bei jedem Umlauf. Die auf dem Spiegel startende Leistung P_0 bleibt deshalb im Resonator enthalten, jedoch wird der Strahlradius von Umlauf zu Umlauf kleiner, so daß sich kein stationärer Strahlradius auf den Resonatorspiegeln ausbilden kann. Nach wenigen Umläufen erreicht der Strahlradius die Beugungsgrenze und strebt dann wieder auseinander, d.h. wandelt sich in eine divergierende Welle um. Aus diesem Grund ist der Strahlverlauf im instabilen Resonator allein durch die divergierende Welle bestimmt. Einflüsse der konvergierenden Welle auf die Modenstruktur sind zwar möglich, können jedoch nur dann entstehen wenn die konvergierende Welle ständig neu angeregt wird, z.B durch Rückreflexe an Blenden und am aktiven Medium [3.67, 3.124]. Wir werden im folgenden nur die divergierende Welle behandeln und den Index '+' bei der Vergrößerung M fallenlassen.

Bild 3.65 zeigt den Strahlverlauf in einem instabilen Resonator. Die Begrenzung des Spiegels erfolgt in der Praxis nicht durch eine Blende sondern durch die Dimension des hochreflektierenden Bereichs. Der Laserstrahl entsteht durch Auskopplung des Feldes um diesen begrenzten Spiegel herum. In Kreisgeometrie weist das Nahfeld deshalb die Form eines Ringes mit Innenradius a und Aussenradius Ma auf. Der zweite Spiegel wird so groß gewählt, daß hier keine Leistung ausgekoppelt wird (unbegrenzter Spiegel), beide Resonatorspiegel sind dabei für die Laserwellenlänge hochreflektierend.

Es gelten folgende Relationen (siehe Bild 3.65)

$$\text{Vergrößerung (Umlauf)} \qquad M = |G| + \sqrt{G^2-1} \qquad (3.69)$$

$$\text{Vergrößerung (Durchgang)} \qquad M' = g_1 + \sqrt{G^2-1}/2g_2 \qquad (3.70)$$

Krümmungsradius der Kugelwelle

$$- \text{auf } S_1 \text{ zulaufend} \qquad R_2 = \frac{L}{M' + (1-2g_1)} \qquad (3.71)$$

$$- \text{von } S_1 \text{ startend} \qquad R_1 = \frac{2Lg_2}{M + (1-2g_2)} \qquad (3.72)$$

$$\text{Verlustfaktor pro Umlauf} \qquad V = \frac{1}{M^2} \qquad (3.73)$$

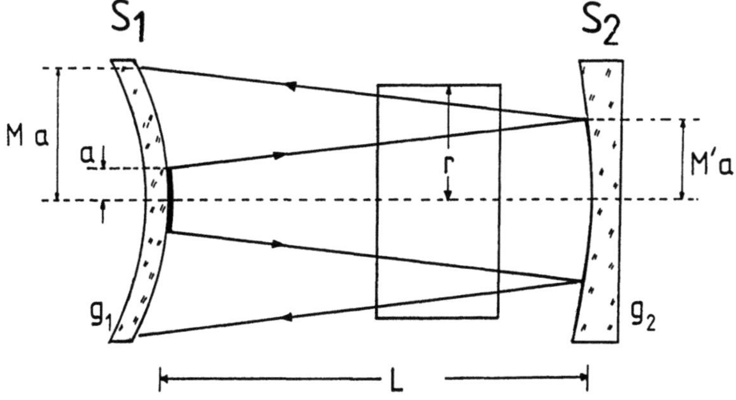

Bild 3.65 Strahlverlauf in einem instabilen Resonator [3.124].

Zahlenbeispiel: $\rho_1 = -0{,}5\text{m}$, $\rho_2 = 2\text{m}$, $L = 0{,}75\text{m}$

$\longrightarrow$ $g_1 = 2{,}5$, $g_2 = 0{,}625$, $G = 2{,}125$

$M = 4$, $M' = 4$, $R_1 = 0{,}225$ m , $R_2 = \infty$ m

Verlustfaktor pro Umlauf $V = 0{,}0625$

Um die Auskopplung des Strahls um den begrenzten Spiegel herum technisch zu realisieren werden vorwiegend drei Möglichkeiten verwandt (Bild 3.66). Der hochreflektierende, begrenzte Spiegel wird entweder durch möglichst dünne Stege oder in einem durchbohrten Substrat gehaltert (b)) oder direkt in Form einer begrenzten HR-Beschichtung auf ein antireflexbeschichtetes und für die Laserwellenlänge transparentes Substrat aufgebracht (a)). Bei CO_2-Lasern hat sich die Strahlauskopplung mit einem Scraper bewährt (c)). Ein Spiegel wird durch eine reflektierende Lochblende (meist aus Kupfer) begrenzt, die die auffallende Leistung seitlich aus dem Resonator auskoppelt.

Der Verlust eines instabilen Resonators entsteht durch die Auskopplung, wodurch höhere Verluste durchaus auch höhere Ausgangsleistung zur Folge haben können. An diesen Umstand muß man sich zunächst gewöhnen, da beim stabilen Resonator der Verlust immer eine Abnahme der Laserausgangsleistung verursacht. Eine Hilfe beim Gewöhnungsprozess ist die Vorstellung daß ein instabiler Resonator mit Verlustfaktor V pro Umlauf den gleichen Auskoppelgrad wie ein stabiler Resoantor mit einem Spiegelreflexionsgrad $R = V$ besitzt. Der mit instabilen Resonatoren nicht vertraute Leser sollte deshalb stets den Verlustfaktor mit dem Reflektionsgrad eines Spiegels assoziieren.

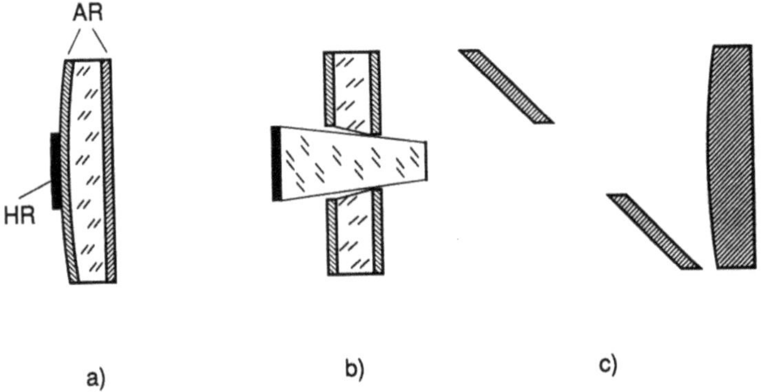

Bild 3.66 Technische Realisierungen des Auskoppelspiegels instabiler Resonatoren.

Resonatortypen

Instabile Resonatoren können in zwei Klassen eingeteilt werden:

1. $g_1 g_2 > 1$, positiver Ast
Diese Resonatoren besitzen keinen Fokus ($g_1{>}0, g_2{>}0$) oder zwei Foki ($g_1{<}0, g_2{<}0$) im Resonator. Die Zentren der beiden Kugelwellen auf den Spiegeln (vgl. Bild 3.63) liegen beide außerhalb ($g_1{>}0, g_2{>}0$) oder innerhalb ($g_1{<}0, g_2{<}0$) des Resonators. Diese Resonatoren werden als *instabile Resonatoren des positiven Asts* bezeichnet.

2. $g_1 g_2 < 0$, negativer Ast
Ein Kugelwellenzentrum liegt im Resonator. Die Resonatoren des negativen Asts besitzen deshalb einen Fokus im Resonator (Bild 3.67). Aufgrund der Gefahr einer möglichen Zerstörung des aktiven Mediums haben diese instabilen Resonatoren eine geringere praktische Bedeutung. Außerdem sind sie i.a. bei gleichen Eigenschaften länger.

Resonatoren, die die Bedingung $g_1{+}g_2{=}2g_1 g_2$ erfüllen, werden als konfokale Resonatoren bezeichnet. Konfokalität bedeutet, daß die Brennpunkte der beiden Spiegeln aufeinander liegen. In diesem Fall bleibt der Strahlradius beim Rücklauf von S2 nach S1 konstant und das ausgekoppelte Strahlungsfeld besitzt eine ebene Phasenfläche. Bild 3.67 zeigt konfokale Resonatoren mit $|M|{=}2$, im positiven und im negativen Ast.

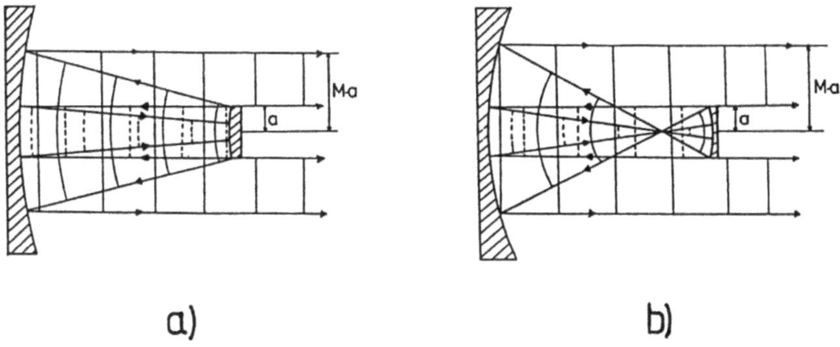

Bild 3.67 Strahlverlauf in konfokalen instabilen Resonatoren mit Vergrößerung *M=2.* a) positiver Ast, b) negativer Ast [Q.3].

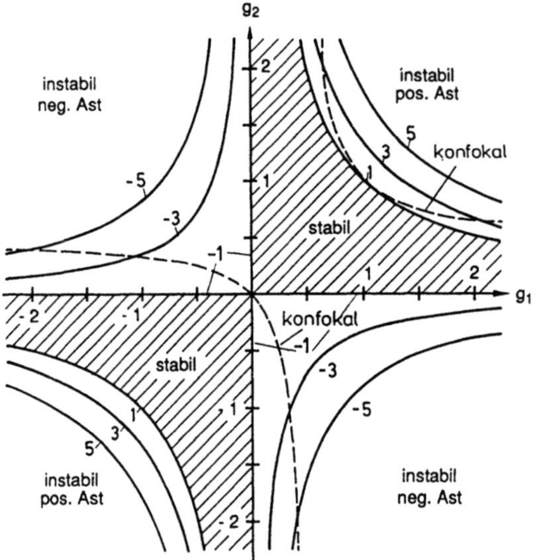

Bild 3.68 Kurven gleicher Vergrößerung im g-Diagramm. Die gestrichelten Kurven kennzeichnen die konfokalen Resonatoren. Die Kurve mit Vergrößerung $|M|=1$ sind die Stabilitätsgrenzen.

In der bisher erfolgten geometrischen Betrachtung besitzen alle instabilen Resonatoren, die betragsmäßig den gleichen äquivalenten g-Parameter $G=2g_1g_2-1$ besitzen auch den gleichen Verlustfaktor. Resonatoren mit gleichen Verlusten, bzw. gleicher Vergrößerung M, befinden sich deshalb auf Hyperbeln im g-Diagramm (Bild 3.68).

Instabile Resonatoren lassen sich selbstverständlich auch in Rechteckgeometrie realisieren. Liegt der begrenzte Spiegel in Form eine Rechtecks vor, so wird der Strahlradius in x- und y- Richtumg um den Faktor M vergrößert, falls sphärische Spiegel verwendet werden (Bild 3.69). Ob Kreis- oder Rechteckgeometrie angewendet wird, hängt von der Querschnittsform des aktiven Mediums ab. Generell muß versucht werden, das ganze aktive Material mit dem rücklaufenden Strahl auszufüllen. Die Geometrie des Auskoppelspiegels richtet sich deshalb nach der Geometrie des Mediums. Besonders effektive Ausnutzung des Mediums ist durch konfokale Resonatoren gegeben, da der rücklaufende Strahl das Medium dann parallel durchläuft. Aus diesem Grund spielen konfokale instabile Resonatoren des positiven Asts in der Praxis eine wichtige Rolle. Welche Vergrößerung gewählt werden muß, hängt von der Verstärkung des Lasermediums ab (siehe Abschn.4.3 und 4.6). Typische Werte liegen um $M=2$.

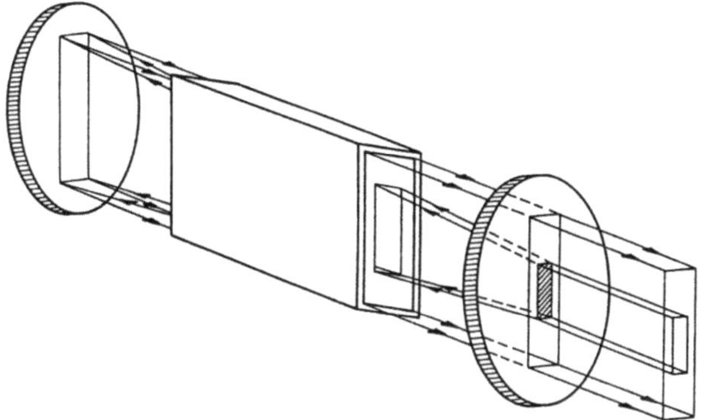

Bild 3.69 Konfokaler instabiler Resonator in Rechteckgeometrie (*M=2*).

3.3.2 Strahlausbreitung und Fokussierbarkeit

Der Laserstrahl verläßt den instabilen Resonator als ringförmige Intensitätsverteilung (in Kreisgeometrie) mit Innenradius *a*, Außenradius *Ma* und sphärischer Phasenverteilung mit Krümmungsradius R_2. Der Strahl besitzt demnach einen Divergenzwinkel θ_g (Bild 3.70), unter dem die Ausbreitung in den Raum stattfindet, mit

$$\theta_g = \frac{Ma}{R_2} \tag{3.74}$$

Dieser Divergenzwinkel wird nur durch die Resonatorgeometrie verursacht (beim konfokalen Resonator gilt $\theta_g=0$) und beinflußt nicht die Strahlqualität, d.h. das Verhältnis von Fokusfläche zu Schärfentiefe. Man sieht dies sehr leicht ein, wenn man bedenkt, daß durch eine Linse direkt hinter dem Auskoppelspiegel der Divergenzwinkel beliebig verändert werden und in geometrischer Näherung auf null gesetzt werden kann, wie in Bild 3.71 gezeigt ist.

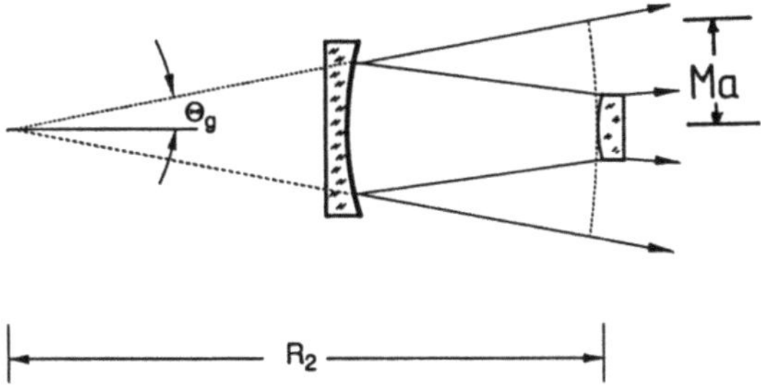

Bild 3.70 Der geometrische Divergenzwinkel eines instabilen Resonators.

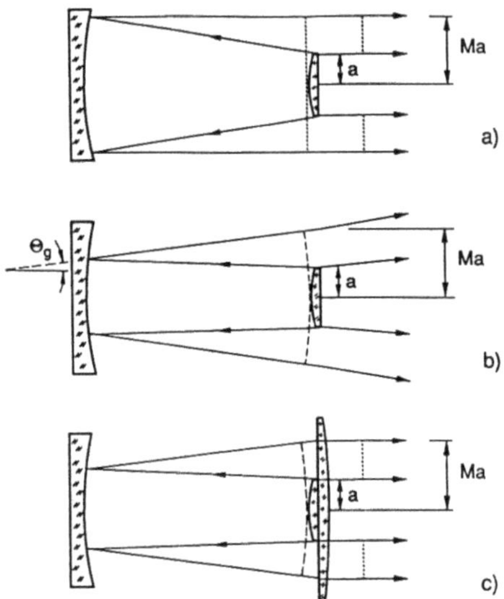

Bild 3.71 Der Divergenzwinkel θ_g kann beliebig durch Linsen verändert werden (b),c)). Die Strahlqualität instabiler Resonatoren hängt nur von der Vergrößerung M und dem Spiegelradius a ab. Die drei gezeigten Resonatoren besitzen deshalb die gleiche Strahlqualität.

Alle instabilen Resonatoren, die gleiche Vergrößerung und gleichen Begrenzungsradius a aufweisen, besitzen grundsätzlich die gleiche Strahlqualität, unabhängig unter welchem geometrischen Divergenzwinkel θ_g die Strahlung austritt.

Der geometrische Divergenzwinkel legt jedoch die Position des Fokus hinter einer Fokussierlinse fest (Bild 3.72). Nur im Fall des konfokalen Resonators ($\theta_g=0$) liegt der Fokus in der Brennweite der Linse. Der Abstand z des Fokus zur Linse ergibt sich in guter Näherung aus dem geometrischen Abbildungsgesetz zu

$$z = \frac{f}{1 - f/(R_2 + x)} \tag{3.75}$$

Bezeichnet w den Aussenradius des Strahls am Ort der Linse, so folgt

$$z = \frac{f}{1 - f\theta_g/w} \tag{3.76}$$

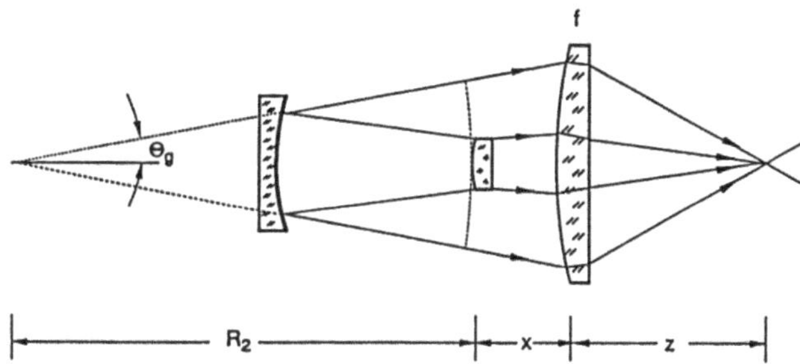

Bild 3.72 Die Fokusposition beim instabilen Resonator erhält man aus dem Abbildungsgesetz der geometrischen Optik.

Beispiel: $\rho_1 = -0,5m$, $\rho_2 = 1,5m$, L=0,7m, x=0,1m, f=150mm

äquivalenter G-Parameter	:	$G = 1,24$
Vergrößerung	:	$M = 1,973$
Krümmungsradius R_2	:	$R_2 = -1,839m$
Fokusabstand	:	$z = 138mm$

Die Strahlqualität des instabilen Resonators wird durch die Beugung an der Spiegelbegrenzung festgelegt. Die Intensitätsverteilung im Fokus entspricht der Intensitätsverteilung im Fernfeld einer homogen beleuchteten Ringblende mit Innenradius a und Aussenradius Ma (siehe dazu Abschn. 1.2.3). Man erhält für die Winkelverteilung der Intensität [3.115]:

$$I(\theta) = I(0) \left[\frac{M^2}{M^2 - 1} \left[\frac{J_1(2\pi Ma\theta/\lambda)}{\pi Ma\theta/\lambda} - \frac{1}{M^2} \frac{J_1(2\pi a\theta/\lambda)}{\pi a\theta/\lambda} \right] \right]^2 \tag{3.77}$$

wobei J_1 die Besselfunktion erster Ordnung ist.

Bild 3.73 zeigt mit dieser Formel berechnete Winkelverteilungen in Abhängigkeit von $Z = 2\pi Ma\theta/\lambda$. Für sehr große Vergrößerungen ($M \gg 1$) erhält man das Beugungsbild der Lochblende (Kap. 1.2.3) mit einer Halbwertsbreite des zentralen Maximums von

$$\Delta\theta = 0,51\ \lambda/(Ma) \tag{3.78}$$

Im Grenzfall einer sehr geringen Vergrößerung $(M-1 \ll 1)$ ergibt sich eine Verteilung, deren Hauptmaximum schmaler ist $(\Delta\theta = 0,35\ \lambda/a)$, jedoch geht nun mehr Intensität in die Nebenmaxima.

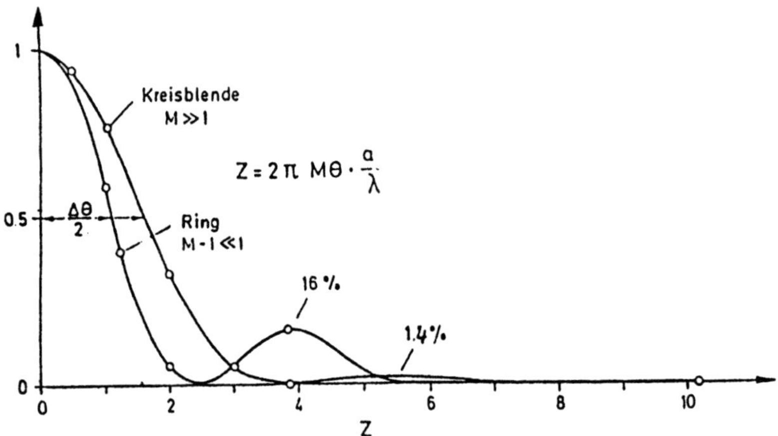

Bild 3.82 Fernfeldverteilungen einer homogen beleuchteten Ringblende mit Außenradius *Ma* und Innenradius *a* für die Grenzfälle sehr großer und sehr kleiner Vergrößerung *M*.

Unabhängig von dem Krümmungsradius R_2 des aus dem instabilen Resonators austretenden Rings ist die Intensitätsverteilung im Fokus durch die durch (3.77) gegebene Verteilung gegeben. Die radiale Ausdehnung *r* der Verteilung (Fokusradius) erhält man mit der Beziehung:

$$r = z \cdot \theta \tag{3.79}$$

wobei θ über den 86,5%-Leistungseinschluß definiert ist, und *z* den Abstand des Fokus von der Linse angibt.

Der Leistungsanteil in den Nebenmaxima des Fokus nimmt ab, wenn die Vergrößerung erhöht wird, gleichzeitig wird auch der Fokusradius kleiner. Deshalb versucht man bei instabilen Resonatoren, die Vergrößerung möglichst groß zu wählen, wobei allerdings durch die Verstärkung des Mediums immer eine obere Grenze für die Vergrößerung existiert. Instabile Resonatoren finden deshalb nur in Medien mit genügend hoher Verstärkung (Kleinsignalverstärkung > 1,5) Anwendung, da sonst die Vergrößerung zu klein gewählt werden muß und zu hohe Leistungsanteile in den Nebenmaxima auftreten.

Da der Strahl im obigen Modell (3.77) an der beugenden Ringblende die plane Phasenfläche besitzt, ist hier die Strahltaille lokalisiert. Mit dem Strahldurchmesser $d_0 = 2a\sqrt{0,865\,M^2 + 0,135}$ (86,5%-Leistungseinschluß) und dem vollen Divergenzwinkel Φ, innerhalb derer 86,5% der Leistung lokalisiert ist, ergibt sich das Strahlparameterprodukt $d_0\Phi/4$ zu:

$$d_0\Phi/4 = {}^{\lambda}\!/_{(\pi K)} \qquad\qquad (3.80)$$

mit K : Gütezahl der Strahlqualität (siehe Abschn.3.1.1).

Die Gütezahl K liegt bei instabilen Resonatoren typischerweise zwischen 1/3 und 1/6, je nach Vergrößerung (Bild 3.74). Die Strahlqualität instabiler Resonatoren ist also etwa 3-6 mal schlechter als der TEM$_{00}$-Mode-Betrieb beim stabilen Resonator.

In realiter besitzt natürlich das Nahfeld auch eine Struktur, die neben der Abhängigkeit der Strahlqualität von der Vergrößerung, zusätzlich zu einer geringen Abhängigkeit vom Spiegelradius a führt. Wir werden dies im folgenden Kapitel noch näher besprechen. Generell sind die Energieinhalte in den Nebenmaxima etwas geringer als in Bild 3.74 gezeigt, da die Intensität beim Außenradius Ma nicht abrupt abfällt und dadurch Beugungseffekte der Außenkante des Strahls vermindert werden.

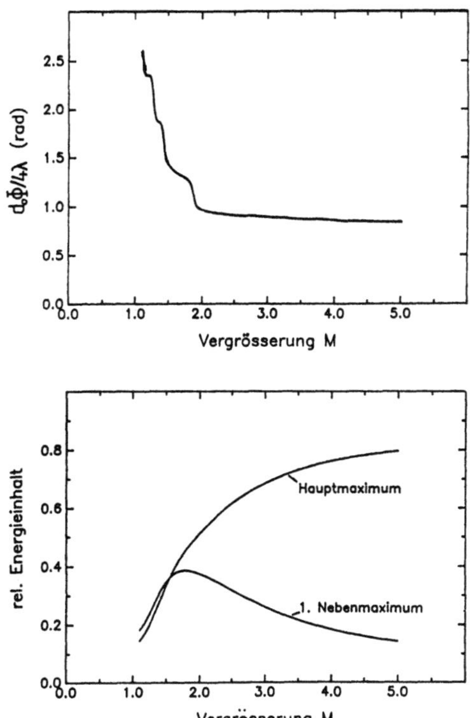

Bild 3.74 Abhängigkeit von $d_0\Phi/(4\lambda)$ und des Leistungsinhalts der ersten Intensitätsmaxima des Fernfelds von der Vergrößerung instabiler Resonatoren in Kreissymmetrie. (berechnet aus dem Fernfeld einer homogen beleuchteten Ringblende).

180

In Rechteckgeometrie kann die eindimensionale Intensitätsverteilung im Fokus durch Berechnung des Fernfeldes eines Doppelspalts mit Spaltbreite *(M-1)a* und Spaltabstand *(M+1)a* ermittelt werden. In diesem Fall erhält man für die Intensitätsverteilung in einer Raumrichtung zu:

$$I(\theta) = I(0) \left[\frac{sin[\pi\theta\,(M-1)a/\lambda]\ \ cos[\pi\theta\,(M+1)a/\lambda]}{\pi\theta\,(M-1)a/\lambda} \right]^2 \tag{3.81}$$

und den entsprechenden Ausdruck für die dazu senkrechte Richtung. Die Intensitätsverteilung im Fokus besitzt in Rechteckgeometrie bei gleicher Vergrößerung bedeutend intensivere Nebenmaxima als der kreissymmetrische Fokus. Bild 3.75 zeigt gemessene Fernfeld-Intensitätsverteilungen instabiler Resonatoren in Rechteck- und Kreisgeometrie im Vergleich mit berechneten Verteilungen, wobei jedoch die Struktur des Nahfeldes mitberücksichtigt wurde. Man erkennt deutlich den Zusammenhang zwischen der Höhe des Nebenmaximums und der Vergrößerung sowie die hohen Nebenmaxima in Rechteckgeometrie. Bild 3.76 zeigt gemessene Strahlparameterprodukte instabiler Resonatoren in Rechteckgeometrie in Abhängigkeit der Vergrößerung für einen Nd:YAG-Laser. Man erhält, wie schon in Kreisgeometrie gesehen, typische Strahlparameterprodukte die zwischen 3-6 mal höher sind als die des Gaußstrahls.

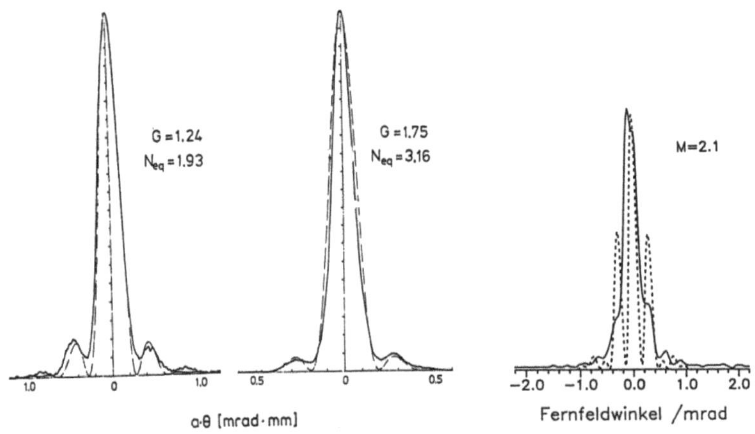

Bild 3.75 Gemessene (⸺) und berechnete (− − −) Intensitätsverteilungen im Fokus instabiler Resonatoren: a) Kreisgeometrie, b) Rechteckgeometrie (Nd:YAG-Laser, λ=1,064μm) [Q.3,Q.11].

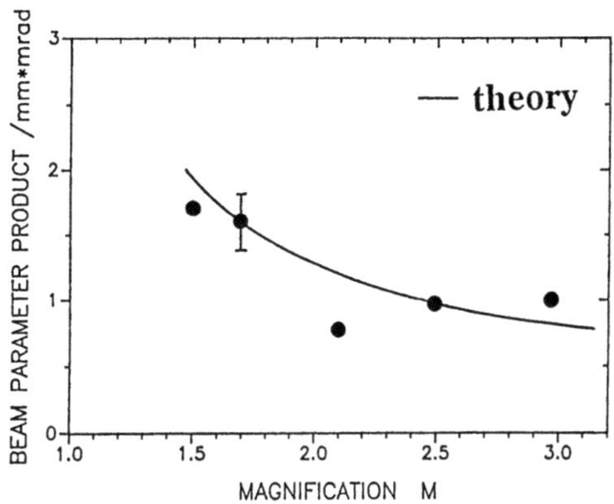

Bild 3.76 Gemessene und berechnete Strahlparameterprodukte eines Nd:YAG-Lasers mit instabilem Resonator in Rechteckgeometrie. Das Strahlparameterprodukt des Gaußstrahls ist 0,33 mm mrad [Q.11].

Es soll hier nochmals darauf hingewiesen werden, daß die Intensitätsverteilung im Fernfeld und die des Fokus nur dann übereinstimmen, wenn der geometrische Divergenzwinkel θ_g null ist, d.h. nur bei konfokalen Resonatoren (Bild 3.77). Der geometrische Divergenzwinkel bewirkt, daß das Fernfeld ebenfalls ringförmig wird, während die Fokusverteilung immer noch durch die Verteilungen nach (3.77) bzw. (3.81) gegeben ist und ein zentrales Maximum besitzt.

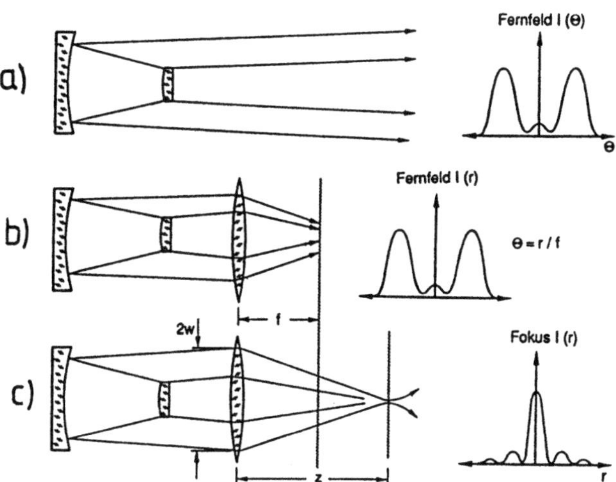

Bild 3.77 Die Intensitätsverteilung im Fernfeld und im Fokus sind nur beim konfokalen instabilen Resonator identisch. Ein instabiler Resonator mit geometrischem Divergenzwinkel θ_g liefert im Fernfeld eine ringförmige Struktur a). Der Fokus liegt dann auch nicht mehr in der Brennweite der Linse c), wo das Fernfeld vermessen werden kann b).

Aus der Vermessung des Fernfeldes (z.B. durch Aufnahme der Intensitätsverteilung in der Brennweite einer Linse) kann man deshalb im allgemeinen nicht auf die Charakteristiken des Fokus schließen! Dieses Verhalten steht ganz im Gegensatz zu dem stabiler Resonatoren, wo das Intensitätsprofil im Fokus und im Fernfeld übereinstimmen. Der tiefere Grund liegt darin, daß durch die Beugung an der Ringblende der Strahl bei der Ausbreitung laufend seine Struktur ändert (schließlich muß aus der anfänglichen Ringstruktur ein zentrales Maximum im Fokus entstehen). Die reinen Moden des stabilen Resonators sind Eigenlösungen des Kirchhoff-Integrals für freie Ausbreitung und ändern nicht ihre Struktur. Bewegt man sich aus dem Fokus heraus, so wächst der Leistungsanteil in den Nebenmaxima kontinuierlich auf Kosten der Energie im Hauptmaximum an. Innerhalb der Schärfentiefe z_S ergeben sich jedoch noch keine merklichen Änderungen in der Intensitätsverteilung. Es gilt in guter Näherung bei gegebenem Strahlparameterprodukt $d_0\Phi/4$ die gleiche Relation zwischen Schärfentiefe und Fokusfläche F wie bei den Moden stabiler Resonatoren (Bild 3.78):

$$z_S = 0,5 \; \frac{F}{\pi \; d_0\Phi/4} \tag{3.82}$$

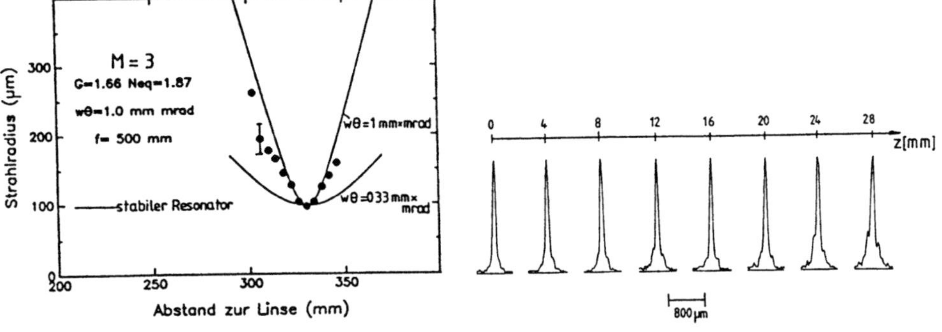

Bild 3.78 Gemessene Strahlradien (86,5%-Energieeinschluß) und radiale Intensitätsverteilungen im Fokusbereich eines instabilen Resonators (gepulster Nd:YAG-Laser, $M=3$, $f=500$mm). Die Parabeln im linken Bild geben die Kaustik eines Gaußstrahls und eines Multimode-Strahls gleichen Strahlparameterproduktes wie das des instabilen Resonators wieder. Der Fokus befindet sich im rechten Bild bei $z=0$.

Bisher wurde angenommen, daß die Intensität im Resonator homogen verteilt ist, d.h. durch Kastenprofile mit entsprechendem Außenradius beschrieben ist. Die Beugung an dem Auskoppelspiegel wirkt sich natürlich nicht nur auf die Struktur des ausgekoppelten Strahls aus, sondern auch auf die Struktur des Feldes im Resonator. Die Kastenstruktur ist deshalb nur eine grobe Näherung für die tatsächliche Modenstruktur. Dies impliziert natürlich auch, daß der geometrische Verlustfaktor nur eine Grenze für den tatsächlichen Verlustfaktor instabiler Resonatoren darstellt. Um die realen Modenstrukturen und Verluste zu erhalten, muß deshalb der Einfluß der Beugung auf die Lichtausbreitung im Resonator mitberücksichtigt werden. Dabei werden wir sehen, daß die geometrisch-optische Beschreibung immer ausreicht um den Strahlverlauf im Resonator zu berechnen, wie es in diesem Abschnitt durchgeführt wurde. Modenstrukturen und Verlustfaktor konvergieren sogar gegen die hier angenommenen Kastenstrukturen und dem daraus folgenden geometrischen Verlustfaktor, wenn die effektive Fresnelzahl N_{eff} sehr groß wird. Das ist eine Folge der allgemeinen Tatsache, daß für große Fresnelzahlen ($N_{eff} > 100$) Strahlprofile sich bei der Ausbreitung nicht ändern und daher die Ausbreitung mittels geometrischer Optik beschrieben werden kann. (siehe Abschn.1.2.2).

3.3.3 Beugungstheoretische Beschreibung

Die Suche nach den stationären Strahlungsfeldern auf dem begrenzten Spiegel erfolgt ganz analog zu dem Fall der stabilen Resonatoren (Abschn.3.1.2). Die Feldverteilungen sind Lösungen der Integralgleichung (3.38) für Rechteckgeometrie bzw. (3.39) für Kreisgeometrie (Bild 3.79). Stabile und instabile Resonatoren unterscheiden sich also nicht in der Form der Integralgleichungen, sondern nur im Betrag des äquivalenten g-Parameters G. Die theoretische Behandlung dieser Integralgleichungen kann deshalb genau wie bei den stabilen Resonatoren durch Separation der Koordinaten erfolgen (siehe dazu Abschn. 3.1.2). Auch in instabilen Resonatoren existieren transversal-elektro-magnetische Moden die mit p,ℓ oder m,n indiziert werden, sich aber in der transversalen Struktur grundsätzlich von denen stabiler Resonatoren unterscheiden.

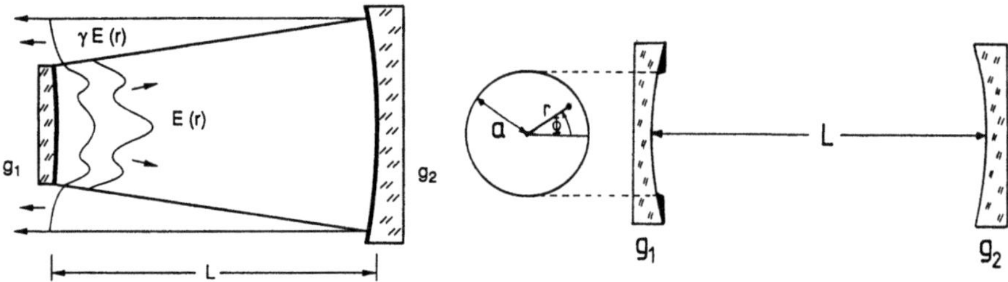

Bild 3.79 Berechnung des stationären Feldes auf der Ebene des begrenzten Spiegels instabiler Resonatoren in Kreisgeometrie nach (3.39).

Die Intensitätsverteilungen der Moden und deren Verlustfaktor pro Umlauf $V=|\gamma|^2$ hängen zwar auch nur vom Betrag des G-Parameters und dem Betrag der effektiven Fresnelzahl N_{eff} ab, wie das schon bei den begrenzten stailen Resonatoren der Fall war, jedoch zeigen die Verlustfaktoren einen oszillierenden Verlauf über der effektiven Fresnelzahl. Bild 3.80 zeigt berechnete Verlustfaktoren pro Umlauf für einige Moden in Kreissymmetrie ($\ell=1$ und $\ell=0$) instabiler Resonatoren mit Vergrößerung $M=2$. Ganz im Gegensatz zu den Moden des stabilen Resonators führt ein Aufziehen der Blende auch zu einer Abnahme des Verlustfaktors, wodurch Kreuzungspunkte der Verlustfaktorkurven der einzelnen Moden entstehen. Der Verlustfaktor der Moden ohne azimutale Struktur ($\ell=0$) ist immer am höchsten und höher als der geometrische Verlustfaktor $1/M^2$. Dies versteht man recht schnell, wenn man die Intensitätsverteilungen an den Extremstellen des Verlustfaktors in Bild 3.80 betrachtet. Gegenüber dem in der geometrischoptischen Beschreibung angenommenen Kastenprofil der Intensität, ist die Intensitätsverteilung nun stärker in der Mitte zentriert, was notwendigerweise zu einem höheren Verlustfaktor führt, da ein höherer Leistungsanteil nach dem Umlauf wieder auf den Spiegel auftrifft.

Wichtig ist es sich zu merken, daß die Moden stark unterschiedliche Verluste, aber alle den gleichen Strahlradius besitzen. Gleichzeitiges Schwingen mehrerer transversaler Moden wird man daher beim instabilen Resonator selten beobachten. Es existiert meist ein Mode der bedeutend geringere Verluste aufweist als alle anderen und deshalb bevorzugt anschwingt.

Einmal oszillierend, baut dieser Mode die Inversion in genau den Bereichen ab, die auch von den anderen Moden durchstrahlt werden. Dadurch
gibt es keine Möglichkeit für diese Moden die Schwellbedingung noch zu
erreichen. Im Experiment beobachtet man deshalb nur die Moden mit $\ell=0$,
die die geringsten Verluste besitzen.

Die Abhängigkeit der Verlustfaktoren instabiler Resonatoren vom
äquivalenten g-Parameter G und der effektiven Fresnelzahl N_{eff} zeigt
deshalb den in Bild 3.81 gezeigten Verlauf. Nur die Moden mit dem bei
einer Fresnelzahl höchsten Verlustfaktor sind hier berücksichtigt (quasi
die obere Einhüllende der Kurvenscharen aus Bild 3.80). Aufgetragen
sind die Verlustfaktoren nicht über der effektiven Fresnelzahl N_{eff}, sondern über der äquivalenten Fresnelzahl N_{eq} mit [3.54,3.56,3.63,3.73,3.115]

$$N_{eq} = N_{eff} \sqrt{G^2 - 1} \tag{3.83}$$

Dadurch liegen die Minima des Verlustfaktors in der Nähe ganzzahliger
äquivalenter Fresnelzahlen.

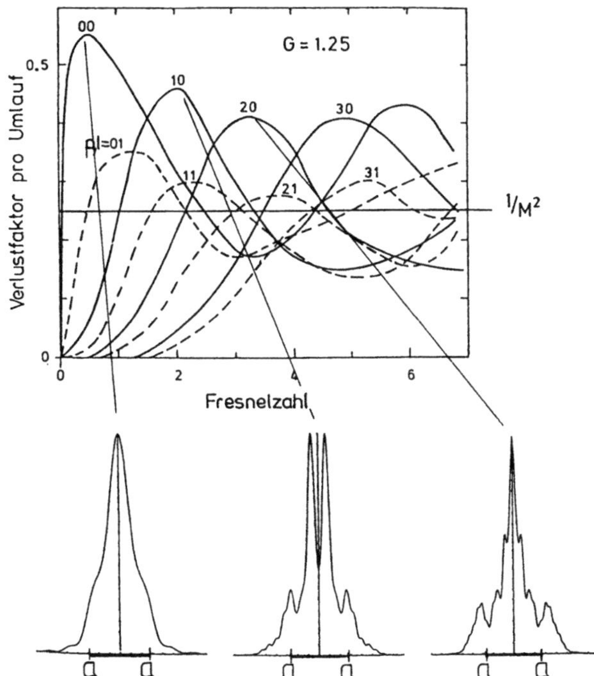

Bild 3.80 Berechnete Verlustfaktoren pro Umlauf instabiler Resonatoren
in Kreisgeometrie mit $M=2$ in Abhängigkeit der effektiven Fresnelzahl. Die
radialen Intensitätsverteilungen gehören zu den ersten drei Extremwer-
ten des Verlustfaktors [Q.3].

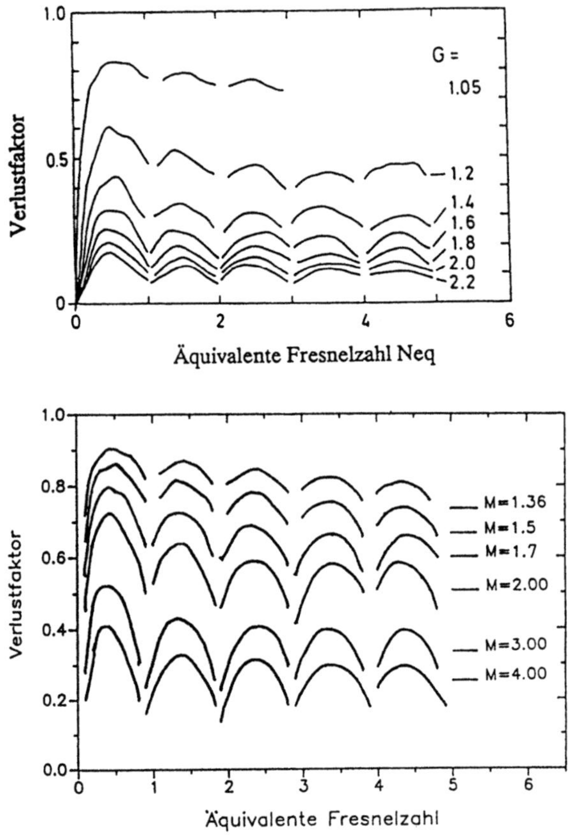

Bild 3.81 Berechnete Verlustfaktoren pro Umlauf instabiler Resonatoren.
a) Kreisgeometrie mit Spiegelradius a.
b) Rechteckgeometrie mit Spiegelbreite $2a$, eindimensionaler Verlustfaktor V_x, *Gesamtverlustfaktor* $V=V_x V_y$ [Q.3,Q.8].

An den Minima des Verlustfaktors besitzen zwei Moden die gleiche Verluste (vgl. Bild 3.80). Bei Überfahren eines solchen Minimums kommt es zum Modenwechsel, der sich durch eine sprunghafte Änderung des Intensitätsprofils bemerkbar macht (Bild 3.82). Da die beiden Moden eine komplementäre Intensitätsverteilung und auch ähnliche Verluste besitzen, kommt es in der Umgebung ganzzahliger äquivalenter Fresnelzahlen zu gleichzeitiger Oszillation der beiden Moden (Bild 3.83). Damit tatsächlich nur ein transversaler Mode schwingt, muß deshalb die äquivalente Fresnelzahl möglichst halbzahlig sein, da dann der Verlustunterschied der Moden am größten ist.

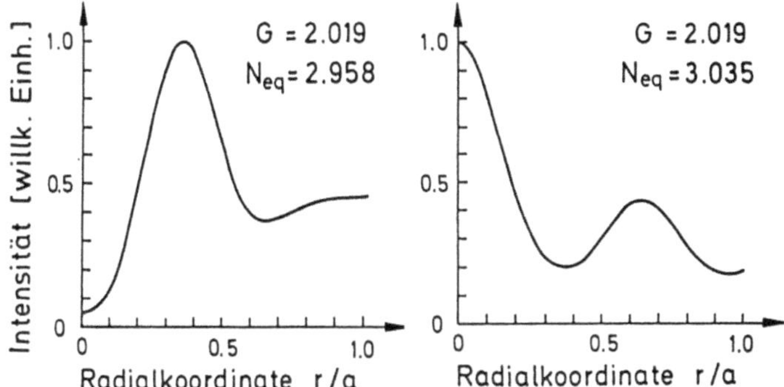

Bild 3.82 Berechnete radiale Intensitätsverteilungen auf dem begrenzten Spiegeln kurz vor und hinter dem Modenwechsel bei N_{eq}=3,0, M=3,75 [Q.3].

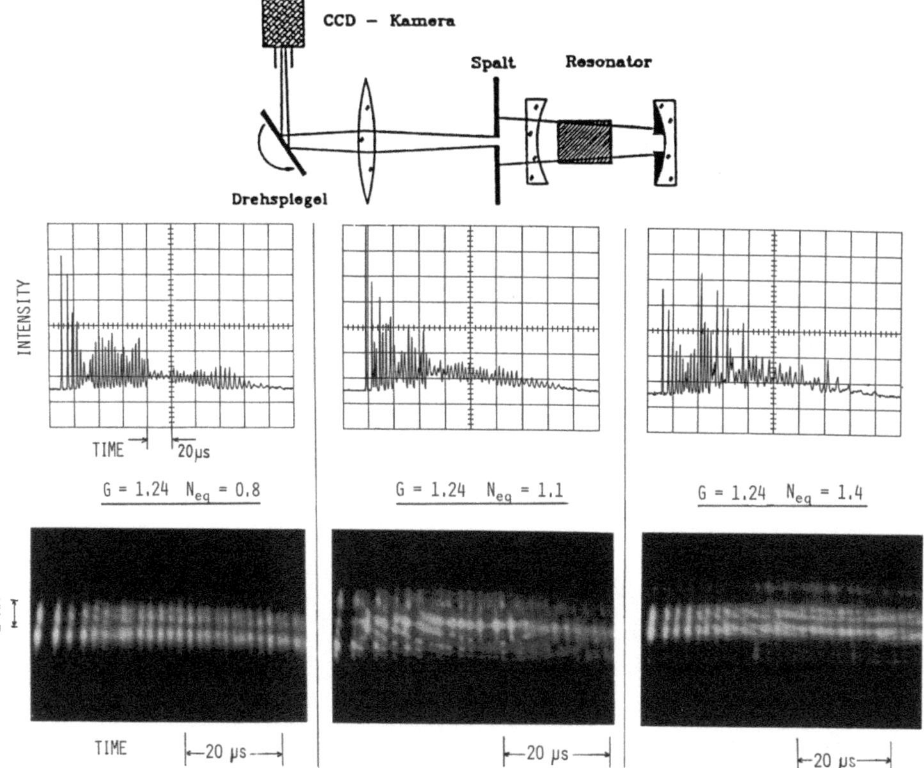

Bild 3.83 Zeitaufgelöste Messung der radialen Modenstruktur eines Nd:YAG-Lasers mit instabilem Resonator (G=1,24). Das obere Bild stellt den dazu benutzten Versuchsaufbau dar. Die obere Reihe zeigt den zeitlichen Verlauf der Laseremission, die ein ausgeprägtes Spiking besitzt, die untere die zugehörigen Schnitte der Intensitätsverteilung auf dem unbegrenzten Spiegel. Deutlich ist der Modenwechsel in der Umgebung von N_{eq}=1 (mittleres Bild) zu erkennen [Q.3].

Bild 3.84 zeigt einige experimentelle Beispiele von radialen Intensitätsverteilungen in der Ebene des Auskoppelspiegels sowie gemessene Verlustfaktoren. Der Auskoppelspiegel und der geometrische Strahlradius sind jeweils auf der Achse gekennzeichnet. Man erkennt deutlich, daß der Strahlradius durch den geometrischen Strahlradius Ma gegeben ist. Mit wachsender Fresnelzahl entstehen immer mehr Intensitätsmaxima und das geometrische Kastenprofil wird immer besser angenähert. Für große effektive Fresnelzahlen N_{eff} geht dann der Verlustfaktor in den geometrischen Verlustfaktor $1/M^2$ über.

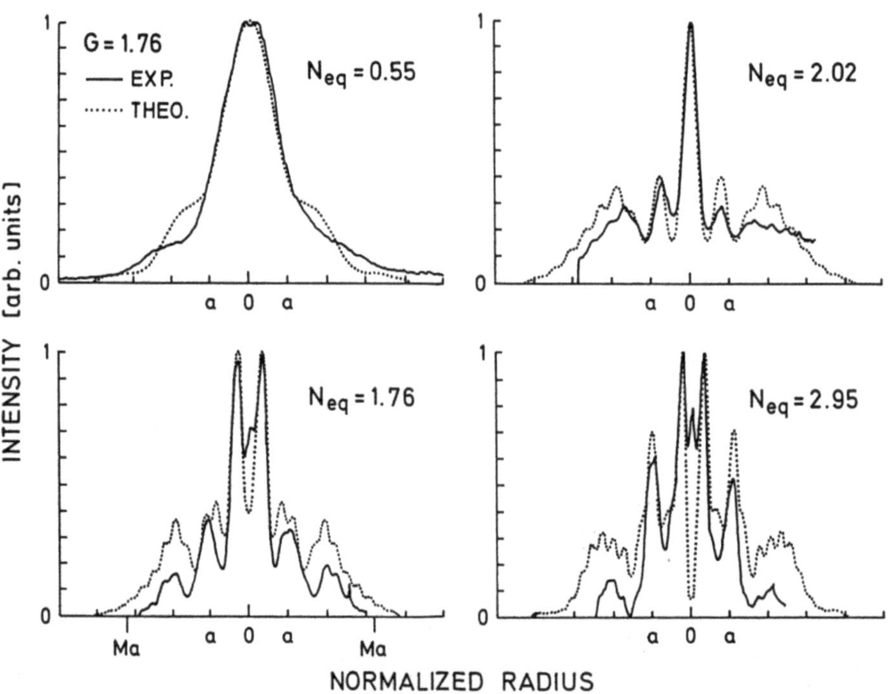

Bild 3.84 Gemessene radiale Intensitätsverteilungen in der Ebene des Auskoppelspiegels und Verlustfaktoren instabiler Resonatoren (Nd:YAG-Laser). Die gezeigten Verteilungen treffen auf den Auskoppelspiegel mit Radius *a* auf. Ausgekoppelt werden jeweils die Anteile rechts und links vom Spiegel. Die gestrichelten Kurven markieren die berechneten Verteilungen [3.115].

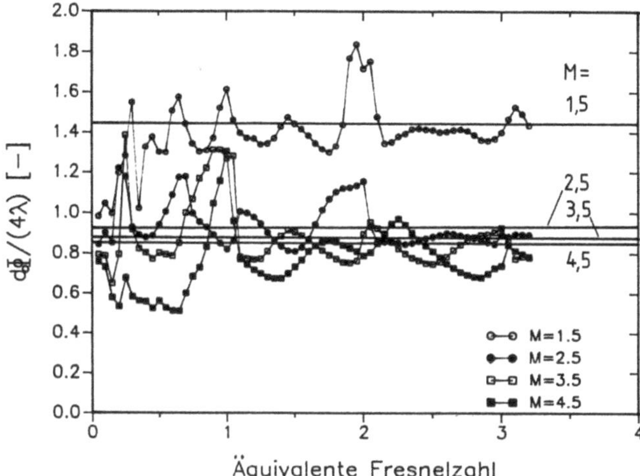

Bild 3.85 Berechnete, auf die Wellenlänge λ normierte, Strahlparameterprodukte $d_0\Phi/(4\lambda)$ instabiler Resonatoren in Abhängigkeit von N_{eq} für verschiedene Vergrößerungen M (Kreissymmetrie). Zum Vergleich sind die entsprechenden Werte für homogenes Strahlprofil (Bild 3.74) als waagerechte Linien eingezeichnet.

Die Struktur des Nahfeldes hat nicht nur auf den Verlustfaktor sondern auch auf die Strahlqualität einen Einfluß. Bild 3.85 zeigt berechnete, auf die Wellenlänge normierte Strahlparameterprodukte $d_0\Phi/(4\lambda)$ instabiler Resonatoren in Abhängigkeit von M und N_{eq} unter Berücksichtigung der Nahfeldstruktur. Der Divergenzwinkel Φ und der Strahldurchmesser sind über den 86,5%-Leistungseinschluß definiert. Der Vergleich mit den normierten Strahlparameterprodukten aus der geometrischen Behandlung zeigt, daß bei Berücksichtigung des Strahlprofils die Strahlqualität i.a. verbessert wird. Grund hierfür sind die veringerten Beugungseffekte an der Außenkante des Strahls.

Anwendungsbereiche des instabilen Resonators

Der Vorteil des instabilen Resonators ist die freie Wahl des Strahlradius durch die Größe des Auskoppelspiegels. Unabhängig von der Querschnittsfläche des aktiven Medium läßt sich dieses deshalb immer vollständig mit einem transversalen Mode ausnutzen. Großes Modenvolumen und gute Strahlqualität schließen sich also nicht wie beim stabilen Resonator gegenseitig aus. Instabile Resonatoren werden deshalb immer dann eingesetzt, wenn das aktive Medium eine zu große Querschnittsfläche besitzt, um effektiv mit wenigen stabilen Moden ausgefüllt zu werden und eine hohe Strahlqualität erwünscht ist. Das aktive Medium muß jedoch eine ausreichende Verstärkung besitzen, um die hohen Auskoppelverluste kompensieren zu können. HeNe-Laser kann man deshalb nicht mit instabilem Resonator betreiben. Praktische Verwendung finden instabile Resonatoren dagegen vorwiegend bei CO_2-Lasern [3.60,3.64,3.66,3.69, 3.73] und Excimer-Lasern [3.92,3.101] aber auch bei gepulsten Festkörper-Lasern [3.82,3.85,3.110,3.115,3.126,3.136] und sogar bei Halbleiter-Lasern [Q.9].

Es sollte noch bemerkt werden, daß die Leistung, die man mit einem instabilen Resonator erzielen kann, generell geringer ist als im stabilen Multimode-Betrieb (typischerweise um 20-30%). Wer nur an einer möglichst hohen Ausgangsleistung und nicht an einer guten Strahlqualität interessiert ist, wird deshalb immer zu stabilen Resonatoren zurückgreifen.

Im Gegensatz zur weitverbreiteten Ansicht, daß instabile Resonatoren sehr viel empfindlicher auf Dejustierung reagieren als stabile Resonatoren, ist eher das Gegenteil der Fall. Unter Umständen kann die Dejustierungsempfindlichkeit eine Größenordnung geringer sein als für stabile Resonatoren im TEM_{00}-Mode-Betrieb.

3.3.4 Dejustierungsempfindlichkeit

Auch beim instabilen Resonator führt die Verkippung eines Spiegels zur parabolischen Abnahme des Verlustfaktors [3.86,3.89,3.97,3.117]. Im Gegensatz zu den stabilen Resonatoren kann der Verlustfaktor mit wachsendem Dejustierwinkel jedoch auch wieder zunehmen, wie dies z.B. in Bild 3.86 zu sehen ist. Die dadurch entstehenden Minima des Verlustfaktors sind wie im justierten Fall einem Wechsel zweier transversaler Moden zugeordnet.

Bei Dejustierung des unbegrenzten Spiegels (mit g-Parameter g_2) tritt dieser Modenwechsel bei den Dejustierwinkeln [3.117]

$$\alpha_n = \frac{(G-1)a}{2L} \left| \mp 1 \pm \sqrt{1 - \frac{|N_{eq}| - n}{|N_{eq}|}} \right| \tag{3.84}$$

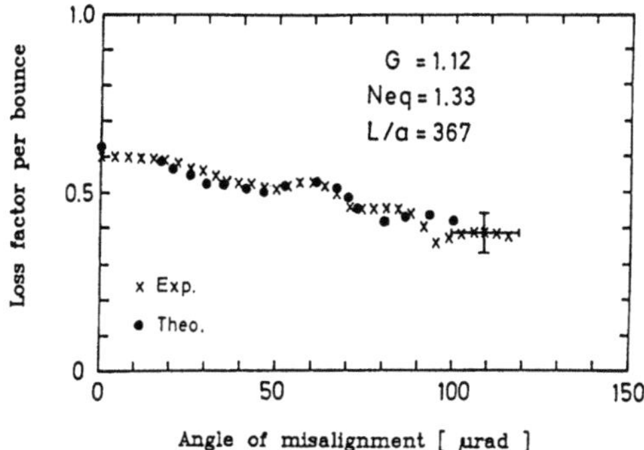

Bild 3.86 Gemessener Verlauf des Verlustfaktors bei Dejustierung des unbegrenzten Spiegels eines instabilen Resonators in Kreissymmetrie [3.117].

auf, wobei n eine natürliche Zahl ist und für $n > |N_{eq}|$ oberes Vorzei-
chen gültig ist, andernfalls unteres.

Im allgemeinen ist der Dejustierwinkel des ersten Modenwechsels größer
als der 10%-Winkel $\alpha_{10\%}$ bei dem der Verlustfaktor um 10% abgenommen
hat. Der Abhängigkeit des Verlustfaktors vom Dejustierwinkel kann deshalb durch die parabolische Abhängigkeit

$$V(\alpha) = V(0) \ (1 - 0,1 \ (\alpha/\alpha_{10\%})^2) \tag{3.85}$$

beschrieben werden.

Analog zu der in Abschn.3.1.3 durchgeführten Diskussion der Dejustierung bei stabilen Resonatoren, wird zur Beschreibung der Dejustierempfindlichkeit der Dejustierparameter $L\alpha_{10\%}/a$ eingeführt.

Bild 3.87 zeigt die Abhängigkeit des Dejustierparameters von Fresnelzahl
und g-Parameter für instabile Resonatoren des negativen und des positiven Asts bei Dejustierung des unbegrenzten Spiegels. Man erkennt, daß
instabile Resonatoren umso unempfindlicher werden (kleines $\alpha_{10\%}$), je
größer der G-Parameter, je kleiner die äquivalente Freselzahl und je
kleiner das Verhältnis von Resonatorlänge zu Spiegelradius a ist. Die Dejustierparameter der instabilen Resonatoren des negativen Asts sind bedeutend größer und ein Vergleich mit Bild 3.42 in Abschn. 3.1.3 zeigt,
daß diese sogar noch größer sind als die der stabilen Resonatoren.

Interessant ist der Vergleich der Dejustierungsempfindlichkeit von stabilen Resonatoren im TEM$_{00}$-Betrieb mit angepaßter Blende ($a=1,3w_{oo}$) und
von instabilen Resonatoren des positiven Asts mit $N_{eq}=0,5$. Bild 3.88 zeigt
den Vergleich des Dejustierparameters bei Verkippung des unbegrenzten

Spiegels in Abhängigkeit des G-Parameters. Um ein großes Gaußstrahlvolumen zu erhalten muß bei stabilen Resonatoren mit äquivalenten G-Parametern zwischen 0,95 und 1,0 gearbeitet werden oder die Resonatorlänge sehr lang gemacht werden. In beiden Fällen wird der Resonator sehr dejustierempfindlich, wie man an den kleinen Dejustierparametern nahe der Stabilitätsgrenze erkennt. Grob kann man deshalb sagen, daß instabile Resonatoren unempfindlicher auf Dejustierung reagieren als stabile Resonatoren im Grundmode-Betrieb.

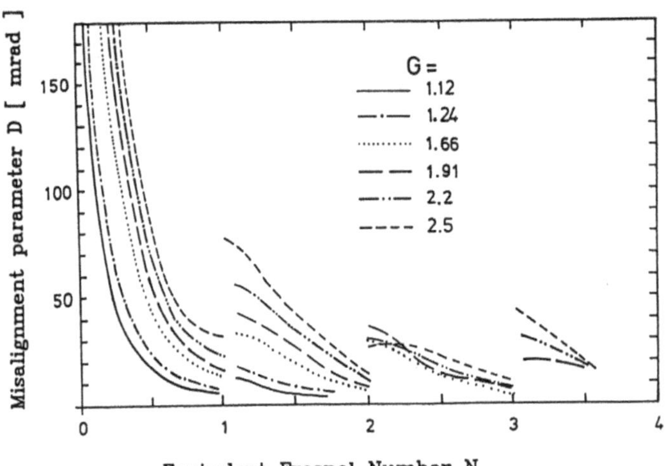

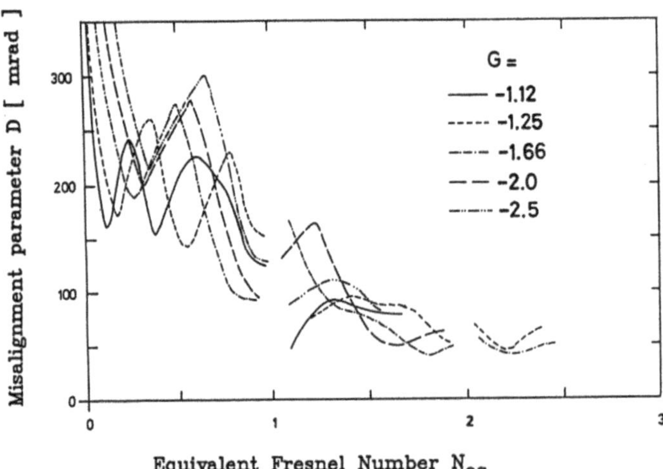

Bild 3.87 Berechnete Dejustierparameter $L\alpha_{10\%}/a$ bei Dejustierung des unbegrenzten Spiegels instabiler Resonatoren (Kreissymmetrie) [3.117].

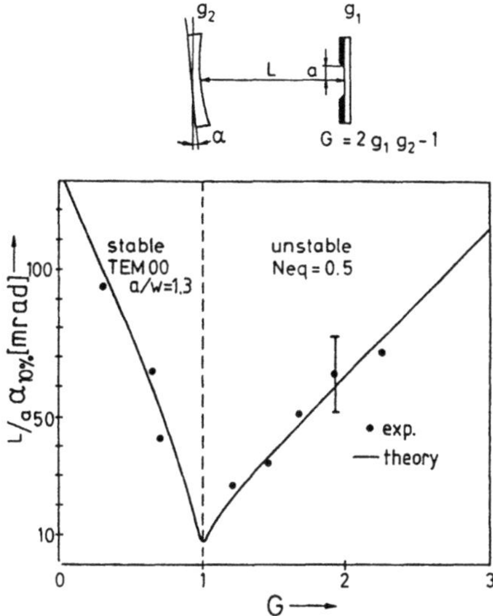

Bild 3.88 Gemessener und theoretischer Verlauf des Dejustierparameters stabiler Resonatoren im Grundmodebetrieb mit angepaßtem Blendenradius und für instabile Resonatoren mit N_{eq}=0,5. Der unbegrenzte Spiegel wird dejustiert (*a*: Blendenradius bzw. Radius des begrenzten Spiegels) [3.119].

Mit Hilfe von Bild 3.87 kann die Dejustierungsempfindlichkeit jedes beliebigen instabilen Resonators abgeschätzt werden. Den 10%-Winkel bei Drehung des begrenzten Spiegels erhält man aus dem 10%-Winkel bei Drehung des unbegrenzten Spiegels durch Division mit dem g-Parameter g_2. Für den mittleren 10%-Winkel, definiert als geometrisches Mittel der beiden 10%-Winkel der Spiegel (siehe Abschn.3.1.3), gilt folgende Faustformel zur Berechnung (Angabe in mrad) [3.117]:

$$\bar{\alpha}_{10\%} = \frac{a}{L} \left[\left(\frac{7.9}{|N_{eq}|} - 6\right) + \left(\frac{38.4}{|N_{eq}|} - 24\right)(G - 1)\right] \sqrt{1 + \left[\frac{1}{g_2}\right]^2} \quad (3.86)$$

jedoch nur für instabile Resonatoren des positiven Asts mit N_{eq}<1.

Beispiel: Konfokaler Resonator mit M=2 (g_1=1,5, g_2=0,75, L=0,5m, λ=1,06µm)
Besitzt das aktive Medium einen Durchmesser von 6mm benötigt man einen Auskoppelspiegel mit Durchmesser $2a$ = 3mm. Damit folgt für die äquivalente Fresnelzahl N_{eq}=2,11.

194

Der 10%-Winkel bei Drehung des unbegrenzten Spiegels beträgt mit Bild 3.87 abgeschätzt etwa 90 μrad. Für den mittleren 10%-Winkel erhält man 75 μrad.

Benutzt man einen stabilen Konkav-Konvex-Resonator mit einem an das Medium angepaßtem Gaußstrahlradius von 2,3mm, so liegen die mittleren 10%-Winkel zwischen 20 und 40 μrad.

Es sollte dem Leser bewußt werden, daß die Dejustierung beim instabilen Resonator bewirkt, daß der Auskoppelgrad erhöht wird. Beim stabilen Resonator dagegen bleibt der Auskoppelgrad (Transmission des Spiegels) immer konstant, Verlustzunahme durch Dejustierung bedeutet hier erhöhte interne Verluste an den Begrenzungen, die die Ausgangsleistung immer verringern.

Bei instabilen Resonatoren kann deshalb die Dejustierung auch zu einer Erhöhung der Ausgangsleistung führen, falls der Auskoppelgrad im justierten Fall zu gering für die vorhandene Verstärkung ist. Dieses interessante Phänomen wird näher in Abschn. 4.6 beleuchtet. Schon jetzt sei aber vorausgenommen, daß die Ausgangsleistung instabiler Resonatoren etwa zweimal unempfindlicher auf Dejustierung reagiert als bei stabilen Resonatoren im Grundmode-Betrieb mit dem gleichen 10%-Winkel $\alpha_{10\%}$. Entsprechendes gilt auch für die Formtreue der Intensitätsverteilung im Fokus. Selbst bei sehr großen Dejustierwinkel bleibt das Fokusprofil erhalten (Bild 3.89).

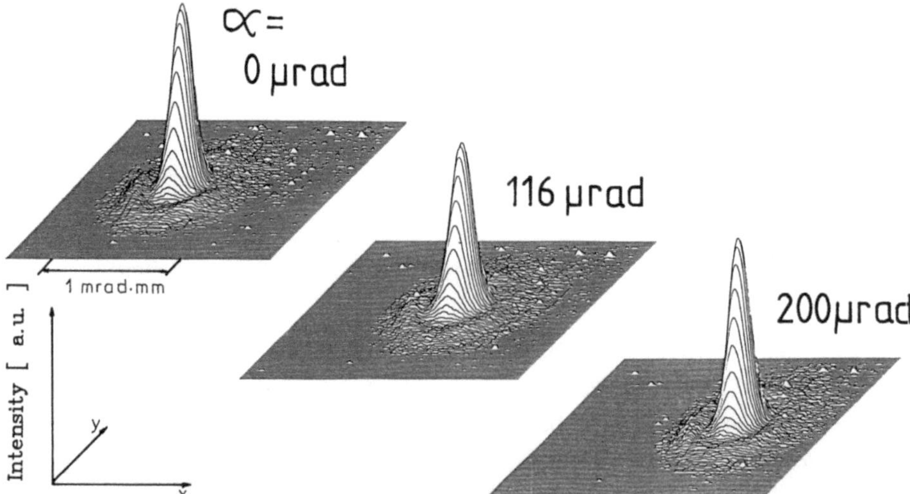

Bild 3.89 Gemessene Intensitätsverteilung im Fokus eines instabilen Resonators bei Dejustierung (G=1,75, N_{eq}=2,85, L=0,32m, a=1mm, λ=1,06μm, Nd:YAG-Laser). Der 10%-Winkel $\alpha_{10\%}$ beträgt 50 μrad [Q.8].

3.3.5 Instabile Resonatoren in Off-Axis-Geometrie

Instabile Resonatoren in Rechteckgeometrie besitzen auch für große Vergrößerungen ($M{>}2$) sehr hohe Nebenmaxima der Intensitätsverteilung im
Fokus. Dies liegt darin begründet, daß die Fokusverteilung quasi durch
Beugung an einem Doppelspalt entsteht, was bekannterweise zu einer
starken Modulation des Fernfeldes führt (siehe (3.81)). Bedeutend geringere Nebenmaxima erhält man, wenn die Strahlung nur auf einer Seite
des kleinen begrenzten Spiegels ausgekoppelt wird. Beim instabilen Resonator wird dies durch Dejustierung beider Spiegel erreicht, so daß die
optische Achse nicht mehr mit der Symmetrieachse des Mediums übereinstimmt (on-axis), sondern an einer Kante positioniert ist (off-axis, Bild
3.90) [3.1,3.127,5.57,5.58,5.60]. Bei Verwendung sphärischer Spiegel wird
der Strahl sowohl in x- als auch in y-Richtung nur einseitig vergrößert
und entsprechend nur an einer Seite des Auskoppelspiegels ausgekoppelt. Die eindimensionale Intensitätsverteilung im Fokus ist nun durch
die Beugung am Einzelspalt bestimmt.

Die Auswirkung der seitlichen Auskopplung auf Modenstruktur und Fernfeld zeigt Bild 3.91 für einen konfokalen Resonator mit Vergrößerung
$M{=}1,5$. Die seitliche Auskopplung vermindert den Energieanteil in den Nebenmaxima erheblich und verringert zusätzlich das Strahlparameterprodukt um den Faktor 2. Da es sich beim Off-Axis-Resonator um einen
dejustierten Resonator handelt, sind jedoch die Auskoppelverluste bei
gleicher Vergrößerung höher als in On-Axis-Symmetrie (Bild 3.92).

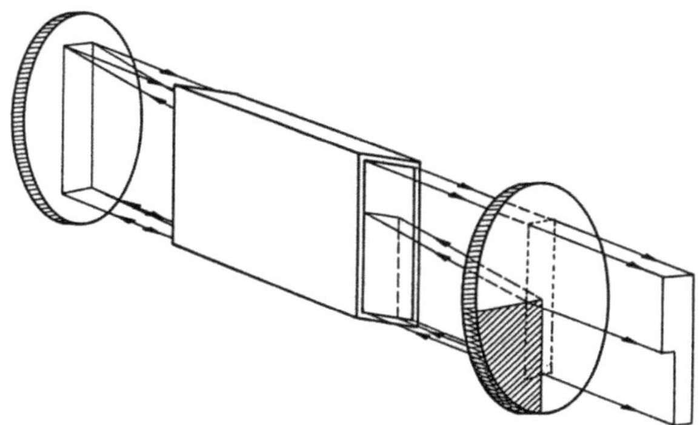

Bild 3.90 Konfokaler instabiler Resonator in Off-Axis-Geometrie. Die optische Achse verläuft entlang der linken unteren Kante des Mediums.

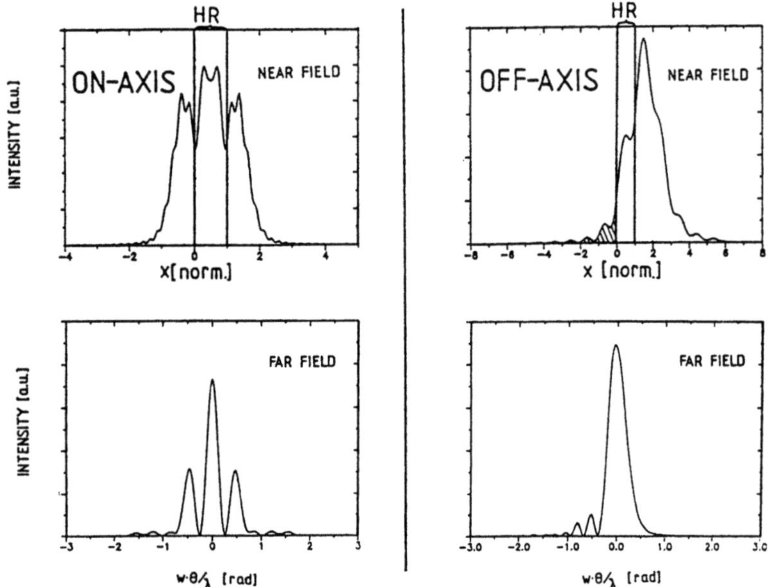

Bild 3.91   Berechnete eindimensionale Intensitätsverteilungen im Nah- und Fernfeld eines konfokalen instabilen Resonators mit *M=2* in On-Axis- und Off-Axis-Geometrie. Das Nahfeld auf der Ebene des Auskoppelspiegels ist gezeigt, der hochreflektierende Bereich des Spiegels ist gekennzeichnet [3.127].

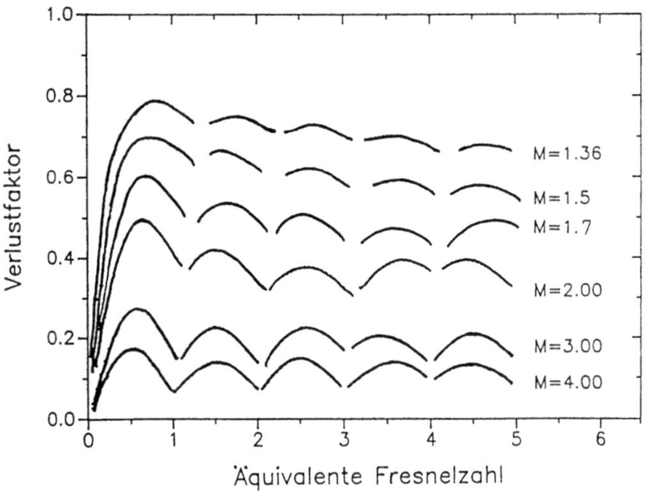

Bild 3.92 Berechnete Verlustfaktoren instabiler Resonator in Off-Axis-Geometrie in Abhängigkeit der äquivalenten Fresnelzahl $N_{eq} = a^2\sqrt{G^2-1}/(2Lg_2\lambda)$ (*a*: Breite des vom Strahl getroffenen HR-Bereichs des Spiegels) und der Vergrößerung *M* (siehe zum Vergleich Bild 3.81) [3.127].

Obwohl das ausgekoppelte Nahfeld unsymmetrisch ist und die Form eines L besitzt, können mit Off-Axis-Resonatoren symmetrische Fokusverteilungen erzeugt werden. Die leichte Unsymmetrie des Fokus in Bild 3.91 ist nur eine Folge der Nahfeldstruktur. Läge das Nahfeld in Form eines homogenen L vor, wäre der Fokus vollkommen symmetrisch. Bild 3.93 zeigt Aufnahmen des Nahfeldes und des Fokus eines Nd:YAG-Slab-Lasers mit instabilem Resonator mit $M=1,4$ in Off-Axis-Geometrie. Vergleicht man bei gleicher Vergrößerung die Strahlqualität von Off-Axis- und On-Axis-Resonatoren, so ist das Strahlparameterprodukt letzterer um einen Faktor zwei größer (Bild 3.94).

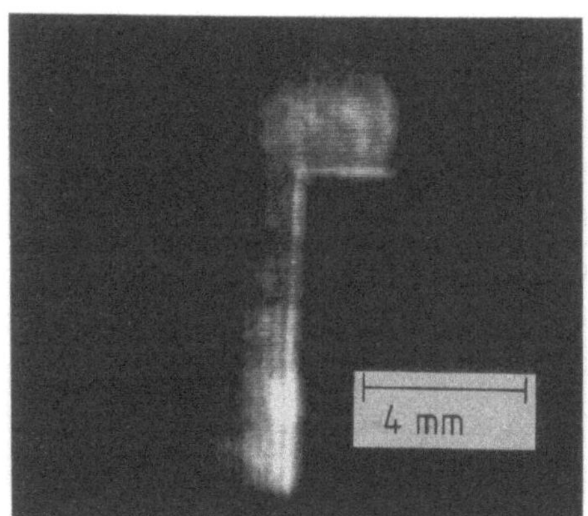

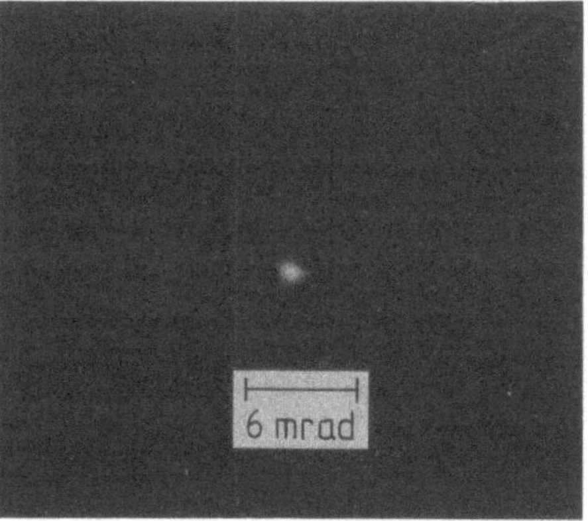

Bild 3.93 Fotografiertes Nah- und Fernfeld eines konfokalen instabilen Resonators in Off-Axis-Geometrie mit $M=1,4$ (Nd:YAG-Slab-Laser, $\lambda=1,064\mu m$, Slabquerschnittsfläche : 4×12 mm²) [3.127].

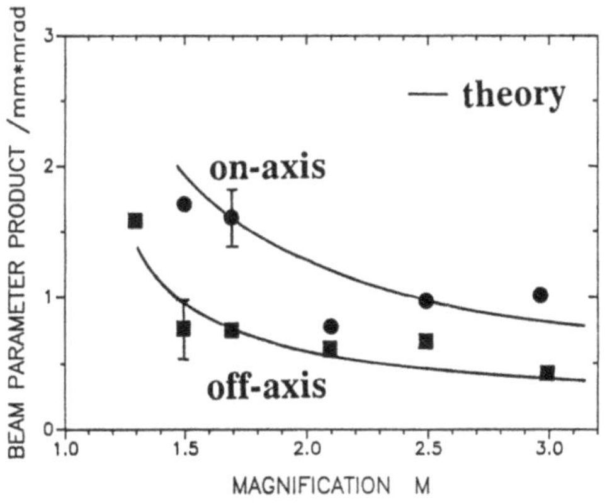

Bild 3.94 Gemessene Strahlparameterprodukte $d_0\Phi/4$ (86,5%-Energieeinschluß) instabiler Resonatoren in Off-Axis- und On-Axis-Geometrie in Abhängigkeit der Vergrößerung. Die Kurven geben die theoretische Abhängigkeit an. (Nd:YAG-Laser, $\lambda=1,064$) [3.127].

Für aktive Medien mit rechteckiger Querschnittsfläche ist die Off-Axis-Geometrie der On-Axis-Geomtrie aufgrund der eindeutig besseren Strahlqualität vorzuziehen. Allerdings benötigt man zur Justierung eines instabilen Resonators in Off-Axis-Geometrie einiges Fingerspitzengefühl und Übung, da neben der Spiegeldrehung auch noch die Stellung des Auskoppelspiegels in Bezug auf das Medium eingestellt werden muß (Verschiebung in x- und y-Richtung).

Das Prinzip des Off-Axis-Resonators kann natürlich auch auf kreissymmetrische Medien übertragen werden, jedoch ist die Fertigung der dazu nötigen Resonatorspiegel komplizierter und deshalb bisher nur bei CO_2-Laser realisiert worden, wo beliebige Spiegelformen aus Kupfer gefertigt werden können. Bild 3.95 zeigt den Aufbau eines solchen Resonators. Prinzipiell handelt es sich um einen eindimensionalen Off-Axis-Resonator in Rechteckgeometrie, der zu einem Rohr gebogen wird. Die optische Achse ist nun durch die äußere Mantelfläche gegeben. Dadurch wird das Feld nicht mehr als Ring ausgekoppelt, sondern als Kreisscheibe durch das Loch im Innern. Die Verbesserung der Strahlqualität macht sich auch hier durch die Verringerung der Nebenmaxima im Fernfeld bemerkbar. Bild 3.96 zeigt hierzu den Vergleich der berechneten Fernfelder instabiler Resonatoren bei normaler Auskopplung und in Off-Axis-Geometrie. Im Gegensatz zur Rechteckgeometrie ist der Auskoppelgrad in Off-Axis-Geometrie nun geringer, was durch die verringerte Fläche des ausgekoppelten Strahls im Verhältnis zur Gesamtfläche des resonatorinternen Strahl erklärbar ist.

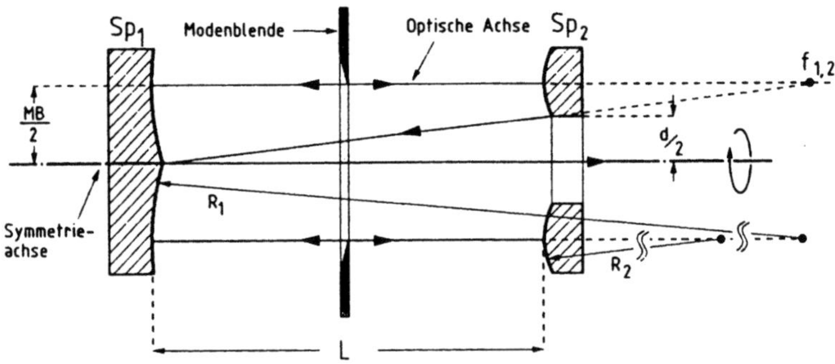

Bild 3.95 Beim off-axis-instabilen Resonator in Kreisgeometrie liegt die optische Achse auf der äußeren Mantelfläche [Q.15].

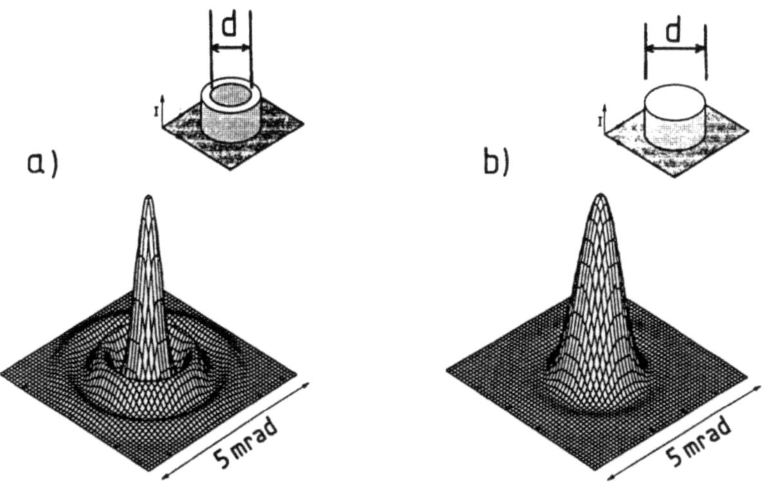

Bild 3.96 Vergleich der Fernfelder von On-axis- *(a)* und Off-axis-Resonatoren *(b)* in Kreisgeometrie für *M=1,5* (CO_2-Laser, *d=20mm*). [Q.15].

3.3.6 Instabile Resonatoren mit homogener Auskopplung

Die Nebenmaxima im Fernfeld instabiler Resonatoren entstehen durch die Beugung an dem begrenzten Auskoppelspiegel, d.h. durch den inhomogenen Reflexionsgrad. Dies läßt sich vermeiden, indem man den Strahl am gegenüberliegenden, nun teilreflektierenden Spiegel 2 homogen auskoppelt (Bild 3.97). Für äquivalente Fresnelzahlen kleiner 1 ist das ausgekoppelte Intensitätsprofil dann nahezu gaußförmig, wodurch keine Nebenmaxima im Fokus auftreten. Allerdings ist der Verlustfaktor *V* des instabilen Resonators immer noch wirksam, wobei dieser nun als interner Resonatorverlust wirkt und deshalb die Ausgangsleistung erheblich absenkt.

Bei Lasermedien hoher Verstärkung und kleiner Wellenlängen (güte-geschaltete Festkörper-Laser und Excimer-Laser) wird diese Art der Auskopplung trotzdem benutzt, da damit aus Gründen des Modenvolumens immer noch höhere Ausgangsleistungen erzielt werden können als mit stabilen Resonatoren im TEM_{00}-Mode-Betrieb [5.48].

Der Leser dem die Idee gekommen ist, die Blende vor Spiegel 1 durch einen hochreflektierenden Planspiegel zu ersetzen, muß leider enttäuscht
werden: In diesem Fall bilden der Planspiegel und Spiegel S_2 einen stabilen Resonator mit ringförmigem Nahfeld und schlechter Strahlqualität!

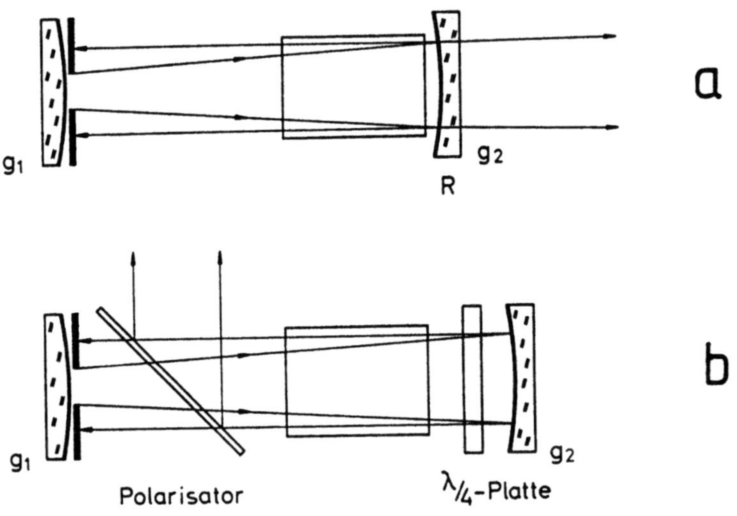

Bild 3.97 Instabile Resonatoren mit homogener Auskopplung. a) durch
einen teilreflektierenden Spiegel, b) über einen Polarisator mit drehbarer
λ/4-Platte zur Variation des Reflexionsgrads (siehe Abschn.3.5).

3.4 Resonatoren mit internen Linsen

Wie schon in Abschn. 3.1 diskutiert, besitzen stabile Resonatoren genau dann große Gaußstrahlradien, wenn die Resonatorlänge groß oder das Produkt der g-Parameter nahe eins gewählt wird. In diesen Fällen kann ein großes Modenvolumen des TEM_{00}-Modes im Medium und damit eine hohe Ausgangsleistung erzielt werden. Um jedoch zu lange Resonatoren und zu hohe Dejustierungsempfindlichkeiten zu vermeiden, kann man alternativ Linsen im Resonator verwenden, um den Gaußstrahlradius im Medium zu vergrößern. Einen solchen Resonator bezeichnet man als Linsenresonator [3.128].

Betrachten wir zunächst den Fall, daß nur eine Linse der Brennweite f im Resonator positioniert ist (Bild 3.98). Berechnet man die Strahlmatrix M_D für einen Durchgang von Spiegel 1 zu Spiegel 2 erhält man (siehe dazu Abschn. 1.1):

$$M_D \;=\; \begin{pmatrix} g_1{}^* & L^* \\[2mm] \dfrac{g_1{}^* g_2{}^* - 1}{L} & g_2{}^* \end{pmatrix} \tag{3.87}$$

mit

$$g_i{}^* \;=\; g_i - Dd_j(1-d_i/\rho_i) \qquad\qquad i,j=1,2; \; i\neq j \tag{3.88}$$

$$L^* \;=\; d_1 + d_2 - Dd_1 d_2 \tag{3.89}$$

$$L \;=\; d_1 + d_2 \tag{3.90}$$

$$D \;=\; 1/f : \text{Brechkraft}$$

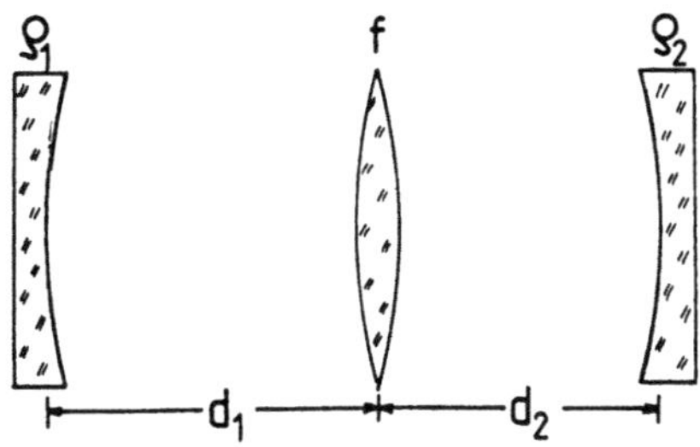

Bild 3.98 Resonator mit interner Linse.

Ohne interne Linse, d.h. für $D=0$, geht die Strahlmatrix in die Strahlmatrix M_0 des leeren Resonators über:

$$M_0 \quad = \quad \begin{pmatrix} g_1 & L \\ \dfrac{g_1 g_2 - 1}{L} & g_2 \end{pmatrix} \tag{3.91}$$

Ein Vergleich der beiden Matrizen zeigt, daß ein Resonator mit interner Linse die gleiche Strahlmatrix für den Durchgang besitzt wie ein Resonator der Länge L^* und den g-Parametern g_1^* und g_2^*. Demzufolge gilt: Ein Resonator mit interner Linse hat die gleichen Gaußstrahlradien auf den Resonatorspiegeln wie der äquivalente Resonator der Länge L^* und den g-Parametern g_i^*. Die Äquivalenz bezieht sich jedoch nur auf die Strahlradien auf den Spiegeln. Der Strahlverlauf im Resonator ist unterschiedlich, kann aber aus den Strahlradien auf den Spiegeln berechnet werden, da die Spiegeloberflächen auch mit interner Linse Phasenflächen des Gaußstrahls sind.

Linsenresonatoren können im äquivalenten g-Diagramm, in dem die äquivalenten g-Parameter g_i^* aufgetragen sind, als Punkte dargestellt werden (Bild 3.99). Ohne Linse befindet sich der Resonator im Punkt (g_1, g_2), mit wachsender Brechkraft der Linse wandert er auf einer Geraden durch das g-Diagramm. Linsenresonatoren sind stabil, wenn die Bedingung $0 < g_1^* g_2^* < 1$ erfüllt ist.

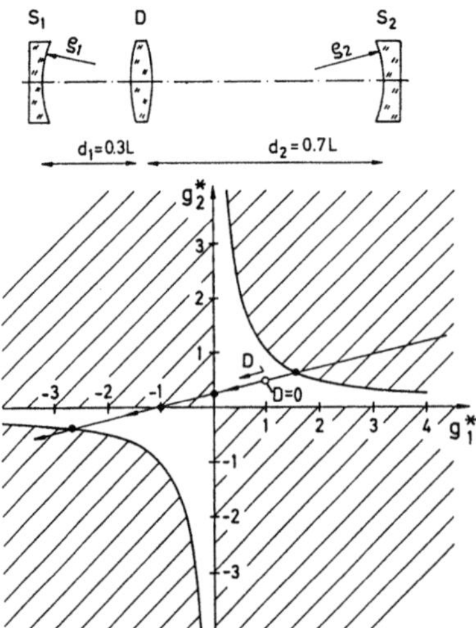

Bild 3.99 Äquivalentes g-Diagramm von Linsenresonatoren.

Im stabilen Bereich erhält man den Gaußstrahlradius auf Spiegel i des Linsenresonators aus (3.4) zu

$$w_{00}(i) = \frac{\lambda\,L^*}{\pi}\sqrt{\frac{g_j^*}{g_i^*(1-g_1^*g_2^*)}} \qquad i,j=1,2 \quad i\neq j \qquad (3.92)$$

Beispiel:

Semikonfokaler Resonator, $\rho_1=\infty$m, $\rho_2=2$m, $L=1$m, $\lambda=500$nm

a) Ohne Linse erhält man $g_1=1$, $g_2=0{,}5$ und für die Gaußstrahlradien auf den Spiegeln mit (3.92): $w_{00}(1)=0{,}399$mm, $w_{00}(2)=0{,}564$mm

b) Einsetzen einer Linse mit Brennweite f=−2m an der Position $d_1=0{,}8$m liefert mit (3.90)/(3.91): $g_1^* = 1{,}1$ $g_2^* = 0{,}86$ $L^* = 1{,}08$m

Der Linsenresonator ist stabil, denn $g_1^*g_2^*=0{,}946<1$. Die Gaußstrahlradien auf den Spiegeln ergeben sich nun mit (3.92) zu:

$$w_{00}(1) = 0{,}809 \text{ mm} , \quad w_{00}(2) = 0{,}915 \text{ mm}$$

Vollkommen analog läßt sich auch der Fall mehrerer interner Linsen behandeln, indem man aus der Strahlmatrix für den Durchgang

$$M = \begin{pmatrix} A & B \\ C & D \end{pmatrix}$$

die g-Parameter $g_1^*=A$, $g_2^*=D$ und die Länge $L^*=B$ des äquivalenten Resonators berechnet. Ein häufig verwandter Linsenresonator mit zwei internen Linsen ist der Teleskop-Resonator [3.130] (Bild 3.100). Er enthält ein Teleskop mit Vergrößerung $M=|f_2/f_1|$ und Länge $\ell=f_1+f_2$, das den Gaußstrahlradius auf Spiegel 2 vergrößert und auf Spiegel 1 verkleinert. Für den äquivalenten Resonator gilt:

$$g_1^* = M - L^*/\rho_1, \qquad g_2^* = 1/M - L^*/\rho_2, \qquad L^* = \ell + d_1 M + d_2/M$$

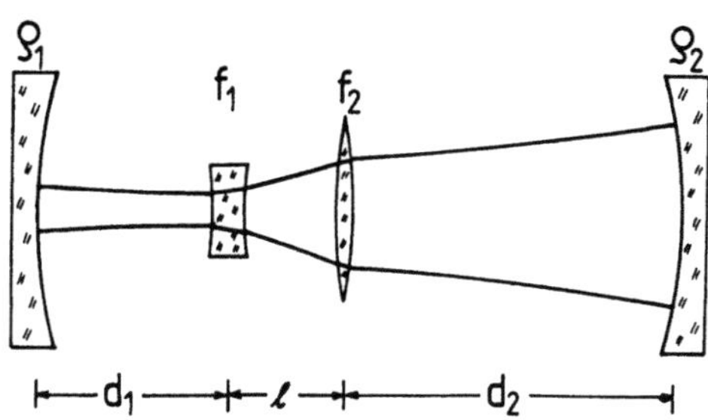

Bild 3.100 Teleskop-Resonator.

3.5 Resonatoren mit polarisierenden Elementen

Ein Resonator, der nur aus Spiegeln besteht ist bzgl. der Polarisation entartet, d.h. alle Schwingungsrichtungen sind bei der Laseremission gleichberechtigt. Ein solcher Laserresonator wird deshalb unpolarisiertes Licht emittieren, d.h. der Polarisationsvektor schwankt statistisch mit einer Zeitkonstanten, die durch die Resonatorstörungen oder durch das aktive Medium gegeben ist.

Durch polarisierende Elemente im Resonator wird diese Entartung aufgehoben, und es existiert im allgemeinen nur eine definierte Polarisation auf den Resonatorspiegeln, die sich im Laserresonator nach einem Umlauf reproduzieren kann. Solche polarisierende Elemente sind z.B doppelbrechende Optiken, Verzögerungsplatten oder Polarisatoren, aber auch durch das aktive Medium selbst wird die Polarisation beeinflußt.

Die theoretische Behandlung der Polarisation und ihrer Änderung bei Durchgang durch optische Elemente mittels Jones-Matrizen wurde schon eingehend in Abschn.1.3 besprochen.

Im Laserresonator bestimmt die resultierende Jones-Matrix für den Umlauf die auftretende Polarisation. Nur die beiden Feldstärkevektoren E_1, E_2, bzw. Polarisationszustände, reproduzieren sich nach jedem Umlauf, die Eigenvektoren der resultierenden Jones-Matrix M_{Res} sind:

$$\mu_i \, E_i = M_{Res} \, E_i \tag{3.96}$$

Zu jedem der beiden Eigenvektoren E_i gehört der Eigenwert μ_i, dessen Betragsquadrat den Verlustfaktor V_i pro Umlauf für diese Polarisation angibt:

$$V = \mu_i \mu_i^* \tag{3.97}$$

Generell gilt, daß bei unterschiedlichen Verlustfaktoren V_i, nur diejenige Polarisation mit dem größten Verlustfaktor anschwingt.

Beispiele:

a) Resonator mit internem Polarisator in y-Richtung:

Die Jones-Matrix des Polarisators lautet

$$M_P = \begin{pmatrix} 0 & 0 \\ 0 & 1 \end{pmatrix}$$

die resultierende Jones-Matrix für den Umlauf ebenfalls. Eigenvektoren sind $E_1 = (0,1)$ und $E_2 = (1,0)$, d.h. parallel zu den Koordinatenachsen linear polarisiertes Licht, mit Verlustfaktoren $V_1=1$ und $V_2=0$. Wie zu erwarten, wird nur der parallel zur Durchlaßrichtung des Polarisators schwingende Vektor E_1 verlustfrei im Resonator umlaufen.

b) Resonator ohne polarisierende Elemente

In diesem Fall ist die Jones-Matrix durch die Einheitsmatrix gegeben. Beliebige Vektoren sind Eigenvektoren zum Eigenwert 1, entsprechend emittiert der Resonator unpolarisiertes Licht.

Im allgemeinen Fall lassen sich die Eigenwerte aus den Elementen der resultierenden Jones-Matrix

$$M_{Res} = \begin{pmatrix} m_{11} & m_{12} \\ m_{21} & m_{22} \end{pmatrix} \tag{3.98}$$

zu

$$\mu_{1,2} = \frac{m_{11}+m_{22}}{2} \pm \sqrt{\left(\frac{m_{11}+m_{22}}{2}\right)^2 - m_{11}m_{22}+m_{12}m_{21}} \tag{3.99}$$

berechnen.

Die zugehörigen Eigenvektoren ergeben sich für $m_{12}\neq 0$ zu

$$E_i = \begin{pmatrix} 1 \\ \dfrac{\mu_i - m_{11}}{m_{12}} \end{pmatrix} \tag{3.100}$$

Im folgenden sind einige Beispiele von Resonatoren mit polarisierenden Elementen aufgeführt, die für die Praxis von Bedeutung sind. In Abschn. 1.3 hatten wir schon ein erstes Beispiel eines solchen Resonators kennengelernt, den Resonator mit interner Brewsterplatte, der in der Einfallsebene der Brewsterplatte linear polarisiertes Licht emittiert. Dies ist eine häufig angewandte Methode um linear polarisiertes Laserlicht zu erzeugen. Bei Gas-Lasern werden dazu meist die Enden des Gasrohres unter dem Brewsterwinkel angeschrägt.

3.5.1 Twisted-Mode-Resonator

Dieser Resonator enthält einen Polarisator und zwei $\lambda/4$-Platten, deren schnelle Hauptachsen um 45° bzw. -45° zur Durchlaßrichtung des Polarisators gedreht sind [3.133] (Bild 3.101). Die resultierende Jones-Matrix für den Umlauf ergibt sich zu:

$$M_{Res} = M_p \ M_V(45°) \ M_V(-45°) \ M_V(-45°) \ M_V(45°) \ M_p = \begin{pmatrix} 0 & 0 \\ 0 & 1 \end{pmatrix}$$

In y-Richtung linear polarisiertes Licht durchläuft den Resonator verlustfrei und reproduziert sich nach jedem Umlauf.

Startend von Spiegel 1 ist das Licht hinter der ersten $\lambda/4$-Platte rechtszirkular polarisiert, auf Spiegel 2 wieder parallel zur y-Achse linear und beim Rücklauf zwischen den $\lambda/4$-Platten links-zirkular polarisiert. Aufgrund der unterschiedlichen Zirkularität der im Medium hin- und herlaufenden Wellen, können sich keine stehenden Wellen ausbilden. Die mittlere Intensität ist konstant über der Länge des Mediums, so daß keine örtlichen Holeburning-Effekte (siehe Abschn.4.2) auftreten können. Diese sogenannte Twisted-Mode-Technik (gedrehter Mode) wird verwandt, um eine stabile zeitliche Emission zu erhalten.

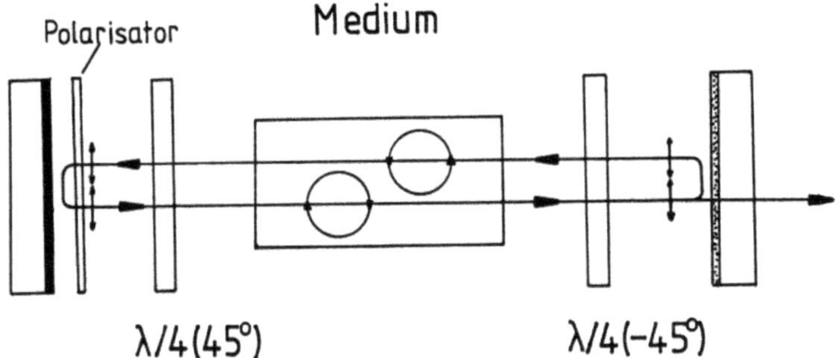

Bild 3.101 Zwischen zwei gekreuzten $\lambda/4$-Platten, deren Hauptachsen um +45° -45° zur Durchlaßrichtung des Polarisators gedreht sind, breiten sich in beide Richtungen zirkular polarisierte Wellen aus. Auf beiden Spiegeln ist das Licht linear in y-Richung polarisiert.

3.5.2 Resonator mit variabler Auskopplung

Benutzt man im vorigen Beispiel nur eine $\lambda/4$-Platte, so wird in y-Richtung linear polarisiertes Licht nach dem Umlauf in x-Richtung polarisiert sein und deshalb vollständig durch den Polarisator aus dem Resonator herausreflektiert. Je nach Drehwinkel der $\lambda/4$-Platte ist der Verlustfaktor des Resonators verschieden und ändert sich kontinuierlich zwischen 1 (keine Auskopplung) für 0, 90, 180 und 270 Grad und 0 (maximale Auskopplung) für 45, 135, 225 und 315 Grad. Drehung der $\lambda/4$-Platte ermöglicht so die Variation des Auskoppelgrades. Betrachten wir im folgenden den allgemeineren Fall, daß die Verzögerungsplatte einen beliebigen Phasenunterschied δ zwischen den Hauptachsen erzeugt (Bild 3.102).

Die resultierende Jones-Matrix ergibt sich zu

$$M_{Res} = M_p \, M_V(\alpha) \, M_V(\alpha) \, M_p$$

$$= \begin{pmatrix} 0 & 0 \\ 0 & [\cos\alpha\sin\alpha(1-e^{i\delta})]^2 + [\sin^2\!\alpha + e^{i\delta}\cos^2\!\alpha \,]^2 \end{pmatrix} \qquad (3.104)$$

Der Verlustfaktor pro Umlauf ergibt sich somit zu

$$V = 1 - (\sin\delta\sin2\alpha)^2 = 1 - R \qquad (3.105)$$

mit R: Reflexionsgrad des Polarisators.

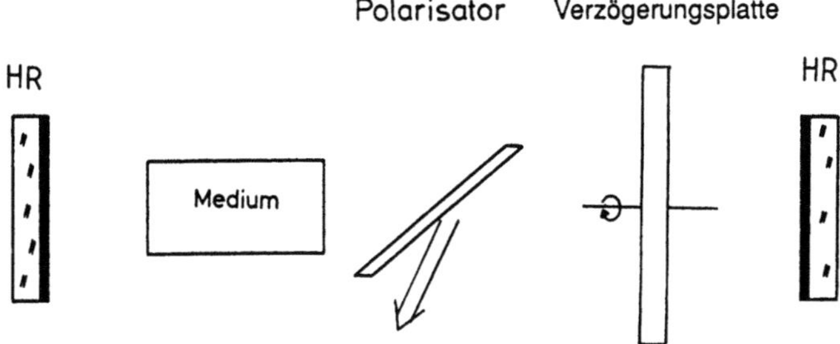

Bild 3.102 Resonator mit internem Polarisator und drehbarer Verzögerungsplatte mit Phasenschub δ. Der Polarisator reflektiert die senkrecht zur Durchlaßrichtung schwingenden Anteile heraus. Die Resonatorspiegel sind hochreflektierend. Der Drehwinkel der Verzögerungsplatte bestimmt den Auskoppelgrad.

Bild 3.103 zeigt den gemessenen und mit (3.105) berechneten Verlauf des Verlustfaktors pro Umlauf für eine Verzögerungsplatte mit $\delta=73°$ in Abhängigkeit des Drehwinkels α, sowie gemessene Ausgangsenergien für verschiedene Pumpenergien. Der Vorteil der Auskopplung über die Polarisation ist, daß unabhängig von der Pumpleistung immer der optimale Auskoppelgrad eingestellt werden kann, bei der die Ausgangsleistung ihr Maximum annimmt. Bei der herkömmlichen Auskopplung über die Spiegeltransmission ist dies nur für eine feste Pumpleistung erfüllt (siehe dazu Abschn. 4.3).

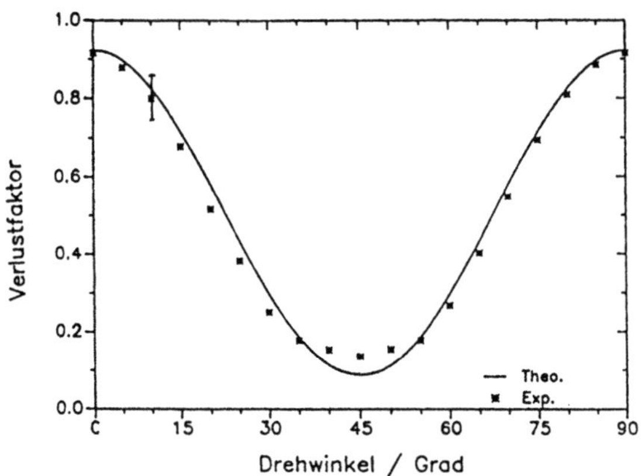

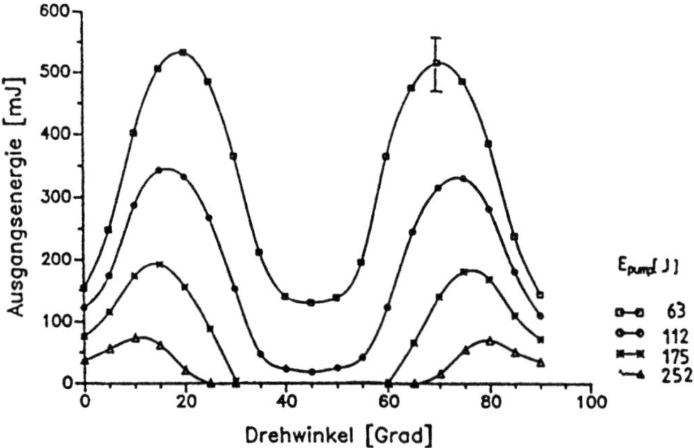

Bild 3.103 Gemessener und berechneter Verlauf des Verlustfaktors sowie der Ausgangsenergie eines Nd:YAG-Lasers in Abhängigkeit des Drehwinkels der Verzögerungsplatte ($\delta=73°$). (Nd:YAG-Laser $3\times1/4$-Zoll Stab, Anregungswirkungsgrad: 0,005, Einzelschußbetrieb). Parameter der Energiekurven ist die Pumpenergie.

5.3.3 Pockelszellen-Resonator

Anstatt eine Verzögerungsplatte zu drehen, ist es auch möglich die an einer Pockelszelle anliegende elektrische Spannung zu ändern, um die Auskopplung zu verändern [3.134] (Bild 3.104). Eine Pockelszelle enthält einen nichtlinearen Kristall, an den eine Hochspannung U angelegt ist und hat den gleichen Effekt wie eine unter 45° gedrehte Verzögerungsplatte mit Phasenverschiebung δ. Die Phasenverschiebung ist proportional zur angelegten Spannung U:

$$\delta = \frac{U}{U_{\lambda/4}} \; \frac{\pi}{2} \tag{3.106}$$

Die $\lambda/4$-Spannung $U_{\lambda/4}$ ist eine charakteristische Größe der Pockelszelle und liegt im Bereich einiger Kilovolt. Die resultierende Jones-Matrix des Resonators, startend am Polarisator, ergibt sich zu

$$M_{Res} = M_p \; M_V(45°) \; M_V(45°) \; M_p$$

$$= \begin{bmatrix} 0 & 0 \\ 0 & cos\delta \end{bmatrix} \tag{3.107}$$

Damit erhält man den Verlustfaktor pro Umlauf $V = cos^2(\pi/2 \; U/U_{\lambda/4})$, d.h der Reflexionsgrad des Polarisators ist gegeben durch

$$R = 1 - V = sin^2\left[\frac{\pi \; U}{2U_{\lambda/4}}\right] \tag{3.108}$$

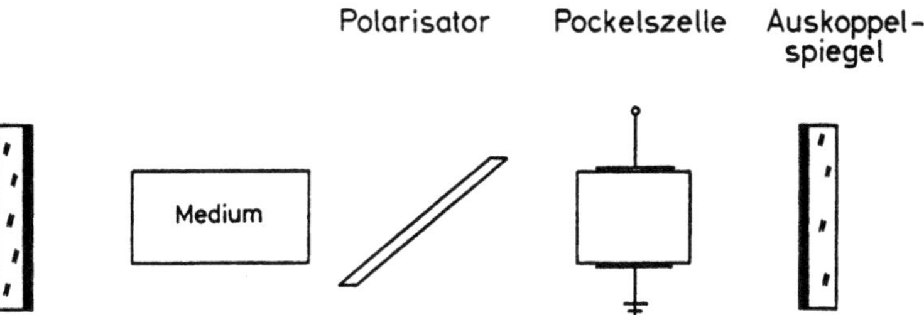

Bild 3.104 Pockelszellen-Resonator. Die Pockelszelle wirkt wie eine um 45° gedrehte Verzögerungsplatte deren Phasenschiebung δ mit der angelegten Spannung variiert werden kann.

Wie genau diese sin²-Abhängigkeit des Reflexionsgrades von der Spannung in der Praxis erreicht wird, hängt entscheidend von dem Polarisationsgrad P des Polarisators ab (siehe Abschn. 1.3.2). Je geringer der Polarisationsgrad, desto breiter wird der Spannungsbereich, über dem der Reflexionsgrad des Polarisators konstant bleibt (Bild. 3.105).

Eine weit verbreitete Anwendung des Pockelszellen-Resonators ist die Erzeugung kurzer Lichtimpulse im ns-Bereich. Der Polarisator soll dabei Verluste im Resonator erzeugen, die durch die Pockelszelle schlagartig verringert werden. Auskopplung erfolgt in herkömmlicher Weise durch einen der beiden Resonatorspiegel (Bild 3.106). Mit anliegender λ/4-Spannung dreht die Pockelszelle nach zweimaligem Durchgang das linear polarisierte Licht um 90°, so daß die gesamte Lichtleistung vom Polarisator herausreflektiert wird. Schlagartiges Absetzen der Spannung (Schaltzeiten im ns-Bereich) senkt die Reflexion des Polarisator auf null, wodurch der Laser anfängt zu oszillieren und die hohe Inversion, die sich angesammelt hat, in einem kurzen Lichtpuls abgeräumt wird. Dieses Verfahren zur Erzeugung kurzer Lichtpulse wird als Güteschalten bezeichnet, da die Resonatorgüte Q schlagartig erhöht wird. Der Pockelszellen-Resonator ist aber nur ein möglicher Aufbau, wenn auch der am weitesten verbreitete, um dieses Güteschalten (engl.: Q-switching) technisch zu realisieren. Verwendet werden auch passive Schalter (ausbleichbares Medium mit intensitätsabhängiger Transmission), rotierende Prismen als Resonatorspiegel, sowie Bragg-Reflektoren (akkusto-optische Modulatoren).

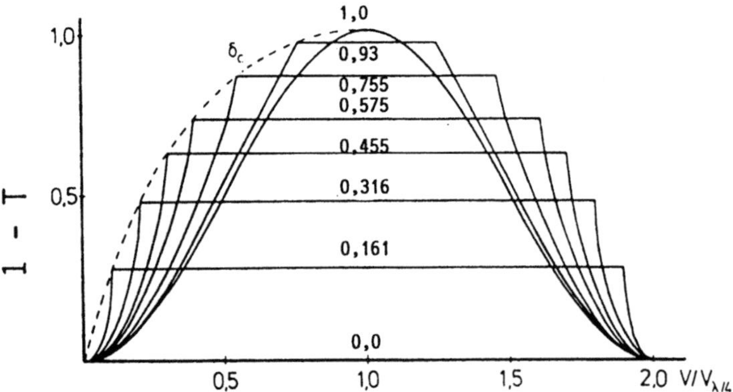

Bild 3.104 Reflexionsgrad $R=1-T$ des Polarisators in Abhängigkeit der anliegenden Pockelszellenspannnung. Parameter ist der Polarisationsgrad des Polarisators [3.134].

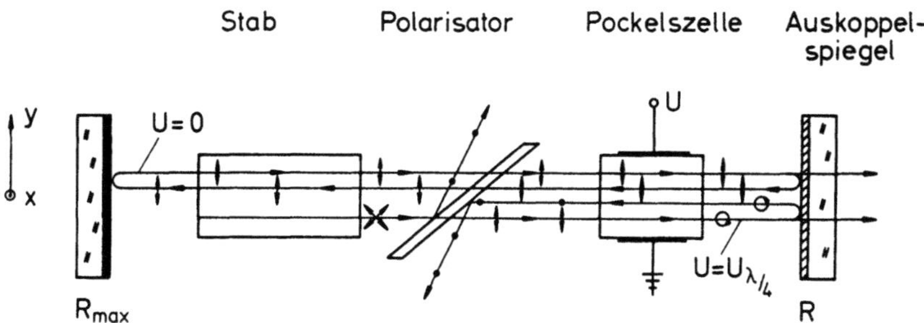

Bild 3.106 Pockelszellen-Resonator zum Güteschalten. Bei angelegter λ/4-Spannung sperrt der Polarisator das rücklaufende Licht. Erst nach Absetzen der Spannung kann die Inversion durch induzierte Emission abgebaut werden. Resultat ist ein kurzer intensiver Lichtpuls mit typischerweise einigen 10 ns Breite.

3.5.4 Resonator mit radial-doppelbrechendem Element

Ein radial doppelbrechendes Element besitzt genau wie eine Verzögerungsplatte zwei senkrecht aufeinander stehende Achsen mit unterschiedlichen Brechungsindizes n_1 und n_2, wobei jedoch die Dicke des Elements, und damit der Phasenschub δ, im Gegensatz zu einer normalen Verzögerungsplatte, vom Radius abhängt [3.135] (Bild 3.107). In Richtung der Hauptachse i polarisiertes Licht erfährt beim Durchgang die radial-abhängige Phasenverschiebung

$$\delta_i(r) = \frac{2\pi}{\lambda}\, n_i \left(d_0 + \frac{r^2}{2\rho}\right) \quad , \quad i=1,2 \tag{3.109}$$

Die Jones-Matrix ergibt sich, falls die langsamere Achse mit der y-Achse des Koordinatensystems zusammenfällt, zu

$$M_{RD} = \begin{pmatrix} 1 & 0 \\ 0 & exp(i\delta(r)) \end{pmatrix} \tag{3.110}$$

mit $\quad \delta(r) = \delta_2(r) - \delta_1(r) \tag{3.111}$

Die Jones-Matrix entspricht also der einer Verzögerungsplatte, wobei jedoch die relative Phasenverschiebung δ noch vom Radius abhängt.

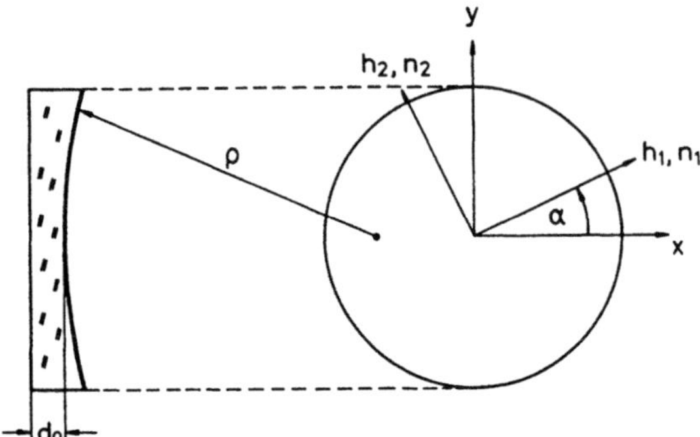

Bild 3.107 Radial-doppelbrechendes Element. Längs der Hauptsachsen h_i linear polarisiertes Licht erfährt unterschiedliche Brechungsindizes n_i. Die Dicke des Elements ändert sich mit dem Radius, wodurch die relative Phasenverschiebung vom Abstand zur optischen Achse abhängt.

Ersetzt man im Resonatoraufbau zur variablen Auskopplung (Abschn.3.5.2) die Verzögerungsplatte durch das radial doppelbrechende Element (Bild 3.108), so wird nun der Verlustfaktor V bzw. der Reflexionsgrad des Polarisators R radial abhängig:

$$V(r) = 1 - \left[sin(\delta(r))sin(2\alpha)\right]^2 = 1 - R(r) \qquad (3.112)$$

Das doppelbrechende Element erzeugt eine radial abhängige Auskopplung [3.135].

Je nach Wahl des Drehwinkels α ist es möglich, verschiedene Verlustfaktorprofile $V(r)$ zu erzeugen. Die Anordnung Polarisator-doppelbrechende Linse-Spiegel wirkt wie ein Auskoppelspiegel mit radial abhängigem Reflexionsprofil $R=V(r)$.

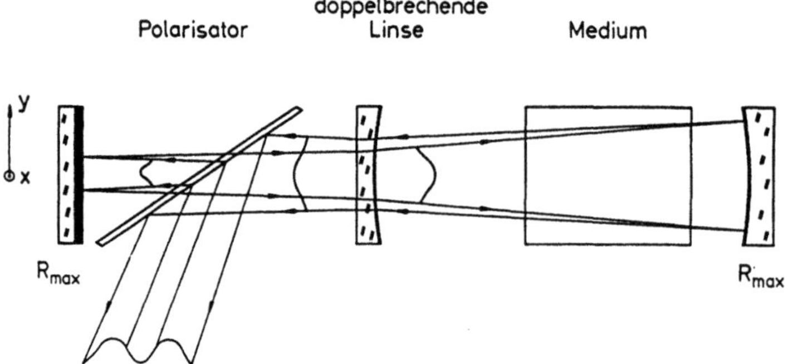

Bild 3.108 Resonator mit doppelbrechendem Element. Die radial abhängige Phasenverschiebung erzeugt einen radial abhängigen Auskoppelgrad $R(r)$.

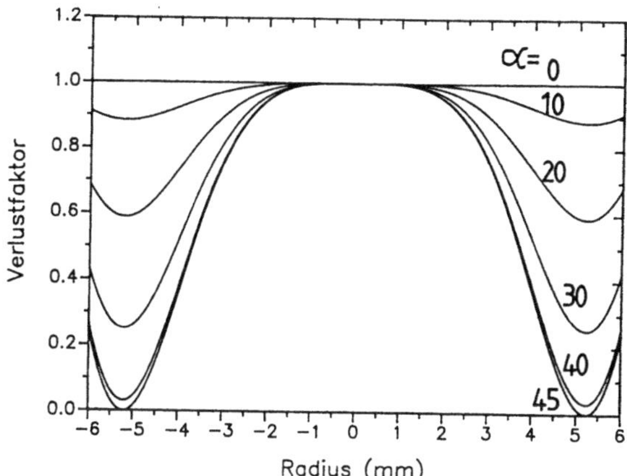

Bild 3.109 Mit (3.124) berechnete Verlustfaktorprofile $V(r)$ für eine Quarzlinse ($\Delta n=9,2\cdot10^{-3}$, $\rho=1$m) und Licht der Wellenlänge $\lambda=500$ nm für verschiedene Drehwinkel α. Das System simuliert einen Auskoppelspiegel mit dem Reflexionsprofil $V(r)$.

Nach (3.112) berechnete Verlustfaktorprofile für unterschiedliche Drehwinkel α zeigt Bild 3.109. In diesem Fall wurde die Dicke der Linse d_0 derart gewählt, daß der Verlustfaktor für $r=0$ eins ist ($\Delta n\cdot d_0=k\lambda$, $k\in$N). Je nach Dicke d_0 lassen sich aber auch beliebige Verlustfaktoren $V(0)$ erzeugen. Die dazu nötige genaue Einhaltung der Dicke auf 10μm erfordert jedoch einen hohen Herstellungsaufwand.

Die Anwendung dieser Resonatoranordnung liegt vor allen Dingen in der Simulation einer "weichen" Reflexionskante von Auskoppelspiegeln für instabile Resonatoren (siehe Abschn.5.2) [3.135,3.136].

3.5.5. Resonator mit azimutal-doppelbrechendem Element

Azimutal doppelbrechende Elemente besitzen unterschiedliche Brechungsindizes für radial- und azimutal-polarisiertes Licht (Bild 3.110). Tritt z.B. in y-Richtung linear polarisiertes Licht in ein solches Element, so besitzt der Feldvektor, je nach Azimutwinkel θ unterschiedlich große Komponenten in r- und θ-Richtung. Nach Durchgang durch das Element hängt der Polarisationszustand deshalb vom Azimutwinkel θ ab. Azimutale Doppelbrechung tritt bei gepumpten Festkörper-Laser-Medien auf [3.2].

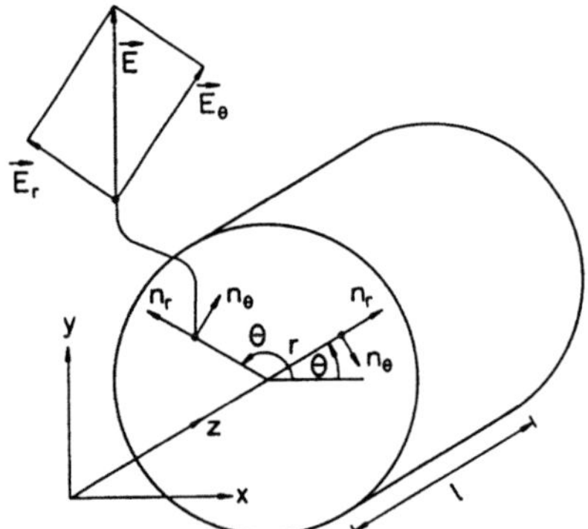

Bild 3.110 Azimutal-doppelbrechendes Element. Radial- und azimutal-polarisiertes Licht erfahren unterschiedliche Brechungsindizes. Einfallendes, z.B. in y-Richtung, linear polarisiertes Licht besitzt je nach Azimutwinkel θ eine unterschiedliche Polarisation nach dem Durchgang.

Bezeichnet $\delta = [2\pi/\lambda (n_r - n_\theta)]\, l$ die relative Phasenschiebung zwischen r- und θ-Komponente des Feldstärkevektors, so ergibt sich die Jones-Matrix für einen Durchgang durch das azimutal-doppelbrechende Element zu

$$
M_{AD} = \begin{pmatrix}
e^{i\delta}\cos^2\theta + \sin^2\theta & (e^{i\delta} - 1)\cos\theta\sin\theta \\
(e^{i\delta} - 1)\cos\theta\sin\theta & e^{i\delta}\sin^2\theta + \cos^2\theta
\end{pmatrix}
\tag{3.113}
$$

Die Elemente der Jones-Matrix hängen von dem Azimutwinkel θ ab, und dementsprechend auch der Verlustfaktor, wenn das Element in einem Resonator mit Polarisator untergebracht ist (Bild 3.111). Aufgrund der Rotationssymmetrie, gibt es keine Vorzugsrichtung des doppelbrechenden Elements, d.h. Drehung des Elements bewirkt keine Änderung der Jones-Matrix.

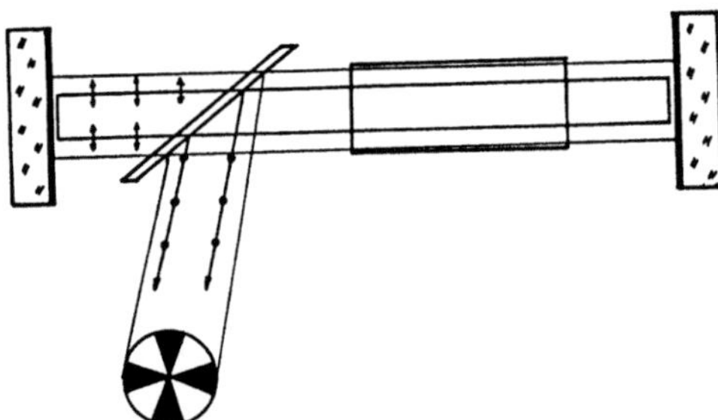

Bild 3.111 Resonator mit Polarisator und azimutal doppelbrechendem Element. Der Reflexionsgrad (Auskopplung) des Polarisators wird azimutal abhängig.

Der Verlustfaktor für einen Resonatorumlauf ergibt sich zu [3.2]

$$V(\theta) = 1 - (sin\delta \, sin2\theta)^2 = 1 - R \qquad (3.114)$$

Die Auskopplung ist besonders hoch (geringer Verlustfaktor) für die Winkel θ=45, 135, 225 und 315 Grad, wodurch der ausgekoppelte Strahl die Form eines um 45° gedrehten Kreuzes besitzt.

Der Gesamtverlust R der durch den Polarisator pro Umlauf im Resonator entsteht, ergibt sich durch Integration über den Azimutwinkel θ zu

$$R = \frac{1}{2} \, sin^2\delta \qquad (3.115)$$

Bei Festkörper-Lasern hängt der Phasenschub δ von der Pumpleistung ab, wodurch der Verlust am Polarisator mit steigender Pumpleistung steigt. Zusätzlich existiert noch eine Abhängigkeit der Phasenschub vom Radius r. Festkörper-Laser-Kristalle sind deshalb in Wirklichkeit azimutal- und radial-doppelbrechende Elemente, wodurch der ausgekoppelte Strahl noch zusätzlich zur azimutalen Struktur eine radiale Ringstruktur erhält. Die Anzahl der Ringe wächst dabei mit steigender Pumpleistung (Bild 3.112).

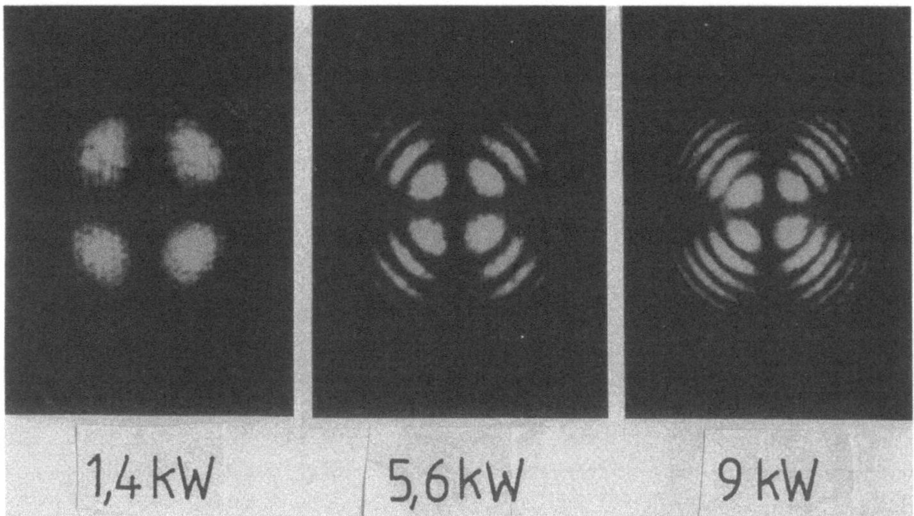

Bild 3.112 Fotografierte Intensitätsverteilungen eines aufgeweiteten HeNe-Strahls nach Durchgang durch einen gepumpten Nd:YAG-Stab mit Durchmesser 10mm, der zwischen zwei gekreuzte Polarisatoren positioniert ist. Parameter ist die elektrische Pumpleistung. Die Änderung des Polarisationszustandes hängt vom Radius und vom Azimutwinkel ab.[Q.21]

Auch hier wird die Doppelbrechung durch die Jones-Matrix (3.113) beschrieben, wobei jedoch der Phasenschub δ vom Radius r abhängt:

$$\delta(r) = -\frac{\pi}{\lambda}(D_r - D_\theta)\, r^2 = -\frac{\pi}{\lambda}\,\Delta D\, r^2$$

mit $\quad D_r$: Brechkraft für radial polarisiertes Licht
$\quad\quad D_\theta$: Brechkraft für azimutal polarisiertes Licht

Typische Werte der Brechkrafte für Nd:YAG-Stäbe mit 10 cm Durchmesser
liegen bei $D_r=0{,}3$ m^{-1} pro kW Pumpleistung und $D_\theta=0{,}255$ m^{-1} pro kW
Pumpleistung.

Der Gesamtverlust pro Umlauf des Resonators ergibt sich durch Integration des Reflexionsgrades R nach (3.114) über den Radius r und den Azimutwinkel θ (Bild 3.113):

$$R = \int_{0}^{2\pi}\int_{0}^{b} (sin\delta \, sin 2\theta)^2\, r\, dr\, d\theta = \frac{1}{4}\left[1 - \frac{sin\, x}{x}\right] \qquad (3.116)$$

mit $\quad x = 2\pi\,\Delta D\, b^2/\lambda$, $\quad\quad b$: Stabradius

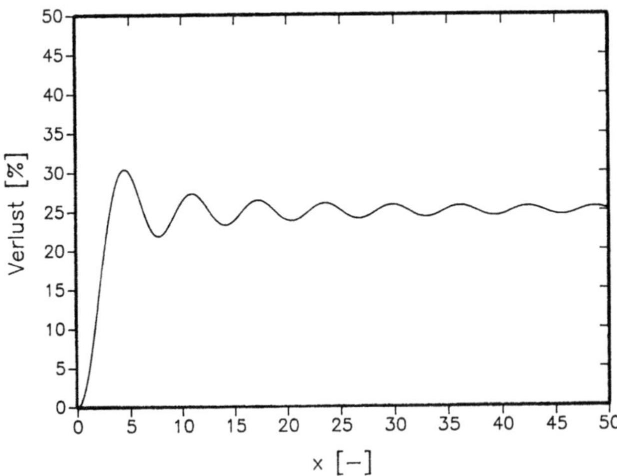

Bild 3.113 Mit (3.116) berechneter Verlust pro Umlauf von Resonatoren
mit radial-azimutal-doppelbrechendem aktiven Medium und resonator-
internem Polarisator. Der Verlust entsteht durch Auskopplung am Polarisator.

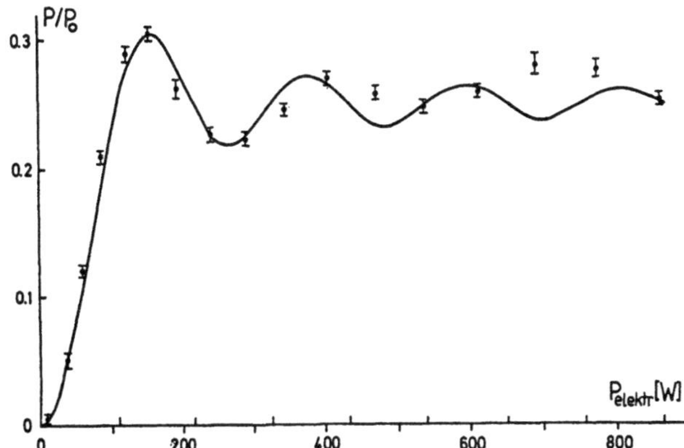

Bild 3.114 Gemessene und mit (3.117) berechnete Abhängigkeit der transmittierten Leistung P eines Nd:Glas-Laserstrahls, der einen gepumpten Nd:Glas-Stab zwischen gekreuzten Polarisatoren passiert hat, in Abhängigkeit der mittleren Pumpleistung des Glasstabs. Die Leistung P ist auf den Wert P_0 bei paralleler Polarisatorstellung normiert [Q.2].

Bemerkenswert ist, daß im Grenzfall sehr hoher Pumpleistungen (d.h. x sehr groß) ein konstanter Verlust von 25% pro Umlauf durch die Auskopplung am Polarisator entsteht. Dies entspricht aber durchaus der Realität, wie ein experimentelles Beispiel zur Messung der Verluste bei der Doppelbrechung in Bild 3.114 zeigt. Hier wurde ein unpolarisierter Laserstrahl eines Nd:Glas-Lasers durch ein Nd:Glas-Stab geschickt, der zwischen zwei gekreuzte Polarisatoren stand und die transmittierte Leistung als Funktion der elektrischen Pumpleistung des Glas-Stabes gemessen. Mit Hilfe der Jones-Matrix für den Durchgang durch das System Polarisator-Stab-Polarisator erhält man für die transmittierte Leistung P:

$$\frac{P}{P_0} = \frac{1}{4}\left[1 - \frac{sin(x/2)}{x/2} \right] \tag{3.117}$$

mit $\quad x = 2\pi\,\Delta D\,b^2/\lambda$
$\quad\quad b$: Stabradius
$\quad\quad P_0$: transmittierte Leistung bei paralleler Polarisatorstellung

Dieses Experiment liefert also eine direkte Bestätigung der Formel (3.116), da die normierte transmittierte Leistung dem Verlust am Polarisator in Bild 3.111 entspricht. Der unterschiedliche Term $x/2$ entsteht dadurch, daß nur ein Durchgang durch den Stab betrachtet wird, in (3.116) wurde dagegen der Verlust pro Umlauf berechnet.

Die Behandlung des azimutalen und radialen Doppelbrechung ist wichtig, um den Einfluß des Mediums z.B. im Pockelszellen-Resonator bei Festkörper-Lasern abschätzen zu können. Erzeugung linear polarisierten Lichtes mit Festkörper-Laserstäben erfordert, falls man keine so hohen Verluste wie in Bild 3.113 zulassen will, die Kompensation der Doppelbrechung. Die Grundidee dazu ist, die Schwingungsrichtung des Lichts in jedem Punkt vor dem zweiten Durchgang durch das Medium um 90° zu drehen. Bei zwei Stäben im Resonator läßt sich dies durch einen Quarz-Rotator zwischen den Stäben bewerkstelligen (Bild 3.115a) [3.2]. Der Quarz-Rotator vertauscht die r- und θ-Komponente der Feldstärke, so daß bei Durchgang durch beide Stäbe beide Polarisationen die gleiche Phasenverschiebung erfahren haben. In Resonatoren mit einem Stab muß die Drehung der Polarisation um 90° mit einem Faraday-Rotator (mit Drehwinkel $\beta=45°$) erfolgen (Bild 3.115b). Nach Umlauf im Resonator ist linear polarisiertes Licht wieder linear polarisiert, jedoch mit um 90° gedrehter Schwingungsrichtung. Durch Rückkopplung des am Polarisator nun vollständig reflektierten Lichtes in den Resonator mittels des Spiegels S_3 wird der ursprüngliche linear polarisierte Zustand nach vier Durchgängen durch den Stab wieder erreicht.

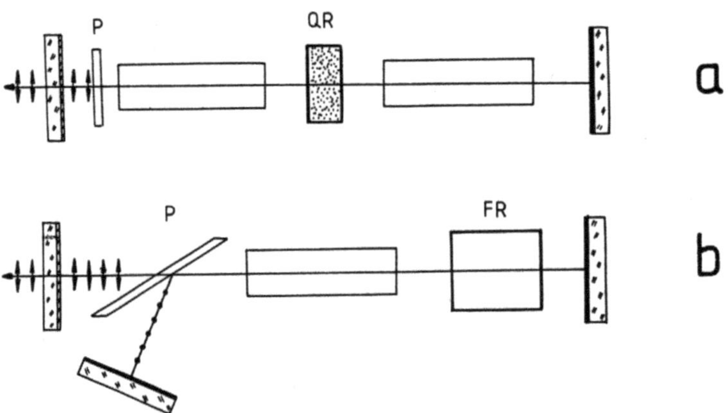

Bild 3.115 Resonatoren zur Erzeugung linear polarisierten Lichtes durch Kompensation der Doppelbrechung mittels Quarz-Rotator mit Drehwinkel 90° (a) und Faraday-Rotator mit Drehwinkel 45° (b).

4 Aktive Resonatoren

Bisher sind alle Einflüsse des aktiven Mediums vernachlässigt und die stationären Feldverteilungen im leeren Resonator diskutiert worden. Das aktive Medium wirkt aber durch zwei Effekte auf das im Resonator umlaufende Licht ein: die Intensität des Lichts wird bei jedem Durchgang durch das Medium verstärkt, wobei der Verstärkungsfaktor von der Lichtintensität abhängt, und die Ausbreitungsrichtung des Lichts wird durch die optischen Eigenschaften des Lasermaterials geändert. Modenstrukturen und Verluste unterscheiden sich deshalb von denen des passiven Resonators. Mit wachsender Verstärkung, d.h. mit wachsender Pumpleistung werden diese Unterschiede immer signifikanter, im Grenzfall extrem kleiner Pumpleistungen stimmen die Eigenschaften mit denen des passiven Resonators überein. Die ausführliche Diskussion der passiven Resonatoren bildet deshalb den idealen Ausgangspunkt, um die Änderungen die durch das aktive Medium verursacht werden zu verstehen. In diesem Kapitel werden neben den Einflüßen des Mediums auch die Abhängigkeit der Laserausgangsleistung von den Resonatorparametern, wie z.B. g-Parameter, Reflexionsgrad und Verluste behandelt, sowie Konsequenzen daraus für den optimalen Betrieb von Resonatoren gezogen.

4.1 Effektive Länge eines Resonators

Auch wenn das Medium keine Verstärkung aufweist, ergeben sich Änderungen des resonatorinternen Strahlverlaufs gegenüber dem im passiven Resonator. Beim Durchgang durch das Medium wird der Strahl an beiden Endflächen gebrochen, wodurch sich die ursprüngliche Strahlrichtung ändert.

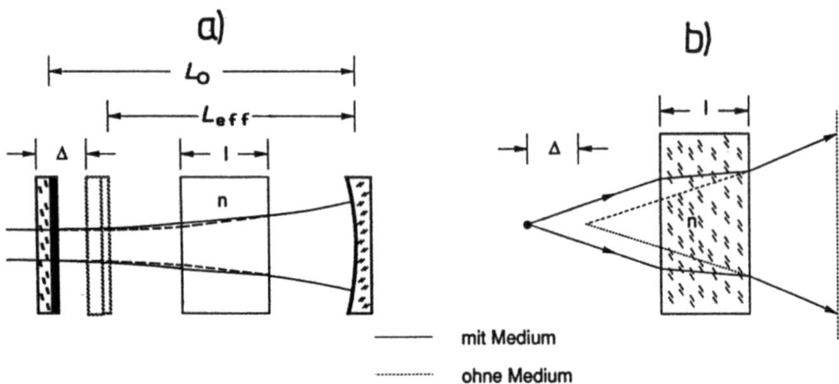

Bild 4.1 Das aktive Medium verkürzt den Resonator. Die Gaußstrahlradien auf den Spiegeln sind die gleichen wie im um Δ verkürzten passiven Resonator. Die Grund für die Verkürzung wird klar, wenn man den Durchgang einer Kugelwelle betrachtet (rechts).

Der Ursprung einer Kugelwelle, die durch ein Medium der Länge l und Brechungsindex n läuft erscheint um den Betrag (siehe Abschn.1.2.5)

$$\Delta = (n-1)/n \; l \tag{4.1}$$

näher an das aktive Medium zu rücken (Bild 4.1) Der geometrische Abstand wird deshalb scheinbar um die Strecke Δ verkürzt. Der Gaußstrahl in einem aktiven Resonator mit geometrischer Länge L_o besitzt deshalb dieselben Gaußstrahlradien auf den Spiegeln wie der passive Resonator mit der effektiven Länge $L_{eff} = L_o - \Delta$ (Bild 4.1). Bei der Berechnung der Gaußstrahlradien auf den Spiegeln muß deshalb immer die effektive Länge L_{eff} benutzt werden, in den Resonanzbedingungen (3.7)/(3.8) dagegen stets die optische Länge $L = L_o + (n-1)l$

Die Verkürzung des Resonators spielt natürlich nur eine Rolle, wenn der Brechungsindex merklich höher als eins ist, d.h. bei Festkörper- ($n=1,5-2$) und Halbleiter-Lasern ($n \approx 3$).

Beispiel: Nd-Glas-Stab, $l=15$cm, $n=1,5$ ⟶ $\Delta = 5$ cm

4.2 Wechselwirkung Licht – aktives Medium

4.2.1 Verstärkung und Wirkungsgrade

Das aktive Medium hat natürlich nicht nur durch seinen Brechungsindex und die geometrischen Abmessungen Einfluß auf das Strahlungsfeld. Vielmehr wird die Lichtintensität bei jedem Durchgang sowohl durch Streuung und Absorption geschwächt als auch durch die aufgebaute Inversion verstärkt. Der Verlust beim Durchgang durch ein Medium wird durch den Verlustkoeffizienten α_0 erfaßt. Für den Verlustfaktor V_S pro Durchgang durch ein Medium der Länge ℓ gilt:

$$V_S = exp(-\alpha_0 \ell) \tag{4.2}$$

Der Verlustfaktor gibt den Anteil der eingestrahlten Intensität an, der nach dem Durchgang noch vorhanden ist, der Verlustkoeffizient gibt also näherungsweise den Verlust an, der pro Länge entsteht. Verlustkoeffizienten von Festkörper-Laser-Medien liegen um 0,4% pro cm Länge, können aber je nach Herstellungsgüte der Materialien und Temperatur des Mediums (Absorption vom unteren Laserniveau) beträchtlich höher liegen (2% pro cm). Bei Gas-Lasern sind die internen Verluste wesentlich geringer.

Ganz analog ist der Verstärkungsfaktor G, mit dem die Intensität des Lichts beim Durchgang erhöht wird, durch den Verstärkungskoeffizienten g bestimmt:

$$G = exp(g\ell) \tag{4.3}$$

Der Verstärkungskoeffizient hängt von der Pumpleistung und der Lichtintensität I ab. Man kann diese beiden Abhängigkeiten in der Form

$$g = \frac{g_0}{(1 + I/I_S)^x} \qquad I_S\text{: Sättigungsintensität} \tag{4.4}$$

darstellen, wobei bei homogener Linienverbreiterung (Kristalle) x gleich 1 und bei inhomogener (Gase bei geringem Druck) x gleich 0,5 ist. Der Unterschied zwischen homogener und inhomogener Linienverbreiterung wird etwas später genauer erklärt. Der Kleinsignal-Verstärkungskoeffizient g_0 bestimmt wie Licht verstärkt wird, dessen Intensität I sehr viel geringer als die Sättigungsintensität I_S ist, und gibt somit den pumpleistungsabhängigen Anteil der Verstärkung wieder. Die Sättigungsintensität ist eine Materialkonstante und verknüpft die Lebensdauer τ des oberen Laserni-

222

veaus, den Wirkungsquerschnitt der induzierten Emission σ und die Laserphotonenenergie $h\nu$:

$$I_S = h\nu/(\sigma\tau)\qquad(4.5)$$

Zahlenwerte zu der Sättigungsintensität und den übrigen atomaren Größen können aus Tabelle 4.1 entnommen werden.

Der Verstärkungsfaktor G wird mit zunehmender Intensität des Lichts immer kleiner, d.h. er sättigt ab. Betrachtet man einen Umlauf im Resonator (Bild 4.2), so muß sich die Intensität im stationären Fall reproduzieren, d.h. es muß gelten

$$G\sqrt{R_1 R_2}\,V_S = 1\qquad(4.6)$$

Diese Stationaritätsbedingung wird im Laser gerade durch die Sättigung der Verstärkung erreicht. Die mittlere Intensität im Resonator nimmt genau den Wert an, daß der Verstärkungsfaktor soweit abgesättigt ist, um die Stationaritätsbedingung (4.6) zu erfüllen. Für die stationäre mittlere Intensität gilt mit (4.6) und (4.4):

$$I = I_S\left(\left[\frac{g_0\ell}{|\,ln\sqrt{R_1 R_2}\,V_S|}\right]^{1/x} - 1\right)\qquad(4.7)$$

Um eine Aussage über die spektrale Intensitätsverteilung machen zu können, muß dabei die Frequenzabhängigkeit des Verstärkungsfaktors bzw. des Wirkungsquerschnitts σ berücksichtigt werden.

Die mittlere Intensität im Resonator, und damit natürlich auch die Ausgangsleistung, wird durch die Sättigungsintensität I_s und die Kleinsignalverstärkung $g_0\ell$ festgelegt. Die Kleinsignalverstärkung muß dabei die Schwellbedingung

$$g_0\ell \geq |\,ln\sqrt{R_1 R_2}\,V_S|\quad bzw.\quad G_0\sqrt{R_1 R_2}\,V_S \geq 1\qquad(4.8)$$

mit $G_0 = exp\,(g_0\ell)$: Kleinsignal-Verstärkungsfaktor, erfüllen. Nur dann kann im Resonator Laseremission auftreten. Die zentrale Größe um einen Laser zu beschreiben ist also die Kleinsignalverstärkung $g_0\ell$. Kennt man ihren Zusammenhang mit der Pumpleistung, dann ist über die Schwellbedingung (4.8) festgelegt, wie hoch die Pumpleistung sein muß, um die Laserschwelle zu erreichen, sowie über die Stationaritätsbedingung (4.6)/(4.7), welche Intensität sich im Resonator aufbauen wird, d.h. welche Ausgangsleistung zur Verfügung steht.

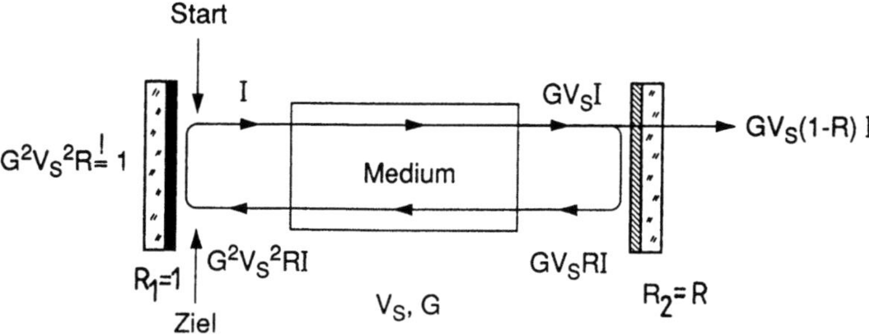

Bild 4.3 Verstärkung und Verluste der Intensität müssen sich im stationären Fall pro Umlauf kompensieren.

Tabelle 4.1 Laserwellenlängen, Wirkungsquerschnitte, Lebensdauern des oberen Laserniveaus und Sättigungsintensitäten einiger Lasermedien.

Lasermedium	$\lambda(\mu m)$	σ (cm²)	τ(s)	I_S(W/cm²)
CO_2	10,6	$1 \cdot 10^{-16}$	$1 \cdot 10^{-5}$	20
He–Ne	0,63	$3 \cdot 10^{-13}$	$1 \cdot 10^{-8}$	50
$Cr:Al_2O_3$	0,69	$2 \cdot 10^{-20}$	$3 \cdot 10^{-3}$	2400
Nd:YAG	1,06	$4 \cdot 10^{-19}$	$2,3 \cdot 10^{-4}$	2000
Nd:Glas	1,05	$4 \cdot 10^{-20}$	$3 \cdot 10^{-4}$	12000
Alexandrit	0,76	$5,5 \cdot 10^{-21}$	$2,6 \cdot 10^{-4}$	184000

Die Kleinsignalverstärkung ist direkt proportional der Leistung P_{0L}, die in das obere Laserniveau transferiert wird. Bei allen Lasern ist diese Leistung kleiner als die elektrische Pumpleistung P_{elektr}. Der Anregungswirkungsgrad η_{excit} gibt den Anteil der Pumpleistung an, der in Form von Inversion Δn in das Lasermedium mit Querschnitt F und Länge ℓ umgesetzt wird:

$$\eta_{excit} = \frac{P_{0L}}{P_{elektr}} \qquad \text{mit} \quad P_{0L} = \Delta n \, \frac{h\nu}{\tau} \, F \, \ell \qquad (4.9)$$

Je nach Lasermaterial und Anregungsmechanismus variieren die Anregungswirkungsgrade der unterschiedlichen Laser sehr stark. Die Werte reichen von 0,2% beim Ar^+-Laser über 4-8% bei blitzlampengepumpten

Festkörper-Lasern, 30% bei HF-angeregten CO_2-Lasern bis zu 70% bei Halbleiter-Lasern.

Der Zusammenhang zwischen der als Inversion vorhandenen Leistung P_{0L} und der Kleinsignalverstärkung $g_0\ell$ lautet

$$P_{0L} = g_0\ell \; F \; I_s \tag{4.10}$$

F : Querschnittsfläche des Mediums

Aus dem bekannten Anregungswirkungsgrad kann man somit den Zusammenhang zwischen Kleinsignalverstärkung und Pumpleistung bestimmen:

$$g_0\ell = \frac{\eta_{excit} \; P_{elektr}}{F \; I_S} \tag{4.11}$$

Beispiele:

1) Nd:YAG-Laser (kontinuierlich), Stabradius 5mm, η_{excit}=4%.
Mit (4.11) ergibt sich die Kleinsignalverstärkung zu 0,04 pro kW elektrische Pumpleistung. Um für R_1=1, R_2=0,9 und V_S=0,95 die Laserschwelle zu erreichen, benötigt man nach (4.8) die Kleinsignalverstärkung $g_0\ell$= 0,104. Die Schwellpumpleistung beträgt also 2,6 kW. Bei 10 kW Pumpleistung ist die mittlere Intensität im Resonator nach (4.7) etwa 2,85 mal die Sättigungsintensität, also rund 5,7 kW/cm^2.

2) CO_2-Laser (homogen verbreitert), Rohrdurchmesser 3cm, η_{excit}=25%
Kleinsignalverstärkung :   1,77 pro kW Pumpleistung
Schwellpumpleistung (R_1=1, R_2=0,5, V_S=0,98) : 207 W
Mittlere Intensität bei P_{elektr}= 5 kW   : 23 I_S = 460 W/cm^2

Da die invertierten Atome auch spontan emittieren und zusätzlich Verluste durch Streuung, Absorption und Beugung entstehen, kann nicht die gesamte im oberen Laserniveau vorhandene Leistung P_{0L} in Ausgangsleistung P_{out} des Laserstrahls umgesetzt werden. Der Wirkungsgrad, der die Effizienz dieser Umwandlung angibt, wird als Extraktionswirkungsgrad η_{extr} bezeichnet:

$$\eta_{extr} = \frac{P_{out}}{P_{0L}} \tag{4.12}$$

Der Extraktionswirkungsgrad hängt von der Kleinsignalverstärkung, den Spiegelreflexionsgraden und den resonatorinternen Verlusten ab und kann die theoretische Obergrenze 100% nur bei verlustfreien Resonatoren erreichen. In der Praxis liegt der Extraktionswirkungsgrad deshalb meist zwischen 30% und 70%, je nachdem wie hoch die Kleinsignalverstärkung und wie gering die Verluste sind.

Das Verhältnis von Laserausgangsleistung zu elektrischer Pumpleistung wird als totaler Wirkungsgrad η_{tot} des Lasers bezeichnet. Hierfür gelten die Beziehungen:

$$P_{out} = \eta_{tot}\, P_{elektr} \qquad (4.13)$$

$$\eta_{tot} = \eta_{excit}\, \eta_{extr} \qquad (4.14)$$

Bild 4.4 verdeutlicht den Zusammenhang zwischen den einzelnen Wirkungsgraden am Beispiel eines Festkörper-Lasers.

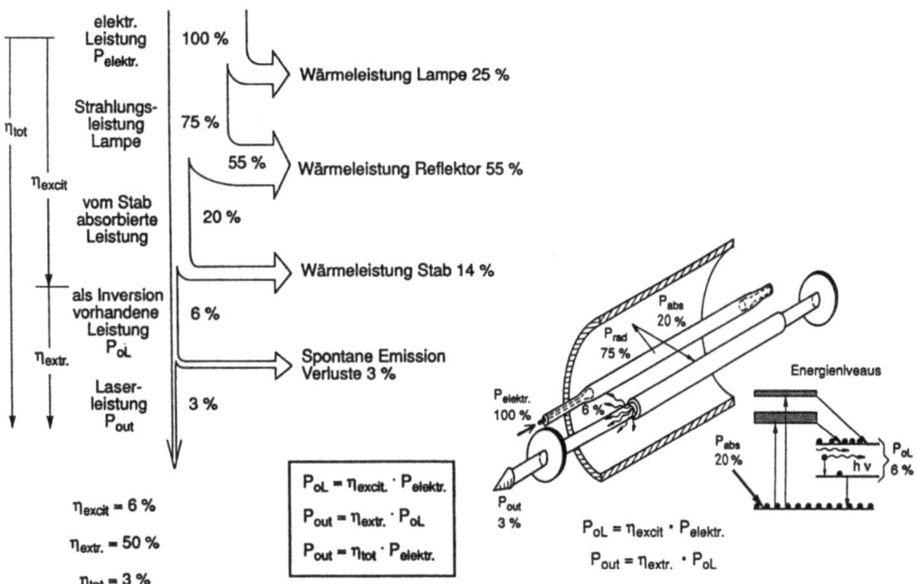

Bild 4.4 Leistungsbilanz eines typischen blitzlampengepumpten Festkörper-Lasers. 94% der elektrischen Pumpleistung gehen als Wärme an die Blitzlampe, den Reflektor und den Kristall, 3% durch Spontanemission und Verluste verloren.

4.2.2 Homogene und inhomogene Linienverbreiterung

Der Frequenzbereich, innerhalb dem in einem Lasermaterial eine Verstär-
kung aufgebaut werden kann, hängt nicht nur von den physikalischen
Eigenschaften der aktiven Atome (z.B. Neodym im Fall von Nd:YAG oder
Neon beim HeNe-Laser), sondern auch von der Umgebung ab, in der sich
diese Atome befinden.
Würde man die aktiven Atome isolieren, so wäre die Linienbreite $\Delta\nu_0$ des
Laserübergangs sehr schmal und mit der Lebensdauer τ durch

$$\Delta\nu_0 = 1/\tau$$

verknüpft. Für den Laserübergang des Neodyms bei $\lambda=1{,}064\mu m$ erhielte
man so eine Bandbreite von 5 kHz, für den 3p-2s Übergang des Neons
eine Bandbreite von 100MHz.

In einem Lasermaterial befinden sich pro Kubikzentimeter größenord-
nungsmäßig bis zu 10^{20} aktive Atome, die jedoch nicht als isoliert betrachten werden können. Durch die Wechselwirkung mit der Umgebung
und die Eigenbewegung der Atome vergrößert sich die Bandbreite des
Laserübergangs. Man unterscheidet dabei zwei Mechanismen (Bild 4.5):

- homogene Linienverbreiterung
Bei allen Atomen des Materials verbreitert sich die Linie in gleicher Weise und die Mittenfrequenz ν_0 ist bei allen Atomen identisch. Homogene
Linienverbreiterung entstehen durch Stöße der Atome untereinander
(Druckverbreiterung und Starkeffekt beim Gas-Laser) oder durch Wechselwirkung mit dem Gitter des Wirtskristalls (Wechselwirkung mit Phono-
nen bei Nd:YAG). Die resultierende Linienbreite bezeichnen wir mit $\Delta\nu_{hom}$.

- inhomogene Linienverbreiterung
die Linienbreite ist zwar bei allen Atomen des Materials gleich groß,
jedoch besitzen unterschiedliche Atome auch unterschiedliche Mittenfrequenzen ν_0. Die einzelnen Atome mit homogener Linienbreite $\Delta\nu_{hom}$ erzeugen deshalb in der Summe ein Verstärkungsprofil das breiter ist und
dessen Linienbreite $\Delta\nu_{inhom}$ als inhomogene Linienbreite bezeichnet wird.
Inhomogene Linienverbreiterungen entstehen bei Gas-Lasern durch den
Doppler-Effekt (je nach Richtung und Geschwindigkeit der Atome wird

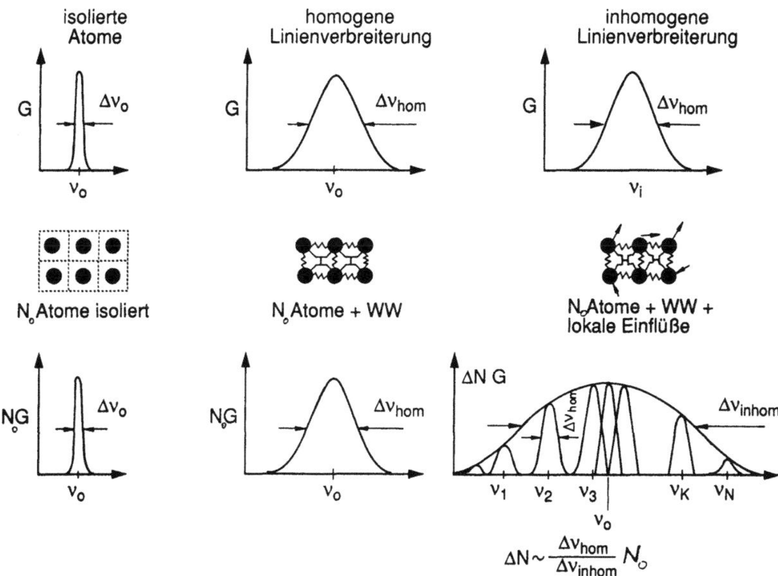

Bild 4.5 Wechselwirkung mit der Umgebung verbreitert die Bandbreite des Laserübergangs. Homogene Linienverbreiterung verbreitert die Linien aller Atome gleich. Die inhomogene Linienbreite entsteht, wenn verschiedene Atome noch zusätzlich verschiedene Mittenfrequenzen besitzen. Gezeigt ist das Verstärkungsprofil von einem Atom (oben) und von N Atomen (unten).

die Mittenfrequenz verschoben), bei Festkörper-Lasern tritt sie auf, wenn sich die Eigenschaften des Wirtsmaterials von Punkt zu Punkt ändern (z.B. bei Nd:Glas; da Glas ein amorphes Material ist, spüren verschiedene Neodym-Atome leicht unterschiedliche Kristallfelder).

Was passiert nun bei der Lichtverstärkung, wenn der Laserübergang inhomogen verbreitert ist? Betrachten wir z.B. einen axialen Mode mit einer bestimmten Frequenz v_q der verstärkt werden soll, so können sich daran nur jene Atome beteiligen, die bei dieser Frequenz einen Verstärkungsfaktor größer eins aufweisen (Bild 4.6). Ist N_0 die Gesamtzahl aller Atome, so ist demnach nur der Anteil

$$\Delta N = N_0 \frac{\Delta v_{hom}}{\Delta v_{inhom}} \tag{4.15}$$

228

daran beteiligt. Zwar ist auch bei inhomogener Linienverbreiterung die Leistung

$$P_{0L} = g_0\ell\ F\ I_S = \eta_{excit}\ P_{elektr}$$

in Inversion umgewandelt worden, jedoch ist davon nur der Bruchteil $\Delta\nu_{hom}/\Delta\nu_{inhom}$ in einem Mode verfügbar. Die effektive Kleinsignalverstärkung ist deshalb bei inhomogener Linienverbreiterung geringer:

$$g_0\ell\,(inhom) = g_0\ell\ \Delta\nu_{hom}/\Delta\nu_{inhom} \tag{4.16}$$

und entsprechend nur die Leistung

$$P_{0L}(inhom) = g_0\ell\,(inhom)\ F\ I_S \tag{4.17}$$

höchstens als Ausgangsleistung pro Mode verfügbar.

Bei inhomogener Linienverbreiterung sättigt die Verstärkung zudem langsamer mit der Intensität als bei homogener Verbreiterung (vgl. (4.4)):

$$g\ell = \frac{g_0\ell\,(inhom)}{\sqrt{1 + I/I_S}} \tag{4.18}$$

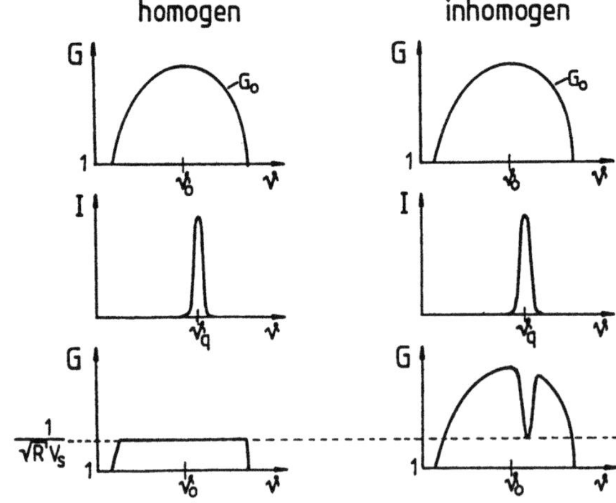

Bild 4.6 Im Gegensatz zur homogenen, wird bei inhomogener Linienverbreiterung der axiale Mode nur durch die Atome verstärkt, die innerhalb der Bandbreite des Modes eine Verstärkung aufweisen. Dadurch sättigt der Verstärkungsfaktor in einem schmalen Frequenzband ab (spektrales Lochbrennen). Nur ein geringer Anteil der Atome (4.15) wechselwirkt mit dem Mode.

Tabelle 4.2 Homogene und inhomogene Linienbreiten einiger Laser. Bei der homogenen Linienbreite gibt der erste Wert die Breite des Übergangs des isolierten Atoms an. Bei Gas-Lasern erfolgt homogene Verbreiterung proportional zum Druck (in Torr). Außer bei HeNe-, Argon- und Niederdruck-CO_2-Lasern spielt die inhomogene Linienverbreiterung keine Rolle). Hochleistungs-CO_2-Laser arbeiten bei Drücken zwischen 50-120 Torr.

Laser	homogene Linienbreite	inhomogene Linienbreite	Faktor x
He-Ne	100 MHz + 70 MHz/Torr	1500 MHz	0,5
Nd:YAG	5000 Hz + 120 GHz	–	1
Nd:Glas	5000 Hz + 1000-2000 GHz	1500-2500 GHz	$\simeq$ 1
CO_2	100 kHz + 6 MHz/Torr	60 MHz	1*,0,5**
Argon	460 MHz + 600 MHz	3500 MHz	0,5

* für Hochdruck (p $\geq$ 30 Torr)
** für Niederdruck (p $\leq$ 10 Torr)

Bei den meisten Lasern spielt die inhomogene Linienverbreiterung aber nur eine untergeordnete Rolle (Tabelle 4.2), weshalb im folgenden das spezielle Sättigungsverhalten (4.18) nicht mehr berücksichtigt und die Ausgangsleistung homogen verbreiteter Laser berechnet wird. Der Leser kann sich leicht selbst herleiten wie die entsprechenden Ausdrücke für einen inhomogen verbreiterten Laser aussehen.

4.2.3 Axiale Moden und Hole-Burning

Durch die im Resonator gegeneinander laufenden Wellen eines axialen Modes kommt es durch Interferenz zu einer z-abhängigen Intensitätsverteilung. Dabei führt die Überlagerung beider Wellen nur bei passiven Resonatoren mit gleichem Reflexionsgrad beider Spiegel zu stehenden Wellen mit einer periodischen Folge von Intensitätsknoten und -bäuchen im Abstand einer halben Wellenlänge. Durch einseitige Auskopplung und die Verstärkung des Mediums besitzen die gegeneinanderlaufenden Felder verschiedene Amplituden, so daß keine Stellen mit verschwindender Intensität mehr entstehen. Wir wollen dies an dem in Bild 4.7 gezeigten Resonatormodell näher diskutieren. Das aktive Medium ist hier als dünne Scheibe auf dem Endspiegel realisiert. Bezeichnet G den Verstärkungs-

230

faktor pro Durchgang, so gilt für die Summe $E(z,t)$ des hin- und zurücklaufenden Feldes:

$$E(z,t) = E^+(z,t) + E^-(z,t)$$
$$= E_0 \left[G^2 \, exp(i(\omega t - kz)) + exp(i(\omega t + kz - \pi)) \right]$$

Mit der Stationaritätsbedingung $G\sqrt{R}\overset{!}{=}1$ folgt für die zeitlich gemittelte Intensitätsverteilung

$$I(z) = I_0 \left[1 - \frac{2R}{1 + R^2} \, cos(2kz) \right] \tag{4.19}$$

wobei I_0 vom Reflexionsgrad R abhängt.

Für $R=1$ ergibt sich die Intensitätsverteilung einer stehenden Welle, mit abnehmendem Reflexionsgrad nimmt der Modulationshub ab (Bild 4.8).

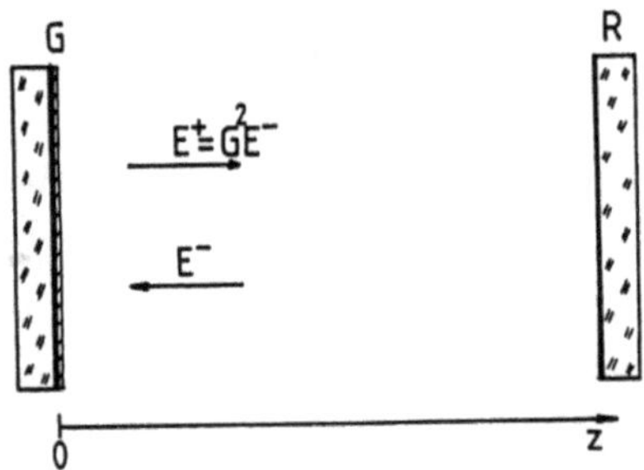

Bild 4.7 Resonatormodell zur Berechnung der Überlagerung der vor- und rücklaufenden Welle eines axialen Modes.

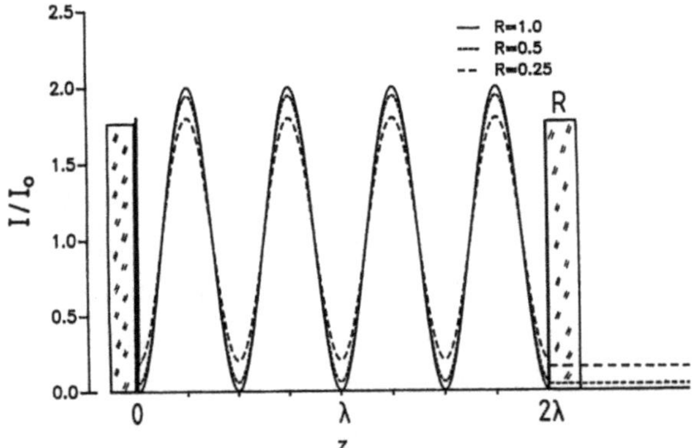

Bild 4.8 Zeitlich gemittelte Intensitätsverteilung im Resonator aus Bild 4.7 für verschiedene Reflexionsgrade R (axialer Mode mit $q=4$).

Ein axialer Mode mit Ordnung q besitzt eine modulierte Intensitätsverteilung im Resonator mit q Intensitätsmaxima, an denen die Verstärkung verstärkt abgebaut wird. Es entstehen lokale Löcher in der Inversion, weshalb dieser Effekt als spatial hole-burning bezeichnet wird.

Die Auswirkung des so entstandenen Verstärkungsprofils auf die Emission des Lasers ist bei homogener und inhomogener Verbreiterung verschieden.

Bei homogener Verbreiterung werden unterschiedliche axiale Moden durch dieselben Atome verstärkt, wodurch die einzelnen Moden über ihr Verstärkungsprofil wechselwirken. Da Moden unterschiedlicher Ordnung q die Inversion an anderen Stellen im Medium abbauen, können zwar viele axiale Moden gleichzeitig schwingen, aber es kommt auf Grund der Konkurrenz zu axialen Modenwechseln, die eine zeitlich fluktuierende Emission zur Folge haben.

Bei inhomogen verbreiterten Laserübergängen, wechselwirken die einzelnen Moden, aufgrund ihrer unterschiedlichen Frequenz, mit unterschiedlichen Atomen. Jeder axiale Mode erzeugt deshalb sein charakteristisches Inversionsprofil, ohne daß die anderen Moden eine Auswirkung dadurch spüren. Hole-Burning im inhomogen verbreiterten Laser führt deshalb nicht zu Intensitätsfluktuationen und es gibt kein Konkurrenzkampf zwischen den axialen Moden, wodurch das axiale Modenspektrum hier stark ausgeprägt ist.

Durch spezielle Techniken (Twisted-Mode-Resonator (Abschn.3.5), Ring-Resonator (Abschn.5.5)) läßt sich das spatial hole-burning vermeiden, so daß bei ideal homogener Verbreiterung nur noch ein axialer Mode stationär oszilliert.

4.3 Ausgangsleistung der Laserresonatoren

4.3.1 Ausgangsleistung stabiler Resonatoren

Durch die Sättigung der Verstärkung (4.4) ist die mittlere Intensität I im Resonator festgelegt. Vernachlässigen wir zunächst einmal die z-Abhängigkeit der Intensität und versuchen aus der Stationaritätsbedingung die Ausgangsleistung abzuschätzen. Aus $G\sqrt{R}V_S=1$ folgt mit (4.4) für die Intensität

$$I = I_S \left(\left[\frac{g_0 \ell}{|\ln\sqrt{R_1 R_2}\, V_S|} \right] - 1 \right) \qquad (4.20)$$

232

Da die mittlere Intensität im Resonator die Summe der beiden hin- und zurücklaufenden Intensitäten darstellt, trifft nur die halbe Intensität I auf dem Auskoppelspiegel und wird mit dem Faktor *(1-R)* transmittiert (Spiegel 2 sei hochreflektierend, d.h. $R_2 = 1$). Die Ausgangsleistung ergibt sich also bei einem Strahlquerschnitt F_M zu

$$P_{out} = F_M\, I_S\ \frac{(1-R)}{2\,|\ln(\sqrt{R}V_S)|}\ \left[g_0\ell - |\ln(\sqrt{R}V_S)|\right], \qquad (4.21)$$

läßt sich also in der Form

$$P_{out} = F_M\, I_S\ \ C(R,V_S)\ \left[g_0\ell - |\ln(\sqrt{R}V_S)|\right] \qquad (4.22)$$

darstellen. Dies ist leider nur eine genäherte Formel, die jedoch für hohe Reflexionsgrade R recht brauchbar ist. Das liegt daran, daß bei geringer Auskopplung die Summe der hin und rücklaufenden Intensitäten im Medium relativ konstant ist, und deshalb die Näherung der konstanten, über die Länge gemittelten, Intensität anwendbar ist. Normalerweise muß allerdings die z-Abhängigkeit der Intensitäten bei der Berechnung der Laserausgangsleistung berücksichtigt werden (Bild 4.9).

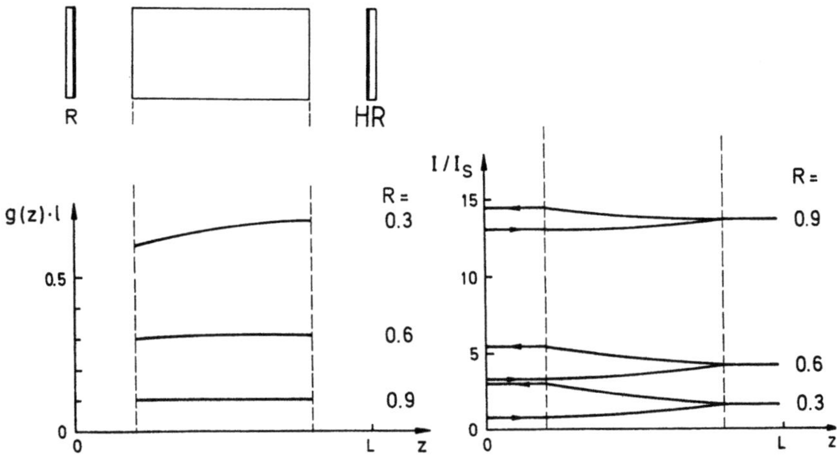

Bild 4.9 Verlauf der Verstärkung g*ℓ* (links) und der Intensitäten im Resonator.

Dabei wird die z-Abhängigkeit durch die Differentialgleichung

$$\frac{dI^{\pm}}{dz} = \pm \left(\frac{g_0}{1 + (I^{+}+I^{-})/I_S} - \alpha_0 \right) I^{\pm} \tag{4.23}$$

berücksichtigt. Wir wollen hier nicht den genauen Lösungsweg darlegen, sondern nur das Ergebnis für den allgemeinen Fall, daß im Resonator nicht nur Verluste im Medium, sondern auch Beugungsverluste bei der Propagation zwischen Medium und Spiegeln und zurück auftreten (Bild 4.10), angeben. Dieses Modell zur Berechnung der Ausgangsleistung bezeichnet man als *Rigrod-Modell* [4.4,4.10]. Die Formel für die Ausgangsleistung lautet dann [4.17]:

$$P_{out} = F_M \, I_S \, C(R,V) \left[g_0 \ell - | \ln(\sqrt{RV_1 V_2 V_3 V_4} \, V_S)| \right] \tag{4.24}$$

mit

$$C(R,V) = \frac{(1-R) \, V_2}{[1-RV_2 V_3 +\sqrt{RV_1 V_2 V_3 V_4} \, V_S(1/(V_1 V_4 V_S^2) - 1)]}$$

F_M : Querschnittsfläche des Modes im Medium
V_S : Verlustfaktor des Mediums pro Durchgang
V_i : Beugungsverlustfaktoren nach Bild 4.10

Ohne Beugungsverluste (V_i=1), geht der Vorfaktor C für hohe Reflexionsgrade in den genäherten Vorfaktor $C(R,V_S)$ aus (4.21) über. Obwohl diese Formel recht kompliziert aussieht, haben wir durch die genäherte Herleitung am Anfang schon ein Gefühl dafür, wie die einzelnen Terme zustande kommen. Die Berücksichtigung der z-Abhängigkeit der Verstärkung hat nur zu einer Änderung des Vorfaktors geführt.

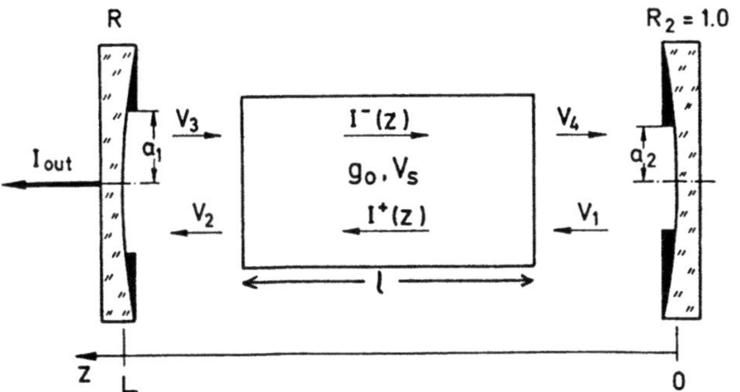

Bild 4.10 Zur Berechnung der Ausgangsleistung nach (4.24) [4.17].

Bei der weiteren Diskussion wollen wir die Beugungsverluste zur Vereinfachung nicht mehr einzeln berücksichtigen, sondern nur den Verlustfaktor pro Durchgang V_S benutzen, indem alle Verluste erfaßt sein sollen. Diese Vorgehensweise ist immer dann möglich, wenn $V_2=1$ ist, d.h. keine Verluste mehr vor der Auskopplung entstehen. Die vereinfachte Formel für die Ausgangsleistung lautet also nun

$$P_{out} = F_M \, I_S \, \frac{(1-R)}{[1-R+\sqrt{R}\, V_S(1/V_S^2-1)]} \left[\, g_0\ell - |\ln(\sqrt{R}\, V_S)| \, \right] \qquad (4.25)$$

d.h. wir diskutieren im folgenden die Gleichung der Form

$$P_{out} = F_M \, I_S \, C(R,V_S) \, (g_0\ell - |\ln(\sqrt{R}\, V_S)|)$$

Bild 4.11 zeigt den Verlauf der normierten Ausgangsleistung $P_{out}/(F_M I_S)$ in Abhängigkeit der Kleinsignalverstärkung, die bei den meisten Materialien proportional zur Pumpleistung ist. Ab der Schwell-Kleinsignalverstärkung $(g_0\ell)_s=|\ln\sqrt{R}V_S)|$, steigt die Ausgangsleistung linear mit der Kleinsignalverstärkung an. Mit abnehmendem Reflexionsgrad wird die Steigung der Geraden dabei immer größer.

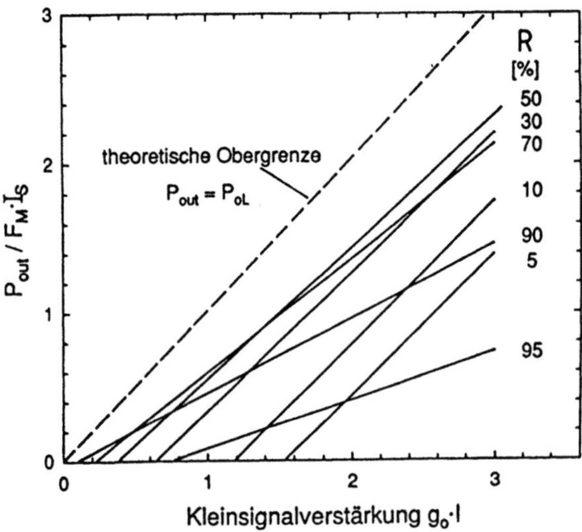

Bild 4.11 Abhängigkeit der Laserausgangsleistung von der Kleinsignalverstärkung nach (4.25) (V_S=0,95).

Die Steigung in Bezug auf die Pumpleistung P_{elektr} bezeichnet man als Slope-Wirkungsgrad η_{slope} mit

$$\eta_{slope} \;=\; \frac{dP_{out}}{dP_{elektr}} \;=\; \frac{\eta_{excit}}{F\,I_S}\,\frac{dP_{out}}{dg_0\ell} \tag{4.26}$$

$$=\; \eta_{excit}\,\gamma\,C(R,V_S)$$

mit F : Querschnittsfläche des Mediums
        $\gamma = F_M/F$: Füllfaktor
        η_{excit} : Anregungswirkungsgrad nach (4.9),(4.11)

Der Slope-Wirkungsgrad hängt neben dem Reflexionsgrad und dem Verlust noch von dem Verhältnis von Modenquerschnittsfläche zur Querschnittsfläche F des Mediums ab. Man bezeichnet dieses Verhältnis als Füllfaktor γ (wie man diesen berechnet dazu später mehr).

Variiert man bei konstanter Kleinsignalverstärkung, d.h konstanter Pumpleistung, den Reflexionsgrad des Spiegels, so führt der sich ändernde Slope-Wirkungsgrad und die variierende Laserschwelle dazu, daß ein Reflexionsgrad existiert bei dem die höchste Ausgangsleistung erreicht wird. Bild 4.12 zeigt das entsprechende Verhalten des Extraktionswirkungsgrades η_{extr}, der, wie in Abschn.4.2 erläutert, angibt wieviel der in Form von Inversion vorhandenen Leistung P_{0L} zur Ausgangsleistung beiträgt, mit

$$\eta_{extr} = P_{out}/(\eta_{excit}\,P_{elektr}) = P_{out}/(FI_S g_0\ell) \tag{4.27}$$

Der maximale Extraktionswirkungsgrad $\eta_{extr,max}$ wird beim optimalen Reflexionsgrad R_{opt} erreicht. Das ein optimaler Reflexionsgrad existieren muß, ist recht einleuchtend. Für $R\to0$ erreicht der Laser die Schwelle nicht und liefert keine Ausgangsleistung, für $R=1$ aber auch nicht, da keine Leistung ausgekoppelt wird. Dazwischen muß also ein Maximum der Ausgangsleistung bzw. des Extraktionswirkungsgrades existieren.
Zu jedem Wertepaar von Kleinsignalverstärkung $g_0\ell$ und Verlustfaktor pro Durchgang V_S existiert ein optimaler Reflexionsgrad R_{opt} mit zugehörigem maximalen Extraktionswirkungsgrad $\eta_{extr,max}$. Aus Bild 4.13 können diese optimalen Werte für Füllfaktor $\gamma=1$ abgelesen werden.

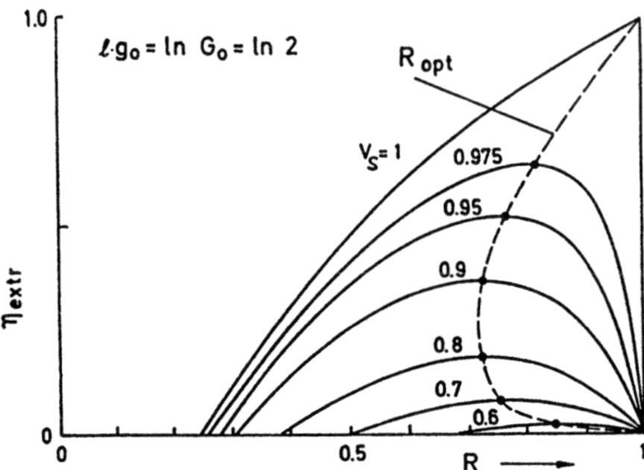

Bild 4.10 Abhängigkeit des Extraktionswirkungsgrades vom Reflexionsgrad des Auskoppelspiegels für $g_0\ell$ = *ln2* und verschiedene Verlustfaktoren V_S pro Durchgang (nach (4.25)).

Aufgetragen sind Kurvenscharen gleicher Kleinsignalverstärkung $g_0\ell$ und
gleichen Verlusts $\alpha_0\ell=-\ln V_S$ über R_{opt}. Für gegebene Werte von $g_0\ell$ und
V_S sucht man sich den Kreuzungspunkt der beiden entsprechenden Kur-
ven und kann dann an Abszisse und Ordinate den optimalen Reflexionsgrad und den maximalen Extraktionswirkungsgrad ablesen. In sehr guter
Näherung gilt hierfür [4.4,4.5,4.14,4.17]

$$\eta_{extr,max} = \frac{\alpha_0\ell}{g_0\ell} \left(\sqrt{\frac{g_0\ell}{\alpha_0\ell}} - 1 \right)^2 \tag{4.28}$$

$$\ln R_{opt} = -2\,\alpha_0\ell \left(\sqrt{\frac{g_0\ell}{\alpha_0\ell}} - 1 \right) \tag{4.29}$$

Man erkennt deutlich, wie empfindlich der Verlust in die Ausgangsleistung eingeht. Ein Extraktionswirkungsgrad von 100 % ist nur beim
verlustfreien Resonator zu verwirklichen. Ein Verlust von fünf Prozent
pro Durchgang führt bei $g_0\ell=0,4$ (ein typischer Wert für einen kontinuierlich betriebenen Nd:YAG-Laser) zur Halbierung des Extraktionswirkungsgrades! Die Hälfte der vorhandenen Leistung geht durch spontane Emission verloren (siehe dazu auch Kapitel 2 über Verluste im
Fabry-Perot-Interferometer).

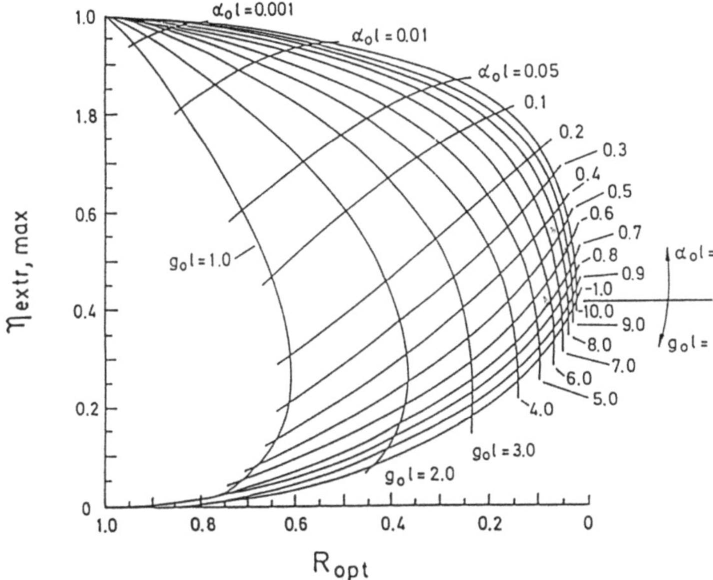

Bild 4.13 Diagramm zur Bestimmung des optimalen Reflexionsgrades und des maximalen Extraktionswirkungsgrades aus der Kleinsignalverstärkung $g_0 l$ und dem Verlust pro Durchgang $\alpha_0 l = -\ln V_S$ (Füllfaktor $\gamma = 1$) [4.12].

Bei hohen Kleinsignalverstärkungen machen sich die Verluste weniger bemerkbar. Aus diesem Grund liefern gepulste Laser höhere mittlere Ausgangsleistungen als kontinuierlich betriebene Laser. Im gepulsten Betrieb mit Repetitionsrate f wird bei einer Pulsdauer Δt und gleicher mittlerer Pumpleistung die Kleinsignalverstärkung um den Faktor $1/(f\Delta t)$ höher als im kontinuierlichen Betrieb. Entsprechend steigt die mittlere Ausgangsleistung nach Bild 4.11 an. Bei gepulsten Hochleistungs-Lasern hat zudem der Reflektionsgrad des Auskoppelspiegels über weite Bereiche keinen Einfluß auf die Ausgangsleistung (Bild 4.14).

Bilder 4.15/4.16 zeigen einige experimentelle Beispiele für gemessene Ausgangsleistungen und Ausgangsenergien. In Bild 4.16 ist zum Vergleich noch die theoretische Kurve nach (4.25) eingetragen.

Man erkennt an Bild 4.16, daß die Relation (4.25) benutzt werden kann, um die Ausgangsleistung eines Lasers zu berechnen, allerdings müssen dazu die Kleinsignalverstärkung, der Verlust (siehe Kapitel 6 bzgl. Messung dieser Größen) und die Modenfläche F_M, d.h. der Füllfaktor γ bekannt sein.

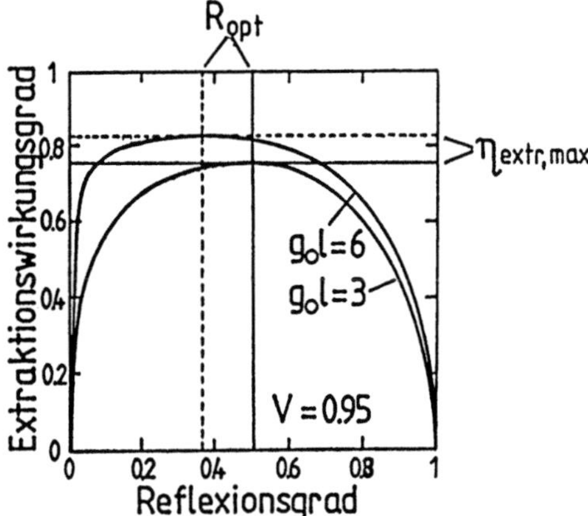

Bild 4.14 Abhängigkeit des Extraktionswirkungsgrades von dem Reflektionsgrad für hohe Kleinsignalverstärkungen, wie sie z.B. bei Hochleistungs-Festkörper-Lasern und Diodenlasern auftreten, nach (4.25). Der maximale Extraktionswirkungsgrad $\eta_{extr,max}$ und der optimale Reflexionsgrad R_{opt} nach (4.28)/(4.29) sind gekennzeichnet (5% Verlust pro Durchgang).

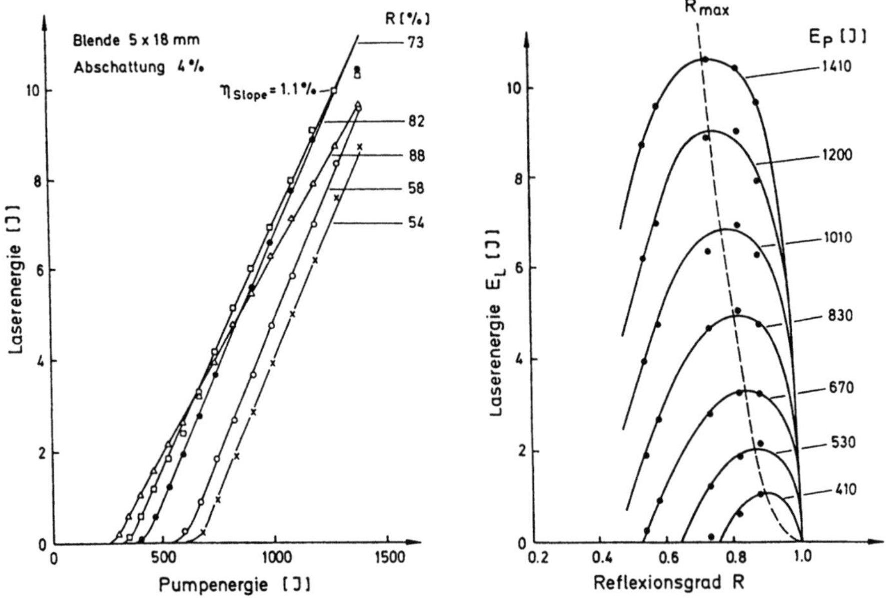

Bild 4.15 Gemessene Ausgangsenergien eines Nd:YAG-Lasers in Abhängigkeit der Pumpenergie für verschiedene Spiegelreflexionsgrade [Q.10].

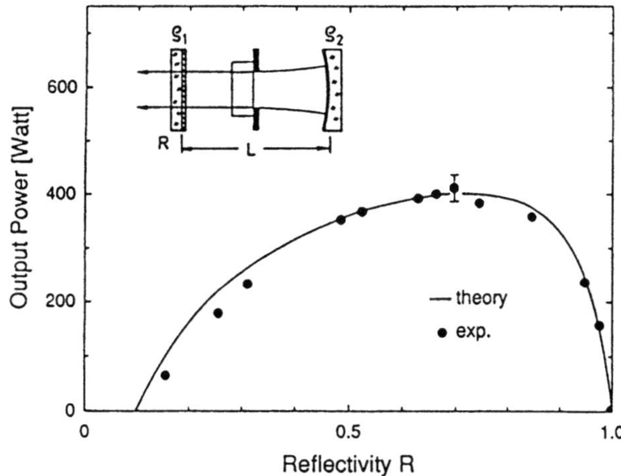

Bild 4.16 Gemessene Ausgangsleistung eines Nd:YAG-Lasers in Abhängigkeit des Reflexionsgrades. Die Kurve stellt Formel (4.25) mit $V_S=0{,}945$ dar ($\rho_1=\infty$, $\rho_2=5m$, $L_{eff}=1m$, $g_0\ell=1{,}18$, $a=2{,}8mm$, $b=3{,}15mm$).

Im Multimode-Betrieb ergibt sich der Füllfaktor einfach. Ist a der Radius der begrenzenden Blende, (meist begrenzt das Medium mit Radius b selbst, d.h. es ist $a=b$), so setzt man für den Modenquerschnitt die Fläche der Blende an, d.h. der Füllfaktor ergibt sich beim kreissymmetrischen Medium zu:

$$\gamma = \pi a^2 / \pi b^2 \ ,$$

bzw. in Rechteckgeometrie entsprechend als Verhältnis der Querschnittsflächen. Für den Verlustfaktor V_S muß der Beugungsverlustfaktor im Multimode-Betrieb (siehe Abschn.3.1.2) mitberücksichtigt werden. Für den Multimode-Betrieb erhält man dadurch mit Relation (4.25) sehr genaue Vorhersagen für die Ausgangsleistung.

Im Grundmode-Betrieb und beim Schwingen von nur wenigen transversalen Moden (weniger als 5). liefern (4.24)/(4.25) bis zu einem Faktor 2 falsche Werte. Das liegt weniger daran, daß man keinen Füllfaktor oder Verlust angeben könnte, sondern daran, daß sowohl Verluste als auch Füllfaktoren sich mit steigender Kleinsignalverstärkung ändern, was in diesem Modell nicht erfaßt ist. Wir werden dieses Verhalten im nächsten Kapitel näher diskutieren. Man kann aber grob (auf 30% genau) die Ausgangsleistung im Grundmodebetrieb berechnen, wenn man wie im Multimode-Fall den Blendenradius und den passiven Beugungsverlust aus Abschn.3.1.2 benutzt.

Es sei noch darauf hingewiesen, daß die Ausgangsleistung durchaus auch einen nichtlinearen Zusammenhang mit der Pumpleistung zeigen kann, meist in der Form eines mit steigender Pumpleistung abnehmenden Slope-Wirkungsgrades (Bild 4.17). Dies kann man in der Regel auf eine Abhängigkeit der Sättigungsintensität oder des Anregungswirkungsgrades von der Pumpleistung zurückführen. Sind diese Abhängigkeiten bekannt, läßt sich auch in diesen Fällen die Ausgangsleistung mit den oben angegebenen Formeln berechnen. Die Ursachen für nichtlineare Zusammenhänge zwischen Ausgangs- und Eingangsleistung können sehr vielfältig sein und treten meist kombiniert auf. Als Beispiele seien hier die Temperaturabhängigkeit des Wirkungsquerschnittes, thermische Besetzung des unteren Laserniveaus und Änderungen der Charakteristika der Entladung bei Gas-Lasern genannt.

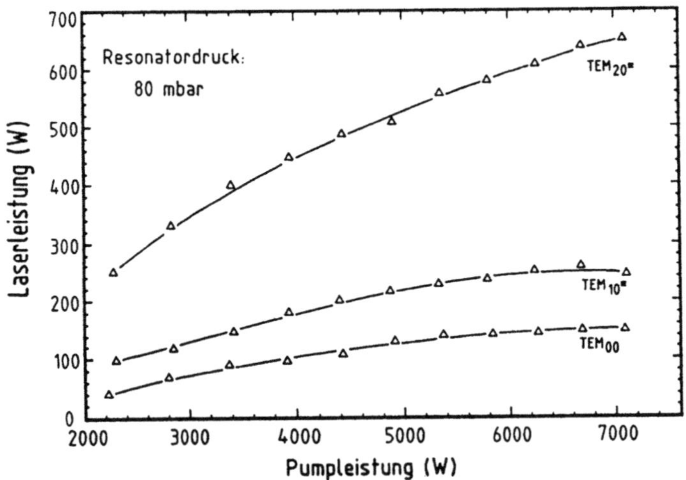

Bild 4.17 Gemessene Ausgangsleistung eines CO_2-Lasers mit stabilem Resonator im TEM_{00}-Mode- und TEM_{01}-Mode-Betrieb in Abhängigkeit der Eingangsleistung [Q.15].

4.3.2 Ausgangsleistung instabiler Resonatoren

Beim instabilen Resonator läßt sich das Rigrod-Modell (4.24) nicht ohne weiteres anwenden, da nicht alle Bereiche des aktiven Mediums gleichzeitig von hin- und rücklaufender Welle durchstrahlt werden. Je nach Vergrößerung und Position des Mediums im Resonator existiert ein äußerer Bereich, in dem nur die rücklaufende Welle die Inversion abbaut (Bild 4.18). Nur in dem inneren Bereich wird die Inversion ähnlich zum stabilen Resonator durch beide Intensitäten abgebaut, der Aussenbereich hingegen wirkt wie ein Verstärker. Hinzu kommt, daß die Ausbreitung der Kugelwelle im Resonator dazu führt, daß sich der Verlauf der Intensitäten entlang der optischen Achsen stark von dem des stabilen Resonators unterscheidet: so verringert sich i.a. die Intensität beim Durchgang durch das Medium in +z-Richtung, obwohl das Medium verstärkt (die Leistung erhöht sich natürlich).

Man kann jedoch das Rigrod-Modell so erweitern, daß dem speziellen Strahlverlauf im Resonator Rechnung getragen wird, wodurch jedoch die Intensitäten im Resonator radial abhängig werden und eine analytische Lösung nicht mehr möglich ist [4.15,4.17]. Bild 4.19 zeigt einige Beispiele für auf diese Weise berechnete Extraktionswirkungsgrade. Verglichen ist der Extraktionswirkungsgrad des instabilen Resonators in Abhängigkeit der Vergrößerung, wobei das Medium durch die rücklaufende Welle ganz

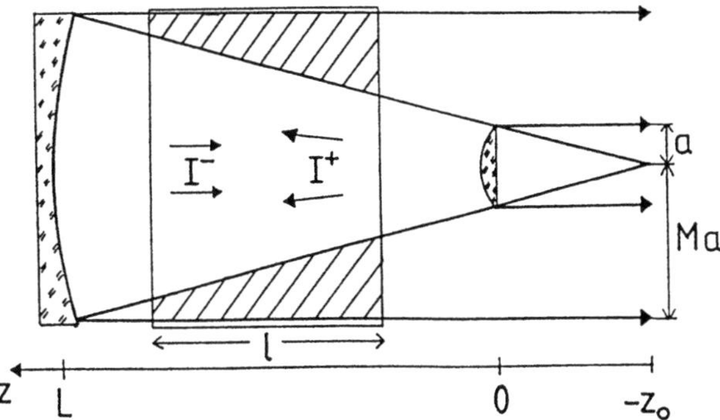

Bild 4.18 Der Strahlverlauf im konfokalen instabilen Resonator bewirkt, daß der äußere Bereich des Mediums nur in einer Richtung durchstrahlt wird und deshalb als Verstärker arbeitet [4.17].

ausgefüllt ist, d.h. den Radius *Ma* besitzt, mit dem Extraktionswirkungsgrad den ein stabiler Resonator nach dem Rigrod-Modell (4.24) bei derselben Auskopplung besitzt. Zur Erinnerung: Stabiler Resonator mit Spiegelreflexionsgrad *R* und instabiler Resonator mit Verlustfaktor *V* pro Umlauf, besitzen die gleiche Auskopplung, wenn gilt *R=V*. Obwohl das benutzte Modell die Beugung nicht berücksichtigt, ist der Verlustfaktor nicht $1/M^2$, sondern geringer, da der Auskoppelgrad mit der Verstärkung wächst (siehe Abschn.4.3)

Man erkennt deutlich, daß im Fall optimaler Auskopplung, d.h. bei maximalem Extraktionswirkungsgrad sich stabiler und instabiler Resonator nicht wesentlich unterscheiden. In diesem Fall spielt also der Strahlverlauf im Resonator und auch die Position des Mediums keine Rolle. Sobald der Auskoppelgrad jedoch nicht mehr optimal ist, bleibt die mit instabilen Resonatoren erreichbare Ausgangsleistung deutlich unter der des stabilen Resonators. Je größer der Verstärkerbereich im Verhältnis zum Volumen des Mediums, desto stärker die relative Leistungseinbuße.

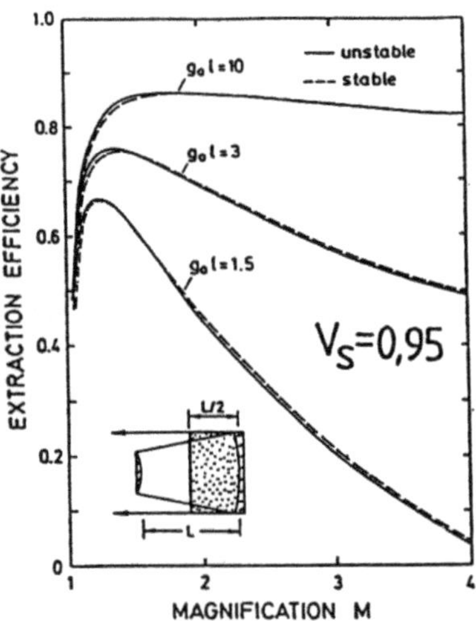

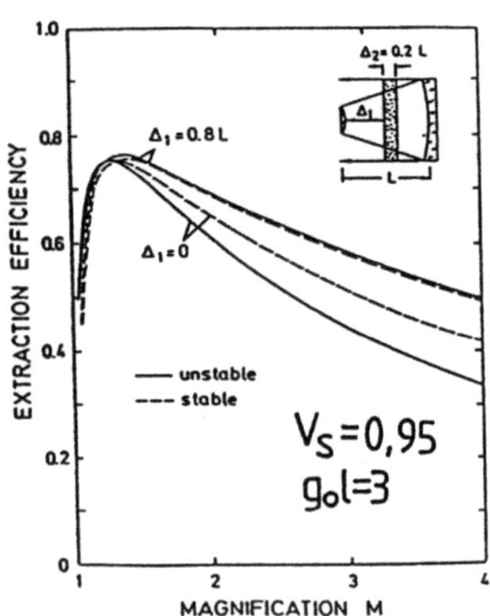

Bild 4.19 Geometrisch berechnete Extraktionswirkungsgrade kreissymmetrischer konfokaler instabiler Resonatoren in Abhängigkeit der Vergrößerung *M* für einen Verlustfaktor V_S=0,95 pro Durchgang. Das benutzte Modell entspricht dem Rigrod-Modell (4.24), jedoch mit Berücksichtigung des speziellen Strahlverlaufs. Die mit stabil gekennzeichneten Kurven sind die Extraktionswirkungsgrade die nach dem Rigrod-Modell für den gleichen Auskoppelgrad folgen [4.17].

Vergleicht man nur die maximal erreichbare Ausgangsleistung, d.h. bei optimaler Auskopplung, so läßt sich feststellen, daß stabiler und instabiler Resonator im Rahmen dieses geometrischen Modells äquivalent sind. Die Leistung läßt sich mit dem Rigrod-Modell (4.24) berechnen, indem man den Reflektionsgrad R durch den Verlustfaktor V pro Umlauf des instabilen Resonators ersetzt. Eine genauere Diskussion unter Berücksichtigung der Beugung in Abschn.4.4 und 4.7 wird diese Aussage noch modifizieren.

4.4 Einfluß der Verstärkung auf Modenstruktur und Verluste

In der bisherigen Formel für die Ausgangsleistung ging die Modenstruktur nur soweit ein, daß die effektive Fläche des Modes als Füllfaktor γ berücksichtigt wurde. Bei Multimode-Strahlen, die eine homogene Intensitätsverteilung innerhalb des Strahlradius w besitzen ist diese Beschreibung durchaus anwendbar, der Füllfaktor ist dann direkt durch die Fläche πw^2 des Strahls bestimmt. Für Moden niedriger Ordnung ist die Bestimmung des Füllfaktors rein geometrisch nicht möglich, da der Einfluß der Modenstruktur auf die Ausgangsleistung nur grob durch die geometrische Fläche des Modes festgelegt werden kann. Zwar läßt sich auch in diesem Fall ein Füllfaktor definieren, der quasi eine effektive Fläche des Modes beschreibt, jedoch ist dieser nur mittels beugungstheoretischen Untersuchungen bestimmbar. Hinzu kommt, daß dieser Füllfaktor keineswegs konstant ist, sondern mit zunehmender Pumpleistung bzw. Verstärkung zunimmt. Dieses Verhalten läßt sich recht schnell einsehen. Da die Intensität I_1 beim Durchgang durch das Medium näherungsweise (ohne z-Abhängigkeit) durch

$$I_2 = I_1 \; exp \left[\frac{g_0 \ell}{1 + I_1/I_S} \right]$$

verstärkt wird, erfahren geringe Intensitäten eine höhere Verstärkung als hohe Intensitäten. Dadurch wird die Modenstruktur im Resonator verändert [4.20,4.21,4.25,4.28,4.29]. Gegenüber der Modenstruktur des passiven Resonators besitzt z.B. der TEM_{00}-Mode sehr viel stärker ausgeprägte Flanken, die sich mit steigender Pumpleistung anheben (Bild 4.20). Dies hat natürlich auch eine Erhöhung der Beugungsverluste an einer im Resonator befindlichen Blende zur Folge.

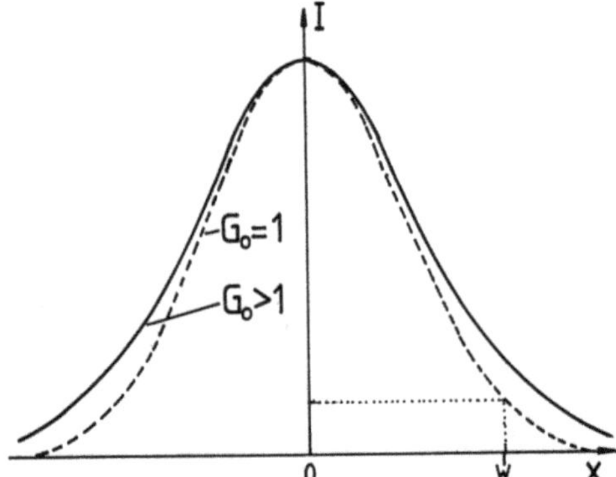

Bild 4.20 Gegenüber der Modenstruktur des passiven Resonators (G_o=1), werden die Flanken des TEM_{00}-Modes beim aktiven Resonator durch die Sättigung der Verstärkung angehoben.

Unabhängig von der genauen Struktur des Modes führt die nichtlineare Verstärkung generell zu einer Vergrößerung des Strahlquerschnitts und damit zu einer Erhöhung des Füllfaktors. Gleichzeitig werden dadurch auch die Verluste an den Resonatorbegrenzungen erhöht. Die Auswirkungen auf die Ausgangsleistung sind jedoch im Grundmode- und Multimode-Betrieb unterschiedlich

a) TEM_{00}-Mode

Bild 4.21 zeigt den mittels Kirchhoff-Integral berechneten Verlauf des Füllfaktors, des Verlustfaktors und der Ausgangsleistung eines stabilen Resonator im TEM_{00}-Mode-Betrieb in Abhängigkeit der Kleinsignalverstärkung. Die Blende an Spiegel 1 ist dabei an den Gaußstrahlradius $w_{o0}^{(1)}$ angepaßt (a=1,3$w_{o0}^{(1)}$). An der Laserschwelle ist der Füllfaktor durch die Modenfläche πw^2 (w: Gaußstrahlradius im Medium) bestimmt und der Verlustfaktor ist der des passiven Resonators, den wir schon in Abschn.3.1.2 kennengelernt hatten. Bei Erhöhung der Pumpleistung bzw. der Kleinsignalverstärkung verbreitert sich der Mode im Medium, wodurch sowohl Füllfaktor als auch Verlust stark ansteigen. Im Gegensatz zu dem bisherigen Modell zur Berechnung der Ausgangsleistung, bei dem Füllfaktor und Verlustfaktor als konstant angenommen wurden, zeigt nun die Ausgangsleistung keinen streng linearen Verlauf mit der Pumpleistung mehr, sondern nahe der Schwelle einen gekrümmten Verlauf (Bild 4.22/23).

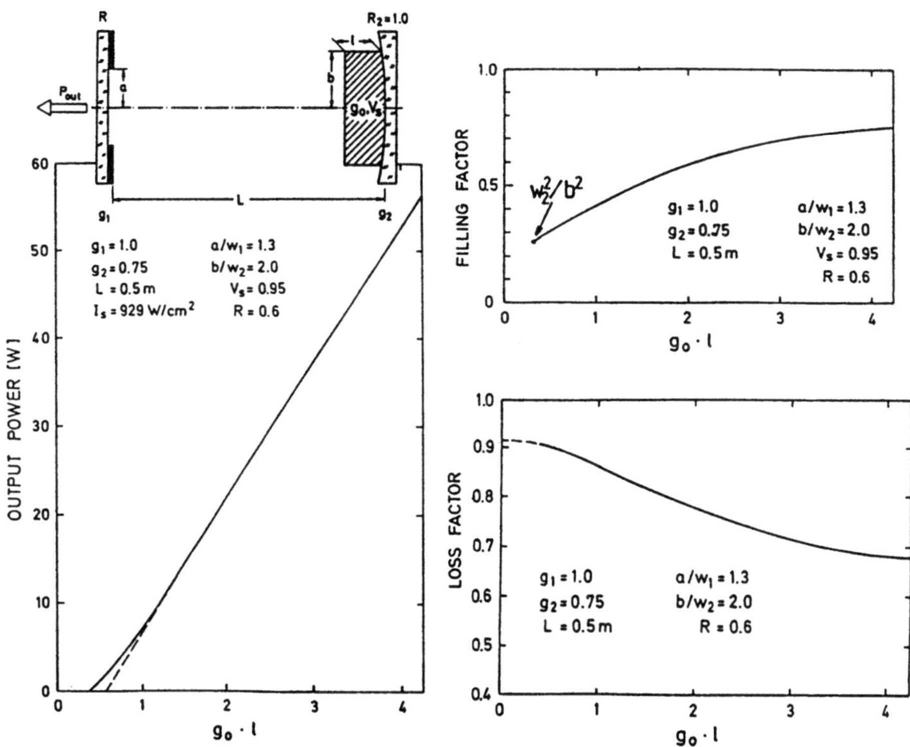

Bild 4.21 Beugungstheoretisch berechneter Verlauf von Füllfaktor, Verlustfaktor und Ausgangsleistung im stabilen TEM_{00}-Mode-Betrieb [4.28].

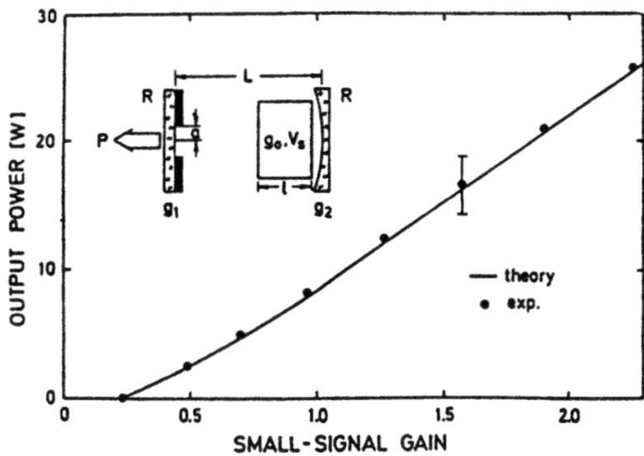

Bild 4.22 Gemessener und berechneter Verlauf der Ausgangsleistung eines stabilen Resonators im TEM_{00}-Mode-Bterieb (gepulster Nd:YAG-Laser, $g_1 = 1$, $g_2 = 0{,}5$, $L = 0{,}5m$, $R = 0{,}8$, $a = 1{,}2w_{oo}^{(1)}$) [4.28].

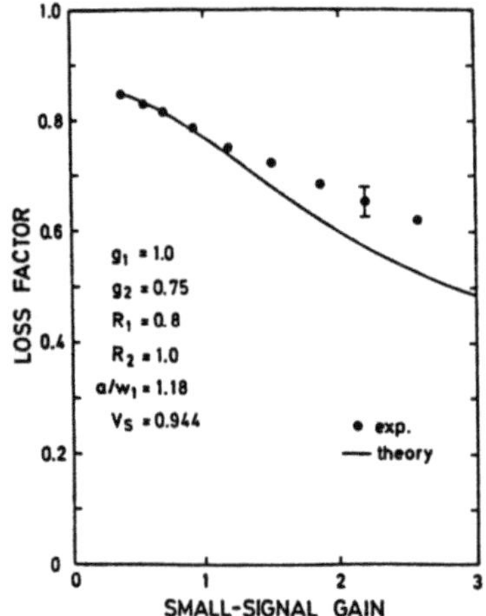
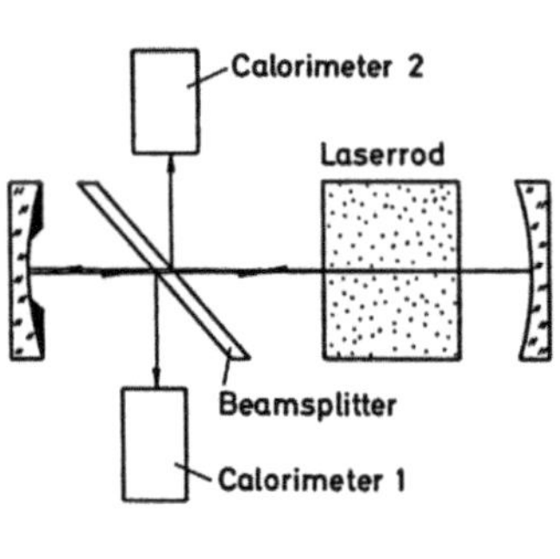

Bild 4.23 Gemessene und berechnete Abnahme des Verlustfaktors eines stabilen Resonators bei Erhöhung der Kleinsignalverstärkung. Resonatordaten siehe Bild 4.22 [4.28]. Das rechte Bild zeigt den Versuchsaufbau.

Für die Anwendung ist es natürlich von Interesse zu vergleichen, welche Änderung die sich ändernde Modenstruktur gegenüber dem bisherigen Modell für die Ausgangsleistung aus Abschn.4.3 verursacht. Bild 4.23 zeigt den Vergleich der korrekt, mit Berücksichtigung der Modenstruktur, berechneten Ausgangsleistungen eines stabilen Resonators im TEM_{00}-Mode-Betrieb mit den Ausgangsleistungen die sich nach dem geometrischen Modell (4.24) ergeben, wobei die Fläche des Modes $F_M = \pi w^2$ (w: Gaußstrahlradius im Medium) und der Verlustfaktor des passiven Resonators benutzt wurde. Zusätzlich sind die gemessenen Ausgangsleistungen für diesen Resonator gezeigt.

Man erkennt, daß im Gegensatz zum geometrischen Modell die Slope-Wirkungsgrade bei geringen Reflexionsgraden wieder abnehmen und die Ausgangsleistung generell höher ist. Der genaue Einfluß der Modenstruktur ist zwar auch noch von den g-Parametern der Spiegel abhängig, wodurch man diese Kurven nicht unbedingt auf jeden Resonator im TEM_{00}-Mode-Betrieb übertragen kann, jedoch sind diese Unterschiede gering.

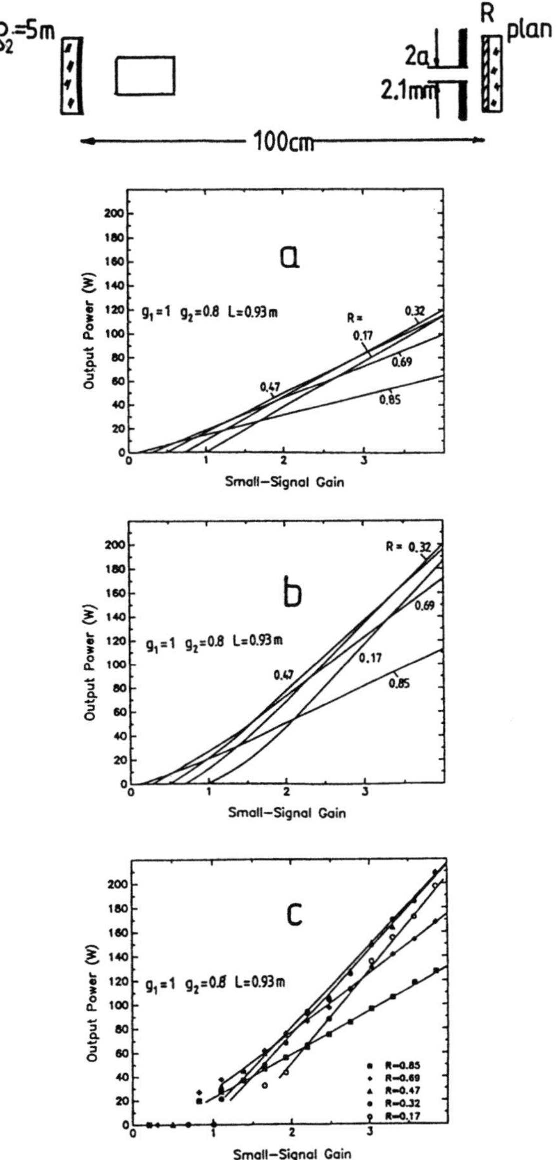

Bild 4.24 Berechnete Ausgangsleistungen eines stabilen Resonators im TEM_{00}-Mode-Betrieb in Abhängigkeit der Kleinsignalverstärkung. Parameter ist der Reflexionsgrad des Auskoppelspiegels. a) nach dem Rigrod-Modell (4.24) mit $\gamma = w^2/b^2$ und dem passiven Verlustfaktor, b) mittels Beugungstheorie und damit Berücksichtigung der sich ändernden Modenstruktur, c) gemessene Ausgangsleistungen (Nd:YAG-Stab, b=5mm, Einzelschußbetrieb).

b) Multimode-Betrieb

Im Multimode-Betrieb führt die nichtlineare Verstärkung zwar auch zur
Verbreiterung des Strahls im aktiven Medium, jedoch bleibt die Struktur
des ausgekoppelten Strahls relativ homogen (Bild 4.25,4.26). Die Erhöhung
des Füllfaktors verursacht deshalb zwar erhöhte Verluste auf der Blende, jedoch bleibt die Ausgangsleistung davon unberührt. Der erhöhte Inversionsabbau am Rand des Modes kommt nicht der Ausgangsleistung zu-
gute, sondern wird durch die Blende abgeblockt. Die Ausgangsleistung im
Multimodefall läßt sich deshalb stets mit dem Rigrodmodell (4.24) berechnen, wenn als Modenfläche die Fläche der Blende und der Verlustfaktor des passiven Resonators von 1-2% (siehe Abschn 3.1.2) benutzt
wird.

Der Leistungsverlust auf der Blende kann durchaus sehr hohe Werte annehmen, wie die experimentellen Daten in Bild 4.27 zeigen. Aus diesem
Grund kommt es bei Hochleistungs-Lasern zum Abbrennen der Blenden,
falls diese nicht gekühlt werden. Entscheidend für die Höhe der Verluste
ist das Verhältnis von Stabradius zu Blendenradius. Je größer dieses
Verhältnis desto mehr Platz bietet sich dem Strahl sich im aktiven
Medium auszubreiten und entsprechend erhöhen sich die Verluste auf
der Blende.

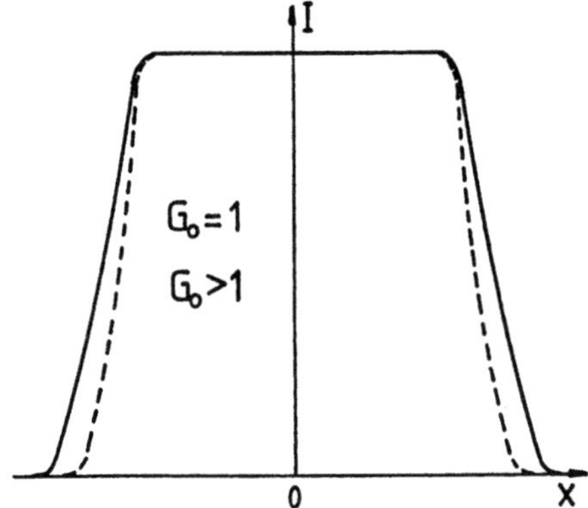

Bild 4.25 Multimode-Strahlen verbreitern sich im aktiven Medium durch
die nichtlineare Verstärkung, die Struktur des durch die Blende ausgekoppelten Anteils bleibt jedoch homogen.

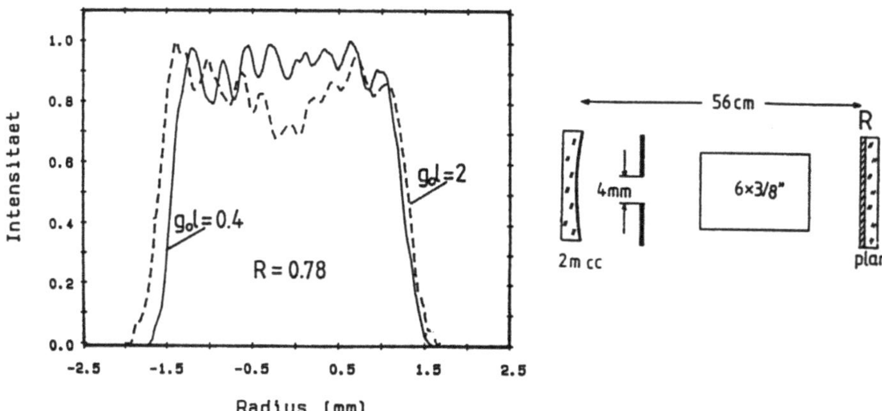

Bild 4.26 Gemessene Intensitätsverteilungen eines Multimodestrahls für zwei verschiedene Kleinsignalverstärkungen auf dem der Blende gegenüberliegenden Spiegel (Nd:YAG-Laser, g_1=1,0, g_2=0,75, L_{eff}=50cm, Einzelschußbetrieb, Pulslänge 1 ms).

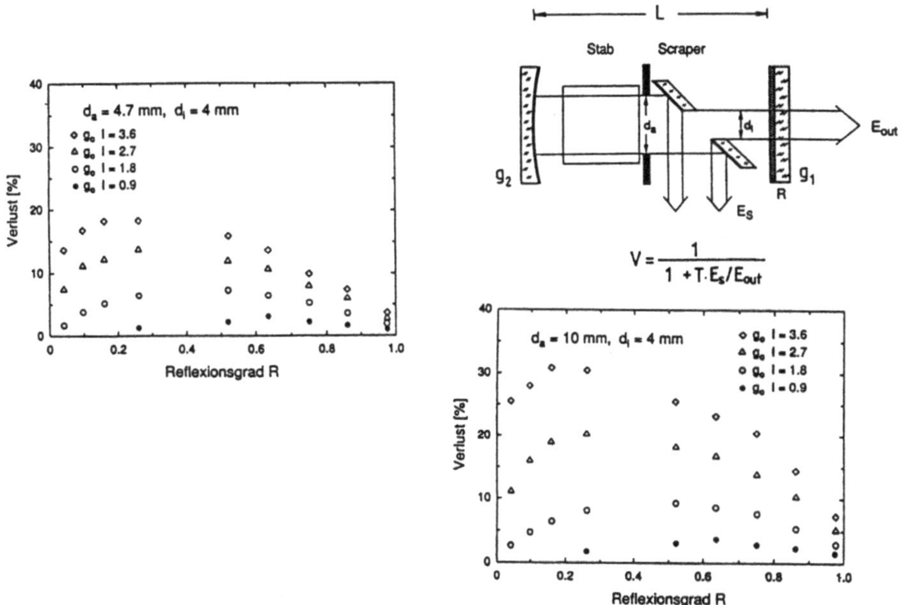

Bild 4.27 Gemessener Verlust eines stabilen Resonators im Multimode-Betrieb für verschiedene Blendenradien in Abhängigkeit der Kleinsignalverstärkung und des Reflexionsgrades des Spiegels. Der Verlust gibt den auf den Rand des Scrapers auftreffenden Anteil der Leistung an.

250

c) instabiler Resonator

Beim instabilen Resonator ergeben sich ganz ähnliche Verhältnisse wie beim stabilen Resonator im TEM_{00}-Mode-Betrieb. Die Flanken des Modes heben sich mit wachsender Kleinsignalverstärkung, wodurch sowohl der Füllfaktor als auch der Verlust (Bild 4.28) steigen. Die Zunahme des Verlustes bedeutet aber beim instabilen Resonator, daß der Auskoppelgrad des Resonators zunimmt. Um die maximal mögliche Ausgangsleistung aus einem Resonator, egal ob stabil oder instabil, zu erhalten, muß der Auskoppelgrad an die jeweilige Kleinsignalverstärkung angepaßt werden (siehe (4.29)). Da beim instabilen Resonator der Verlustfaktor mit der Kleinsignalverstärkung sinkt, kann man i.a. nicht die Verlustfaktoren des passiven Resonators (siehe Abschn.3.3) als Grundlage zum Aufbau eines optimierten Resonators nehmen, da die Auskopplung sich, wie gesagt, mit der Pumpleistung erhöht. Vielmehr muß diese Änderung dadurch berücksichtigt werden, daß man einen Resonator auswählt, dessen passiver Verlustfaktor etwas höher als der optimale liegt und erst bei der entsprechenden Pumpleistung der optimale Auskoppelgrad erreicht wird (siehe dazu Abschn.4.7).

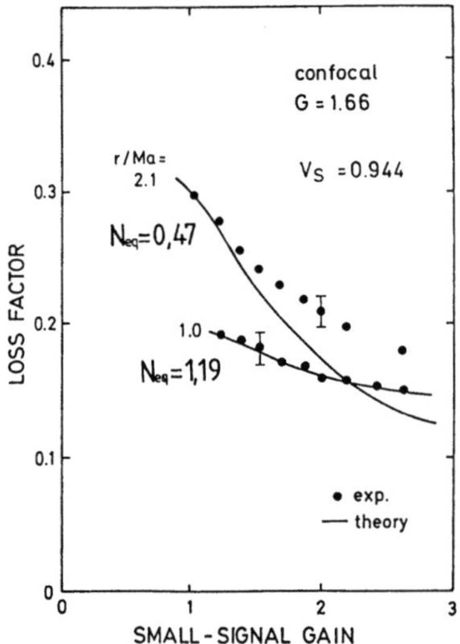

Bild 4.28 Gemessener und berechneter Verlauf des Verlustfaktors eines konfokalen instabilen Resonators mit Vergrößerung *M=3* in Abhängigkeit der Kleinsignalverstärkung für zwei verschiedene äquivalente Fresnelzahlen (3×1/4-Zoll-Nd:YAG-Stab) [4.28].

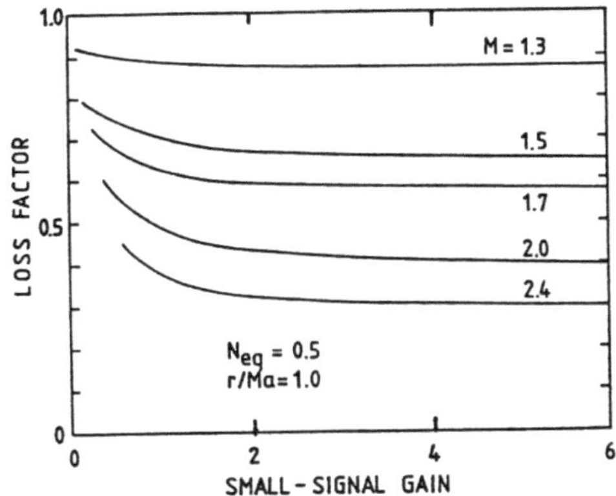

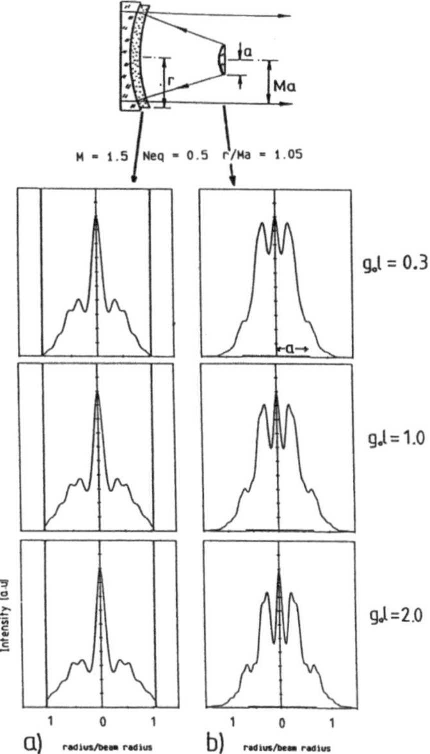

Bild 4.29 Berechneter Verlauf des Verlustfaktors pro Umlauf konfokaler
instabiler Resonatoren verschiedener Vergrößerung mit N_{eq}=0,5 in Abhängigkeit der Kleinsignalverstärkung $g_o l$. Die radialen Intensitätsverteilungen auf den Spiegeln sind für einige Kleinsignalverstärkungen für
den Fall M=1,5 gezeigt.

4.5 Resonatoren mit thermischer Linse

Bei Festkörper-Lasern tritt das Problem auf, daß das aktive Medium eine
thermisch induzierte Brechkraft für durchgehendes Licht aufweist. Der
Pumpprozess führt zu einer Temperaturerhöhung im Medium, da nur etwa
ein Drittel der absorbierten Pumpleistung in Form von Inversion gespei-
chert und der Rest durch strahlungslose Übergänge in Form von Wärme
an das Material abgegeben wird. Gleichzeitiges Kühlen der Außenflächen
führt zu einem parabolischen Temperaturprofil (Bild 4.30), das aufgrund
der Temperaturabhängigkeit des Brechungsindex und der thermoopti-
schen Spannung ein parabolisches Brechungsindexprofil zur Folge hat.
Für einen Stab gilt für den radialen Brechungsindexverlauf:

$$n(r) = n_0 \left(1 - \gamma r^2\right) \tag{4.30}$$

Ein parallel einfallendes Lichtbündel wird durch diese thermische Linse
fokussiert falls $\gamma > 0$, da die optische Weglänge größer wird je näher ein
Strahl sich am Stabzentrum befindet (genau wie bei einer Sammellinse:
hier ist allerdings die optische Weglänge über die durchlaufene Dicke
und nicht über den Brechungsindex ortsabhängig).
Die Brechkraft D des Mediums der Länge ℓ ergibt sich in erster Näherung zu

$$D = 2\gamma n_0 \ell \tag{4.31}$$

wobei Endflächeneffekte (Verbiegung) vernachlässigt werden [4.2,4.39].

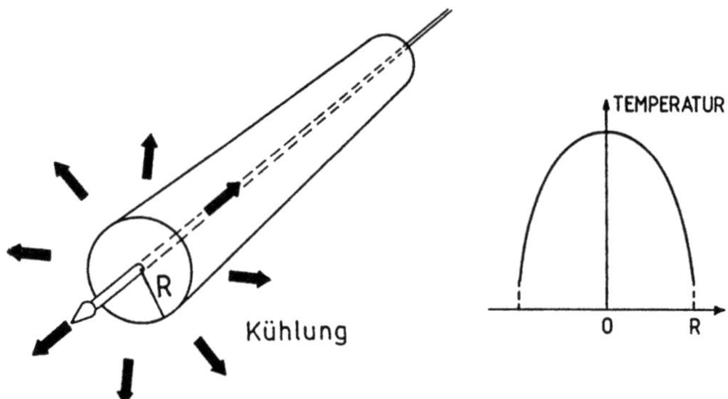

Bild 4.30 Wärmedeposition durch den Pumpprozess und Kühlung der
Mantelfläche führt beim Laserstab zu einem parabolischen Temperatur-
und Brechungsindexverlauf.

Der Parameter γ wächst bei gepulsten Lasern proportional zur elektrischen Pumpleistung P_{elektr}, so daß die Brechkraft in der Form

$$D = \frac{\alpha}{F}\, P_{elektr} \qquad\qquad (4.32)$$

mit α : thermischer Linsenkoeffizient

       F : Querschnittsfläche des Mediums

ausgedrückt werden kann und unabhängig von der Länge ist. Das Verhältnis von thermischem Linsenkoeffizient α zum Anregungswirkungsgrad η_{excit} ist für ein Lasermaterial charakteristisch, denn je höher der Anregungswirkungsgrad, desto stärker erwärmt sich auch das Material und dementsprechend größer wird die Brechkraft.

Die Anregungswirkungsgrade kommerzieller Stab-Laser unterscheiden sich für ein Lasermaterial jedoch nur geringfügig, so daß man einen für ein Material typischen Linsenkoeffizienten angeben kann. Tabelle 4.3 vergleicht thermische Linsenkoeffizienten verschiedener Materialien und die Brechkraft die jeweils pro kW Pumpleistung bei einem Stabdurchmesser von 10mm entsteht.

Tabelle 4.3 Thermische Linsenkoeffizienten verschiedener Laser-Materialien und daraus resultierende Brechkräfte bei 1 kW elektr. Pumpleistung für einen Stab mit 10mm Durchmesser (* σ-pol.,1053nm; ** π-pol.,1047nm). Schwankungen des Linsenkoeffizienten sind durch unterschiedliche Pumpbedingungen aber auch durch unterschiedliche Kristallqualitäten bedingt.

Material	$\alpha(mm \cdot kW^{-1})$	$D(m^{-1})$
Nd:YAG	0,023	0,3
Nd:Glas	0,16	2,1
Nd:Cr:GSGG	0,037-0,057	0,48-0,75
Nd:Cr:GGG	0,081-0,092	1,05-1,2
Nd:YAP	0,037-0,069	0,48-0,9
Nd:YLF	-0,003*;0,0014**	-0,048;0,018
Alexandrit	0,007-0,012	0,09-0,16

Die thermische Linse führt zu einer Beeinflussung des Strahlverlaufs, die mit steigender Pumpleistung wächst und dadurch die Strahlqualität des Lasers von der Pumpleistung abhängig macht.

4.5.1 Stabile Resonatoren mit thermischer Linse

Die theoretische Behandlung der Resonatoreigenschaften erfolgt genau wie bei den Linsenresonatoren in Abschn.3.4, jedoch wird die Linse nun nicht durch die Matrix der dünnen Linse [4.36]

$$M_{DL} = \begin{pmatrix} 1 & 0 \\ -D & 1 \end{pmatrix}$$

sondern durch die Strahlmatrix der thermischen Linse mit Länge (Abschn.1.1) [4.57]

$$M_{TL} = \begin{pmatrix} \cos\sqrt{2\gamma}\,\ell & \dfrac{1}{\sqrt{2\gamma}\,n_0}\,\sin\sqrt{2\gamma}\,\ell \\[2mm] \dfrac{n_0}{\sqrt{2\gamma}}\,\sin\sqrt{2\gamma}\,\ell & \cos\sqrt{2\gamma}\,\ell \end{pmatrix} \tag{4.33}$$

beschrieben. Gegenüber der in Bild 1.5 angegeben Strahlmatrix ist hier noch die Brechung beim Übergang berücksichtigt worden.

Da in der Regel $\sqrt{2\gamma}\,\ell \ll 1$ gilt, läßt sich diese Matrix durch Reihenentwicklung bis zum quadratischen Glied nähern:

$$M_{TL} \approx \begin{pmatrix} 1 - Dh & \ell/n_0 \\ -D & 1 - Dh \end{pmatrix} \tag{4.34}$$

mit $\quad D = 2\gamma n_0 \ell \quad$ und $\quad h = \ell/2n_0$

Man erhält also die Strahlmatrix einer dicken Linse mit Hauptebenenabstände h und Brechkraft D.

Diese Näherung ist für $\sqrt{D\ell/n_0} < 0{,}5$ anwendbar. Im Grenzfall $0{,}5$ ergeben sich geringfügige Abweichungen im Prozentbereich von Strahlradien und Strahlverlauf. Da die Gültigkeit der Näherung bei fast allen Festkörper-Lasern erfüllt ist, sind alle folgenden Formeln unter Verwendung der Matrix (4.34) hergeleitet. Es gelten alle in Abschn.3.4 abgeleiteten Beziehungen mit dem Unterschied, daß d_1 und d_2 jetzt die Abstände zwischen Hauptebene und Spiegel sind.

Um den Strahlverlauf des Gaußstrahls zu finden, benutzt man den Formalismus des äquivalenten Resonators (Abschn.3.4). Ein Resonator mit interner thermischer Linse (Linsenresonator) besitzt die gleichen Gaußstrahlradien auf den Resonatorspiegeln wie ein äquivalenter Resonator mit den g-Parametern g_i^* und der Länge L^*. Es gilt hierbei (Bild 4.31)

$$g_i^* = g_i - Dd_j(1 - d_i/\rho_i) \qquad (4.35)$$
$$g_i = 1 - L/\rho_i \qquad\qquad i \neq j = 1,2 \qquad (4.36)$$
$$L^* = L - Dd_1 d_2 \qquad (4.37)$$

mit der effektiven Resonatorlänge (Abschn.4.1) $L = d_1 + d_2 = L_0 - (n_0 - 1)\ell/n_0$

Der Strahlverlauf im Resonator kann aus den bekannten Strahlradien auf den Spiegeln rekonstruiert werden, da die Spiegeloberflächen auch hier Phasenflächen sind.

Das Verhalten des Linsenresonators läßt sich im äquivalenten g-Diagramm (Bild 4.32) veranschaulichen. Der Resonator startet bei Brechkraft null im Punkt (g_1,g_2) und wandert mit steigender Brechkraft auf einer Geraden durch das g-Diagramm. Dabei durchläuft der Resonator sowohl stabile Bereiche $(0<g_1^*g_2^*<1)$ als auch instabile Bereiche. Ob ein Linsenresonator stabil oder instabil ist, ist dadurch festgelegt, in welchem Bereich sich der äquivalente Resonator in seinem g-Diagramm aufhält [4.48].

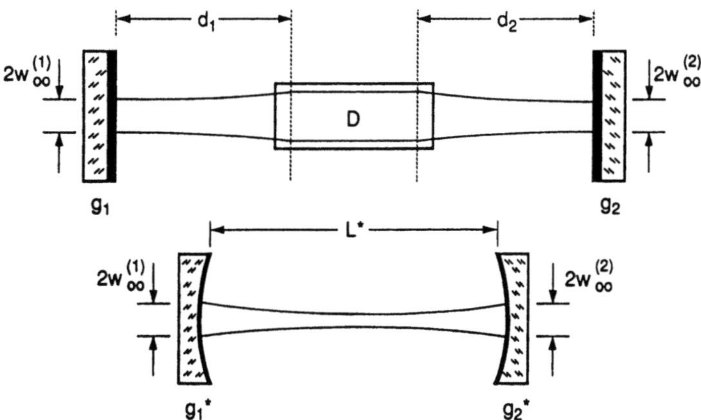

Bild 4.31 Die Gaußstrahlradien auf den Spiegeln des Linsenresonators sind die gleichen wie auf den Spiegeln des äquivalenten Resonators mit Länge L^* und g-Parametern g_i^*.

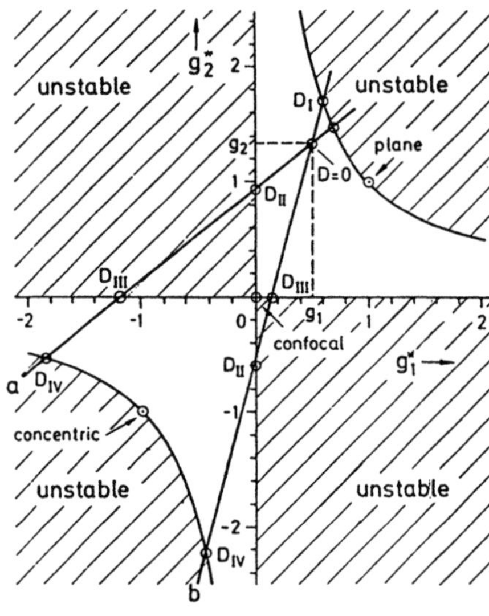

Bild 4.32 Linsenresonatoren bewegen sich auf Geraden durch das äquivalente g-Diagramm. Die Steigung hängt von der Position des Mediums und den Resonatorparametern ab.

Vier charakteristische Brechkräfte existieren, bei denen der Resonator eine Stabilitätsgrenze erreicht (Bild 4.32):

$$a) \quad g_1{}^*g_2{}^*=1 \ und \ g_1{}^*>0 \ : \qquad D_I \ = \ -\frac{1}{\rho_1-d_1} \ - \ \frac{1}{\rho_2-d_2} \qquad (4.38)$$

$$b) \quad g_1{}^* = 0 \qquad : \qquad D_{II} \ = \ -\frac{1}{\rho_1-d_1} \ + \ \frac{1}{d_2} \qquad (4.39)$$

$$c) \quad g_2{}^* = 0 \qquad : \qquad D_{III} \ = \ \frac{1}{d_1} \ - \ \frac{1}{\rho_2-d_2} \qquad (4.40)$$

$$d) \quad g_1{}^*g_2{}^*=1 \ und \ g_1{}^*<0 \ : \qquad D_{IV} \ = \ \frac{1}{d_1} \ + \ \frac{1}{d_2} \qquad (4.41)$$

Ist $|D_{II}|<|D_{III}|$, so verläuft die Gerade oberhalb des Ursprungs durch das g-Diagramm, anderenfalls unterhalb. Für $D_{II}=D_{III}$ kann der Resonator den Punkt $g_1{}^*=g_2{}^*=0$ erreichen. Solche Resonatoren müssen die Bedingung

$$\frac{d_2}{d_1} \ = \ \sqrt{\frac{g_1}{g_2}} \qquad (4.42)$$

erfüllen.

Beispiel: Nd:YAG-Stab, ℓ=15cm, n_0=1,82

Resonator: ρ_1=∞m, ρ_2=3m, d_1=0,3m, d_2=0,5m, d.h. Abstände der Spiegel zur nächsten Stabendfläche sind 0,259m und 0,459m.

Geometrische Resonatorlänge: L_0=0,868m

Startpunkt des Resonators im g-Diagramm: g_1=1, g_2=0,7333

Die Grenzbrechkräfte ergeben sich zu:

D_I= -0,4 m^{-1}, D_{II}= 2,0 m^{-1}, D_{III}= 2,093 m^{-1}, D_{IV}= 5,333 m^{-1}.

TEM$_{00}$-Mode im Linsenresonator

Der Strahlverlauf im Resonator kann aus den bekannten Strahlradien auf den Resonatorspiegeln rekonstruiert werden, da die Spiegeloberflächen stets Phasenflächen sind (Bild 4.33). Der Gaußstrahl besitzt zwei Taillen, deren Position und Radius sich mit der Brechkraft ändern.

Es gilt:

$$\text{Strahlradius auf Spiegel } i: \quad w_i^2 = \frac{\lambda}{\pi} L^* \sqrt{\frac{g_j^*}{g_i^*(1-g_1^*g_2^*)}} \qquad (4.43)$$

$$\text{Taillenradius} \quad : \quad w_{0i}^2 = \frac{\lambda}{\pi} L^* \frac{\sqrt{g_1^*g_2^*(1-g_1^*g_2^*)}}{g_j^*(L^*/\rho_i)^2 + g_i^*(1-g_1^*g_2^*)} \qquad (4.44)$$

$$\begin{array}{l}\text{Strahlradius an den} \\ \text{Hauptebenen}\end{array} \quad : \quad w_L^2 = w_1^2 \left[\left(1 - \frac{d_1}{\rho_1}\right)^2 + \left(\frac{d_1}{L^*}\right)^2 \frac{g_1^*(1-g_1^*g_2^*)}{g_2^*} \right] \qquad (4.45)$$

$$\text{Position der Taille } i \quad : \quad \frac{L_{0i}}{L} = \frac{g_i^*(L^*/\rho_i)}{g_j^*(L^*/\rho_i)^2 + g_i^*(1-g_1^*g_2^*)} \qquad (4.46)$$

$$\text{Öffnungswinkel} \quad : \quad \theta_{0i} = \frac{\lambda}{\pi w_{0i}} \qquad (4.47)$$

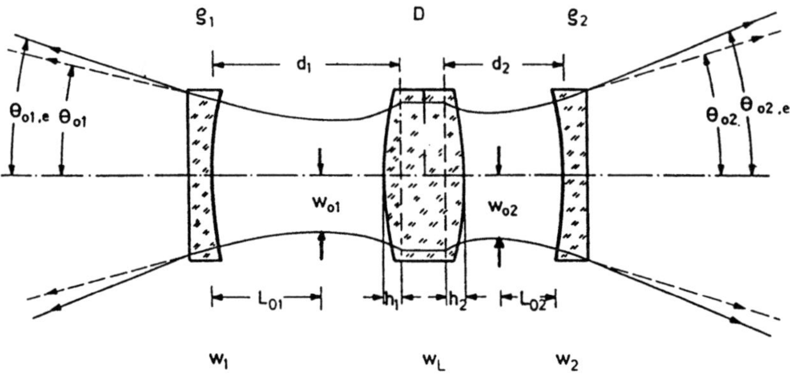

Bild 4.33 Strahlverlauf des Gaußstrahls in einem Linsenresonator.

Ist $L_{oi} < 0$, so liegt die Taille links von Spiegel i, andernfalls rechts davon. Durch die thermische Linse wird der Öffnungswinkel des Gaußstrahl asymmetrisch, da die beiden Taillenradien in der Regel nicht gleich sind. Das Strahlparameterprodukt hängt aber nicht davon ab auf welcher Seite man den Strahl in Bild 4.33 auskoppelt. Es gilt stets:

$$\theta_{o1} w_{o1} = \theta_{o2} w_{o2} = \lambda/\pi \tag{4.48}$$

Die oben angegebenen Formeln zur Berechnung des Gaußstrahls sind leider zu kompliziert um sie in allgemeiner Form zu diskutieren. Der typische Verlauf der Größen in Abhängigkeit der Brechkraft ist deshalb im folgenden nur für ein Beispiel gezeigt.

Wir betrachten wieder den Resonator mit $\rho_1 = \infty\,$m, $\rho_2 = 3$m, $d_1 = 0{,}3$m, $d_2 = 0{,}5$m mit den schon bekannten Grenzbrechkräften D_I-D_{IV}. Bild 4.34 zeigt die Abhängigkeit des Gaußstrahlradius im aktiven Medium und auf den Resonatorspiegeln sowie der Taillenradien von der Brechkraft der thermischen Linse.

An den Stabilitätsgrenzen gehen die Taillenradien entweder gegen unendlich oder null, wobei die Divergenzwinkel das reziproke Verhalten zeigen. Typisch ist, daß sich der Gaußstrahlradius im Medium beim Durchlaufen eines stabilen Bereichs zunächst zusammenzieht und dann wieder gegen Unendlich auseinanderläuft. Unabhängig vom speziellen Aufbau des Resonators liegt das Minimum des Strahlradius $w_{L,min}$ etwa in der Mitte des stabilen Bereichs der gerade durchfahren wird.

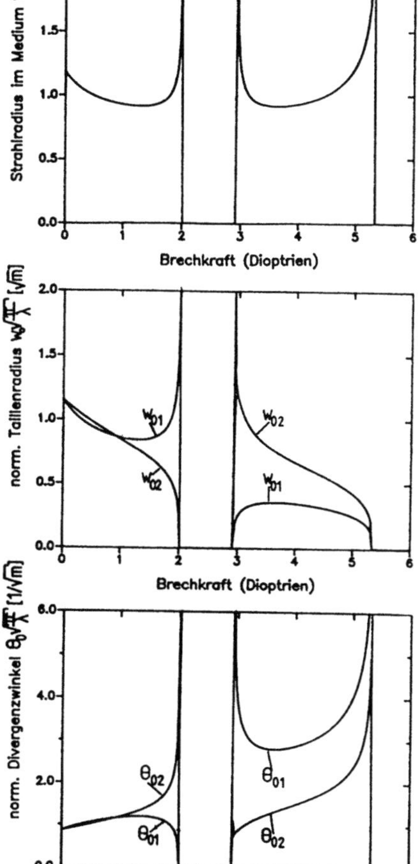

Bild 4.34 Gaußstrahlradius im Medium w_L, Taillenradien w_{oi} und Divergenzwinkel θ_{oi} in Abhängigkeit der Brechkraft der thermischen Linse ($\rho_1=\infty$m, $\rho_2=3$m, $d_1=0{,}3$m, $d_2=0{,}5$m).

Bezeichnet ΔD den Brechkraftbereich, innerhalb dessen der Resonator stabil ist, so gilt für den minimalen Gaußstrahlradius im Medium [4.51]:

$$w_{L,min}^2 \;=\; \frac{4\,\lambda}{k\,\pi\,\Delta D} \tag{4.49}$$

mit $\quad k = 1$, falls der konfokale Punkt $g_1{}^*=g_2{}^*=0$ durchfahren wird
$ k = 2$, sonst

Innerhalb eines breiten Brechkraftbereiches bleibt der Gaußstrahlradius im Medium dabei relativ konstant. Dieser Bereich wird als Arbeitsbereich des Lasers gewählt. Das Medium muß durch eine Blende an den minimalen Strahlradius angepaßt werden, d.h. mit Blendenradius $a=1,3\,w_{L,min}$, da höhere Moden schwingen falls der Stabradius zu groß ist. Ohne Begrenzung führt das Zusammenziehen des Gaußstrahles im Medium zum Anschwingen von immer höheren transversalen Moden und damit zur Verschlechterung der Strahlqualität, nach Überschreiten des halben stabilen Brechkraftbereichs wird die Strahlqualität mit steigender Pumpleistung wieder besser.

Multimode-Betrieb

Ist der Resonator nicht durch eine interne Blende begrenzt, so bestimmt die Querschnittsfläche des aktiven Mediums die Strahlqualität des Resonators (zur Definition der Strahlqualität siehe Abschn.3.1.1).
Bei einem Stab mit Radius b ist die maximale Ordnung transversaler Moden in sehr guter Näherung durch das Verhältnis von Querschnittsfläche des Mediums πb^2 zur Fläche des Gaußstrahls im Medium πw_L^2 gegeben. Die Gütezahl K des Resonators ergibt sich also zu

$$K \cong \left(\frac{w_L}{b}\right)^2 \qquad\qquad K < 1 \qquad\qquad (4.50)$$

und hängt, da sich der Gaußstrahlradius w_L mit der Brechkraft ändert, von der Pumpleistung ab. Einsetzen von (4.45) ergibt somit für die Gütezahl der Strahlqualität

$$K = \frac{\lambda L^*}{\pi b^2}\sqrt{\frac{g_2{}^*}{g_1{}^*(1-g_1{}^*g_2{}^*)}}\left[\left(1-\frac{d_1}{\rho_1}\right)^2 + \left(\frac{d_1}{L^*}\right)^2\frac{g_1{}^*(1-g_1{}^*g_2{}^*)}{g_2{}^*}\right] \qquad (4.51)$$

Diese Gleichung gilt nur, solange $K < 1$ ist. In der Nähe der Stabilitätsgrenzen geht K gegen eins und nimmt jenseits dieser Grenzen wieder ab. In rechteckigen Medien muß der Radius durch die halbe Breite des Mediums ersetzt werden, und es treten zwei Gütezahlen K_x, K_y auf.

Aus der Gütezahl können Strahlparameterprodukt $w\theta$, die Taillenradien w_{mi} und Divergenzwinkel θ_{mi} berechnet werden:

$$w_{mi} = \frac{w_{0i}}{\sqrt{K}} \qquad \theta_{mi} = \frac{\theta_{0i}}{\sqrt{K}} \qquad w\theta = w_{m1}\theta_{m1} = w_{m2}\theta_{m2} = \frac{\lambda}{\pi K}$$

Die Positionen der Strahltaillen sind dabei die gleichen wie beim Gauß-strahl, d.h. durch (4.46) gegeben.

Bemerkenswert ist, daß das Strahlparameterprodukt nicht von der Wellenlänge λ abhängt, solange K kleiner eins ist. Im Multimode-Betrieb kann eine kleinere Wellenlänge nicht die Strahlqualität verbessern. Zwar wird das Strahlparameterprodukt des Gaußstrahls kleiner, jedoch die Fläche des Gaußstrahls in gleichem Maße, so daß entsprechend mehr transversale Moden oszillieren.

Wie schon im letzten Abschnitt diskutiert, ist zu erwarten, daß das Strahlparameterprodukt an den Stabilitätsgrenzen beugungsbegrenzt und etwa in der Mitte des stabilen Bereichs ein Maximum besitzt. Bild 4.35 zeigt den Verlauf des Strahlparameterprodukts $w\theta$ für einige Resonatoren. Über das Strahlparameterprodukt in den instabilen Bereichen können wir hier noch keine Aussagen treffen, weshalb diese nicht eingezeichnet sind. Das ist jedoch auch nicht nötig, da die Ausgangsleistung der stabilen Resonatoren beim Eindringen in den instabilen Bereich aufgrund der hohen Verluste sehr schnell abnimmt.

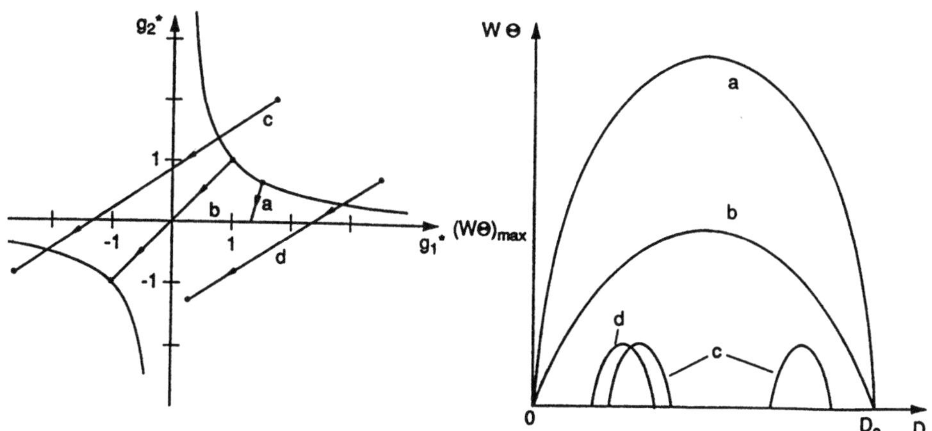

Bild 4.35 Verlauf des Strahlparameterprodukts für verschiedene Resonatoren in Abhängigkeit der Brechkraft D, bei gleichem Maximalwert der Brechkraft D_0 und gleichem Radius des aktiven Mediums b. Das äquivalente Stabilitätsdiagramm der Resonatoren ist links dargestellt.

Zwischen dem maximalen Strahlparameterprodukt $(w\theta)_{max}$ und dem Brechkraftbereich ΔD indem der Resonator stabil ist, gilt die Beziehung [4.2,4.54,4.56,4.58]:

$$\frac{(w\theta)_{max}}{b^2} = k \ \frac{\Delta D}{4} \tag{4.52}$$

mit $k = 1$, falls der Ursprung des g-Diagramms durchfahren wird

$\quad\quad k = 2$, sonst

Um möglichst gute Strahlqualität zu erhalten, muß der Resonator so gewählt werden, daß er einen möglichst geringen stabilen Brechkraftbereich ΔD besitzt. Das ist in den meisten Fällen problematisch, da der Brechkraftbereich ΔD_L den der Laser durchfährt (in Bild 4.35 von 0 bis D_0) sehr groß ist. Der Wunsch nach guter Strahlqualität kann dann nur durch Einschränken des Arbeitsbereiches (Pumpleistungsbereich) erfüllt werden. Ein Beispiel aus der Praxis soll diese Problematik etwas erläutern.

Beispiel : Aufgabenstellung

Ein Nd:YAG-Laser mit einem Stab von 15cm Länge und 10mm Durchmesser soll bei der maximalen Pumpleistung von 10kW noch stabil sein, um eine möglichst hohe Ausgangsleistung zu erhalten, darf aber bei keiner Pumpleistung ein Strahlparameterprodukt größer als 10 mm·mrad liefern. Die Brechkraft des Stabes ist 0,3 m^{-1} pro kW Pumpleistung.

Lösung:

Wir wählen einen Resonator, der durch den Ursprung des g-Diagramms läuft, da dann der größte stabile Brechkraftbereich ΔD zu einem gegebenen maximalen Strahlparameterprodukt erreicht werden kann (k=1 in (4.52))

Aus (4.52) ergibt sich mit $(w\theta)_{max}$=10 mm·mrad ΔD zu 1,6 m^{-1}, d.h der Brechkraftbereich ist erheblich kleiner als der Brechkraftbereich des Lasers von ΔD_L=3,6 m^{-1}.

Da der Resonator bei 3,6 m^{-1} noch sicher im stabilen Bereich sein soll, wählen wir einen Resonator der bei 2,2 m^{-1} stabil wird, d.h. erst bei 3,8 m^{-1} den stabilen Bereich wieder verlassen würde, und der Einfachheit halber einen symmetrischen Aufbau (Bild 4.36). Es muß also gelten:

$$D_I=2,2 \ m^{-1} \ und \ D_{IV}=3,8 \ m^{-1}$$

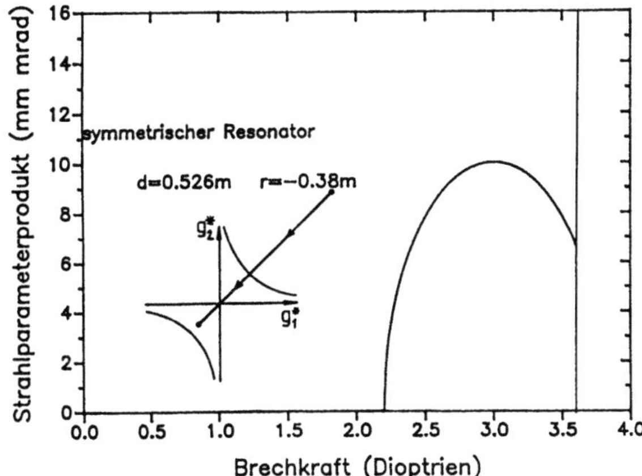

Bild 4.36 Zum Aufbau eines Resonators mit $(w\theta)_{max}$<10mm·mrad bei einem Brechkraftbereich des Lasers von 3,6 m^{-1}. Verlauf des Resonators im äquivalenten g-Diagramm und das Strahlparameterprodukt in Abhängigkeit der Brechkraft sind dargestellt.

Mit $d_1=d_2=d$ und $g_1=g_2=1-2d/\rho$ folgt aus den Formeln für die Grenzbrechkräfte $D_I=2/(d-\rho)$ = 2,2 m^{-1} und $D_{IV}=2/d$ = 3,8 m^{-1}, der Hauptebenenabstand d zu 0,526 m und der Krümmungsradius der Spiegel zu $\rho=-0,383$ m. Die geometrische Länge des Resonators ist $L_0=2d+(n_0-1)\ell/n_0=$ 1,12 m. Bild 4.36 zeigt den zu erwartenden Verlauf des Strahlparameterprodukts.

Wie auch in diesem Beispiel, wird in vielen Fällen der stabile Brechkraftbereich ΔD des Resonators nicht ganz ausgenutzt, sondern nur ein Teil ΔD_A. Wie erhält man in diesen Fällen das maximale Strahlparameterprodukt? Hierzu muß man zwei Fälle unterscheiden:

a) ΔD_A > $\Delta D/2$

d.h. wenigstens der halbe stabile Brechkraftbereich des Resonators wird genutzt.

Da man in diesem Fall immer das Maximum der Strahlparameterkurve erreicht, gilt (4.52):

$$\frac{(w\theta)_{max}}{b^2} = k\,\frac{\Delta D}{4}$$

b) $\Delta D_A < \Delta D/2$

Das nach obiger Gleichung gegebene maximale Strahlparameterprodukt wird nicht mehr erreicht. Das maximale Strahlparameterprodukt ist deshalb kleiner und wird immer bei der höchsten Brechkraft erreicht. Es gilt in guter Näherung:

$$\frac{(w\theta)_{max}}{b^2} \cong k \, \frac{\Delta D}{4} \left[1 - \left(1 - \frac{2\Delta D_A}{\Delta D} \right)^2 \right] \qquad (4.53)$$

Bild 4.37 zeigt ein Beispiel für diesen Sachverhalt. Bei einem Lasersystem mit symmetrischem Plan-Plan-Resonator wird die Resonatorlänge symmetrisch verkürzt. Der Arbeitsbereich der Brechkraft ist $\Delta D_A = 3 m^{-1}$ und bleibt konstant, die Resonatorverkürzung bewirkt die Vergrößerung des stabilen Brechkraftbereichs ΔD. Mit abnehmender Resonatorlänge wird ΔD gemäß der Beziehung $\Delta D = D_{IV} = 2/d$ größer.

Bis $d = 1/3$ m wird noch das maximale Strahlparameterprodukt erreicht (Fall a)), bei weiterer Resonatorverkürzung muß das maximale Strahlparameterprodukt, das nun immer bei der maximalen Brechkraft erzielt wird, mit (4.53) berechnet werden.

Dieses Beispiel veranschaulicht auch die typische Längenabhängigkeit der Strahlqualität: gute Strahlqualität erfordert möglichst lange Resonatoren.

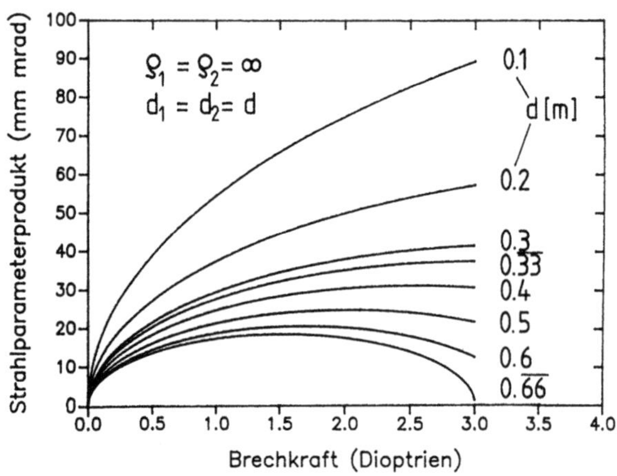

Bild 4.37 Berechnete Strahlparameterprodukte für symmetrische Plan-Plan-Resonatoren unterschiedlicher Länge in Abhängigkeit der Brechkraft. d:Abstand Spiegel-Hauptebene, Stabradius b=5mm.

Bilder 4.38/39 zeigen gemessene Strahldivergenzen und Strahlparameter-produkte im Vergleich mit den theoretischen nach (4.51). Ist die Brech-kraft bekannt, läßt sich also die Strahlqualität des Lasers sehr gut be-rechnen. Andererseits kann durch Vergleich zwischen Theorie und Ex-periment die Brechkraft bestimmt werden (siehe dazu auch Abschn.6.4).

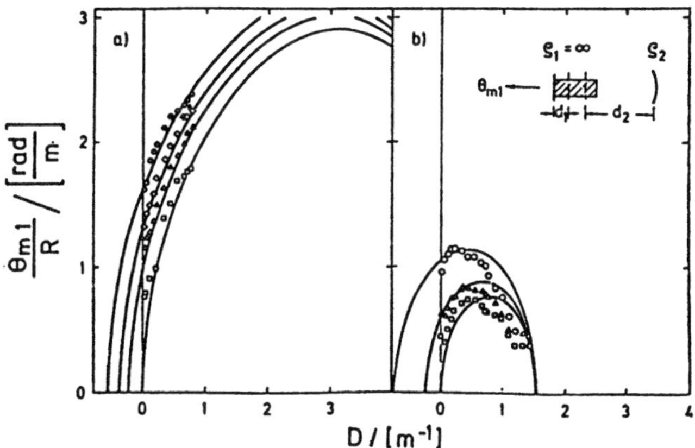

Bild 4.38 Normierter Multimode-Öffnungswinkel θ_{mi} für plan-sphärische Resonatoren mit verspiegelter Stabendfläche (Nd:YAG-Stab 6×90 mm², d_1=2,5cm, R:Stabradius). a) d_2=0,165m, b) d_2=0,64m.
Legende: □: ρ_2=∞m, ▵: ρ_2=5m, ◊: ρ_2=3m, o: ρ_2=2m.

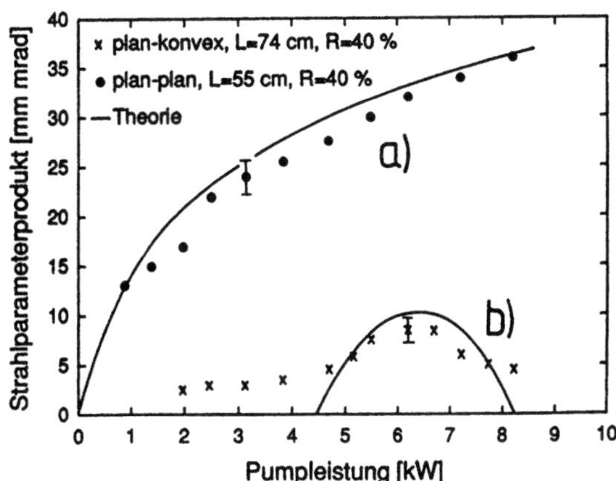

Bild 4.39 Gemessene und berechnete Strahlparameterprodukte eines Nd:YAG-Lasers (10mm×150mm Stab). a) d_2=d_1=0,24m, plan-plan
b) d_2=0,43m, d_1=0,24m, ρ_1=∞m, ρ_2=-0,34m.

Strahlradien, Divergenzwinkel, Fokussierung

Da sich der Taillenradius, Divergenzwinkel und Taillenposition mit der Brechkraft ändern, kommt es zur Variation der Fokusgröße und der Fokusposition (siehe Abschn.3.1.1).

Über weite Brechkraftbereiche ist jedoch entweder der Taillenradius oder der Divergenzwinkel relativ konstant (Bild 4.40). Benutzt man als Auskoppelspiegel einen Planspiegel, so bleibt auch die Position der Taille fest. Bei konstantem Taillenradius kann dann durch Fokussierung mittels eines Teleskops (siehe Abschn.3.1.1) die Strahltaille unabhängig vom Divergenzwinkel auf einen konstanten Fokusradius abgebildet werden. Der Fokusradius ändert sich im gleichen Maße wie der Taillenradius, so daß in den Brechkraftbereichen, in denen der Taillenradius konstant ist, eine entsprechende Konstanz des Fokusradius erzeugt wird [4.53].

In den Bereichen konstanten Divergenzwinkels und sich ändernden Taillenradius kann konstanter Fokusradius durch Fokussierung mit einer Linse, die im Abstand der Brennweite vom Auskoppelspiegels positioniert ist, erreicht werden (siehe Abschn.3.1.1) [4.53].

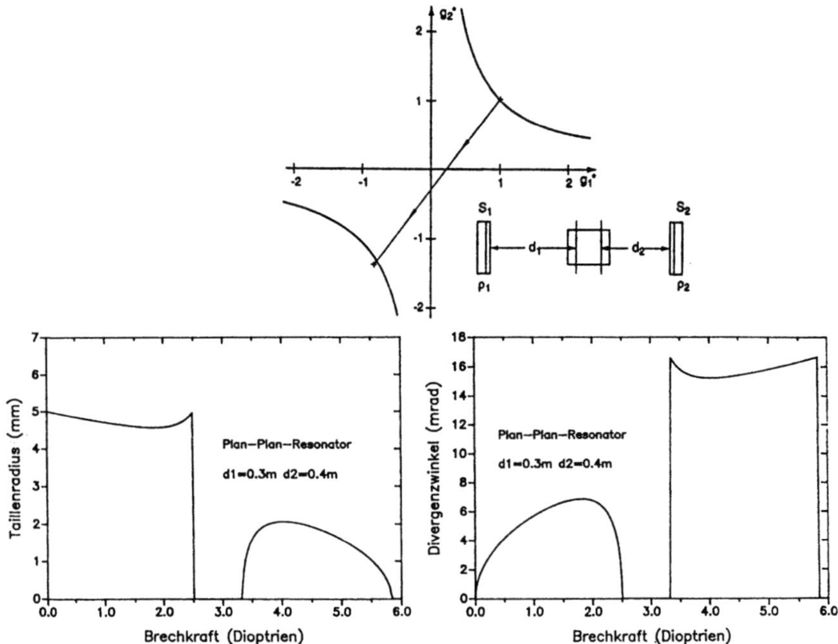

Bild 4.40 Taillenradius und Divergenzwinkel eines symmetrischen Plan-Plan-Resonators in Abhängigkeit der Brechkraft. *(b=5mm, d_1=0,3m, d_2= 0,4m, λ=1,064µm, Auskopplung am Spiegel 1).*

Welcher der beiden Fälle bei einem Resonator auftritt, hängt davon ab, an welcher Seite des Resonators ausgekoppelt wird. Wird an dem Spiegel ausgekoppelt, der näher zum Medium steht, so bleibt beim Durchfahren des ersten stabilen Bereichs der Taillenradius konstant, im zweiten stabilen Bereich gilt dies für den Divergenzwinkel. Bei Auskopplung am weiter entfernteren Spiegel ergeben sich umgekehrte Verhältnisse, d.h. man erhält zuerst einen relativ konstanten Divergenzwinkel.

Der Vollständigkeit halber sind im folgenden noch die Eigenschaften von Resonatoren gezeigt, die ohne Brechkraft im 2.-4. Quadranten des g-Diagramms starten. Da diese Resonatoren keine Plan-Spiegel besitzen, ändert sich die Position der Strahltaille mit der Brechkraft. Eine Abbildung der Strahltaille ist deshalb nur für eine feste Brechkraft möglich. Aus diesem Grund haben solche Resonatoren, jedenfalls im stabilen Arbeitsbereich, quasi keine praktische Bedeutung. Bilder 4.41-4.43 zeigen Strahlradien auf den Spiegeln und Divergenzwinkel von drei Resonatoren, deren stabile Arbeitsbereiche im dritten Quadranten des g-Diagramms liegen.

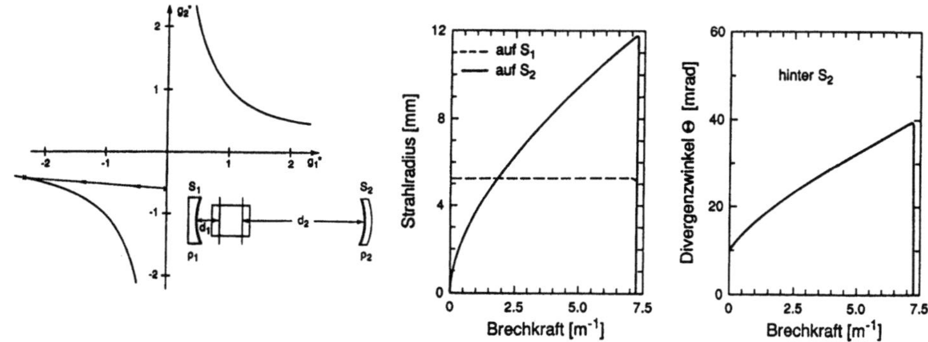

Bild 4.41 Berechnete Strahlradien auf den Spiegeln und Divergenzwinkel hinter Spiegel 2 in Abhängigkeit der Brechkraft D eines Linsenresonators im 3. Quadranten des g-Diagramms. (d_1=6,5cm, d_2=40,5cm, ρ_1=0,5m, ρ_2= 0,3m, b=5mm, λ=1,064μm).

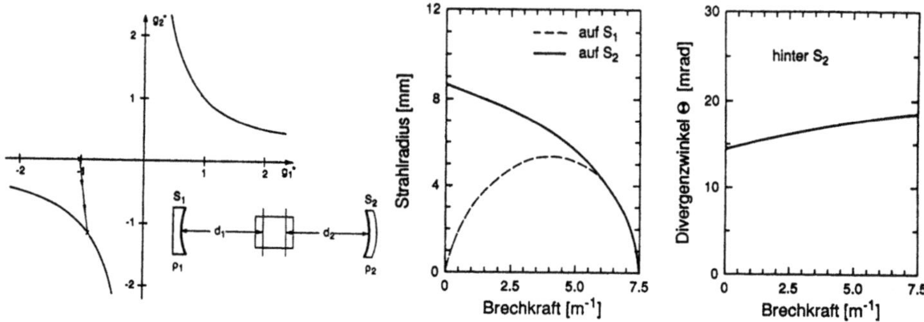

Bild 4.42 Berechnete Strahlradien auf den Spiegeln und Divergenzwinkel hinter Spiegel 2 in Abhängigkeit der Brechkraft D eines Linsenresonators im 3. Quadranten des g-Diagramms. (d_1=30,5cm, d_2=28,5cm, ρ_1=0,3m, ρ_2=0,6m, b=5mm, λ=1,064μm).

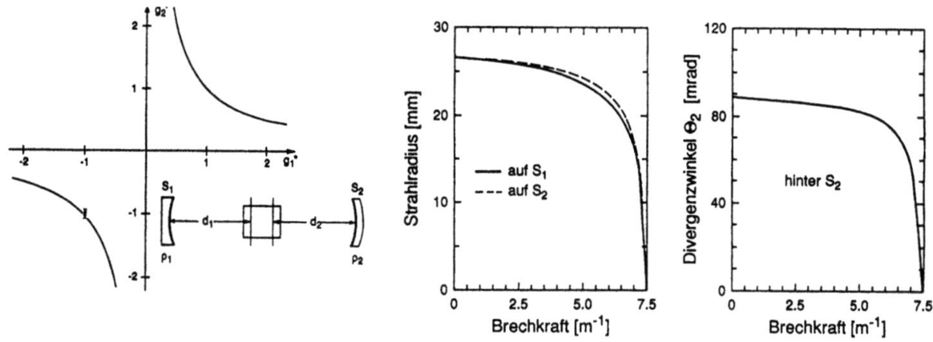

Bild 4.43 Berechnete Strahlradien auf den Spiegeln und Divergenzwinkel hinter Spiegel 2 in Abhängigkeit der Brechkraft D eines Linsenresonators im 3. Quadranten des g-Diagramms. (d_1=30,5cm, d_2=27,5cm, ρ_1=0,3m, ρ_2=0,3m, b=5mm, λ=1,064μm).

Besonders interessant ist der Fall des fast konzentrischen Resonators in Bild 4.43. Da genau im konzentrischen Punkt (d_1=d_2=ρ_1=ρ_2) die äquivalenten g-Parameter nach (4.35) nicht von der Brechkraft abhängen, bewegt sich der hier gezeigte Resonator nur wenig im g-Diagramm. Die relativ gute Konstanz von Strahlradius und Divergenzwinkel wird allerdings durch ein sehr hohes Strahlparameterprodukt von $w\theta$=260 mm mrad erkauft. Dies ist nicht weiter verwunderlich, denn auch hier gilt die Proportionalität zwischen Strahlparameterprodukt und stabilem Brechkraftbereich nach (4.52).

Ausgangsleistung und Strahlqualität

Da der Brechkraftbereich ΔD_{L} eines Lasers proportional zu einem Pumpleistungsbereich ΔP_{elektr} ist, können Lasersysteme die über einen großen Pumpleistungsbereich stabil arbeiten nicht gleichzeitig sehr gute Strahlqualität besitzen. Vielmehr gilt mit (4.52) und (4.32)

$$\frac{(w\theta)_{max}}{\Delta P_{elektr}} = k \; \frac{\alpha}{4\pi} \tag{4.54}$$

Ein kleiner Arbeitsbereich der Pumpleistung ΔP_{elektr} bewirkt jedoch, daß nur ein kleiner Bereich der Ausgangsleistung ausgenutzt wird (Bild 4.44) Hierbei wird vorausgesetzt, daß der Resonator bei Überschreiten der Stabilitätsgrenzen fast schlagartig die Leistung erhöht, was in Realität natürlich etwas langsamer vonstatten geht.
Zwischen Ausgangsleistungsbereich ΔP_{out} und Pumpleistungsbereich ΔP_{elektr} gilt der Zusammenhang (siehe (4.26))

$$\Delta P_{out} = \eta_{slope} \; \Delta P_{elektr}$$

so daß Relation (4.54) auch in der Form [4.54]

$$\frac{(w\theta)_{max}}{\Delta P_{out}} = \frac{k}{4\pi} \; \frac{\alpha}{\eta_{slope}} \tag{4.55}$$

geschrieben werden kann. Ein großer Bereich der Ausgangsleistung und gute Strahlqualität sind demnach nicht gleichzeitig erreichbar. Das Verhältnis von thermischem Linsenkoeffizient α zum Slope-Wirkungsgrad η_{slope} (hier ist der Slope-Wirkungsgrad bei optimaler Auskopplung gemeint) ist für ein gegebenes Laser-Material konstant und legt somit die erreichbare Strahlqualität bei gegebenem Arbeitsbereich der Ausgangsleistung fest. Je geringer das Verhältnis desto besser ist die Strahlqualität bei gleichem Ausgangsleistungsbereich. Tabelle 4.4 zeigt Werte von α/η_{slope} für verschiedene Festkörper-Laser-Materialien.

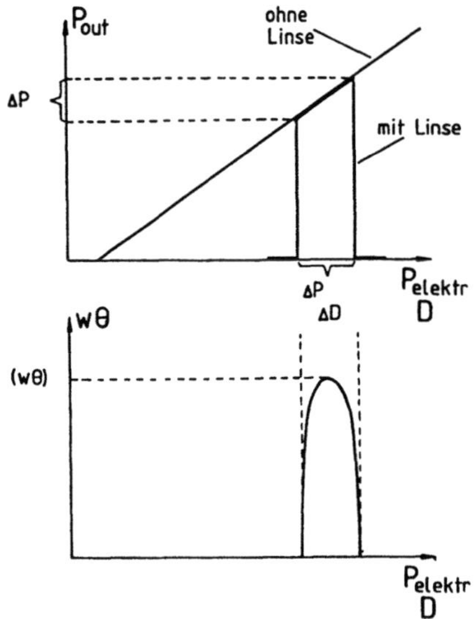

Bild 4.44 Nur der Teil der Ausgangsleistungskurve kann genutzt werden in dem der Laserresonator stabil ist. Deshalb entspricht ein kleiner stabiler Brechkraftbereich ΔD einem kleinen Ausgangsleistungsbereich ΔP_{out}. Ein kleines maximales Strahlparameterprodukt und ein großer Bereich der Ausgangsleistung sind daher nur schwer zu vereinen.

Tabelle 4.4 (α/η_{slope})-Werte einiger Laser-Materialien, normiert auf den typischen Wert von Nd:YAG ($0{,}023/0{,}035$ mm kW^{-1}).

Nd:YAG	Nd:Glas	Nd:Cr:GSGG	Nd:Cr:GGG	Nd:YAP	Nd:YLF	Alexandrit
1	3,5	0,8-1,25	2,3-2,6	1,2-1,5	0,15-0,2	0,3-0,5

Kommerzielle Festkörper-Laser starten in den meisten Fällen schon bei Pumpleistung null im stabilen Bereich, wobei der Resonator auch bei maximaler Pumpleistung noch stabil ist. Der Ausgangsleistungsbereich entspricht in diesem Fall der maximalen Ausgangsleistung $P_{out,max}$. Trägt man die in Firmenprospekten angegeben maximalen Strahlparameterprodukte über der maximalen Ausgangsleistung auf, erhält man deshalb einen linearen Zusammenhang (Bild 4.45). Die Strahlparameterprodukte sind verglichen mit (4.55) (k=1, durchgezogene Kurve) etwa um einen

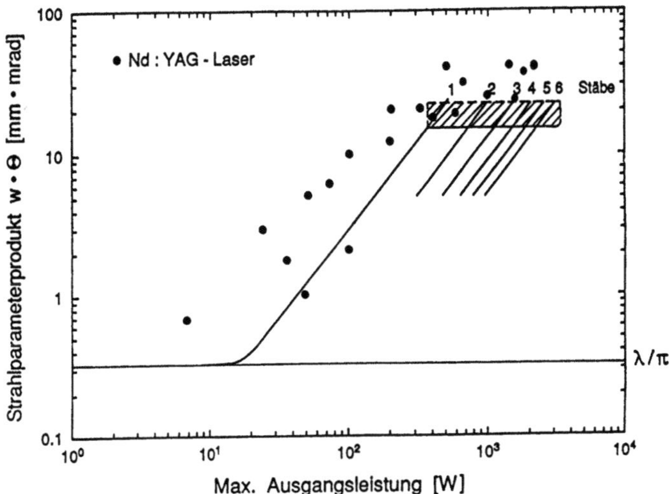

Bild 4.45 Maximale Strahlparameterprodukte von Nd:YAG-Laser in Abhängigkeit der maximalen Ausgangsleistung. Bei Systemen über 1 kW Ausgangsleistung handelt es sich um Multirod-Systeme für die Relation (4.55) (durchgezogene Kurve mit k=1) in dieser Form nicht mehr gilt (siehe dazu Abschn.4.6). Die Horizontale kennzeichnet den minimalen, beugungsbegrenzten Wert für λ=1,06μm [4.58].

Faktor zwei höher. Die Ursache liegt darin, daß die Resonatoren kommerzieller Geräte meist sehr kurz sind und deshalb nicht den ganzen verfügbaren stabilen Brechkraftbereich ausnutzen und nur in den seltensten Fällen durch den Ursprung des g-Diagramms laufen, was die Strahlqualität um den Faktor zwei verbessern würde.

An den Stabilitätsgrenzen erfolgt der Anstieg bzw. der Abfall der Ausgangsleistung nicht abrupt wie in Bild 4.44 angenommen, sondern innerhalb eines Übergangsbereiches um die Stabilitätsgrenzen. Nähert man sich vom instabilen Bereich aus einem stabilen Bereich, so beginnt die Ausgangsleistung noch vor Erreichen der Stabilitätsgrenze anzusteigen (Bild 4.46). Umgekehrt bewirkt Annähern an eine Stabilitätsgrenze von einem stabilen Bereich aus, daß die Ausgangsleistung abnimmt und bei Eindringen in den instabilen Bereich auf null absinkt, falls dieser breit genug ist (Bild 4.46). Bewegt sich der Resonator nur knapp am Ursprung des g-Diagramms vorbei, so steigt die Resonatorleistung im nachfolgenden stabilen Bereich wieder an, so daß die Ausgangsleistung nur ein kleines Minimum aufweist (Bild 4.47).

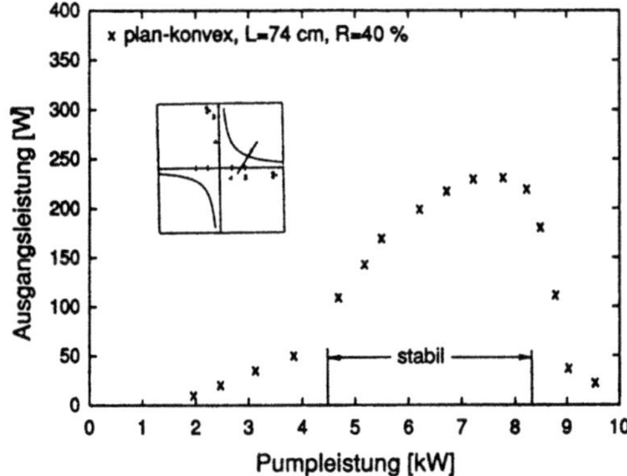

Bild 4.46 Ansteigen bzw. Abfallen der Ausgangsleistung bei Überschreiten einer Stabilitätsgrenze (gepulster Nd:YAG-Laser, 10mm×150mm Stab).

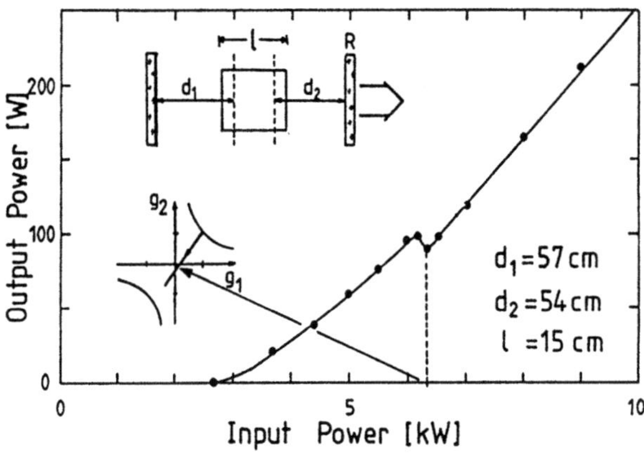

Bild 4.47 Abnahme der Ausgangsleistung eines Nd:YAG-Lasers mit Plan-Plan-Resonator bei kurzzeitigem Eintauchen in den instabilen Bereich [4.58].

In manchen Fällen beobachtet man auch zwei Maxima der Ausgangsleistung wenn der Resonator in einen instabilen Bereich eintaucht und dieser breit genug ist (Bild 4.48). Die beiden Maxima können dann entstehen, wenn das Material verschiedene Brechkräfte für radial und azimutal polarisiertes Licht besitzen. Bei Nd:YAG ist die Brechkraft für die radiale Polarisation etwa 20% höher als für die azimutale Polarisation, wodurch zunächst radial polarisiertes Licht die Stabilitätsgrenze erreicht (die Modenstruktur ist im ersten Maximum weitgehend radial polarisiert).

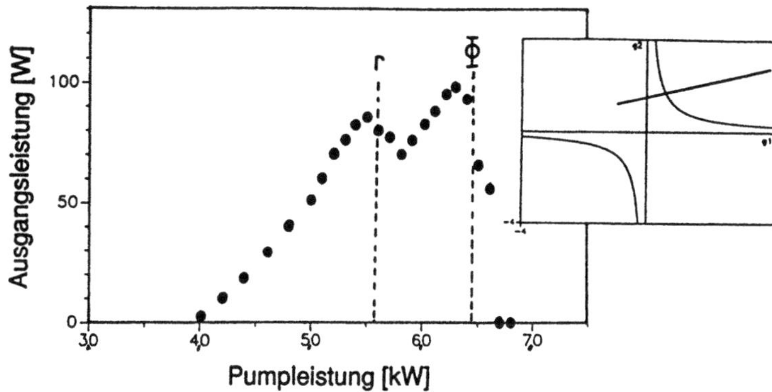

Bild 4.48 Abnahme der Ausgangsleistung beim Eindringen in einen instabilen Bereich. Die Grenzbrechkräfte für die beiden Polarisationen bei denen die Stabilitätsgrenze erreicht wird sind markiert. (Nd:YAG-Laser, 10×150 mm^2 Stab, $\rho_1 = -0{,}3$m, $\rho_2 = -0{,}5$m, $d_1 = 0{,}15$m, $d_2 = 0{,}45$m).

Weiteres Erhöhen der Pumpleistung bewirkt, daß die Moden versuchen durch Änderung der Polarisation in den stabilen Bereich zurückzukommen (Resonatormoden versuchen stets ihre Verluste zu minimieren). Dies führt wieder zu einem kurzzeitigen Anstieg der Ausgangsleistung, bis der Resonator auch für die Brechkraft der azimutale Polarisation die Stabilitätsgrenze erreicht und die Laseroszillation aussetzt.

Abgesehen von diesen Effekten an den Stabilitätsgrenzen ist die wirksame Brechkraft in stabilen Resonatoren aus dem Mittelwert der beiden Brechkräfte für die beiden Polarisationen gegeben.

Durch das Absinken der Ausgangsleistung in der Nähe der Stabilitätsgrenzen ist dem Versuch, kleine Strahlparameterprodukte und hohe Ausgangsleistungen gleichzeitig zu erzeugen, eine Grenze gesetzt.

Bisher hatten wir ja nur die Beschränkung zwischen Ausgangsleistungsbereich und maximalem Strahlparameterprodukt kennengelernt, daß jedoch keine Aussagen darüber liefert, ob geringe Strahlparameterprodukte bei hohen Ausgangsleistungen realisierbar sind. Prinzipiell sollte keine Beschränkung existieren, wie Bild 4.49 verdeutlicht. In der Realität nimmt jedoch der Slope-Wirkungsgrad stark ab, wenn man sich einer Stabilitätsgrenze nähert, da die Beugungsverluste sich erhöhen und der Stab

274

schlechter ausgefüllt wird. Ursache hierfür sind Abbildungsfehler der thermischen Linse, die in Realität nicht, wie bisher angenommen, exakt parabolisch ist. Versucht man deshalb den stabilen Brechkraftbereich klein zu wählen und bei maximaler Pumpleistung des Lasers zu positionieren, läßt sich bei weitem nicht mehr die ursprüngliche Ausgangsleistung realisieren (Bild 4.50).

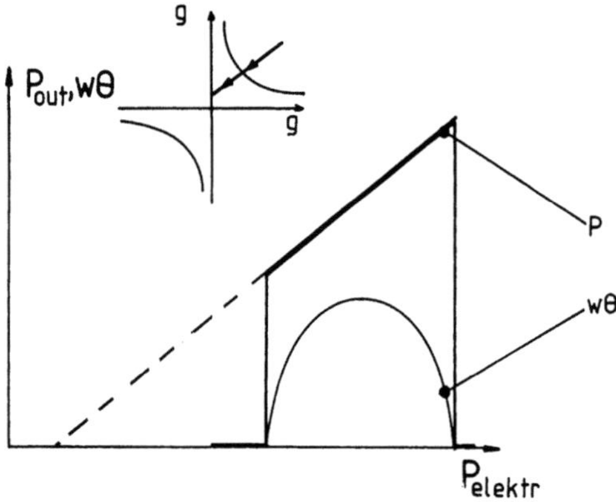

Bild 4.49 An den Stabilitätsgrenzen sollten kleine Strahlparameterprodukte und hohe Ausgangsleistung gleichzeitig realisierbar sein.

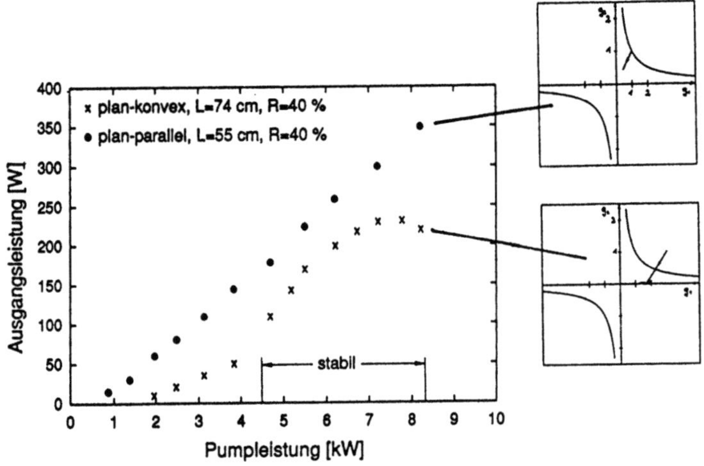

Bild 4.50 Gepulster Nd:YAG-Laser mit zwei verschiedenen Resonatoren unterschiedlicher stabiler Brechkraftbereiche ($10^{\times}150$ mm^2 Stab).

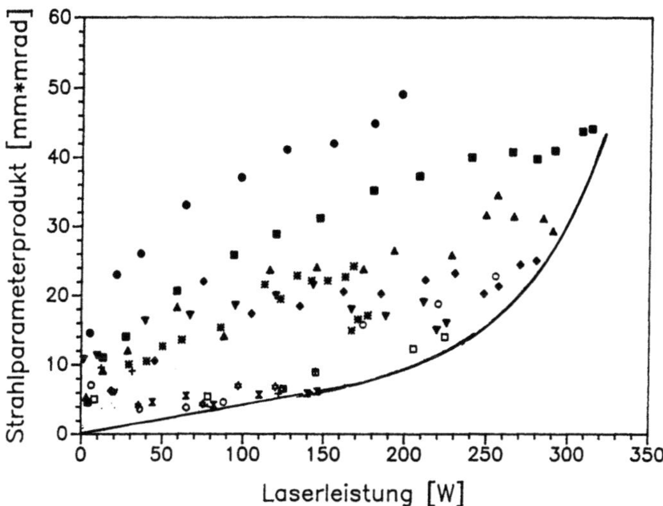

Bild 4.51 Gemessene Strahlparameterprodukte und Ausgansgleistungen eines Nd:YAG-Lasers mit unterschiedlichen Resonatoren. Es existiert eine Untergrenze des Strahlparameterprodukts die nicht unterschritten werden kann.

Trägt man die Strahlparameterprodukte für eine Vielzahl von Resonatoren über der Ausgangsleistung auf, so gibt es zu jeder Ausgangsleistung ein minimales Strahlparameterprodukt, das, unabhängig welchen Resonator man benutzt, nicht unterschritten werden kann. Bild 4.51 zeigt dies am Beispiel eines gepulsten Nd:YAG-Lasers der eine maximale Ausgangsleistung von 320 Watt liefert.

In den Bereich kleinerer Strahlparameterprodukte kann man jedoch bei Verwendung instabiler Resonatoren eindringen.

Ausgangsleistung im TEM$_{00}$-Mode-Betrieb

Wie schon bei der Diskussion des Grundemodebetriebs in Abschn.4.5.1 erläutert wurde, zeigt der Strahlradius w_L des Gundmodes im aktiven Medium ein Minimum $w_{L,min}$ beim Durchfahren des stabilen Brechkraftbereiches ΔD. Um Grundmodebetrieb über einen möglichst großen Bereich der Brechkraft, d.h. der Eingangsleistung, zu garantieren, muß der Stab durch eine Blende mit Radius

$$a = X\, w_{L,min}\ , \qquad X\ \varepsilon\ [1,3..1,4]$$

begrenzt werden. Dadurch ist es möglich Grundmodebetrieb über etwa 90% des stabilen Brechkraftbereiches ΔD aufrechtzuerhalten (Bild 4.52). In der direkten Nachbarschaft der Stabilitätsgrenzen, wird der Gauß-strahlradius w_L größer als der Blendenradius, so daß dort die Laser-emission aussetzt.

Für den Arbeitsbereich der Brechkraft $\Delta D_{oo}=0{,}9\Delta D$ im Grundmode-Betrieb gilt mit (4.52) :

$$\Delta D_{oo} = \frac{3,6\ \lambda}{\pi\ k\ w_{L,min}^{2}} \tag{4.56}$$

mit $\quad k = 1$, wenn der äquivalente Resonator den Punkt $g_1^{\ast}=g_2^{\ast}=0$ durchfährt

$\qquad k = 2$, sonst

Ein großer minimaler Gaußstrahlradius und damit eine große Ausgangs-leistung, denn diese skaliert mit der Querschnittsfläche des Modes, hat einen kleinen Arbeitsbereich bzgl. Brechkraft und Pumpleistung zur Fol-ge. Für einen typischen Wert von $w_{L,min}=$ 1mm erhält man mit $k=1$ und $\lambda=1\mu m$ aus (4.53) einen Brechkraftbereich von $\Delta D_{oo}=1{,}15$ Dioptrien.

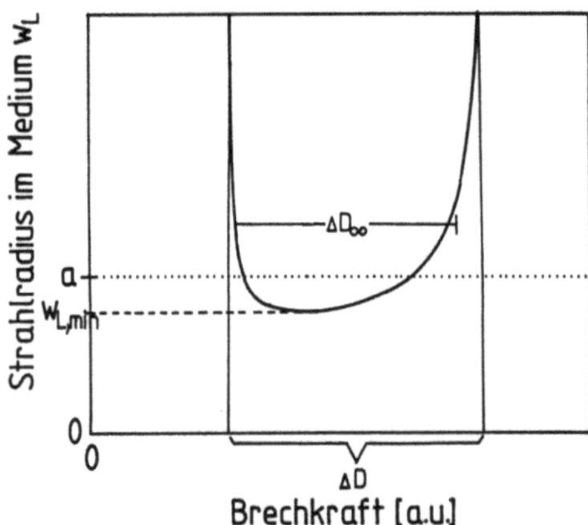

Bild 4.52 Prinzipieller Verlauf des Gaußstrahlradius w_L im Medium über der Brechkraft. Begrenzung des Mediums durch eine Blende mit Radius $a=1{,}3w_{L,min}$ ermöglicht Grundmode-Betrieb innerhalb etwa 90% des stabi-len Brechkraftbereichs.

Da das Produkt aus Brechkraftbereich ΔD_{oo} und der Blendenfläche πa^2 nach (4.56) eine Konstante des Lasermaterials ist, ist die maximal mögliche Ausgangsleistungsvariation ΔP_{out} festgelegt. Aus der Relation

$$\Delta P_{out} = \frac{\pi a^2}{\pi b^2} \; \eta_{slope} \; \Delta P_{elektr}$$

mit η_{slope}: Slope-Wirkungsgrad ohne Blende, b : Stabradius erhält man mit

$$\Delta D_{oo} = \gamma \; \Delta P_{elektr},$$

Gleichung (4.56) und $a=1,4 \; w_{L,min}$ folgende Relation für den Ausgangsleistungsbereich ΔP_{out}

$$\Delta P_{out} = \frac{7,1 \lambda}{k} \; \frac{\eta_{slope}}{\alpha} \tag{4.57}$$

Wie schon bei der Strahlqualität ist die entscheidene Größe durch das Verhältnis von Slope-Wirkungsgrad zum thermischen Linsenkoeffizienten α gegeben. Tabelle 4.5 zeigt typische Werte des Ausgangsleistungsbereiches ΔP_{out} ausgehend von den η_{slope}/α-Werten aus Tabelle 4.4. Kommerzielle Festkörper-Laser im TEM_{00}-Betrieb (meist Nd:YAG) erreichen aufgrund von Relation (4.57) Ausgangsleistungen von einigen 10 Watt. Wichtig ist, daß die Ausgangsleistung nicht durch Verbesserung des Anregungswirkungsgrades erhöht werden kann, sondern allein durch Auswahl von Materialien mit günstigeren thermischen Eigenschaften, wie z.B Nd:YLF.

Tabelle 4.5 Vergleich der Ausgangsleistungsbereiche im TEM_{00}-Mode-Betrieb verschiedener Festkörper-Laser-Materialien.

Material	Wellenlänge (μm)	η_{slope}/α (W/μm)	ΔP_{out}(W)
Nd:YAG	1,064	1,6	11,6
Nd:Glas	1,054	0,44	3,2
Nd:Cr:GSGG	1,064	1,2-1,9	9,1-14,4
Nd:Cr:GGG	1,064	0,58-0,66	4,4-5,0
Alexandit	0,76	3-5	16,2-27,1
Nd:YLF	1,047	7,6-10,1	56,4-75,1
Nd:YAP	1,064	1-1,25	7,5-9,4

4.5.2 Instabile Resonatoren

Beim instabilen Resonator führt die Brechkraft des Mediums im allgemeinen zu einer Abnahme der Vergrößerung und der äquivalenten Fresnelzahl, falls das Medium fokussiert. Da das Konzept des äquivalenten Resonators auch für den instabilen Resonator anwendbar ist, gelten folgende Relationen für den Strahlverlauf im Linsenresonator (Bild 4.53):

Äquivalenter G-Parameter $\qquad G^* = 2g_1{}^*g_2{}^* - 1$ $\qquad\qquad$ (4.58)

Vergrößerung (Umlauf) $\qquad M^* = |G^*| + \sqrt{G^{*2}-1}$ $\qquad\qquad$ (4.59)

Vergrößerung (Durchgang) $\qquad M'^* = g_1{}^* + \sqrt{G^{*2}-1}/(2g_2{}^*)$ $\qquad$ (4.60)

äquivalente Fresnelzahl $\qquad N_{eq}^* = a^2/(2Lg_2{}^*\lambda)\,\sqrt{G^{*2}-1}$ $\qquad$ (4.61)

Krümmungsradius der Nahfeldphase $\quad R_2 = \dfrac{L^*}{(1-g_1)L^*/L - g_1{}^* + M'^*}$ $\qquad$ (4.62)

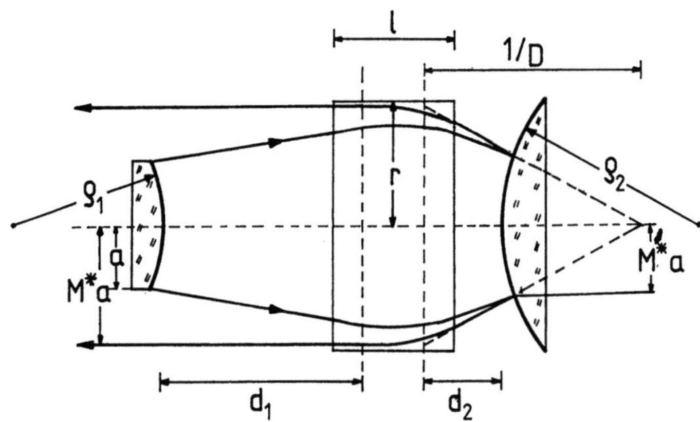

Bild 4.53 Strahlverlauf im instabilen Resonator mit interner Linse. In diesem speziellen Fall sind die Krümmungsradien der Spiegel und der Durchmesser des begrenzten Spiegels so gewählt worden, daß der Resonator optimal arbeitet, d.h. großer Füllfaktor und optimale Vergrößerung besitzt [4.58].

Den typischen Strahlverlauf in einem instabilen Resonator im 1. Quadranten des g-Diagramms in Abhängigkeit der Brechkraft zeigt Bild 4.54. Prinzipiell darf der Resonator nie stabil werden, da sonst die hohe Intensität im Resonator zur Zerstörung des Auskoppelspiegels führt (Vergrößerung=1!). Besitzt der Laser eine hohe maximale Brechkraft, muß man entsprechend tief im instabilen Bereich starten, um auch bei maximaler Pumpleistung noch im instabilen Bereich zu verbleiben. Bei hohen Brechkräften führt dies dazu, daß der Resonator bei einer sehr hohen Vergrößerung startet und sich deshalb erst bei hoher Pumpleistung der optimalen Vergrößerung um $M^*=2$ nahe der Stabilitätsgrenze nähert. Aus diesem Grund ist die Schwellpumpleistung höher als bei Verwendung stabiler Resonatoren mit optimaler Auskopplung (Faktor 3-5).

Wie in dem Kapitel über instabile Resonatoren erläutert, hängt die Strahlqualität nur in geringem Maße von der Vergößerung und der äquivalenten Fresnelzahl ab und ist generell zwischen drei- bis sechsfach beugungsbegrenzt. Deshalb zeigen instabile Resonatoren eine bedeutend geringere Abhängigkeit des Strahlparameterprodukts von der Pump- bzw. Ausgangsleistung als stabile Resonatoren und erheblich bessere Strahlqualitäten. Obwohl die mit instabilen Resonatoren erzielbaren Ausgangsleistung geringer sind als bei Verwendung stabiler Resonatoren (siehe Abschn.4.7), können bei gleicher Ausgangsleistung geringere Strahlparameterprodukte erzielt werden (Bild 4.55).

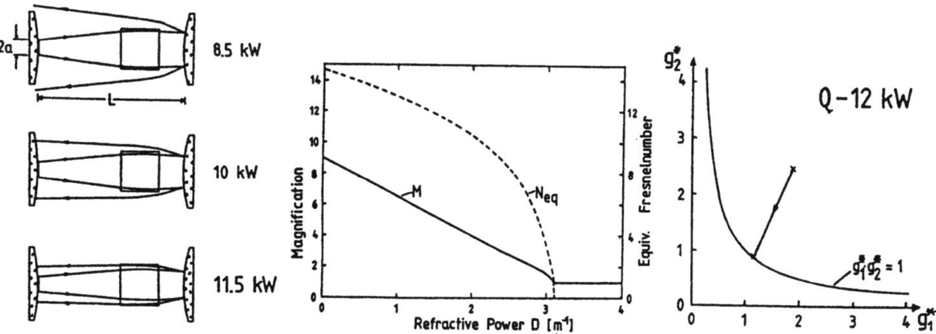

Bild 4.54 Strahlverlauf, Vergrößerung M^*, äquivalente Fresnelzahl N_{eq}^* und Weg im g-Diagramm eines instabilen Resonator, konzipiert für einen Nd:YAG-Laser mit 12 kW maximaler Pumpleistung bei einer Brechkraft von 0,3 m⁻¹kW⁻¹ (6×3/8 Zoll Stab, L=0,5m, ρ_1=-0,5m, ρ_2=-0,3m,) [4.58].

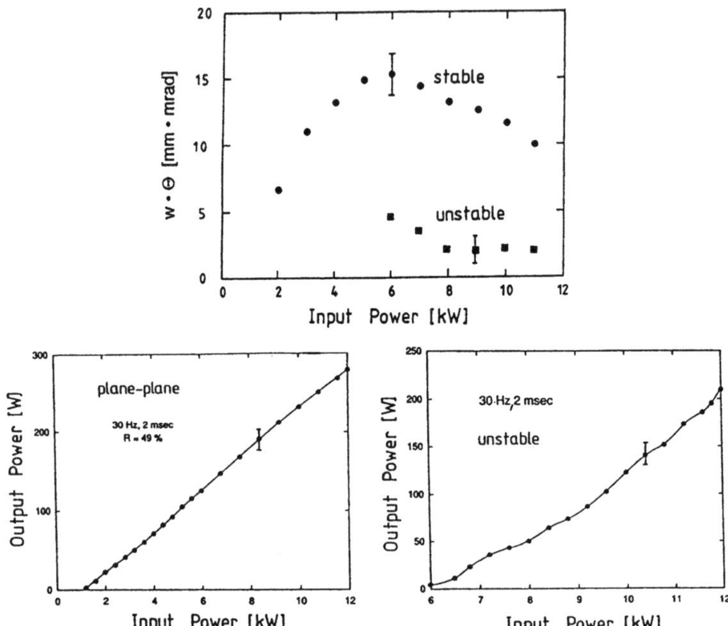

Bild 4.55 Mit dem Resonator aus Bild 4.54 gemessene Strahlparameterprodukte und Ausgangsleistungen. Zum Vergleich sind die Werte für einen
symmetrischen Plan-Plan-Resonator (L_0=1,15m) mit optimaler Auskopplung,
der fast den ganzen stabilen Brechkraftbereich ausnutzt, ebenfalls gezeigt [4.58].

Die Strahlparameterprodukte sind dabei durch die Abbildungsfehler der
thermischen Linse größer als im Einzelschußbetrieb, d.h. ohne thermische
Linse: typische Werte für Nd:YAG-Laser liegen zwischen 3 und 5
mm mrad. Trotzdem läßt sich mit instabilen Resonatoren die untere Grenze des Strahlparmeterprodukts in Bild 4.48 nach unten verschieben. Der
instabile Resonator muß immer so aufgebaut werden, daß in der Nähe der
Stabilitätsgrenze, wo die *optimale Auskopplung* erreicht wird, das aktive
Medium vollständig ausgefüllt wird. Weiterhin darf der Resonator bei der
maximalen Brechkraft *nicht stabil werden*. Zusätzlich sollte das aktive
Medium möglichst nahe am unbegrenzten Spiegel positioniert sein, da
dann die höchste Ausgangsleistung erreicht wird. Diese vier Bedingungen
schränken die Möglichkeiten des Resonatoraufbaus weitgehend ein, legen
ihn aber noch nicht fest. Eine genauere Darstellung, wie man instabile
Resonatoren mit thermischer Linse optimiert, kann aus der Literatur
[4.58] entnommen werden.

Besonders interessant in diesem Zusammenhang sind instabile Resonatoren, die im negativen Ast oder im dritten Quadranten des g-Diagramms (positiver Ast) arbeiten. Diese zeichnen sich dadurch aus, daß ein oder zwei Foki innerhalb des Resonators liegen. Man muß deshalb bei der Realisierung dieser Resonatoren darauf achten, daß die Foki nicht zu nahe am Medium positioniert werden, da sonst dessen Zerstörung riskiert wird. Abgesehen von diesem Nachteil, haben die Resonatoren mit Foki gegenüber den instabilen Resonatoren des 1. Quadranten den Vorteil einer geringeren Empfindlichkeit der Vergrößerung gegenüber der variierenden Brechkraft. Bilder 4.56 und 4.57 zeigen zwei Beispiele solcher Resonatoren, die für einen Nd:YAG-Laser mit Brechkraftbereich $\Delta D_A=3{,}8m^{-1}$ konzipiert wurden. Durch die geringere Anfangsvergrößerung liegt die Laserschwelle nun bei kleineren Pumpleistungen, der maximal erreichbare Extraktionswirkungsgrad und die Strahlqualität sind mit denen der Resonatoren im 1. Quadranten des g-Diagramms vergleichbar.

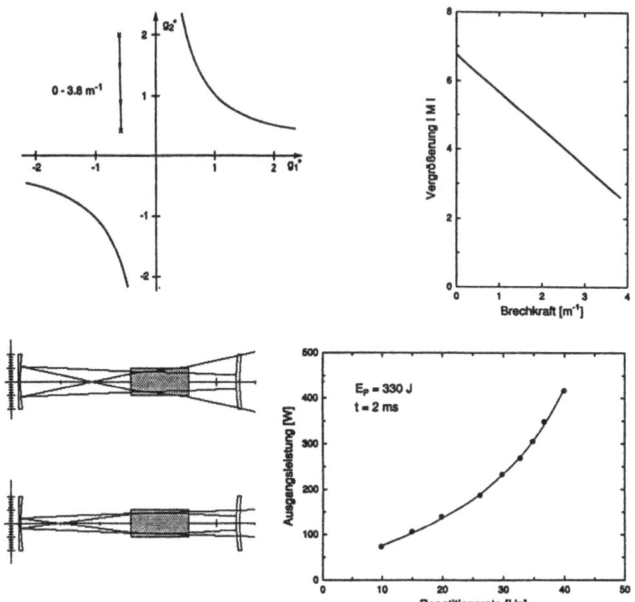

Bild 4.56 Verhalten eines instabilen Resonator des negativen Asts mit variierender thermischer Linse und maximaler Brechkraft von 3,8 Dioptrien (d_1=0,32m, d_2=0,16m, a=2,5mm, b=5mm, ℓ=15cm). Gezeigt ist der Verlauf im äquivalenten g-Diagramm (links oben), die Vergrößerung als Funktion der Brechkraft (rechts oben), sowie der Strahlverlauf für $0m^{-1}$ und $3{,}8m^{-1}$ (links unten). Das Bild rechts unten zeigt die an einem Nd:YAG-Laser gemessene Ausgangsleistung dieses Resonators in Abhängigkeit der Repetitionsrate bei einer Pumppulsenergie von 330 J und Pulslänge von 2 ms.

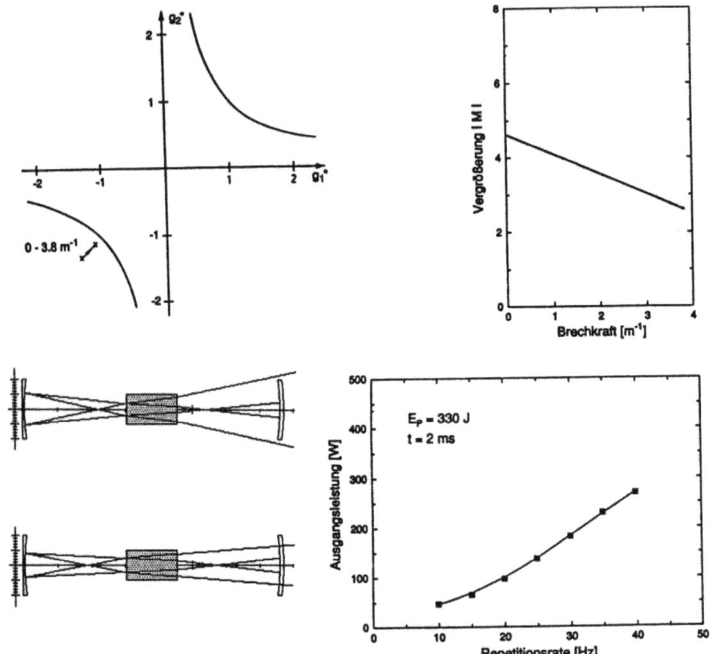

Bild 4.57 Verhalten eines instabilen Resonator des positiven Asts (dritter Quadrant) mit variierender thermischer Linse und maximaler Brechkraft von 3,8 Dioptrien (d_1=0,35m, d_2=0,36m, a=2,5mm, b=5mm, ℓ=15cm). Gezeigt ist der Verlauf im äquivalenten g-Diagramm (links oben), die Vergrößerung als Funktion der Brechkraft (rechts oben), sowie der Strahlverlauf für $0\,m^{-1}$ und $3,8\,m^{-1}$ (links unten). Das Bild rechts unten zeigt die an einem Nd:YAG-Laser gemessene Ausgangsleistung dieses Resonators in Abhängigkeit der Repetitionsrate bei einer Pumppulsenergie von 330 J und Pulslänge von 2 ms.

4.6 Multi-Rod-Resonatoren

Bei Festkörper–Lasern skaliert die maximal erreichbare Ausgangsleistung mit der Länge ℓ des aktiven Mediums. Der Grund hierfür liegt in der begrenzten thermischen Belastbarkeit der Laser-Materialien. Die Heizleistung P_H, die durch den Pumpprozess deponiert wird, darf einen bestimmten Höchstwert $P_{H,max}$ pro Länge ℓ nicht überschreiten, da sonst die auftretenden Spannungen zur Zerstörung des Mediums führen. Die deponierte Heizleistung P_H ist porportional zur Anregungsleistung P_{0L} in das obere Laserniveau

$$P_H = \chi \, P_{0L} \tag{4.63}$$

mit χ: Heizwirkungsgrad (meist um 2).

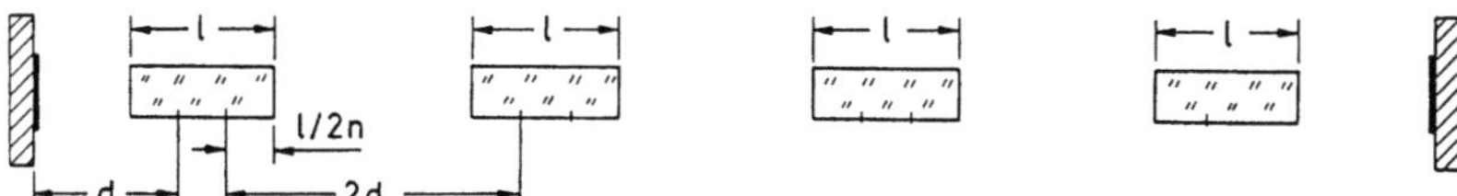

Bild 4.58 Multi-Rod-Resonator.

Da die Ausgangsleistung durch die als Inversion vorhandene Leistung P_{0L} begrenzt ist, gibt es einen linearen Zusammenhang zwischen Ausgangsleistunge und Heizleistung. Für die maximal erreichbare Ausgangsleistung $P_{out,max}$ ergibt sich

$$\frac{P_{out,max}}{\ell} = \frac{\eta_{extr}}{\chi} \frac{P_{H,max}}{\ell}$$

Für einen Nd:YAG Stab beträgt die maximale Heizleistung pro Länge etwa 14 kW/m, so daß pro cm Stablänge allerhöchstens 50 W an Ausgangsleistung erreichbar sind. Dieser Wert stellt allerdings die absolute Obergrenze dar, bei der die Zerstörung des Stabes sehr wahrscheinlich ist. Um dies zu vermeiden, muß deshalb die Ausgangsleistung pro Länge geringer gewählt werden, so daß ein Nd:YAG-Stab mit 15 cm Länge höchstens eine Ausgangsleistung von 500-600 W liefern kann.

Da Laserkristalle hoher Qualität nicht in beliebiger Länge hergestellt werden können (für Nd:YAG liegt die Obergrenze momentan bei 20 cm), ist man dazu übergegangen, Ausgangsleistungen im kW-Bereich durch Anordnen mehrerer Stäbe im Resonator zu erreichen (Multi-Rod-Resonator). Zur Zeit werden mit dieser Technik Ausgangsleistungen bis 2,5 kW mit bis zu 6 Stäben erzielt.
Bei Verwendung von n Stäben der Länge ℓ wird sowohl die Kleinsignalverstärkung $g_0\ell$ als auch der Verlust pro Durchgang $\alpha_0\ell$ um den Faktor n erhöht (wir gehen davon aus, daß alle Stäbe in gleicher Weise gepumpt werden). Aus den Näherungsformeln für den optimalen Reflexionsgrad R_{opt} (4.29) und den maximalen Extraktionswirkungsgrad $\eta_{extr,max}$ (4.30) ergibt sich bei n Stäben

$$\eta_{extr,max}(n) = \frac{n\,\alpha_0\ell}{n\,g_0\ell}\left(\sqrt{\frac{n\,g_0\ell}{n\,\alpha_0\ell}} - 1\right)^2 = \eta_{extr,max}(1) \qquad (4.64)$$

$$\ln R_{opt}(n) = -2n\,\alpha_0\ell\left(\sqrt{\frac{n\,g_0\ell}{n\,\alpha_0\ell}} - 1\right) = 2n\,\ln R_{opt}(1) \qquad (4.65)$$

Der Extraktionswirkungsgrad ist also unabhängig von der Zahl der Stäbe, und somit skaliert die Ausgangsleistung mit der Stabanzahl. Ganz genau betrachtet nimmt der Extraktionswirkungsgrad mit der Stabzahl etwas ab, wie man aus Bild 4.13 unschwer erkennen kann, ist diese Abnahme jedoch gering. Zwischen dem optimalen Reflektionsgrad bei einem und bei n Stäben besteht nach (4.65) der Zusammenhang

$$R_{opt}(n) = \left[R_{opt}\right]^n \qquad (4.66)$$

In der Praxis wählt man jedoch die optimalen Reflexionsgrade höher, denn ab drei Stäbe im Resonator werden die nach (4.64) gegebenen Reflexionsgrade so gering, daß die Restreflexion der Stabendflächen und vor allem Rückreflexe vom Werkstück zu einer instabilen Emission des Lasers führen würden (Beispiel: Hochleistungs-Nd:YAG-Laser $R_{opt}(1)=50\%$ $\longrightarrow$ $R_{opt}(4)=6\%$). Da der Extraktionswirkungsgrad bei hoher Verstärkung nur eine geringe Abhängigkeit vom Reflexionsgrad des Auskoppelspiegels besitzt (siehe Bild 4.14), hat die Wahl eines höheren Reflexionsgrades keine nennenswerten Einbußen der Ausgangsleistung zur Folge.

Etwas komplizierter ist die Auswirkung der thermischen Linse auf den Resonator zu behandeln. Auch im Fall mehrerer Stäbe läßt sich die Behandlung auf die Diskussion des äquivalenten Resonators zurückführen. Da nun aber mehrere Linsen sich im Resonator befinden, verläuft der Resonator im allgemeinen nicht mehr auf einer Geraden durch das g-Diagramm [4.60]. Bei n Stäben im Resonator beschreibt der äquivalente Resonator eine Kurve mit $n-1$ Umkehrpunkten im g-Diagramm, wie dies exemplarisch in Bild 4.59 dargestellt ist.

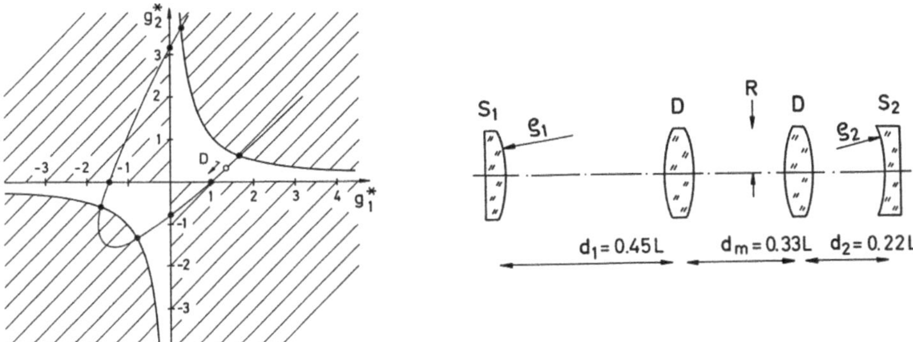

Bild 4.59 Äquivalentes g-Diagramm für einen Resonator mit zwei internen Stäben in Abhängigkeit der Brechkraft D eines Stabes. Alle Stäbe besitzen die gleiche Brechkraft D [4.60].

Um zu verhindern, daß der Resonator instabile Bereiche durchläuft, werden in der Praxis nur symmetrische Plan-Plan-Resonatoren, d.h. Plan-Plan-Resonatoren in denen die Stäbe äquidistant im Abstand Δ (Hauptebenenabstand $2d$) angeordet sind und der Abstand der äußeren Stäbe zu den Spiegeln Δ/2 beträgt (Bild 4.60), benutzt.

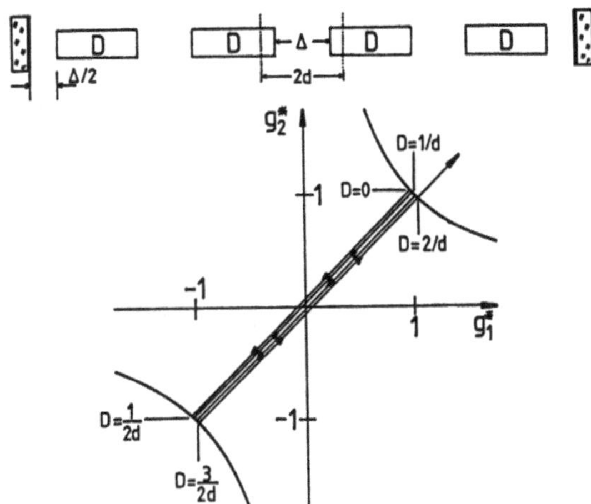

Bild 4.60 Brechkraftverhalten eines symmetrischen Plan-Plan-Resonators mit vier Stäben.

In diesem Fall bewegt sich der Resonator auf einer Geraden durch den Ursprung des g-Diagramms mit $n-1$ Umkehrpunkten auf den Grenzhyperbeln. An diesen Umkehrpunkten beträgt die Brechkraft pro Stab

$$D = \frac{2\,n}{d\,k} \qquad k = 1,\ldots,n \qquad\qquad (4.67)$$

$d = \lambda/2 + \ell/(2n_0)$ $\qquad$ n_0: Brechungsindex des aktiven Mediums

Der Resonator bleibt also stabil für $D<2/d$.

Dieses Verhalten läßt sich leicht verstehen, wenn man den Strahlverlauf im Resonator betrachtet (Bild 4.61). Befindet sich nur ein Stab im Resonator, so wird der Resonator bei der Brechkraft $D=2/d$ instabil. Klappt man nun den Resonator in Gedanken am rechten Spiegel auf, so erhält man einen doppelt so langen symmetrischen Plan-Plan-Resonator mit zwei Stäben. Da sich der Strahlverlauf dadurch einfach symmetrisch fortsetzt, wird dieser Resonator natürlich auch für $D=2/d$ instabil. Der Resonator läßt sich nun beliebig durch weitere Stäbe symmetrisch ergänzen, die Brechkraft bei der der Resonator instabil wird, ist immer $D=2/d$. Allerdings existieren bei n Stäben noch $n-1$ Umkehrpunkte, bei denen der Resonator eine Stabilitätsgrenze berührt.

Da sich der Strahlverlauf beim symmetrischen Resonator nicht durch die zusätzlichen Stäbe ändert, kann die Ausgangsleistung erhöht werden, ohne das maximale Strahlparameterprodukt zu verändern!

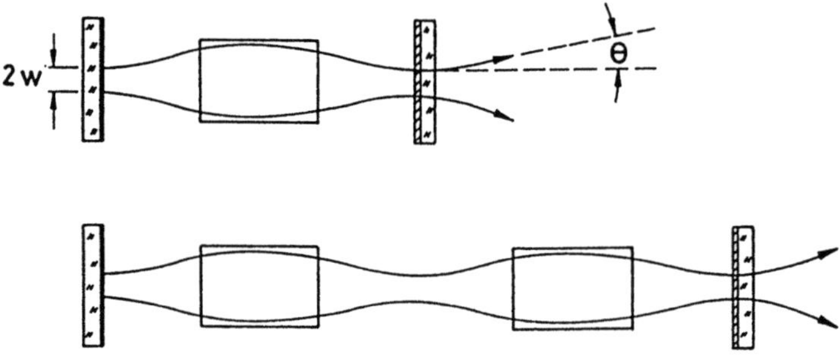

Bild 4.61 Beim symmetrischen Plan-Plan-Resonator ist der stabile Brechkraftbereich $\Delta D=2/d$ unabhängig von der Zahl der Stäbe. Der Strahlverlauf wird durch die zusätzlichen Stäbe periodisch fortgesetzt.

Der stabile Brechkraftbereich ist genauso groß wie für einen Stab, jedoch die Ausgangsleistung n-mal höher. Damit ergibt sich die zu (4.52) analoge Relation zwischen Strahlqualität und Ausgangsleistung zu:

$$\frac{(w\theta)_{max}}{\Delta P_{out}} = \frac{k}{4\pi} \frac{\alpha}{\eta_{slope}} \frac{1}{n} \qquad (4.68)$$

n : Anzahl der Stäbe innerhalb oder außerhalb des Resonators

Mit Multi-Rod-Resonatoren lassen sich der Stabzahl entsprechend höhere Ausgangsleistungen erzielen, jedoch bei der gleichen Strahlqualität wie bei Verwendung nur eines Stabes. Bild 4.58 zeigt die Aufnahme des Laserkopfes eines 1,2 kW-Nd:YAG-Lasers mit symmetrischem Plan-Plan-Resonator und vier 6×5/16-Zoll-Stäben im Abstand Δ=20 cm. Der Resonator durchfährt bei einer maximalen Pumpleistung von 10 kW pro Stab nicht den ganzen verfügbaren stabilen Bereich. Das maximale Strahlparameterprodukt $(d_0\Phi)/4$ von 35 mm mrad ist genauso groß wie das, welches mit einem Stab bei 300 W Ausgangsleistung erzielt wird.

Bild 4.62 Hochleistungs-Nd:YAG-Laser mit vier Stäben in einem symmetrischen Multi-Rod-Plan-Plan-Resonator. Der Abstand der Stäbe Δ beträgt 20cm [Q.11].

4.7 Dejustierungsempfindlichkeit der Ausgangsleistung

Bei Verkippung der Spiegel führen zwei Mechanismen zur Veränderung der Ausgangsleistung (hier wird absichtlich der Begriff Abnahme vermieden, da bei instabilen Resonatoren die Dejustierung auch die Zunahme der Ausgangsleistung zur Folge haben kann). Erstens erhöhen sich die Verluste bei Dejustierung, wodurch die Laserschwelle ansteigt, zum zweiten führt die Verkippung der optischen Achse dazu, daß das aktive Medium nicht mehr vollständig vom Strahlungsfeld ausgefüllt wird, d.h. das Modenvolumen bzw. der Füllfaktor γ nehmen ab (Bild 4.63).

Bei stabilen Resonatoren im Multimodebetrieb nimmt die Ausgangsleistung aufgrund des sinkenden Füllfaktors ab, da Verluste sich erst dann bemerkbar machen, wenn der Grundmode begrenzt wird. Im Gegensatz dazu bestimmt bei stabilen Resonatoren im Grundmode-Betrieb und bei instabilen Resonatoren die Zunahme des Verlustes das Verhalten der Ausgangsleistung. Unabhängig vom Resonator läßt sich das Verhalten der Ausgangsleistung durch die in Abschn.4.3 diskutierte Formel für die Ausgangsleistung P_{out} beschreiben, wobei Füllfaktor γ und Verlustfaktor V pro Durchgang nun vom Dejustierwinkel α abhängen (vgl. (4.24)):

$$P_{out}(\alpha) = F \, I_S \, \gamma(\alpha) \;\; C(R, V_S, V(\alpha)) \;\; (g_0 \ell - |\ln(\sqrt{R \, V(\alpha)} \, V_S)|) \qquad (4.69)$$

Je nach Ort der Begrenzung und Resonatortyp – bei instabilen Resonatoren ist $R=V(\alpha)$ –, muß der Verlustfaktor $V(\alpha)$ an den entsprechenden Stellen von $C(R,V_S)$ eingesetzt werden. Um die Diskussion etwas übersichtlicher zu gestalten, wollen wir dazu auf die genäherte Angabe von C übergehen:

$$C(R, V_S, V(\alpha)) \approx \frac{1 - R}{2}$$

Dadurch läßt sich bedeutend leichter verstehen, welche Mechanismen bei der Dejustierung für die Ausgangsleistung eine Rolle spielen.

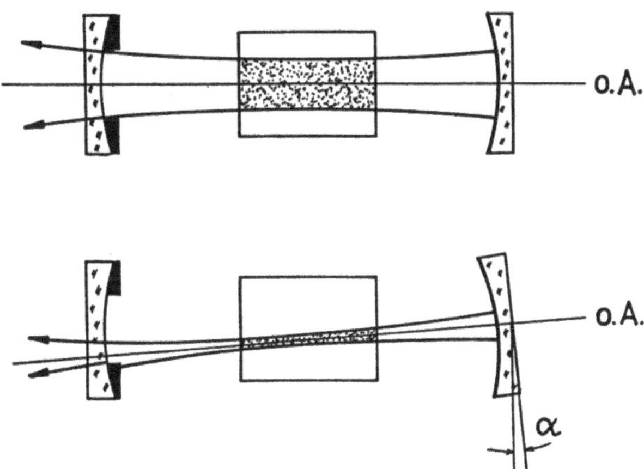

Bild 4.63 Abnahme der Ausgangsleistung eines stabilen Resonators bei Dejustierung durch abnehmendes Modenvolumen und zunehmende Verluste.

Die Abhängigkeit des Verlustfaktors vom Dejustierwinkel hatten wir schon in Abschn.3.1.3 als parabolisches Gesetz kennengelernt:

$$V(\alpha) = V(0) \ (1- 0,1(\alpha/\alpha_{10\%})^2) \qquad (4.70)$$

wobei der Winkel $\alpha_{10\%}$ den Dejustierwinkel angibt, bei dem der Verlust um 10% angestiegen ist, und deshalb als Maß für die Dejustierempfindlichkeit eingeführt wurde. Entsprechend existiert auch in Bezug auf die Ausgangsleistung ein 10%-Winkel – wir bezeichnen ihn mit $\beta_{10\%}$ – , bei der die Ausgangsleistung um 10% abgenommen hat. Da wir den 10%-Winkel des Verlustes für Resonatoren schon angeben können, wollen wir uns in diesem Kapitel vor allem mit der Frage beschäftigen, wie groß die Empfindlichkeit der Ausgangsleistung im Verhältnis zur Empfindlichkeit des Verlustes ist, d.h. das Verhältnis $\beta_{10\%}/\alpha_{10\%}$ angeben.

Zunächst soll aber der einfachere Fall des stabilen Resonators im Multimode-Betrieb behandelt werden, dessen Dejustierverhalten nur durch das Modenvolumen bestimmt ist.

4.7.1 Stabile Resonatoren im Multimode-Betrieb

Auf Spiegelverkippung reagiert die optische Achse durch Verdrehen ihrer Lage im Resonator. Da die Modenstruktur beim stabilen Resonator immer symmetrisch zur optischen Achse bleibt, verursacht die Begrenzung durch das aktive Medium, daß nicht mehr alle Bereiche des aktiven Mediums durch das Strahlungsfeld ausgefüllt werden (Bild 4.64). Im Multimode-Betrieb ist diese Abnahme des Modenvolumens die alleinige Ursache der Abnahme der Ausgangsleistung, da zusätzliche Verluste erst dann entstehen, wenn der Grundmode durch das aktive Medium begrenzt wird (Bild 4.65).

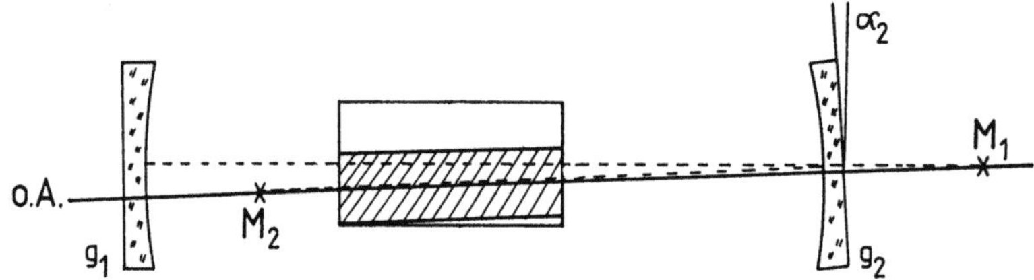

Bild 4.64 Der Strahl bleibt beim stabilen Resonator auch bei Dejustierung immer symmetrisch zur optischen Achse. Der schraffierte Bereich markiert das Modenvolumen.

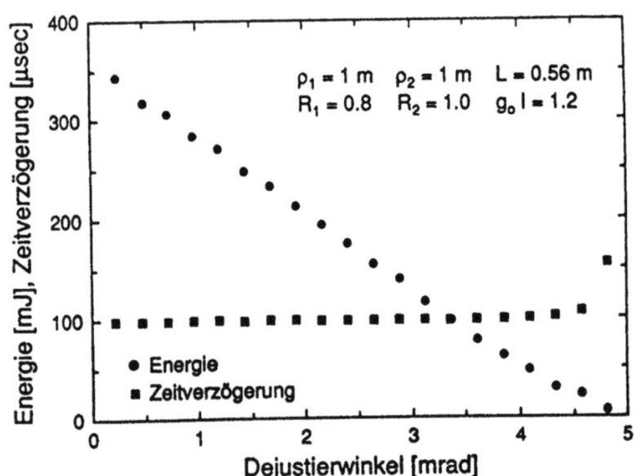

Bild 4.65 Abnahme der Ausgangsenergie pro Puls eines Nd:YAG-Lasers mit stabilem Resonator im Multimode-Betrieb ($\rho_1=\rho_2=1m$, $L_0=0,56m$, 3×1/4-Zoll-Stab). Die untere Kurve zeigt den Verlauf der Zeitdifferenz zwischen Beginn des Pumppulses und Einsetzen der Laseroszillation. Diese Zeitverzögerung wächst an, wenn die Verluste im Resonator ansteigen.

Das Modenvolumen in Abhängigkeit des Dejustierwinkels eines Spiegels läßt sich geometrisch einfach berechnen. Man erhält eine lineare Abnahme des Modenvolumens und damit des Füllfaktors γ (Abschn.4.3) mit dem Dejustierwinkel α der Form:

$$\gamma(\alpha) = \gamma(0)\ (1-0,1(\alpha/\beta_{10\%}))\tag{4.71}$$

Der 10%-Winkel $\beta_{10\%}$, bei dem das Modenvolumen und damit die Ausgangsleistung um 10% gefallen ist lautet für ein stabförmiges Medium bei Drehung von Spiegel i (Bild 4.66):

$$\beta_{10\%,i} = \frac{0,025\,\pi b}{L_{eff}}\ \frac{|1 - g_1 g_2|}{|1 - x_j/\rho_j|}\qquad i,j=1,2;\ i{\neq}j\tag{4.72}$$

mit $\quad x_j = \ell_j - \ell(n-1)/2n$, falls $\rho_j > \ell_j + \ell/2n$

$\qquad\quad x_j = \ell_j + \ell(n+1)/2n$, sonst

$\qquad b,n$: Radius, Brechungsindex des aktiven Mediums

$\qquad L_{eff} = \ell_1 + \ell_2 + \ell/n = L_0 - \ell(n-1)/n$: effekt. Resonatorlänge

Bilder 4.67/4.68 zeigen, daß diese geometrisch hergeleitete Formel dem Vergleich mit dem Experiment standhält. Minimale Dejustierempfindlichkeit bei Drehung um Spiegel i erhält man immer dann, wenn der Krümmungsradius von Spiegel j in der Mitte des Mediums liegt, d.h. wenn gilt (Bild 4.64)

$$\ell_j = \rho_j - \ell/2n$$

Für den 10%-Winkel folgt dann aus (4.72)

$$\beta_{10\%\,max,i} = \frac{0,05\,\pi b}{L_{eff}}\ \frac{|1 - g_1 g_2|}{\ell}\,\rho_i\qquad i,j=1,2;\ i{\neq}j$$

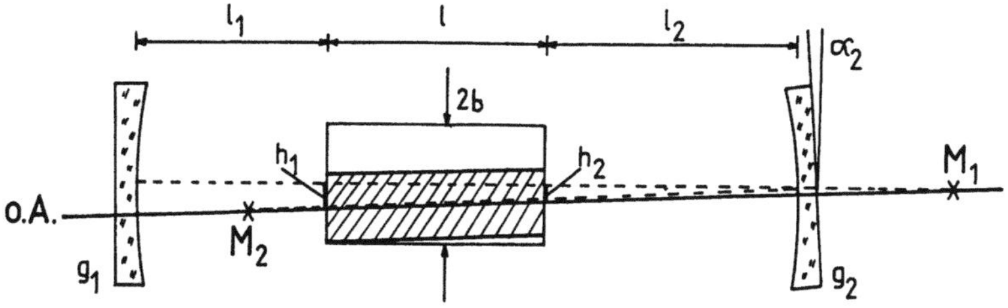

Bild 4.66 Zur Berechnung des 10%-Winkels $\beta_{10\%}$ nach (4.70).

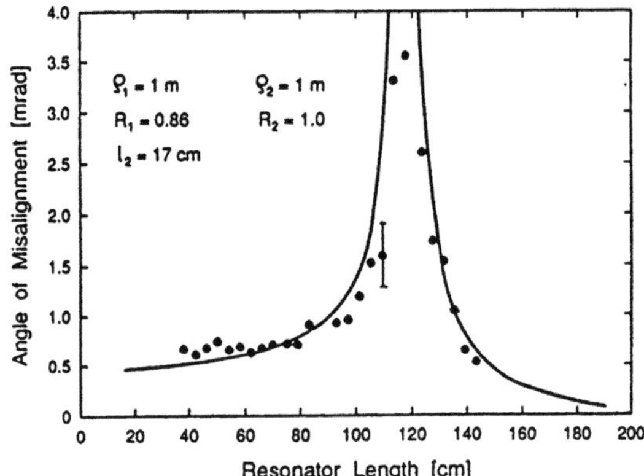

Bild 4.67 Gemessene und mit (4.72) berechnete Abhängigkeit des 10%-Winkel $\beta_{10\%,2}$ von der effektiven Resonatorlänge L_{eff} für einen symmetrischen Resonator (ℓ=7,6cm, ℓ_2=17cm, ℓ_1: variiert, $\rho_1=\rho_2$=1m, Nd:YAG-Stab, b=3,15mm, n=1,82).

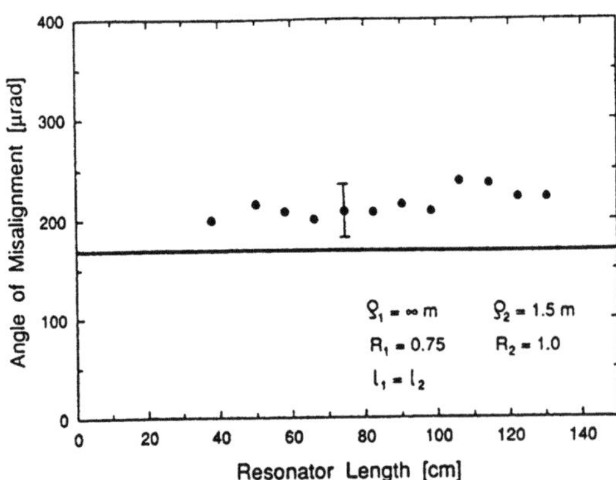

Bild 4.68 Gemessene und mit (4.72) berechnete Abhängigkeit des 10%-Winkel $\beta_{10\%,2}$ von der effektiven Resonatorlänge L_{eff} für einen plan-sphärischen Resonator (ℓ=7,6cm, $\ell_2=\ell_1$, $\rho_1=\infty$m, ρ_2=1,5m, Nd:YAG-Stab, b=3,15mm, n=1,82).

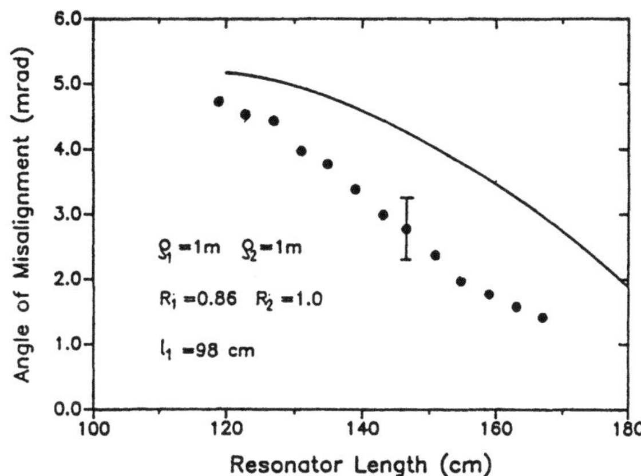

Bild 4.69 Gemessene und berechnete 10%-Winkel $\beta_{10\%,2}$ eines Nd:YAG-Lasers in Abhängigkeit der effektiven Resonatorlänge L_{eff}. Der Brennpunkt von Spiegel 1 befindet sich in der Stabmitte ($\rho_1=\rho_2=1$m, $\ell_1=98$cm, 3×1/4-Zoll-Nd:YAG-Stab).

Als Faustregel läßt sich sagen, daß der 10%-Winkel $\beta_{10\%}$-Winkel um 0,5 mrad beträgt, wobei es natürlich durch spezielle Resonatorkonfigurationen (kleines g-Parameter-Produkt und Spiegelbrennpunkt im aktiven Medium) möglich ist, diesen Wert um einen Faktor 10 zu überbieten. Um einen besseren Vergleich mit der Dejustierempfindlichkeit im Grundmode-Betrieb (Abschn.3.1.3) zu bekommen, benutzen wir auch hier den Dejustierparameter

$$D_i = \beta_{10\%,i} \, L_{eff}/b$$

und erhalten für ihn einen Wertebereich zwischen 100 und 1500 mrad. Ein Vergleich mit dem Dejustierparameter der Verluste im Grundmode-Betrieb (Abschn.3.1.3) zeigt, daß die Dejustierempfindlichkeit im Multimode-Betrieb im Mittel eine Größenordnung geringer ist. Vergleicht man Konkav-Konvex-Resonatoren im Grundmode-Betrieb und den konfokalen Resonator im Multimodebetrieb, erhält man sogar eine Unterschied von zwei Größenordnungen. Dieser Vergleich ist natürlich nicht ganz korrekt, da wir zu diesem Zeitpunkt noch gar nicht wissen, wie empfindlich die Ausgangsleistung im Grundmode-Betrieb im Verhältnis zu den Verlusten reagiert. Es wird sich später jedoch zeigen, daß beim stabilen Resonator im Grundmode-Betrieb, die Ausgangsleistung schneller abnimmt als der Verlustfaktor, d.h. es gilt $\beta_{10\%}/\alpha_{10\%}<1$.

Bei stabilen Resonatoren im Multimode-Betrieb mit thermischer Linse ist die Abnahme der Ausgangsleistung mit der Dejustierung ebenfalls durch die Verringerung des Modenvolumens geprägt. Im Resonator mit thermischer Linse wird die optische Achse durch die Linse geknickt (Bild 4.70) und scheint beim Auftreffen auf jeden Spiegel aus dessen Krümmungsmittelpunkt zu kommen. Der durch die Dejustierung auftretende Verschub h der optischen Achse im Medium bestimmt die Abnahme des Füllfaktors gemäß

$$\gamma(\alpha) = \gamma(0)\ (1 - {}^{4h}\!/_{\pi b})\tag{4.73}$$

mit b: Radius des Mediums

Damit ergibt sich der 10%-Winkel $\beta_{10\%,i}$ bei Drehung von Spiegel i zu:

$$\beta_{10\%,i} = 0{,}025\ \pi\ b\ \frac{d_i - \rho_i}{\rho_i}\left[\ D - \frac{1}{d_1 - \rho_1} - \frac{1}{d_2 - \rho_2}\ \right]\tag{4.74}$$

mit $d_i = \ell_i + \ell/2n$: Hauptebenenabstand zum Spiegel i
       ρ_i : Krümmungsradius von Spiegel i
       D : Brechkraft

Der 10%- Winkel wächst im stabilen Bereich linear mit wachsender Brechkraft an. Typische Dejustierwinkel stabiler Resonatoren liegen auch mit thermischer Linse im Bereich von 0,5-1,5 mrad. Bild 4.71 zeigt einige experimentelle Beispiele im Vergleich mit Gleichung (4.74). Generell sind die berechneten 10%-Winkel, wie auch schon beim Fall ohne thermische Linse, etwas geringer. Das liegt daran, daß die Annahme, daß das Strahlungsfeld exakt symmetrisch zur optischen Achse bleibt nicht ganz korrekt ist. Vielmehr reicht der Strahl auf der Seite, auf der er nicht begrenzt ist, (s. Bild 4.64) etwas weiter in das Medium hinein.

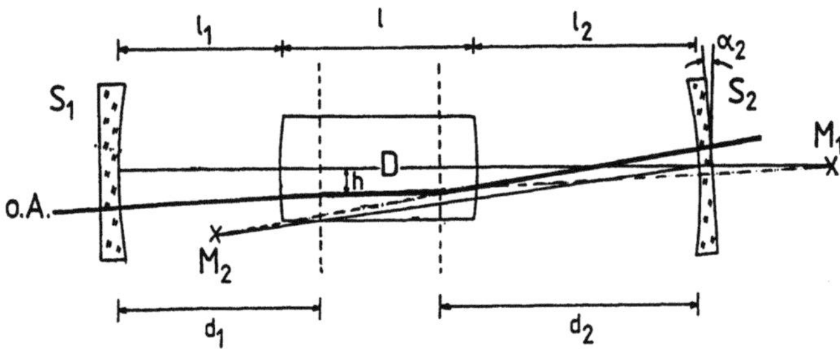

Bild 4.66 Dejustierung eines Spiegels beim Resonator mit thermischer Linse führt zum Parallelverschub der optischen Achse im Medium um h.

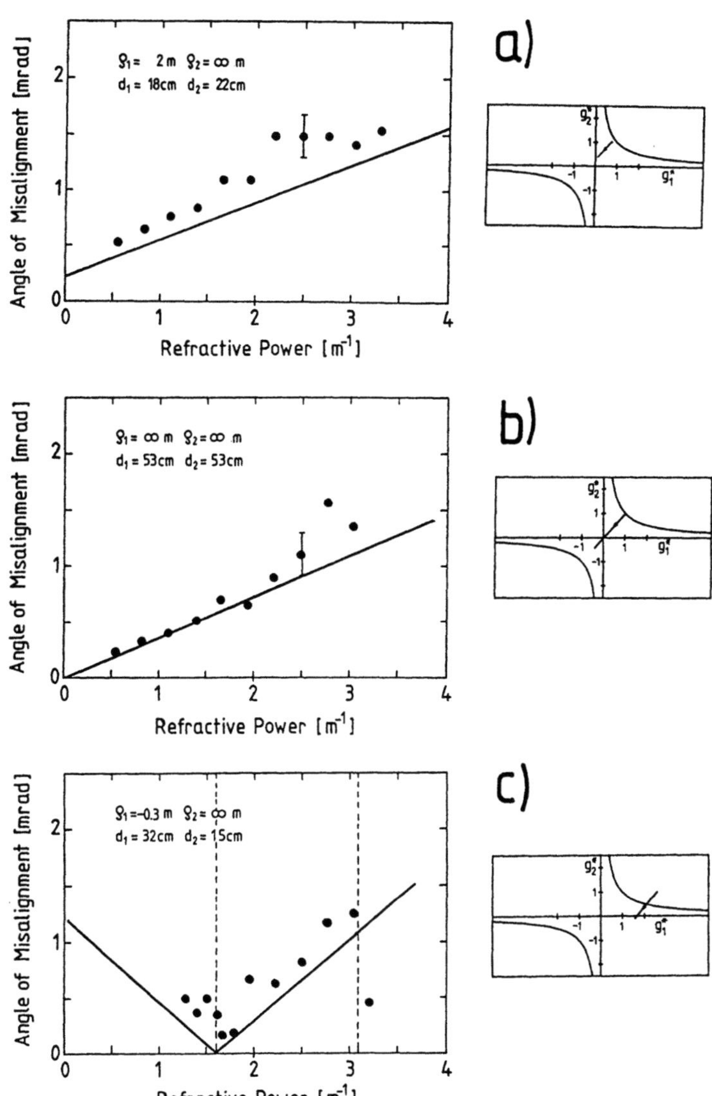

Bild 4.71 Gemessene und mit (4.74) berechnete Dejustierwinkel $\beta_{10\%,1}$. (Nd:YAG-Laser,6×3/8-Zoll-Stab,Brechkraft: 0,32 m⁻¹ pro kW Pumpleistung).
a) $d_1 = 18cm$, $d_2 = 22cm$, $\rho_1 = 2m$, $\rho_2 = \infty m$,
b) $d_1 = d_2 = 53cm$, $\rho_1 = \rho_2 = \infty m$
c) $d_1 = 32cm$, $d_2 = 15cm$, $\rho_1 = -0,3m$, $\rho_2 = \infty m$

4.7.2 Stabile Resonatoren im Grundmode-Betrieb

Im Grundmode-Betrieb führt die Dejustierung sofort zur Zunahme der Verluste, so daß die Abnahme des Modenvolumens nur eine untergeordnete Rolle bei der Abnahme der Ausgangsleistung spielt. Im folgenden ist deshalb die Abnahme des Füllfaktors bei der Dejustierung vernachlässigt. Berücksichtigt man die parabolische Abhängigkeit des Verlustfaktors $V(\alpha)$ in (4.69), so erhält man für den Verlauf der Ausgangsleistung bei Dejustierung den Ausdruck

$$P_{out}(\alpha) = P_{out}(0) \left[1 - \frac{| \, ln \, \sqrt{1-0,1\,(\alpha/\alpha_{10\%})^2} \, |}{g_0\ell + ln(\sqrt{RV(0)}\,V_S)} \right] \qquad (4.75)$$

mit $V(0)$: Verlustfaktor pro Umlauf im justierten Zustand.

Wie aus obiger Gleichung ersichtlich, nimmt die Leistung umso langsamer ab, je höher die Kleinsignalverstärkung $g_0\ell$ ist. Je höher die Pumpleistung, desto größer wird also der 10%-Winkel $\beta_{10\%}$, der sich aus (4.75) mit $P_{out}(\beta_{10\%})=0,9\;P_{out}(0)$ ergibt zu

$$\frac{\beta_{10\%}}{\alpha_{10\%}} = \left[10\;[1 - exp[-0,2\;(g_0\ell + ln(\sqrt{RV(0)}\,V_S))]] \right]^{0,5} \qquad (4.76)$$

Es zeigt sich also, daß die Ausgangsleistung i.a. schneller abnimmt als der Verlustfaktor, d.h. selbst bei großen Kleinsignalverstärkungen gilt $\beta_{10\%}/\alpha_{10\%} < 1$. Ein ähnliches Resultat erhält man auch, wenn man die korrekte Formel (4.24) für die Ausgangsleistung benutzt. Bild 4.72 zeigt die auf diese Weise berechneten Werte für $\beta_{10\%}/\alpha_{10\%}$ für Resonatoren im Grundmode-Betrieb mit angepaßtem Stabradius ($b=1,3w_{00}$, $V(0)\approx0,9$) in Abhängigkeit der Kleinsignalverstärkung bei jeweils optimalem Reflexionsgrad $R=R_{opt}$.
Die höhere Empfindlichkeit der Ausgangsleistung als der Verluste läßt sich auch experimentell sehr gut beobachten (Bild 4.73). Zusammen mit den Ergebnissen aus Abschn.3.1.3, sind wir nun imstande auch die Empfindlichkeit der Ausgangsleistung für einen stabilen Resonator anzugeben. Aus den dort erhaltenen 10%-Winkeln $\alpha_{10\%}$ für die Zunahme der Verluste kann mit (4.76) der entsprechende 10%-Winkel $\beta_{10\%}$ der Ausgangsleistung abgeschätzt werden.

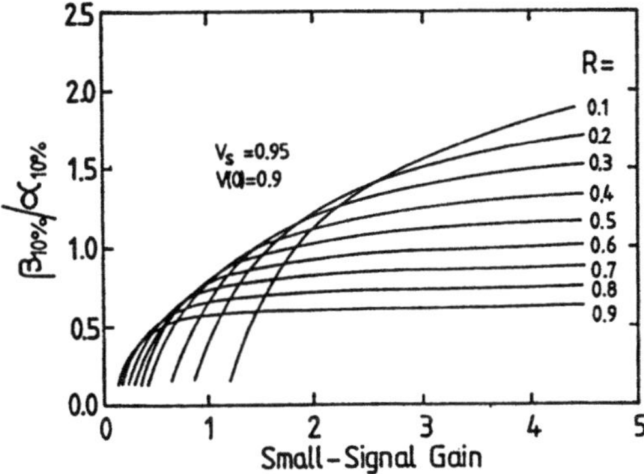

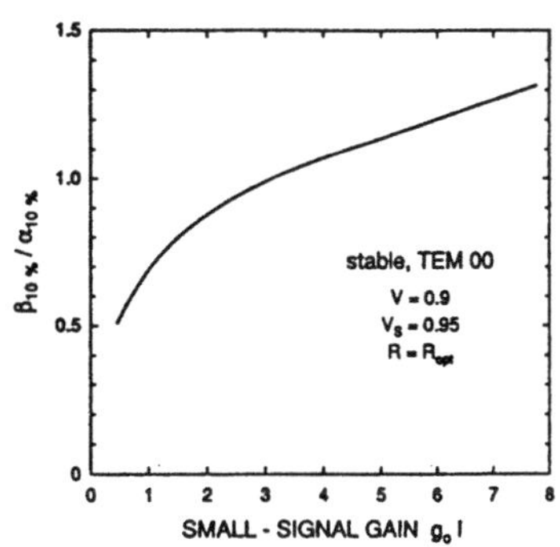

Bild 4.72 Mit (4.76) berechnete Verhältnisse von $\beta_{10\%}/\alpha_{10\%}$ in Abhängigkeit der Kleinsignalverstärkung für $V(0)=0,9$ und verschiedene Reflexionsgrade (links), sowie bei jeweils optimalem Reflexionsgrad R_{opt}.

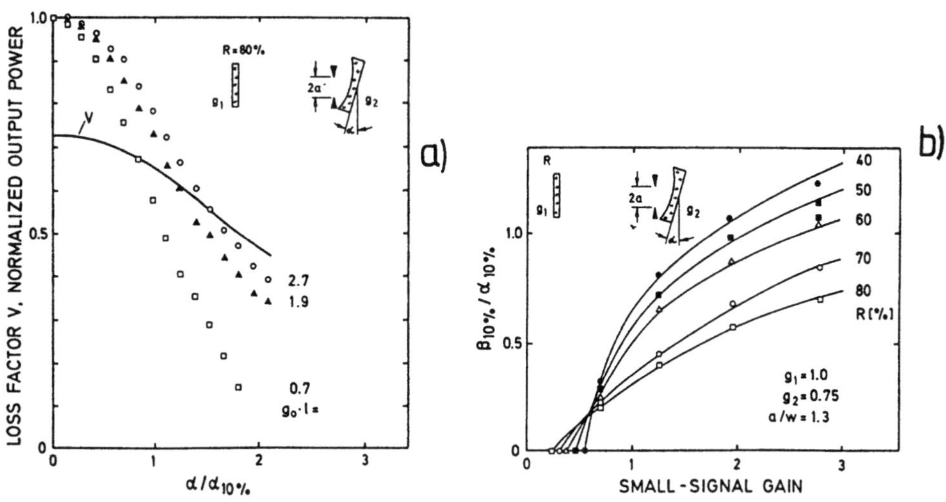

Bild 4.73 a) Gemessene Abnahme von Ausgangsenergie und Verlustfaktor eines stabilen Resonators im Grundmode-Betrieb in Abhängigkeit des normierten Dejustierwinkels $\alpha/\alpha_{10\%}$. Parameter ist die Kleinsignalverstärkung ($g_1=1, g_2=0,75$, $L_{eff}=0,5m$, $a/w_{oo}=1,3$). **b)** gemessene Verhältnisse $\beta_{10\%}/\alpha_{10\%}$ für den Resonator aus Abbildung a) in Abhängigkeit der Kleinsignalverstärkung, Parameter ist der Reflexionsgrad des Auskoppelspiegels.

4.7.3 Instabile Resonatoren

Im Gegensatz zum stabilen Resonator macht sich beim instabilen Resonator die Erhöhung des Verlustfaktors bei der Dejustierung als Erhöhung des Auskoppelgrades bemerkbar (wir erinnern uns, daß der Verlustfaktor beim instabilen Resonator dem Spiegelreflexionsgrad beim stabilen Resonator entspricht). Um das Verhalten der Ausgangsleistung instabiler Resonatoren bei Dejustierung zu verstehen, müssen wir deshalb nur die schon bekannte Abhängigkeit der Ausgangsleistung vom Auskoppelgrad betrachten (Bild 4.74). Bei Dejustierung wird der Verlustfaktor verringert und man läuft in dem Diagramm, ausgehend vom Verlustfaktor im justierten Zustand, nach links. Ist dieser Verlustfaktor höher als der optimale so führt die Dejustierung zur kurzfristigen Erhöhung der Ausgangsleistung, ist der Verlustfaktor im justierten Zustand kleiner als der optimale Verlustfaktor, so führt die Dejustierung immer zur Leistungsabnahme. Ist der Verlustfaktor optimal, so nimmt zwar die Leistung bei Dejustierung ab, jedoch bedingt durch die relative Unabhängigkeit der Ausgangsleistung vom Auskoppelgrad erfolgt diese Abnahme langsamer als beim stabilen Resonator.

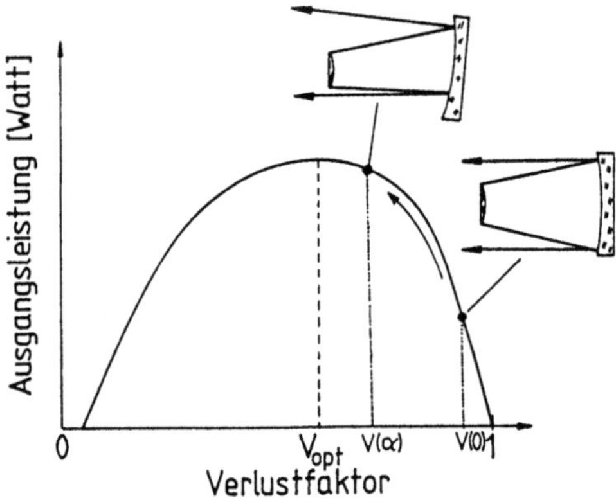

Bild 4.70 Bei der Dejustierung instabiler Resonatoren wird der Auskoppelgrad geändert. Wie die Leistung sich über dem Dejustierwinkel ändert kann deshalb aus der Beziehung zwischen Leistung und Auskoppelgrad des justierten Resonators geschlossen werden.

Warum die Leistung des instabilen Resonators so unempfindlich auf Dejustierung reagiert, kann auch leicht mit Hilfe der Formel für die Ausgangsleistung (4.69) verstanden werden. Vergleicht man die entsprechenden Ausdrücke für den stabilen Resonator

$$P_{out} = const. \ (1-R) \ (g_0\ell - |\ln(\sqrt{RV}\ V_S)|)$$

und für den instabilen Resonator

$$P_{out} = const. \ (1-V) \ (g_0\ell - |\ln(\sqrt{V}\ V_S)|), \tag{4.77}$$

so erkennt man, daß sich bei letzterem die beiden einzelnen Terme bei der Dejustierung quasi aufheben. Die Abnahme der resonatorinternen Leistung (letzter Term) wird nur beim instabilen Resonator durch den erhöhten Auskoppelgrad $(1-V)$ kompensiert. Eine genauere Untersuchung zeigt, daß die Ausgangsleistung für instabile Resonatoren mit optimierter Auskopplung erst mit der vierten Potenz des Dejustierwinkels α abnimmt:

$$P_{out}(\alpha) = P_{out}(0) \ (1 - 0,1 \ (\alpha/\beta_{10\%})^4) \tag{4.78}$$

Die Abnahme der Ausgangsleistung erfolgt deshalb langsamer als die Abnahme des Verlustfaktors, d.h. $\beta_{10\%}/\alpha_{10\%} > 1$. Bild 4.75 zeigt mit (4.24) berechnete Verhältnisse von $\beta_{10\%}/\alpha_{10\%}$ in Abhängigkeit der Kleinsignalverstärkung für instabile Resonatoren mit optimaler Auskoppplung. Ein Vergleich mit Bild 4.72 zeigt, daß die Ausgangsleistung instabiler Resonatoren um einen Faktor zwei unempfindlicher auf die gleiche Verlusterhöhung reagiert als für stabile Resonatoren im Grundmode-Betrieb. Dies ist ein weiterer Vorteil des instabilen Resonators im Vergleich mit dem stabilen Resonator, denn die 10%-Winkel der Verlusterhöhung sind, wie in Abschn.3.3.4 gesehen, beim instabilen sowieso größer als beim stabilen Resonator. Bilder 4.76/4.77 zeigen die experimentelle Verifikation der geringen Dejustierempfindlichkeit sowie der Zunahme der Ausgangsenergie bei Dejustierung, falls die Auskopplung geringer als die optimale gewählt wird.
Je höher die Kleinsignalverstärkung, desto geringer wird die Dejustierungsempfindlichkeit der Ausgangsleistung. Bei Lasermedien sehr hoher Verstärkung ($g_0\ell > 3$) und starker thermischer Linsenwirkung ist die Dejustierempfindlichkeit der Ausgangsleistung instabiler Resonatoren vergleichbar mit der stabiler Resonatoren im Multimode-Betrieb (Bild 4.78).

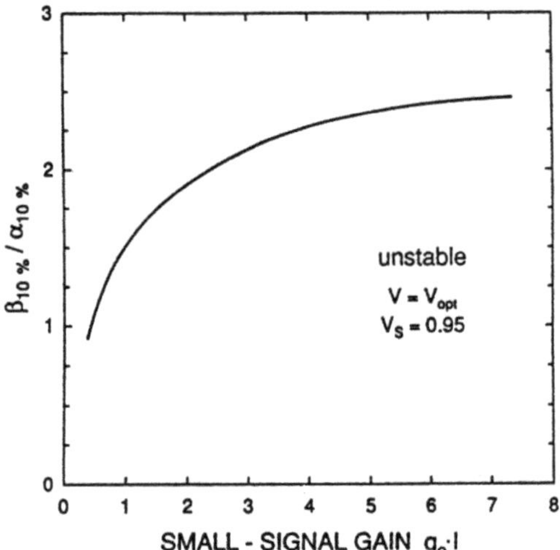

Bild 4.75 Berechnete Verhältnisse $\beta_{10\%}/\alpha_{10\%}$ für instabile Resonatoren mit optimaler Auskopplung in Abhängigkeit der Kleinsignalverstärkung. $\alpha_{10\%}$ bezeichnet den Dejustierwinkel bei dem die Verluste um 10% gestiegen sind. (siehe dazu Abschn.3.3.4).

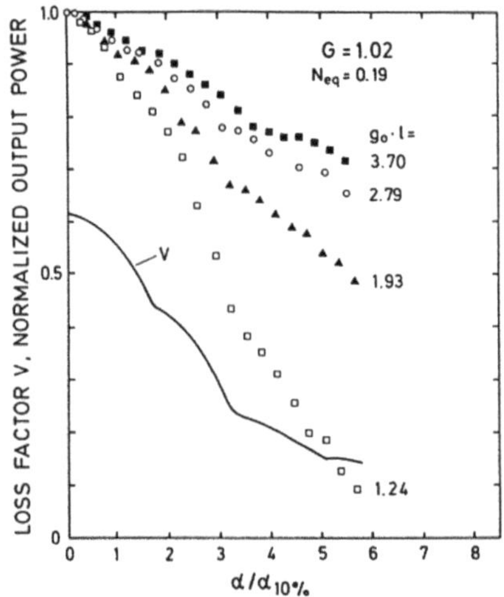

Bild 4.76 Gemessene Abhängigkeit des Verlustfaktors und der Ausgangs-energie eines instabilen Resonators bei Dejustierung. Die Minima entstehen durch Modenwechsel. Parameter ist die Kleinsignalverstärkung.

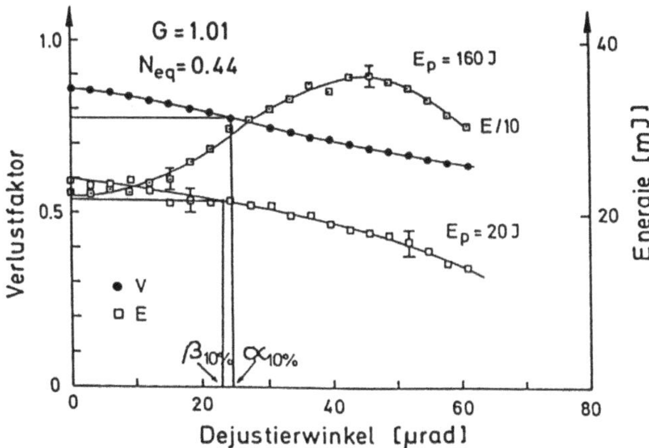

Bild 4.77 Gemessene Ausgangsenergie eines instabilen Resonators kleiner Vergrößerung ($V=0{,}9$) bei Dejustierung eines Spiegels. Parameter ist die Pumpenergie.

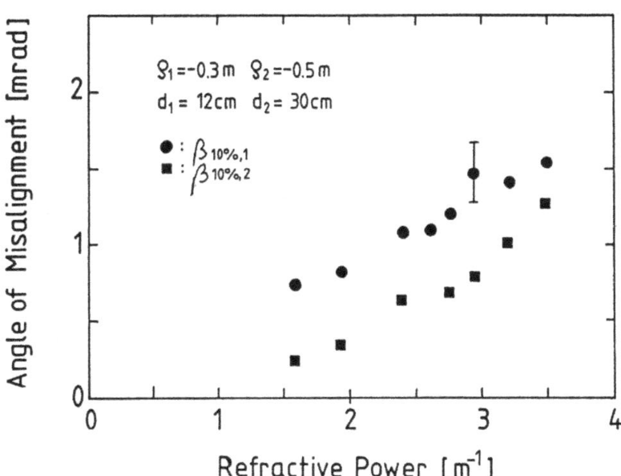

Bild 4.78 Gemessene 10%-Winkel $\beta_{10\%,1}$ und $\beta_{10\%,2}$ für einen Hochleistungs-Nd:YAG-Laser mit instabilem Resonator. (6×3/8 Zoll Stab, d_1=12cm, d_2=30cm, ρ_1=-0.3m, ρ_2=-0,5m, $2a$=3,5mm, Repititionsrate 30 Hz, Pulslänge 2 ms, Brechkraft: 0,3 m⁻¹ pro kW Pumpleistung).

4.8 Optimierte Resonatoren

Unter optimierten Resonatoren versteht man Resonatoren die bzgl. Ausgangsleistung, Strahlqualität oder Dejustierungsempfindlichkeit optimiert sind. Generell muß dabei ein Kompromiß eingegangen werden, denn alle drei Bedingungen können nicht gleichzeitig erfüllt werden. So ist die Ausgangsleistung bei Verwendung stabiler Resonatoren im Multimode-Betrieb am höchsten, jedoch müssen dann Abstriche in der Strahlqualität in Kauf genommen werden. Andererseits bietet der TEM_{00}-Betrieb die beste Strahlqualität, jedoch ist die Dejustierempfindlichkeit hoch und bei Laserwellenlängen im sichtbaren und Nah-Infraroten die Ausgangsleistung gering. Je nach Anwendungsprofil, das mehr an Ausgangsleistung, Strahlqualität oder Dejustierungsempfindlichkeit orientiert ist, wird man sich für den einen oder anderen Resonator entscheiden. Tabelle 4.6 mag hier eine Entscheidungshilfe geben.

Tabelle 4.6 Vergleich der Eigenschaften verschiedener Resonatoren. In jeder Zeile ist der beste Resonator mit der 1 gekennzeichnet, die Zahlen der anderen Resonatoren geben dann die Bewertung in Relation zu diesem optimalen Wert an. Im Fall der Ausgangsleistung bedeutet dies, daß der stabile Multimode-Resonator die höchste Ausgangsleistung liefert, während der instabile Resonator höchstens 80% dieses Wertes erreicht.

Resonator	stabil, TEM_{00}	stabil, multimode	instabil
Ausgangsleistung	$0,05-0,7$*	1	$0,5-0,8$**
Gütezahl K	1	$0,1-0,005$	$0,2-0,33$
Dejustierungsempfindlichkeit	$0,05-0,1$	1	$0,2-0,5$**
Nachteile	geringes Modenvolumen	empfindlich gegen thermische Linse	hohe Verstärkung nötig

* je nach Modenvolumen und Kleinsignalverstärkung

** je nach Kleinsignalverstärkung

Diese Tabelle kann natürlich nur einen groben Anhaltspunkt geben. Um einen genauen Vergleich für bestimmte Resonatoren zu machen, muß auf die schon bekannten Formeln für die Strahlqualität (3.49) die Dejustierungsempfindlichkeit (Abschn.4.6) und die Ausgangsleistung (Abschn.4.3) zurückgegriffen werden. Im folgenden wird die Optimierung bzgl. der Ausgangsleistung etwas näher diskutiert.

a) stabiler Resonator, Multimode-Betrieb

Wie schon in Abschn.4.3 besprochen, ist bei gegebener Kleinsignalverstärkung $g_0 \ell$ und Verlusten $\alpha_0 \ell$ der optimale Reflexionsgrad des Auskoppelspiegels gegeben durch

$$\ln R_{opt} = -2\alpha_0 \ell \left(\sqrt{\frac{g_0 \ell}{\alpha_0 \ell}} - 1 \right)$$

Falls das gesamte Medium ausgenutzt wird, ergibt sich die erreichbare Ausgangsleistung in diesem Fall zu

$$P_{out,max} = \left(\sqrt{\eta_{excit} \, P_{elektr}} - \sqrt{F I_S |\ln\sqrt{R} V_S|} \right)^2$$

mit F: Querschnittsfläche des aktiven Mediums, I_S: Sättigungsintensität, $V_S = \exp(-\alpha_0 \ell)$: Verlustfaktor pro Durchgang, P_{elektr}: elektrische Pumpleistung, η_{excit}: Anregungswirkungsgrad.

Der Verlustfaktor pro Durchgang V_S enthält hier sowohl die Verluste, die beim Durchgang durch das Medium auftreten (Streuung und Absorption), wie auch die Beugungsverluste von 1%-2% pro Umlauf (s. Abschn.3.1.2).

b) stabiler Resonator, TEM$_{00}$-Mode

Um den TEM$_{00}$-Mode Betrieb im Resonator zu erzwingen, muß eine Blende oder die Begrenzung des aktiven Mediums selbst den Gaußstrahl begrenzen, da das Anschwingen höherer Moden verhindert werden muß. Dazu muß die Blende einerseits klein genug gewählt werden, andererseits ist zum Erzielen einer hohen Ausgangsleistung ein möglichst großer Blendenradius wünschenswert. Die höchste Ausgangsleistung im TEM$_{00}$-Mode-Betrieb erreicht man, wenn man den Blendenradius etwa 1,2-1,4 mal so groß wie den Gaußstrahlradius an dieser Stelle wählt. Soll das aktive Medium ganz ausgefüllt werden, so muß entsprechend der Radius des Mediums 1,2-1,4 mal größer sein als der größte Gaußstrahlradius im Me-

304

dium. Das genaue Anpassungsverhältnis hängt von der Kleinsignalverstärkung und den g-Parametern der Resonatoren ab. Je größer die Verstärkung und je näher man an den Stabilitätsgrenzen arbeitet, desto
kleiner muß das Verhältnis Blendenradius zu Gaußstrahlradius gewählt
werden. Bild 4.79 zeigt die im optimalen Fall erreichbaren Extraktionswirkungsgrade im TEM_{00}-Mode-Betrieb in Abhängigkeit des äquivalenten
G-Parameters (siehe Abschn.3.1) für einen Streuverlustfaktor von 5% pro
Durchgang. Optimaler Fall bedeutet hierbei, daß der Radius des aktiven
Mediums an den Gaußstrahlradius angepaßt ist, d.h. zwischen 1,2 und 1,4
mal größer ist.

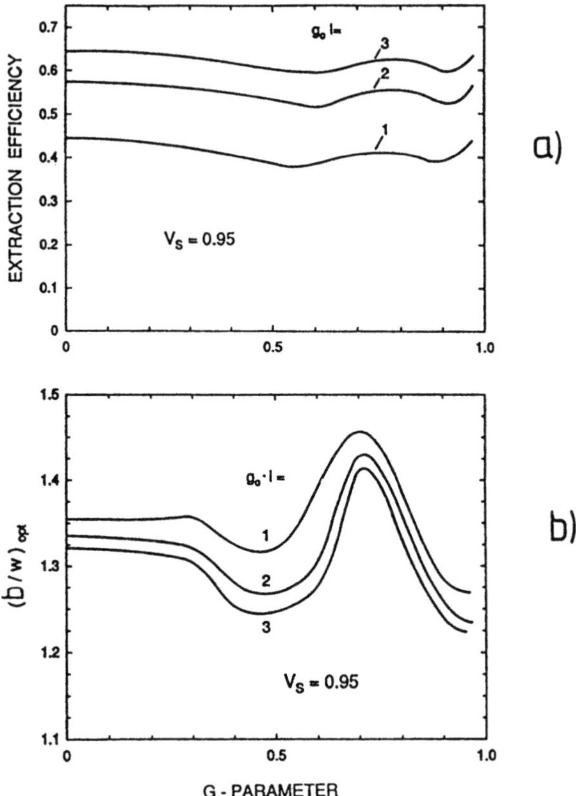

Bild 4.79 a) Berechneter maximaler Extraktionswirkungsgrad im TEM_{00}-Mode-Betrieb in Abhängigkeit des äquivalenten g-Parameter $G=2g_1 g_2 -1$ des Resonators (5% Streu- und Absorptionsverlust pro Durchgang). Parameter ist die Kleinsignalverstärkung. Der Resonator ist nur durch das Medium begrenzt, mit an den Gaußstrahl angepaßtem Radius. Das Medium befindet sich direkt an einem Spiegel. **b)** zu den Werten aus a) gehörende optimale Anpassungsverhältnisse von Radius des aktiven Mediums zu Gaußstrahlradius.

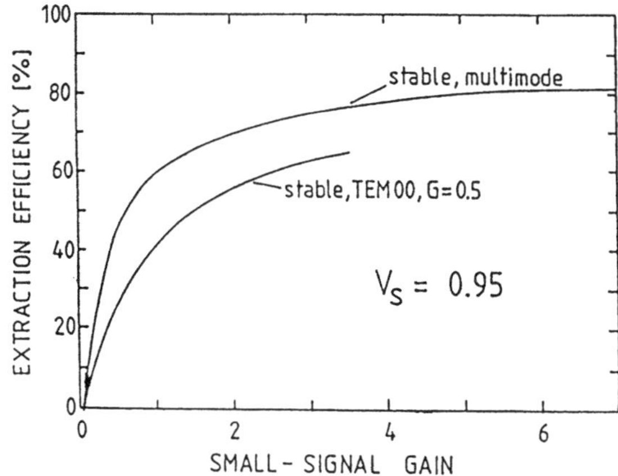

Bild 4.80 Vergleich der maximalen Extraktionswirkungsgrade im Multi-mode- und im TEM$_{00}$-Mode-Betrieb *(G=0,5)*. 5% Streuverlust pro Durch-gang [4.64].

Im Vergleich mit dem Extraktionswirkungsgrad im Multimode-Betrieb (Bild 4.80), erhält man also auch bei optimal ausgefülltem Medium eine geringere Ausgangsleistung. Das liegt daran, daß im Grundmode-Betrieb der Füllfaktor geringer ist und Beugungsverluste von etwa 10% pro Um-lauf an der Begrenzung des Mediums auftreten. Im Multimode-Betrieb da-gegen ist der Füllfaktor eins und die Beugungsverluste gering (1-2% pro Umlauf).

c) Instabiler Resonator

Aufgrund der Abnahme des Verlustfaktors mit der Pumpleistung (siehe Abschn.4.4) kann zur Optimierung der Ausgangsleistung nicht der Ver-lustfaktor des passiven Resonators (Abschn.3.3) zur Dimensionierung des Resonators benutzt werden. Die für eine Kleinsignalverstärkung $g_0\ell$ optimale Vergrößerung M des Resonators muß deshalb etwas geringer gewählt werden, um die Zunahme der Auskopplung mit steigender Pump-leistung zu kompensieren. Bild 4.81 zeigt die optimalen G-Parameter bzw. Vergrößerungen für $N_{eq}=0,5$ in Abhängigkeit der Kleinsignalverstärkung. Diese liegen zwischen den Werten, die sich ergeben wenn man den Ver-lust des passiven Resonators ΔV als Auskoppelgrad annimmt (obere Kurve), bzw. wenn der geometrische Auskoppelgrad $1-1/M^2$ benutzt wird (untere Kurve). Die genaue Einhaltung des optimalen Parameters ist jedoch in den meisten Fällen unkritisch, da insbesondere bei hohen Kleinsignalverstärkungen die Ausgangsleistung kaum auf Abweichungen vom optimalen Auskoppelgrad reagiert (Bild 4.82). Da instabile Resonatoren sowieso nur für Kleinsignalverstärkungen größer 1,5 in Frage kommen, ist es sogar möglich, direkt den passiven Verlustfaktor V (siehe Bild 3.89) zu benutzen, um den Resonator zu dimensionieren, d.h. G und N_{eq} zu bestimmen. Als Faustformel gilt hierbei, ähnlich wie bei den stabilen Resonatoren

$$ln \; V = -2\alpha_0\ell \left[\sqrt{\frac{g_0\ell}{\alpha_0\ell+0,05}} - 1 \right] \tag{4.79}$$

wobei $\alpha_0\ell$ die Streu- und Absorptionsverluste im Medium kennzeichnen.
Der Term 0,05 in (4.79) rührt daher, daß bei optimaler Anpassung an das Medium, welche erfüllt ist falls für dessen Radius b gilt $b=1,05Ma$, zusätzliche Beugungsverluste an der Begrenzung des Mediums von etwa 5% pro Durchgang auftreten. Soll das Medium nicht ganz ausgefüllt werden, d.h. ist der Strahlradius des rücklaufenden Strahls bedeutend kleiner als b, so wird dieser Term in obiger Faustformel weggelassen.

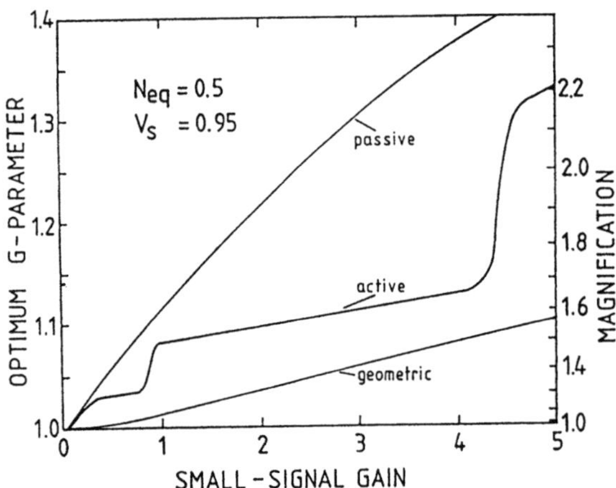

Bild 4.81 Numerisch bestimmte optimale G-Parameter konfokaler instabiler Resonatoren in Kreissymmetrie mit $N_{eq}=0,5$ in Abhängigkeit der Kleinsignalverstärkung. Der Radius des aktiven Mediums b ist optimal an den Strahlradius Ma angepaßt ($b\approx1,05Ma$), wodurch Beugungsverluste von typischerweise 10% pro Umlauf entstehen [4.64].

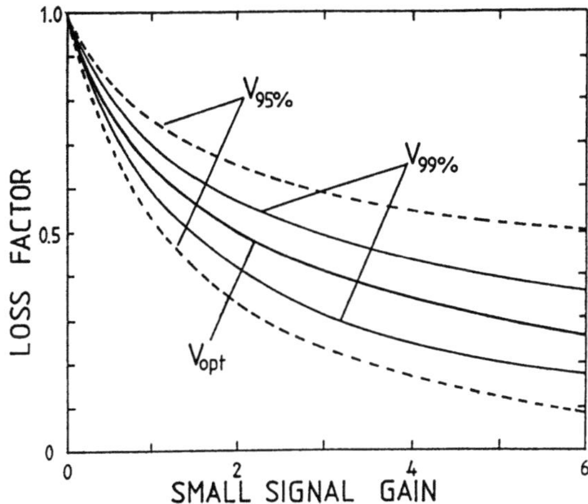

Bild 4.82 Abhängigkeit des optimalen Verlustfaktors V_{opt} instabiler Resonatoren von der Kleinsignalverstärkung. Die Verlustfaktoren $V_{99\%}$ und $V_{95\%}$ begrenzen die Bereiche innerhalb derer noch 99% bzw. 95% der maximalen Ausgangsleistung erreicht werden [4.58].

Beispiel: Für einen Nd:YAG-Stab mit Radius 3,9mm und Länge 100mm mit Kleinsignalverstärkung $g_0\ell=2$ soll ein konfokaler instabiler Resonator konzipiert werden. Der Streuverlustfaktor V_S des Stabes beträgt 0,96 pro Durchgang. Aus (4.79) erhält man $V=0,512$. Aus Bild 3.89 ergeben sich nun viele Kombinationsmöglichkeiten von G und N_{eq} um diesen Verlustfaktor des passiven Resonators zu erreichen. Da halbzahlige Fresnelzahlen vorteilhaft sind, entscheiden wir uns für $G=1,2$ und $N_{eq}=1,5$, d.h. Vergrößerung 1,86. Damit ist der HR-Fleck des Spiegels festgelegt zu $a=b/(1,05M)=2$mm. Die Spiegelkrümmungsradien ergeben sich aus der Formel für N_{eq} und der Konfokalitätsbedingung $g_1+g_2=2g_1 g_2$. Für die effektive Resonatorlänge $L_{eff}=0,55$m erhält man so für den Krümmungsradius des Auskoppelspiegels $\rho_1=-1,274$m, sowie für den zweiten Spiegel $\rho_2=2,375$m.

Häufig tritt allerdings der Fall ein, daß unpraktikable Längen oder Krümmungsradien resultieren. Man sollte in diesem Fall eine anderes (G,N_{eq})-Paar auswählen oder die Resonatorlänge variieren.

Da bei optimaler Anpassung des Strahls an das Medium Beugungsverluste verursacht werden, sind die erreichbaren Extraktionswirkungsgrade geringer als beim stabilen Resonator im Multimode-Betrieb, aber etwas höher als im stabilen TEM_{00}-Mode-Betrieb (Bild 4.83). Im Gegensatz zum Gaußstrahl besitzen die Moden des instabilen Resonators steiler abfallende Flanken, wodurch die Anpassung an das Medium besser als beim stabilen Resonator gelingt. Man erkennt aber aus Bild 4.83 auch, daß der relative Unterschied der Ausgangsleistung im Vergleich zum Multimodefall mit steigender Kleinsignalverstärkung abnimmt. Bei hochverstärkenden Lasern mit $g_0\ell>3$ können bis zu 80% der Multimode-Leistung mit dem instabilen Resonator erzielt werden.

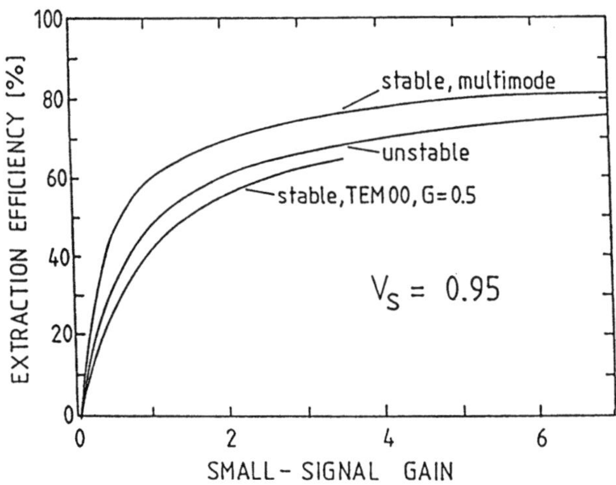

Bild 4.83 Berechnete maximale Extraktionswirkungsgrade für stabile und konfokale instabile Resonatoren mit $N_{eq}=0{,}5$ in Abhängigkeit der Kleinsignalverstärkung $g_0\ell$. 5% Streuverlust pro Durchgang [4.64].

5 Alternative Resonatorkonzepte

5.1 Prismen-Resonatoren

Sowohl stabile als auch instabile Resonatoren besitzen eine relative hohe
Empfindlichkeit gegen Dejustierung der Spiegel. Bei manchen Anwendungen sind die typischen 10%-Winkel zwischen 0,1 und 2 mrad zu gering, um eine lange Standdauer des Lasers zu garantieren.
Erheblich geringere Dejustierungsempfindlichkeit als mit herkömmlichen
Spiegel können mit Prismen erreicht werden. Besitzt ein Prisma einen
Dachwinkel von 90° (Porro-Prisma), so wird ein Lichtstrahl unabhängig
von seiner Einfallsrichtung exakt parallel zurückreflektiert (Bild 5.1). Da
eine plane Welle auch wieder plan aus dem Prisma heraustritt, verhält
sich ein Porro-Prisma, abgesehen davon, daß das Strahlungsfeld an der
Prismenkante gespiegelt wird, genau wie ein Planspiegel. Aus diesem
Grund bietet es sich an, die Plan-Spiegel von Resonatoren durch Porro-
Prismen zu ersetzen [5.6,5.8,5.9,5.13,5.19]. Gekrümmte Spiegel lassen sich
hierbei durch Wölbung der Eintrittsfläche realisieren. Bei Verwendung
eines Prismas wird die Laserleistung durch den teilreflektierenden
Spiegel ausgekoppelt, ersetzt man beide Resonatorspiegel durch Prismen,
so muß die Auskopplung über die Polarisation erfolgen, da das Licht in
den Prismen totalreflektiert wird (Bild 5.2)

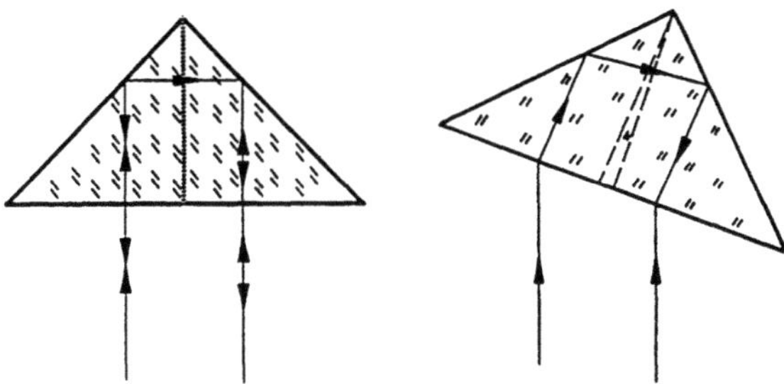

Bild 5.1 Unabhängig von der Einfallsrichtung wird ein in ein Porro-
Prisma einfallender Strahl parallel zurückreflektiert.

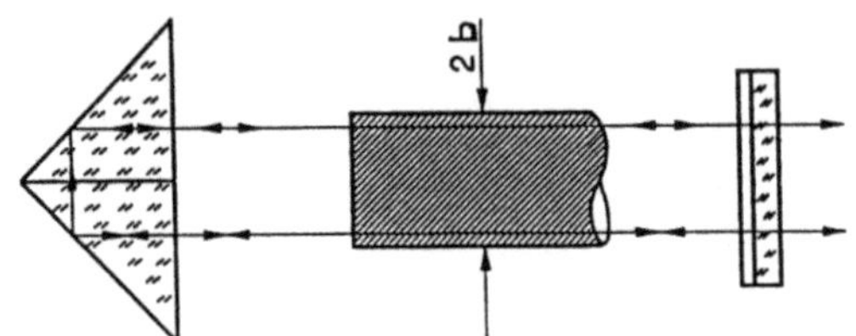

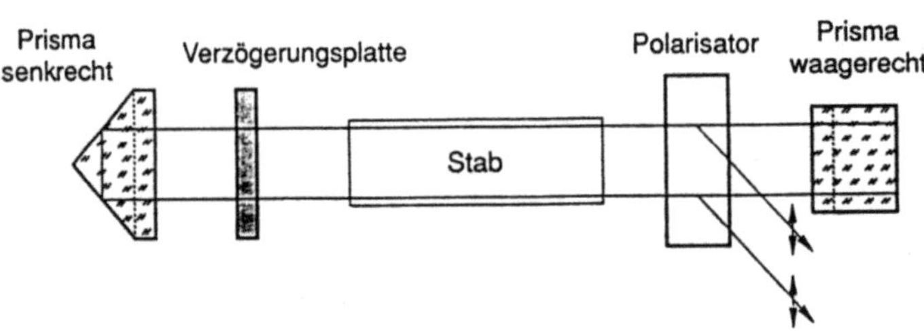

Bild 5.2 Porro-Prismen-Resonatoren. Bei Verwendung zweier Prismen muß die Strahlung über die Polarisation ausgekoppelt werden. Durch Drehung der Verzögerungsplatte kann der Auskoppelgrad variiert werden.

Als Prismen können natürlich nicht nur die hier gezeigten Dachkanten-Prismen, sondern auch Tripelspiegel verwendet werden, wobei die höhere Kantenzahl beim Tripelspiegel jedoch mit erhöhten Resonatorverlusten verbunden ist. Der Vorteil des Tripelspiegels ist andererseits, daß die Dejustage um beliebige Drehachsen erfolgen kann, während das Dachkantenprisma bei Drehung um eine Achse senkrecht zur Dachkante genauso empfindlich wie ein Planspiegel reagiert.

Die Strahlqualität des Resonators wird durch die Verwendung eines Prismas nicht beeinflußt, d.h. ist die gleiche wie bei Benutzung planer Spiegel. Allerdings sind die Verluste je nach Schärfe der Prismenkante leicht erhöht. Bild 5.3 zeigt gemessene Strahlparameterprodukte und Verlustfaktoren pro Umlauf für Plan-Plan-Resonatoren in Abhängigkeit der effektiven Fresnelzahl mit und ohne Verwendung eines Dachkantenprismas in diesem Fall sind die Verluste des Grundmodes durch die sehr gut gearbeitete Prismenkante mit Breite unter 2μm kaum erhöht.

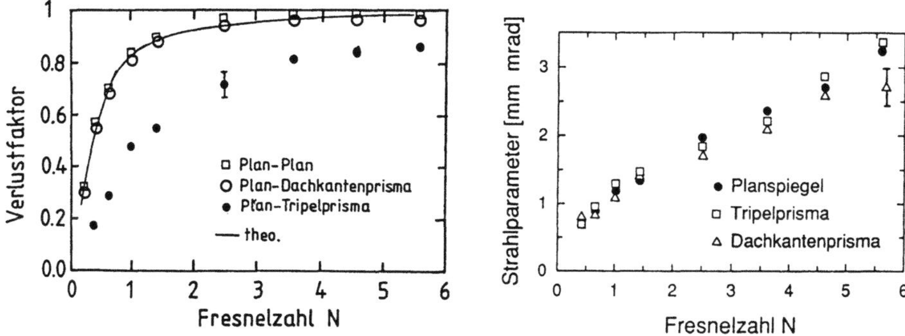

Bild 5.3 Gemessene Verlustfaktoren pro Umlauf und Strahlparameter-produkte von Plan-Plan- und Plan-Prisma-Resonatoren in Abhängigkeit der effektiven Fresnelzahl $N=b^2/(2\lambda L)$. (Nd:YAG, $\lambda=1{,}064\mu$m, $3\times1/4$-ZollStab) [Q.12].

Durch den von eins verschiedenen Brechungsindex des Prismas kommt es bei dessen Drehung zu einem Verschub des reflektierenden Strahls, so daß Prismen-Resonatoren ebenfalls begrenzte 10%-Winkel bei Dejustierung besitzen (Bild 5.4). Dadurch wird nicht mehr das ganze aktive Medium vom Strahlungsfeld ausgenutzt und die Ausgangsleistung entsprechend verringert. Für den 10%-Winkel $\beta_{10\%}$, bei dem die Ausgangsleisung, d.h. das Modenvolumen, um 10% gefallen ist, erhält man aus einer geometrischen Betrachtung:

$$\beta_{10\%} = \frac{0{,}025\,\pi\,b}{d - h(1-1/n)} \tag{5.1}$$

mit $\quad$ d: Abstand Drehachse – Prismenspitze, h: Prismenhöhe, b: Radius des aktiven Mediums, n: Brechungsindex des Prismenmaterials

Für $b=3{,}1$mm erhält man bei Drehung eines Glasprismas um dessen Spitze ($d=0$, $h=2$cm, $n=1{,}5$) mit (5.1) einen 10%-Winkel von 37 mrad.

Die Zunahme der Verluste bei der Dejustierung spielt für effektive Fresnelzahlen größer 3 keine Rolle für die Abnahme der Ausgangsleistung. Eine Zunahme des Verlustes erfordert die Eingrenzung des Grundmodes, wozu erheblich größere Dejustierwinkel nötig sind. In Bild 5.5 sind gemessene Dejustierwinkel $\alpha_{10\%}$, bei denen eine Verlusterhöhung von 10% auftritt, dargestellt.

Die geringe Dejustierempfindlichkeit ist bei Dachkantenprismen jedoch nur bei Drehung um eine Achse parallel zur Dachkante gegeben. Drehung um die dazu senkrechte Achse führt zu erheblich geringeren Dejustierwinkeln in der Größenordnung von einigen 10 μrad. Um die geringe Dejustierempfindlichkeit auf beide Raumrichtungen auszudehnen, können entweder Tripelprismen verwendet oder zwei Dachkantenprismen gekreuzt werden, wie in Bild 5.2 gezeigt.

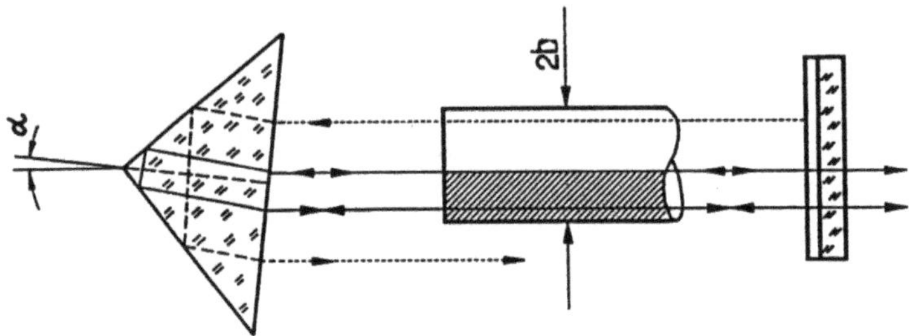

Bild 5.4 Strahlverlauf bei dejustiertem Prisma.

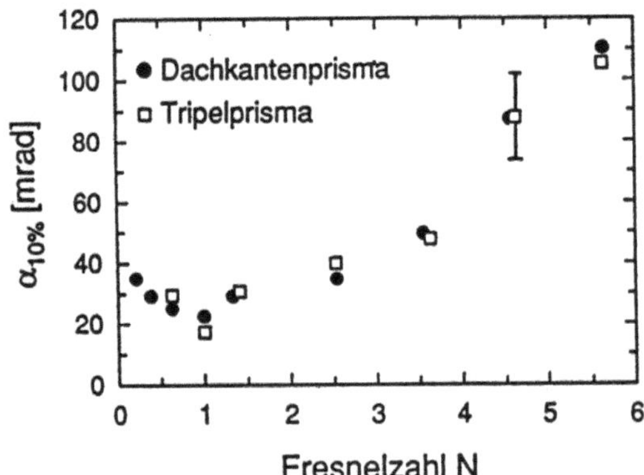

Bild 5.5 Gemessene 10%-Winkel $\alpha_{10\%}$ von Plan-Prismen-Resonatoren bei Dejustierung des Prismas in Abhängigkeit der effektiven Fresnelzahl $N=b^2/(2\lambda L_{eff})$. (h=2cm, d=1,5cm, n=1,5, L_{eff}=75cm, $3\times 1/4$-Zoll-Nd:YAG-Stab) [Q.12].

Die Auskopplung erfolgt in letzterem Fall durch die Polarisation (Bild 5.6). Diese Art der Auskopplung wurde schon in Abschn.3.5 eingehend behandelt. Durch eine drehbare Verzögungsplatte kann der Polarisationszustand des auf den Polarisator fallenden Lichtes kontinuierlich geändert werden. Da nur der s-polarisierte Anteil aus dem Resonator reflektiert wird, ist es dadurch möglich, den Auskoppelgrad des Resonators zu variieren.

Der Verlustfaktor pro Umlauf, der durch die Auskopplung entsteht, kann durch die in den Abschnitten 1.3 und 3.5 diskutierte Hintereinanderreihung der Jones-Matrizen der einzelnen Elemente berechnet werden (Bild 5.7). Hierbei muß beachtet werden, daß ein Prisma mit Brechungsindex n, bei der Totalreflexion die Phase von s- und p-Welle unterschiedlich ändert. Die p-Komponente erleidet dabei die größere Phasenverzögerung δ_p. Ein 90°-Prisma wirkt deshalb wie eine Verzögerungsplatte mit Phasenverschiebung $\delta=\delta_p-\delta_s$ mit

$$\tan \delta/4 = \sqrt{1 - 2/n^2} \qquad (5.2)$$

Für Glas ($n=1,5$) beträgt diese Phasenverzögerung etwa $\delta=73°$.

Die Jones-Matrix für ein 90°-Prisma lautet (vgl. Abschn.1.3 und 3.5)

$$M^P_p = \begin{pmatrix} 1 & 0 \\ 0 & exp(i\Phi) \end{pmatrix} \qquad (5.3)$$

mit $\Phi=\delta-\pi$ falls die Dachkante des Prisma in y-Richtung zeigt und $\Phi=\pi-\delta$, wenn die Dachkante in x-Richtung des Koordinatensystems orientiert ist. Der Faktor π entsteht dadurch, daß das Licht zusätzlich zur Phasenschiebung δ an der Prismenkante gespiegelt wird.

Das linke obere Element der Jones-Matrix verknüpft hierbei die x-Komponenten des elektrischen Feldes vor und nach Reflexion durch das Prisma. Für die in Bild 5.6a) gezeigte Anordnung erhält man für den Verlustfaktor pro Umlauf, der durch Auskopplung am Polarisator entsteht, den Ausdruck

$$V = \left| (cos^2\alpha + sin^2\alpha \ e^{-i\gamma})e^{i\Phi} + cos^2\alpha \ sin^2\alpha \ (1 - e^{-i\gamma})^2 \right|^2 \qquad (5.4)$$

mit γ, α: Phasenschub und Drehwinkel der Verzögerungsplatte

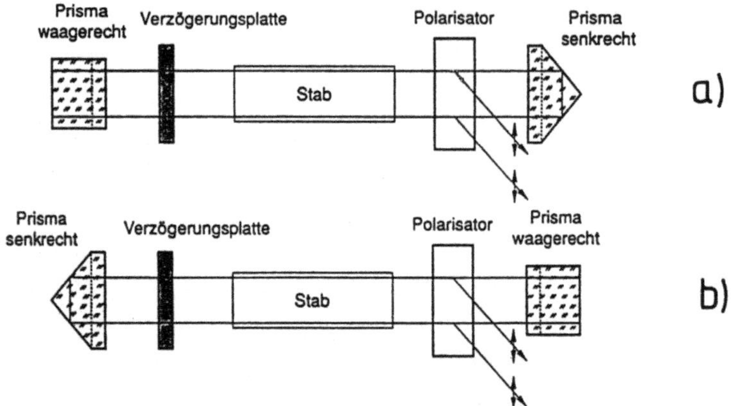

Bild 5.6 Prismenresonator mit gekreuzten Prismen. Auskopplung erfolgt über die Polarisation. Der p-polarisierte Anteil passiert den Polarisator und wird durch die Verzögerungsplatte und das linke Prisma elliptisch polarisiert. Der s-polarisierte Anteil wird dann ausgekoppelt.

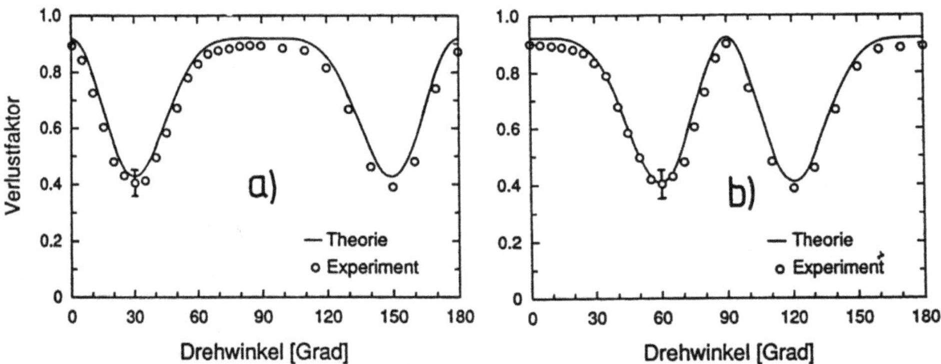

Bild 5.7 Gemessene und mittels Jones-Matrizen berechnete Verlustfaktoren pro Umlauf für die beiden Resonatoren aus Bild 5.6 in Abhängigkeit des Drehwinkels der Verzögerungsplatte mit $\delta=73°$. (Nd:YAG-Laser im Einzelschußbetrieb, Zuordnung der Bilder über die Buchstaben) [Q.12].

Bild 5.8 zeigt einen gemessenen Verlauf der Ausgangsenergie eines Nd:YAG-Lasers mit Porro-Prismen-Resonator in Abhängigkeit des Drehwinkels α der Verzögerungsplatte (Phasenschub 73°). Da die Prismen einen Phasenschub zwischen s- und p-Polarisation bewirken, hängt der Verlauf der Kurven von der Stellung des linken Prismas zur Achse des Polarisators (siehe (5.3)) ab. Drehung des Prismas um 90° bewirkt einen entsprechenden Verschub der Energiekurve um 90° bzgl. des Drehwinkels der Verzögerungsplatte.

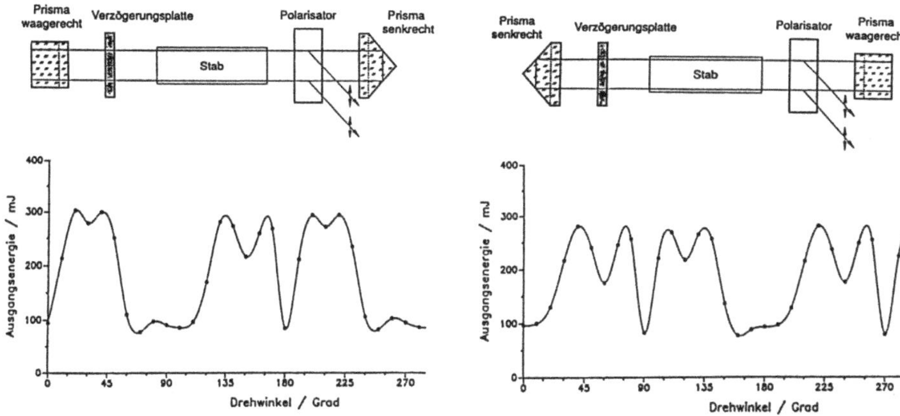

Bild 5.8 Gemessene Ausgangsenergie eines Nd:YAG-Lasers mit Prismen-Resonator in Abhängigkeit des Drehwinkels der Verzögerungsplatte (rel. Phasenschiebung 73°) für die beiden Resonatoren aus Bild 5.6 und 5.7 (E_{elektr}= 100J, 3×1/4 Zoll Stab).

Werden anstatt Dachkantenprismen Tripelspiegel verwendet (Bild 5.9), -ein Tripelspiegel ist nichts anderes als eine Ecke eines Würfels-, so läßt sich der Auskoppelgrad und damit die Ausgangsenergie nur geringfügig durch den Drehwinkel der Verzögerungsplatte beeinflussen (Bild 5.10). Grund hierfür sind die depolarisierenden Eigenschaften des Tripelspiegels, da die Änderung der Polarisation, bedingt durch die drei internen Reflexionen, in den Dreieckspaaren 1-4, 2-5 und 3-6 des Tripelspiegels (Bild 5.9) unterschiedlich ist.

Die entsprechenden Teilbereiches des Laserstrahls erfahren deshalb auch unterschiedliche Auskoppelverluste am Polarisator (Bild 5.11), über den gesamten Strahl gemittelt ist der Verlustfaktor jedoch relativ konstant. Die Drehung der Verzögerungsplatte verändert deshalb nur die Intensitätsverteilung des ausgekoppelten Strahls, jedoch kaum die Ausgangsenergie.

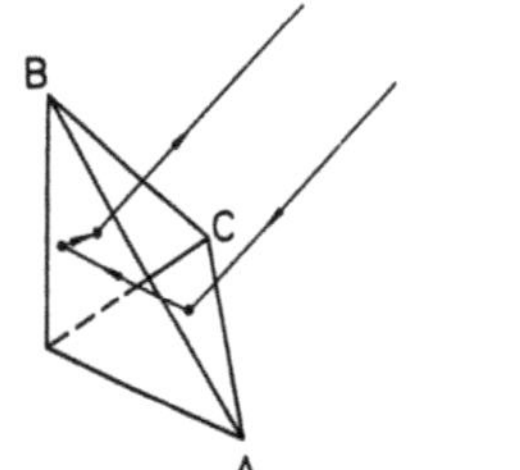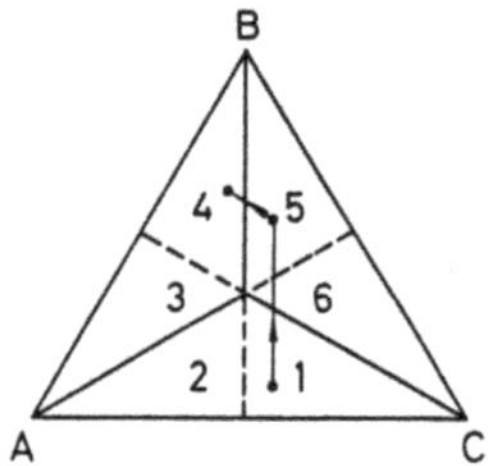

Bild 5.9 Beim Tripelspiegel hängt die Änderung der Polarisation davon ab in welchen der Teilbereiche 1-6 der Strahl eintritt. Der reflektierte Strahl verläßt den Tripelspiegel in der gleichen Richtung, aber an der Tripelspitze gespiegelt.

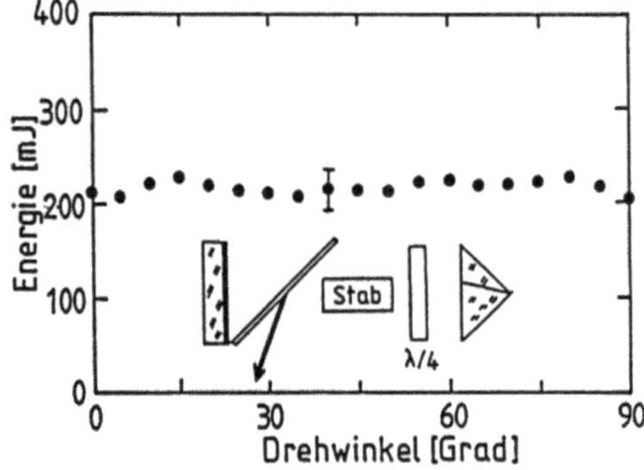

Bild 5.10 Gemessene Ausgangsenergie eines Plan-Tripelspiegel-Resonators mit interner λ/4-Platte und Auskopplung über einen Polarisator in Abhängigkeit des Drehwinkels der λ/4-Platte.

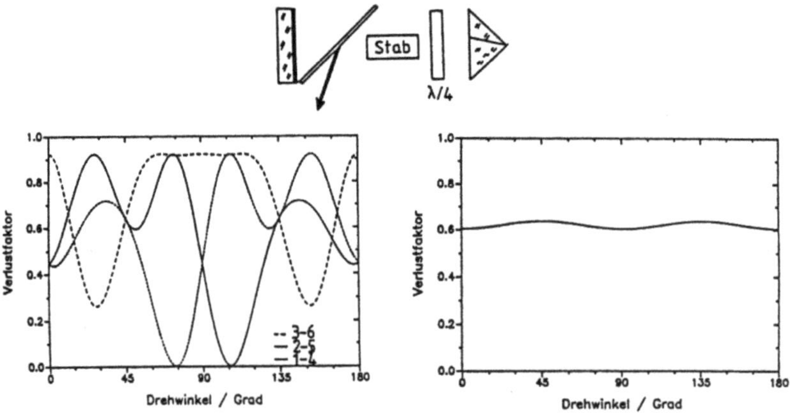

Bild 5.11 Mit Jones-Matrizen berechnete Verlustfaktoren pro Umlauf für die Teilbereiche 1-4, 2-5 und 3-6 des Tripelprismas für den Resonator aus Bild 5.10. Der Mittelwert des Verlustfaktors bleibt fast konstant.

5.2 Instabile Resonatoren mit Gradientenspiegeln

Die im Fokus instabiler Resoantoren auftretenden Nebenmaxima, die in Kreisgeometrie typischerweise 30% der Ausgangsleistung enthalten, sind für viele Anwendungen unerwünscht. Wie schon in Abschn.3.3 erläutert, entstehen diese durch die Beugung an der Spiegelkante des Auskoppelspiegels, der zumeist durch einen zentral hochreflektierend bedampftes Substrat realisiert wird.

Der Energieinhalt der Nebenmaxima kann aber erheblich verringert werden, wenn der Übergang zwischen dem hochreflektierenden Bereich und dem Bereich verschwindender Reflexion nicht sprunghaft sondern kontinuierlich erfolgt [5.23,5.28,5.33] (Bild 5.12). Der genaue Verlauf des Reflexionsprofils und die Breite des Übergangsbereiches spielen in der Praxis eine untergeordnete Rolle. So werden mit gaußförmigen, parabolischen oder super-gaußförmigen Profilen ähnliche Resultate erzielt [5.28,5.34,5.35,5.36,5.37,5.39] (Bild 5.14).

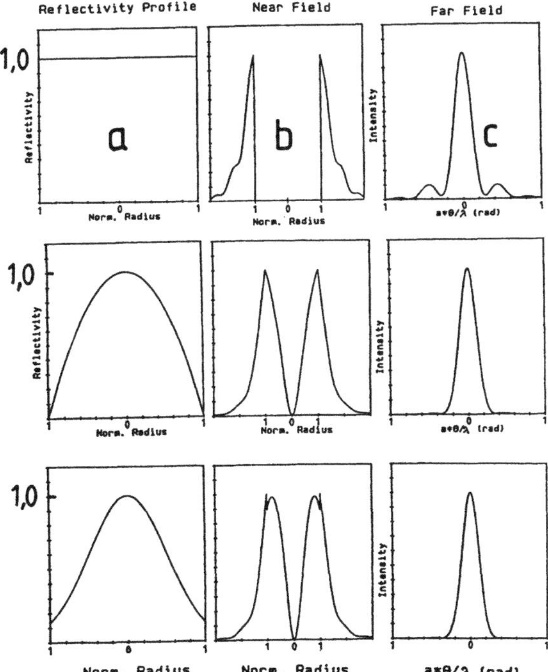

Bild 5.12 Berechnete Intensitätsverteilungen im Nah- (b) und Fernfeld (c) instabiler Resonatoren mit Auskoppelspiegel unterschiedlichen Reflexionsprofils (a) (Vergrößerung $M=2$). Abrunden der Kante des Reflexionsprofils verringert den Energieinhalt in den Nebenmaxima.

Technisch realisiert werden diese Spiegel durch Bedampfen des Substrat durch eine Lochmaske deren Abstand und Durchmesser die Form des Reflexionsprofils bestimmt [5.38] (Bild 5.13). Die aufgedampften Schichten erhalten durch den auftretenden Halbschattenbereich eine radial abhängige Dicke und entsprechend wird ein radial abhängiger Reflexionsgrad erzielt. Da das ausgekoppelte Licht aber beim Durchgang durch die Schicht auch einen radial abhängigen Phasenschub erleidet, der normalerweise nicht parabolisch ist, wird die Strahlqualität des instabilen Resonators schlecht, wenn zuviele Gradientenschichten übereinander aufgedampft werden. Gradientenspiegel, die auf diese Weise hergestellt werden, bestehen deshalb meist nur aus drei Schichten, was im sichtbaren und nah-infraroten Wellenlängenbereich nicht ausreicht, um Reflexionsgrade im Spiegelzentrum größer 50% zu erzeugen. Erst durch abwechselndes Aufbringen von Schichten homogener und radial abhängiger Dicke bzw. durch Verwenden von speziell geformten Blenden ist es möglich, Reflexionsgrade bis 90% für Nd:YAG-Laser-Spiegel und 95% für CO_2-Laser-Spiegel zu erreichen.

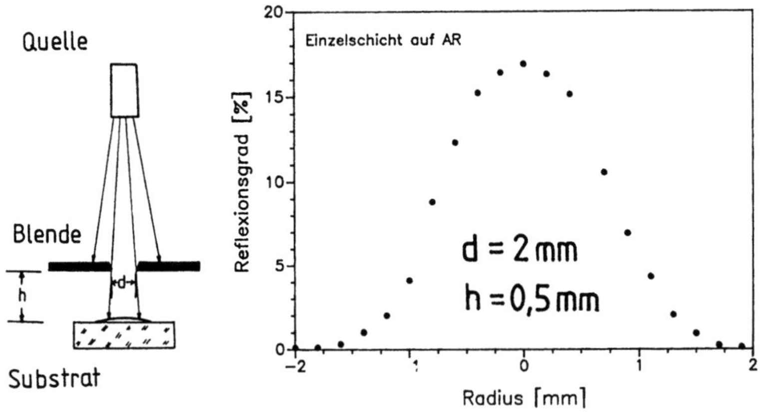

Bild 5.13 Herstellung von Gradientenspiegeln durch Beschichten eines Substrats durch eine Lochmaske. Abstand und Durchmesser bestimmen das Reflexionsprofil, der absolute Reflexionsgrad wird über die Anzahl der Schichten gesteuert. Rechts gezeigt ist das Reflexionsprofil einer Einzelschicht TiO_2 auf einem AR-beschichteten Glassubstrat.

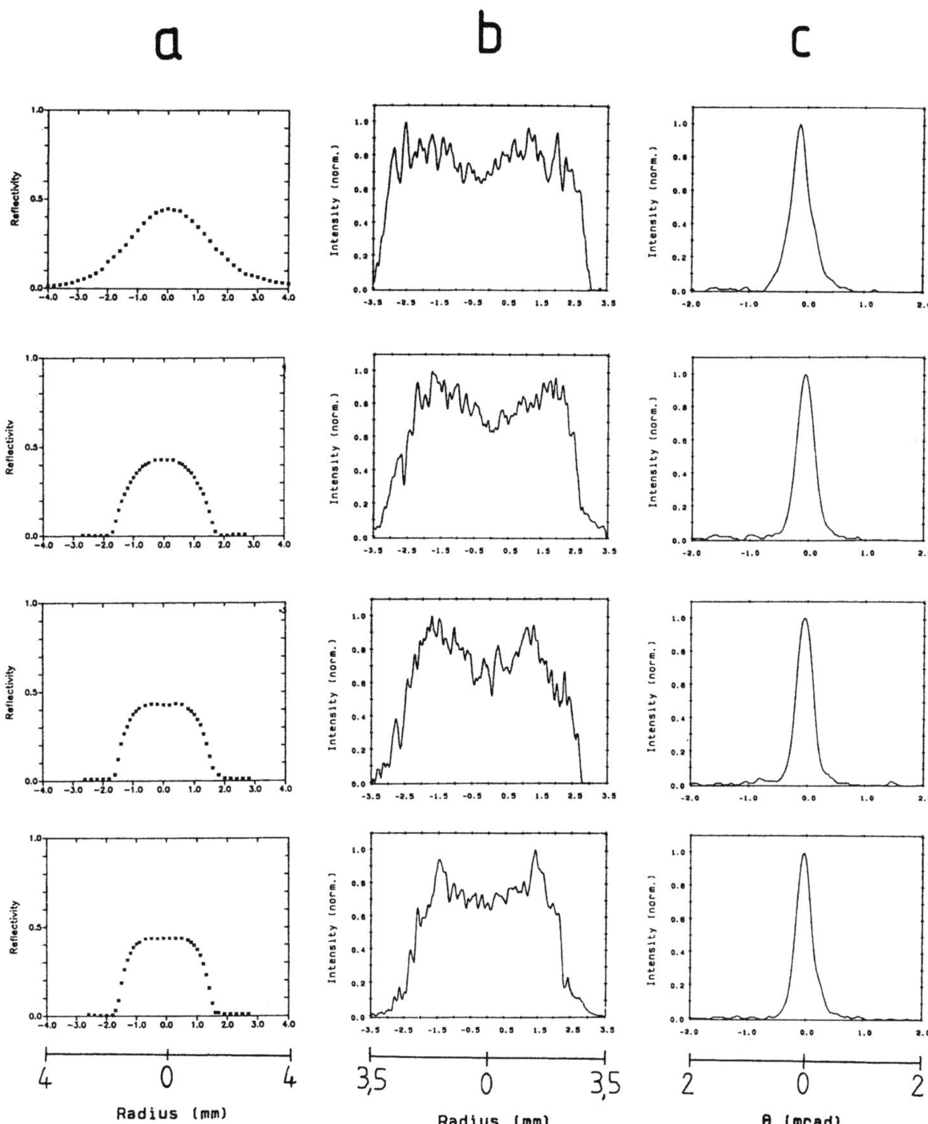

Bild 5.14 Gemessene radiale Intensitätsverteilungen im Nahfeld (b) und im Fokus (c) instabiler Resonatoren mit Gradientenspiegeln (*M*=1,5, Nd:YAG-Laser). Die vermessenenen radialen Reflexionsprofile des Auskoppelspiegels (a) sind ebenfalls gezeigt.

Je sanfter der Abfall des Reflexionsprofils, umso höher wird, bei gleichbleibender Halbwertsbreite des reflektierenden Bereichs auch der Auskoppelverlust des instabilen Resonators. Ist das Profil gaußförmig, so entspricht der Verlustfaktor, unabhängig von der Fresnelzahl, dem geometrischen Verlustfaktor $1/M^2$. Mit zunehmend flacherem Abfall des Reflexionsprofils verringern sich deshalb die Oszillation des Verlustfaktors über der äquivalenten Fresnelzahl und verschwinden schließlich ganz beim Gaußschen Spiegel (Bild 5.15). Aufgrund der höheren Verluste und der zusätzlich erhöhten Auskopplung durch den, technisch bedingten, niedrigeren zentralen Reflexionsgrad, können diese Spiegel nur effektiv bei Lasersystemen mit hoher Verstärkung angewandt werden (als grobe Abschätzung: alle Systeme deren optimaler Reflexionsgrad kleiner 70% ist). Ein niedriger Reflexionsgrad in der Spiegelmitte kann natürlich auch positive Effekte haben. So wird der sonst ringförmige ausgekoppelte Strahl homogener und kann deshalb z.B. sehr viel effektiver zur Nachverstärkung benutzt werden. Weiterhin bleibt das Strahlprofil unabhängig vom Abstand zum Auskoppelspiegel weitgehend erhalten.

Eine alternative technische Realisierung des radial abhängigen Reflexionsprofils kann durch doppelbrechende Linsen und einen Polarisator im Resonator erreicht werden [5.27,5.31]. Die doppelbrechenden Linsen wirken als Verzögerungsplatten, jedoch mit radial abhängigem Phasenschub, wodurch die Auskopplung über den Polarisator ein radiales Profil erhält (siehe dazu Abschn.3.5.4).

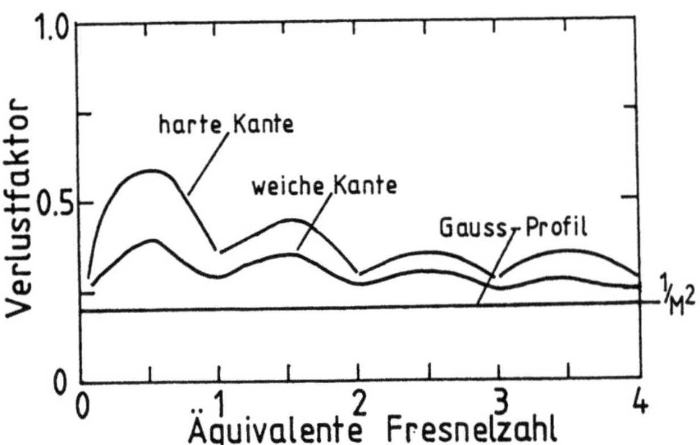

Bild 5.15 Prinzipieller Verlauf des Verlustfaktors pro Umlauf in Abhängigkeit der äquivalenten Fresnelzahl N_{eq} für verschiedene Reflexionsprofile.

5.3 Fourier-Transform-Resonatoren

Eine alternative, wenn auch weit weniger sinnvolle Methode zur Verringerung der Intensität in den Nebenmaxima im Fernfeld besteht in der spektralen Filterung im Resonator. Besitzt das Strahlungsfeld einen Fokus im Resonator so läßt sich durch Beeinflussung der Fokusverteilung das Strahlprofil verändern. Man spricht in diesem Fall von Fourier-TransformResonatoren, da die Feldverteilung im Fokus durch die Fouriertransformierte der Feldverteilungen auf den Resonatorspiegeln gegeben ist, oder von selbstfilternden instabilen Resonatoren (SFUR). Durch eine Blende im Fokus filtert man die Fouriertransformierte des Strahlungsfeldes und beeinflußt damit das ausgekoppelte Strahlprofil [5.41]. Bild 5.16 zeigt einen instabilen, konfokalen Resonator als Fourier-Transform-Resonator. Im gemeinsamen Brennpunkt der Resonatorspiegel ist eine Blende mit Radius a angebracht, die gleichzeitig als Scraper das Feld auskoppelt. Grundprinzip des Fourier-Transform-Resonators ist die Umwandlung eines rechteckigen Strahlprofils in ein gaußförmiges durch Abschneiden der Nebenmaxima in der Fouriertransformierten. Das Feld, daß von Spiegel 2 kommend auf die Blende trifft, erzeugt nach Reflexion am Spiegel S_1 auf der Blendenebene die Fouriertransformierte einer Kreisblende mit Radius a.

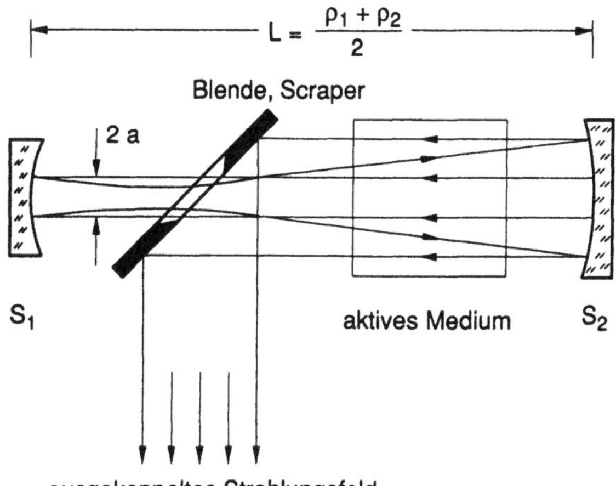

Bild 5.16 Konfokaler, instabiler Resonator des negativen Asts als Fourier-Transform-Resonator. Die Blende formt das Strahlprofil durch Filterung der Fouriertransformierten und dient gleichzeitig als Scraper.

Das erste Minimum dieser Intensitätsverteilung erscheint beim Radius (Bild 5.17)

$$r_0 = 0,61 \; \frac{\lambda}{a} \; \frac{\rho_1}{2} \tag{5.5}$$

Der Blendenradius wird nun exakt so gewählt, daß die Nebenmaxima abgeschnitten werden, d.h. mit $r_0=a$ ist der Blendenradius a festgelegt zu

$$a = \sqrt{0,305 \; \lambda \; \rho_1} \tag{5.6}$$

Hinter der Blende startet nun eine gaußähnliche Intensitätsverteilung mit $1/e^2$-Radius w_{B1}

$$w_{B1} = 0,43 \; \frac{\lambda \; \rho_1}{a \; 2} \tag{5.7}$$

die auf Spiegel 2 eine gaußförmige Intensitätsverteilung erzeugt. Das Abschneiden der Nebenmaxima erzeugt also eine gaußförmige Intensitätsverteilung, die nun durch die Blende aus dem Resonator ausgekoppelt wird.

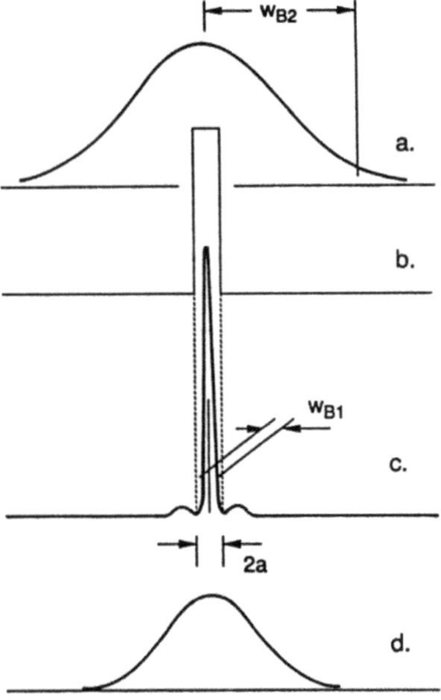

Bild 5.17 Die radialen Intensitätsverteilungen im Fourier-Transform-Resonators. a) vor der Blende von S_2 kommend, b) hinter der Blende von S_2 kommend c) vor der Blende von S_1 kommend d) auf dem Spiegel S_2.

Das Nahfeld besitzt demnach eine gaußförmige Intensitätsverteilung mit $1/e^2$-Radius w_{B2}

$$w_{B2} = \frac{a}{0,43\,\pi}\;\frac{\rho_2}{\rho_1} \qquad (5.8)$$

mit zentralem Loch mit Radius a (Bild 5.18). Das Fernfeld setzt sich daher aus dem Fernfeld des Gaußstrahls minus dem Fernfeld der Lochblende zusammen und besitzt deshalb noch geringe Nebenmaxima. Für die Fernfeldamplitudenverteilung $E(\theta)$ gilt (Näherung $w_{B2} \gg a$):

$$E(\theta) = const\left[\;exp\left(-\frac{\theta\pi w_{B2}}{\lambda}\right) - \left(\frac{a}{w_{B2}}\right)^2 \frac{J_1\,(2\pi\theta\,a/\lambda)}{\pi\,a\theta/\lambda}\;\right] \qquad (5.9)$$

mit J_1 = Besselfunktion der Ordnung 1

Die Nebenmaxima werden durch die Selbstfilterung etwas kleiner als bei herkömmlichen instabilen Resonatoren gleicher Vergrößerung (Bild 5.19). Das liegt aber allein daran, daß die Beschneidung der Fouriertransformierten zu einem erhöhten Strahlradius auf dem Auskoppelspiegel führt.

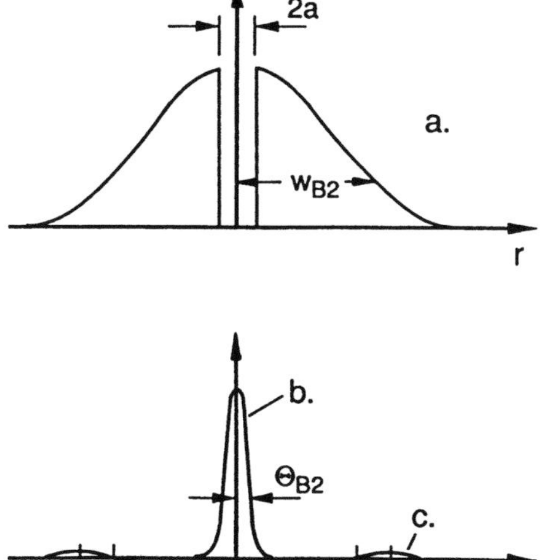

Bild 5.18 Die Amplitudenverteilung im Nah- und Fernfeld eines Fourier-Transform-Resonators. a) auf der Blende b) Fernfeld der Gaußverteilung c) die davon zu subtrahierende Blendenbeugungsamplitude.

Für den Strahlradius gilt

$$w_{B2} = 1,35 \, M \, a \, , \tag{5.10}$$

d.h. dieser ist somit um den Faktor 1,35 größer als ohne Selbstfilterung. Dadurch wird der Einfluß des Loches im Fernfeld geringer und die Nebenmaxima kleiner. Die Verbesserung der Strahlqualität erfolgt beim selbstfilternden Resonator also durch Erhöhung der Auskoppelverluste! Vergleich mit dem herkömmlichen instabilen Resonator, dessen Begrenzung sich auf Spiegel 1 befindet, zeigt bei gleichem Auskoppelverlust keinen merklichen Unterschied im Fernfeldprofil (Bild 5.19). Wählt man beim gewöhnlichen instabilen Resonator äquivalente Fresnelzahlen um $N_{eq}=0,6$ und Vergrößerung $1,35 \, M$, so erhält man das gleiche Nah- und Fernfeld wie beim Fourier-Transform-Resonator!

Der Fourier-Transform-Resonator besitzt also in Hinblick der Fokussierbarkeit keine Vorteile gegenüber dem normalen instabilen Resonator, im Gegenteil, die Verluste beim Beschneiden der Fouriertransformierten führen zu einer Verringerung der Ausgangsleistung. Trotzdem werden diese Resonatoren benutzt, insbesondere bei Gas-Lasern hoher Verstärkung (Excimer-Laser) [5.46,5.48,5.49,5.51,5.52,5.53]. Normale instabile Resonatoren besitzen bei diesen Lasern aufgrund des großen Durchmessers des aktiven Mediums sehr hohe Fresnelzahlen, wodurch das Strahlprofil hohe Intensitätsspitzen aufweist (siehe Kap.3.3). Der Fourier-Transform-Resonator bewirkt eine Glättung des Strahlprofils.

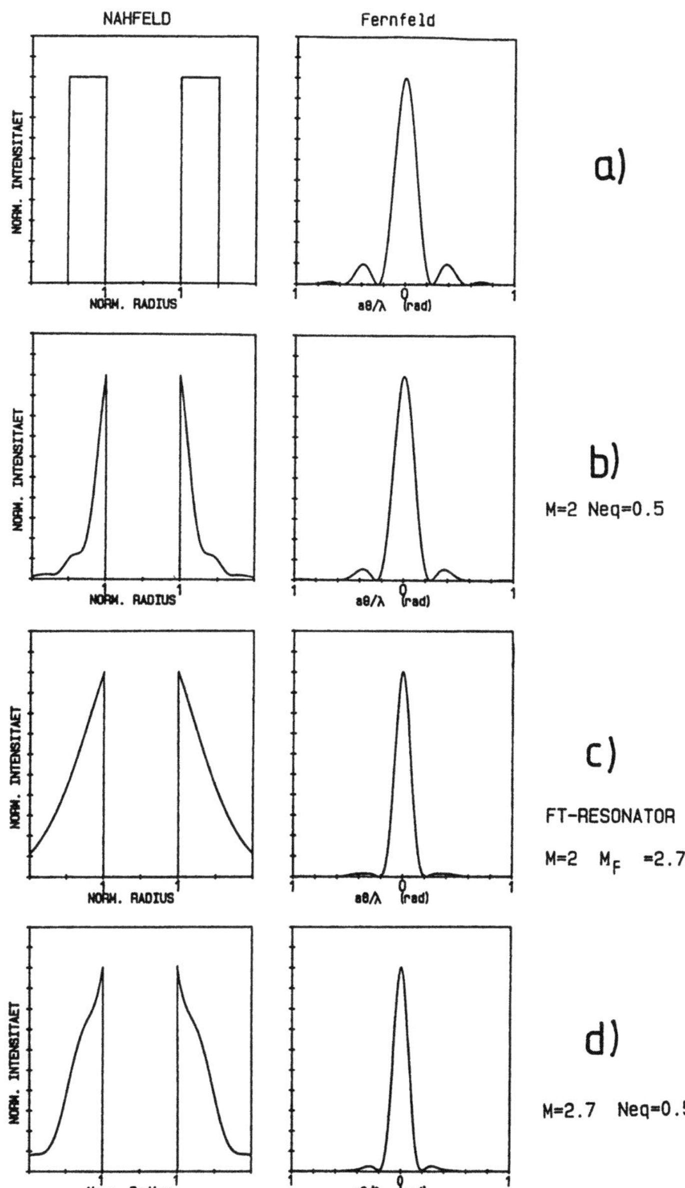

Bild 5.19 Vergleich der Intensitätsverteilungen von instabilen Resonatoren mit Vergrößerung $M{=}2$ im Nah- und Fernfeld. a) instabil, geometrisch, b) instabil,mit Beugung, N_{eq}=0,5 c) Fourier-Transform-Resonator. Bild d) zeigt die Fernfeldverteilung des instabilen Resonators mit $M{=}2,7$ und N_{eq}=0,5, d.h. mit etwa den gleichen Auskoppelverlusten wie Fall c).

5.4 Hybrid-Resonatoren

Durch Verwendung von Spiegeln mit unterschiedlichen Krümmungsradien
in x- und y-Richtung (Torus- oder Zylinderspiegel) lassen sich Resonatoren aufbauen, die in zwei zueinander senkrechten Raumrichtungen verschiedene g-Parameter besitzen. Solche Resonatoren bezeichnet man als
Hybrid-Resonatoren [5.54,5.55,5.60,5.61,5.62]. Dabei kann der Resonator
sowohl in x- als auch in y-Richtung stabil, in beiden Richtungen instabil
oder je in einer Richtung stabil und instabil arbeiten. Durch solche An-
ordnungen ist es z.B. möglich, Gaußstrahlen mit elliptischem Querschnitt
und dadurch bei rechteckigen Medien gleiche Strahlqualitäten in beiden
Raumrichtungen zu erzeugen. Besonders interessant ist die Hybridisie-
rung von stabilen und instabilen Resonatoren. Dabei wird meist längs der
größeren Breite des Mediums der Resonator instabil gewählt. Bild 5.20
zeigt ein Beispiel hierzu. Der Resonator wird durch zwei Zylinderspiegel
gebildet die orthogonal zueinander angeordnet sind. In x-Richtung arbeitet der Resonator stabil mit g-Parametern $g_{1x}=1$, $0<g_{2x}<1$, in y-Richtung
instabil mit $g_{1y}>1$ und $g_{2y}=1$. Die Auskopplung erfolgt aber nur in der
y-Richtung, da beide Spiegel hochreflektierend sind. Die Modenstrukturen und Strahlradien sind für jede Richtung nach den in Kapitel 3 ken-
nengelernten Methoden getrennt berechenbar. Das Nahfeld zeigt deshalb
in y-Richtung die Struktur des Nahfeldes eines instabilen Resoantors
und ist in x-Richtung mit den Gauß-Hermite-Polynomen moduliert.

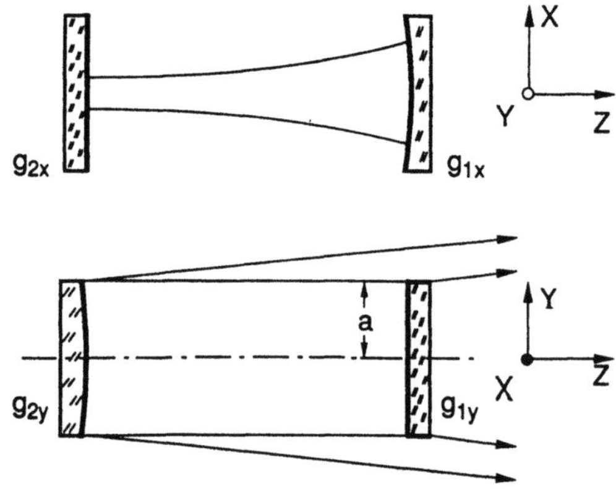

Bild 5.20 Hybrid-Resonator aus Zylinderspiegeln, die senkrecht zueinander angeordnet sind. In x-Richtung arbeitet der Resonator stabil, in
y-Richtung instabil.

Wählt man die Brennlinien der Zylinderlinsen parallel zueinander, so arbeitet der Resonator in einer Richtung plan-plan und in der anderen je nach Wahl der Krümmungsradien stabil oder instabil. Bild 5.21 zeigt den Aufbau, wenn der Resonator in y-Richtung instabil und zusätzlich noch in Off-Axis-Geometrie (siehe Abschn.3.3.5) arbeitet. Ein solcher Resonator bietet immer dann Vorteile, wenn das Medium in der y-Richtung besonders hoch ist, so daß selbst mit einem Plan-Plan-Resonator (siehe Kap. 3.2.1) die Strahlqualität zu schlecht wäre, in der x-Richtung jedoch schmal genug ist, um mit dem Plan-Plan-Resonator geringe Strahlparameterprodukte zu erzeugen.

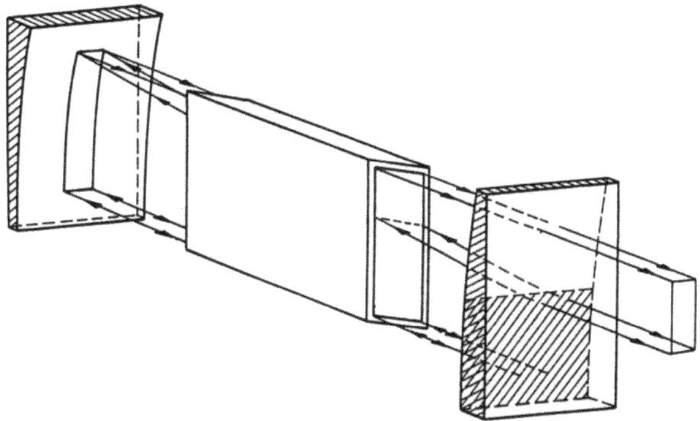

Bild 5.21 Plan-instabiler Hybridresonator aus parallel zueinander angeordneten Zylinderspiegeln. In diesem besonderen Fall wird der Resonator noch zusätzlich in Off-Axis-Geometrie betrieben.

Bild 5.22 Nahfeld-Intensitätsverteilung eines 3kW-CO_2-Laser mit plan-instabilem Resonator (Einbrand in Plexiglas) [Q.16].

5.5 Resonatoren für rohrförmige Medien
5.5.1 Resonatoren mit Torusspiegeln

Bei rohrförmigen aktiven Medien wie sie bei Festkörper-Laser (Bild 5.23)
und CO_2-Lasern verwendet werden, ist die Benutzung stabiler Resonatoren mit sphärischen Spiegeln nachteilig. Das Strahlparameterprodukt ist
genau wie bei einem Stab als aktives Medium allein durch den Außenradius bestimmt (siehe Abschn.3.1.1). Aufgrund der meist großen Außenra-
dien des Rohrs wäre deshalb die Strahlqualität entsprechend gering.

Bessere Fokussiereigenschaften besitzen Resonatoren mit Torusspiegeln,
d.h. Spiegel in Ringform, die nur in radialer Richtung einen Krümmungsradius ρ aufweisen (Bild 5.24). Wie bei den Resonatoren mit sphärischen
Spiegeln lassen sich diese Resonatoren durch Angabe ihrer g-Parameter
$g_i = 1 - L/\rho_i$ und der Resonatorlänge L klassifizieren.

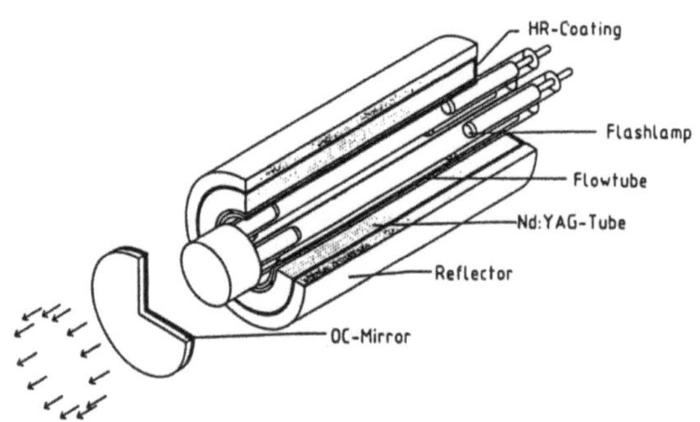

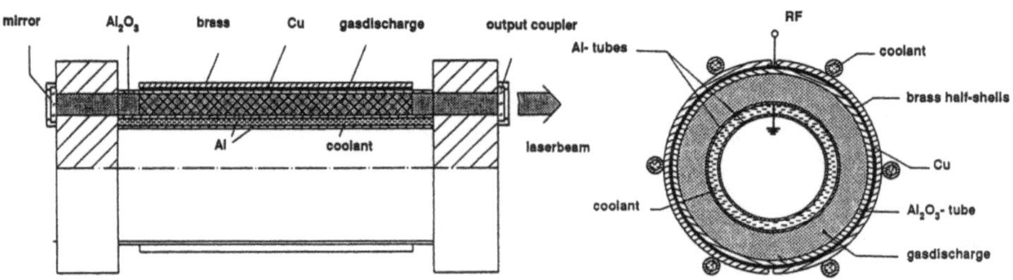

Bild 5.23 Festkörper-Laser und CO_2-Laser mit rohrförmigem aktiven Medium [Q.13,Q.17].

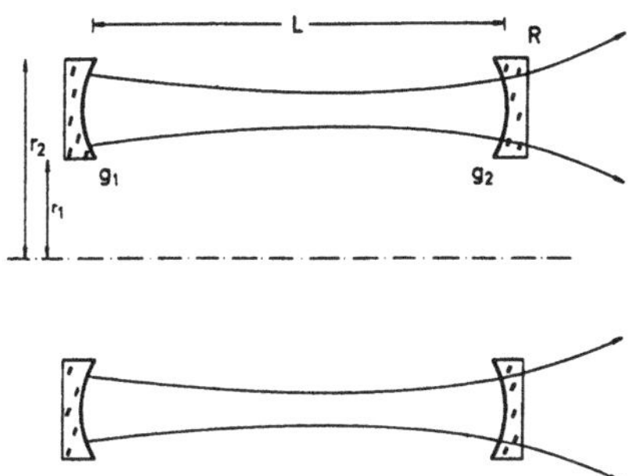

Bild 5.24 Radialer Schnitt durch einen Resonator mit Torusspiegeln.

Die radialen Modenstrukturen des Torusspiegel-Resonators entsprechen weitgehend denen eines Resonators mit sphärischen Spiegeln gleicher Krümmungsradien und gleicher Resonatorlänge, d.h. sowohl der Gauß-strahl als auch höhere Moden besitzen auf den Torusspiegeln fast das gleiche Strahlprofil und den gleichen Strahlradius wie beim sphärischen Spiegel [5.69].

Das Intensitätsmaximum ist aber zur Rohrmitte geneigt, und zwar umso stärker je kleiner der Innenradius im Verhältnis zur Rohrdicke ist (Bild 5.25). Das läßt sich leicht einsehen, wenn man bedenkt, daß ein Torus-spiegel durch Zusammenfügen der Ober- und Unterkante eines Zylin-derspiegels entsteht. Je größer der Innenradius, desto weniger macht sich die dadurch auftretene Krümmung auf die Modenstruktur bemerkbar und desto ähnlicher sieht die radiale Modenstruktur der eines Resonators mit sphärischen Spiegeln.

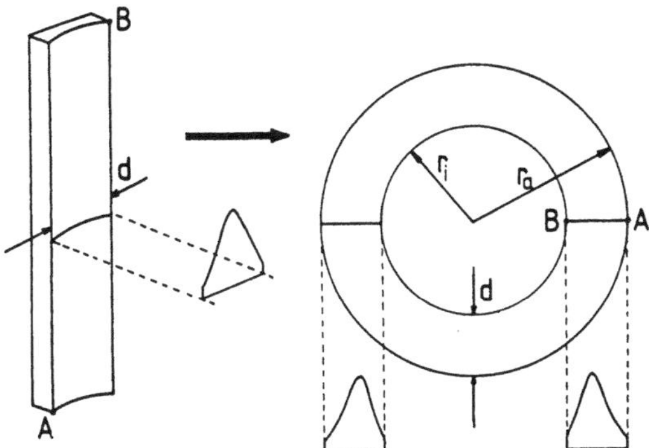

Bild 5.25 Der Torusspiegel entsteht durch Verbiegen eines Zylinderspie-gels. Die radiale Intensitätsverteilungen der Moden beider Systeme ist deshalb umso ähnlicher je größer der Innenradius des Torus ist.

Bild 5.26 zeigt berechnete Intensitätsverteilungen für den TEM_{00}-Mode des semikonfokalen Resonators für verschiedene Rohrinnenradien und eine Rohrdicke von 2mm im Nah- und Fernfeld. Da sich im radialen Schnitt auf beiden Seiten der Symmetrieachse ein Gaußstrahl mit wachsendem Strahlradius in den freien Raum ausbreitet und sich dadurch im Zentrum überlappen, besitzt das Fernfeld ein zentrales Maximum. Ähnlich wie beim instabilen Resonator erhält man jedoch Nebenmaxima, wodurch das Strahlparameterprodukt des Gaußstrahls etwa dreimal beugungsbegrenzt ist ($w\theta \approx 3\lambda/\pi$). Der Strahlradius w ist dabei durch den Aussenradius des rohrförmigen Intensitätsprofils gegeben.

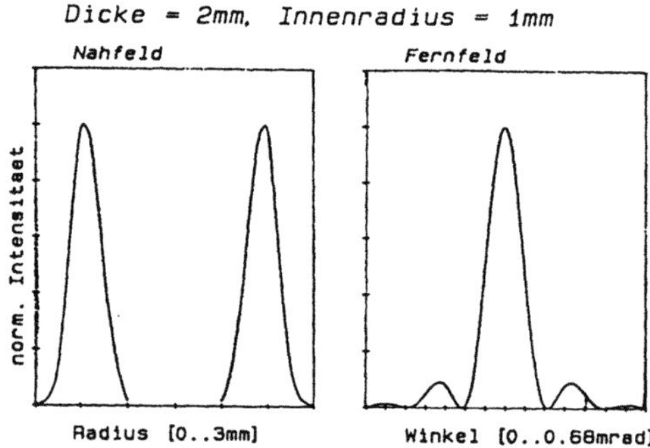

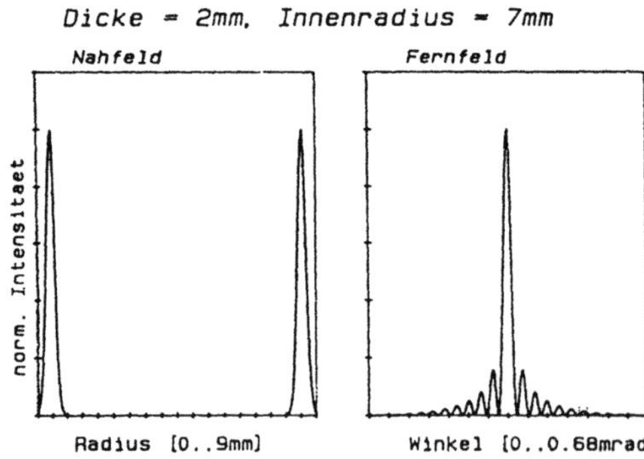

Bild 5.26 Berechnete Intensitätsverteilungen des TEM_{00}-Modes des semikonfokalen Torusspiegel-Resonators (g_1=1, g_2=0,5, L_{eff}=0,5m, λ=1,064μm) auf Spiegel 2 und im Fernfeld für verschiedene Rohrinnendurchmesser [Q.18].

Ein zentrales Maximum im Fernfeld tritt jedoch nur für Moden ohne azimutale Struktur ($\ell=0$) auf. Die höchste radiale Ordnung p solcher Moden, die in einem Torusspiegel-Resonator oszillieren können, kann man, analog zum stabilen Resonator in Rechteckgeometrie, aus der Rohrwandstärke d und dem Gaußstrahldurchmesser $2w$ im Medium mit Hilfe der Formel

$$\sqrt{p+1} \simeq d/2w \tag{5.12}$$

bestimmen. Der Gaußstrahlradius berechnet sich hierbei aus (3.4) bzw. (3.9) und (3.10). Würden nur Moden ohne azimutale Struktur oszillieren, so ergäbe sich das Strahlparameterprodukt $d_0\Phi/4$ (86,5%-Definition) aus der Relation [Q.18]

$$d_0\Phi/4 = \frac{\lambda}{2\pi}\ \frac{r_a\ d}{w^2} \tag{5.13}$$

Normalerweise treten jedoch auch Moden auf, die eine azimutale Struktur besitzen, besonders wenn das azimutale Verstärkungsprofil des Mediums nicht homogen ist. In diesem Fall wird das Strahlparameterprodukt größer als in (5.13) angegeben. Sobald der azimutale Index ℓ eines Modes größer null ist, bleibt auch dessen Fernfeld ringförmig. Die gleichzeitige Oszillation von Moden mit und ohne azimutale Struktur bewirkt deshalb, daß die Intensitätsverteilung im Fokus eine Überlagerung aus einer zentrierten und einer ringförmigen Verteilung darstellt, wie dies in Bild 5.27 an einem experimentellen Beispiel gezeigt ist. Dies muß nicht unbedingt nachteilig sein. Koppelt man den Strahl in eine Faser ein, so wird nach Durchlaufen der Faser das Intensitätsprofil homogen rund und kann dann zur Materialbearbeitung genutzt werden.

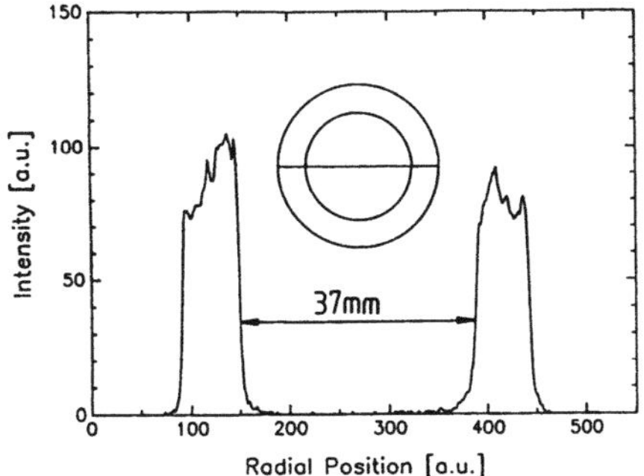

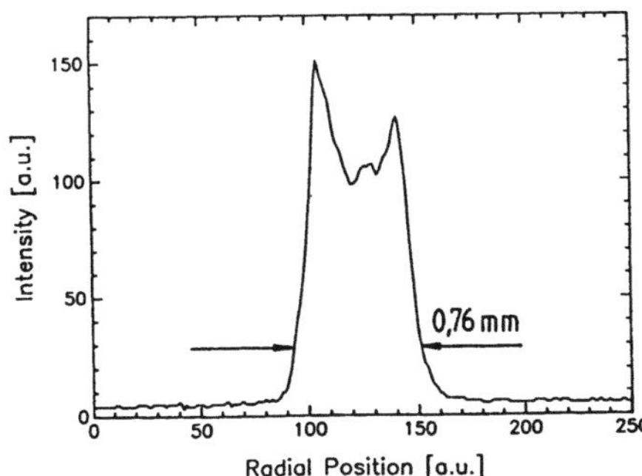

Bild 5.27 Gemessene radiale Intensitätsverteilungen im Nahfeld und im Fokus eine Nd:YAG-Rohr-Lasers mit torodialem Resonator [Q.18]. Pumpleistung: 3 kW, Ausgangsleistung: 200 W, Brennweite der Fokussierlinse: 200 mm.

332

5.5.2 Multipass-Resonatoren

Eine alternative Methode rohrförmige aktive Medien auszufüllen, besteht
in der Faltung eines linearen Resonators derart, daß ein Mode niedriger
transversaler Ordnung mehrfach durch das Rohr geschickt wird und
nacheinander verschiedene Teilbereiche ausfüllt. Die Faltung erfolgt
dabei durch zwei hochreflektierende Spiegeln, die dezentral ein Loch
besitzen, um den Strahl ein- bzw. auszufädeln und ihn zwischen Eintritt
und Austritt mehrmals hin- und herreflektieren (Bild 5.28). Die beiden
hochreflektierenden Spiegeln bilden eine sogenannte Verzögerungsleitung,
wodurch der Strahl mehrere Durchgänge im Medium macht (multipass). Je
nach Lage der Löcher, Spiegelkrümmungsradien und Einschußwinkeln,
läßt sich die Anzahl der Reflexionen in der Verzögerungsleitung und die
Lage der Strahlen beeinflussen. Im allgemeinen Fall liegen die Durchstoßpunkte der Strahlen auf einer Ellipse. Unter speziellen Einschußbedin-
gungen in die Verzögerungsleitung erhält man einen Kreis [5.67]. Mit zunehmendem Krümmungsradius der hochreflektierenden Spiegel wird dabei
die Anzahl interner Reflexionen, d.h. die Durchgänge durch das Medium
erhöht.

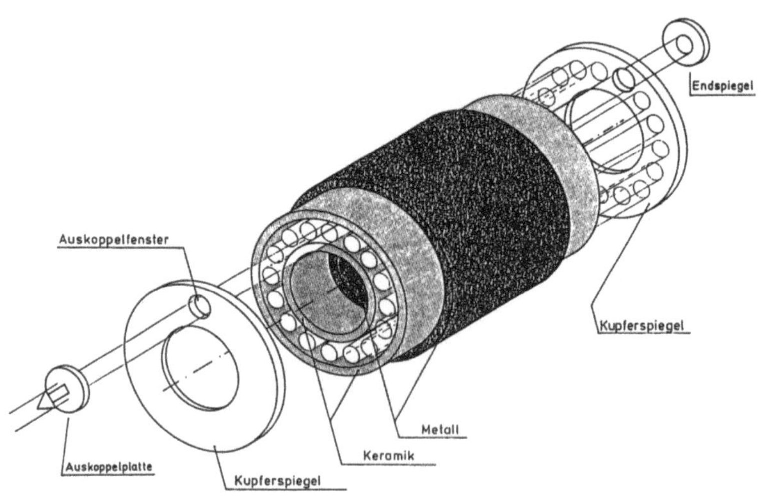

Bild 5.28 Multipass-Resonator. Die Durchstoßpunkte der Strahlen auf den
Spiegeln bilden bei diesem speziellen Aufbau einen Kreis [Q.14].

Bei der Dimensionierung des Multipass-Resonators muß darauf geachtet werden, daß der Durchmesser des Strahls an die Wandstärke des Rohres angepaßt ist. Um das Rohr möglichst gut auszufüllen, sollte bei jedem Umlauf im Resonator das Strahlzentrum um etwas mehr als den Strahldurchmesser auf einem Kreis weiter versetzt werden (Bild 5.28).

Ohne interne Modenblende wird allerdings Laseroszillation zwischen den beiden hochreflektierenden Spiegeln der Verzögerungsleitung bevorzugt. Um dies zu verhindern, muß man diese Spiegel mit einer Blende aus mehreren Segmenten begrenzen, die so gearbeitet ist, daß nur der von außen eingefädelte Strahl reflektiert wird. Dadurch läßt sich die Laseroszillation in der Verzögerungsleitung unterdrücken.

Die Verluste an der Blende und die nicht vollständige Überlappung der Strahlen führt dazu, daß die Ausgangsleistung, die mit Multi-Pass-Resonatoren erreicht werden kann, geringer ist als bei Verwendung von linearen Resonatoren mit Torus- oder sphärischen Spiegeln (typische Leistungseinbuße: 30%, Bild 5.29).

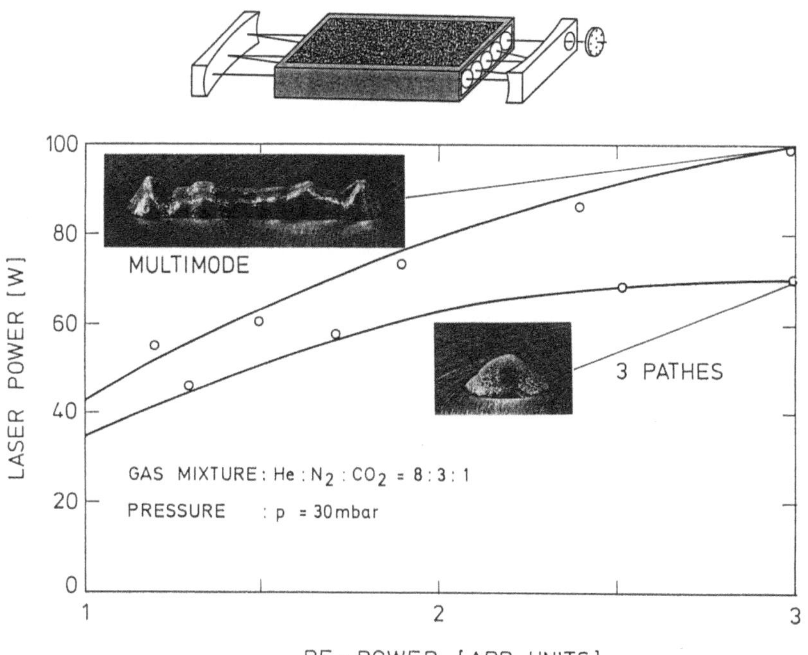

Bild 5.29 Vergleich der gemessenen Ausgangsleistungen mit normalem stabilen Resonator und Multipass-Resonator mit drei Durchgängen. In diesem Beispiel handelt es sich um einen CO$_2$-Laser mit rechteckigem Querschnitt und linearer Faltung [5.67].

334

Eine Beschreibung der Multipass-Resonatoren ist im Rahmen der geometrischen Optik leicht möglich. Wir betrachten dazu einen Strahl, der mit der x bzw. y-Achse die Winkel α_0, β_0 bildet und in einen sphärischen Resonator im Abstand x_0, y_0 eintritt (Bild 5.29). Der Strahl ist dann durch die beiden Strahlvektoren

$$v_{x,0} = \begin{pmatrix} x_0 \\ \alpha_0 \end{pmatrix} \qquad v_{y,0} = \begin{pmatrix} y_0 \\ \beta_0 \end{pmatrix}$$

gekennzeichnet. Die Strahlmatrix für den Umlauf im hier symmetrisch angenommenen Resonator lautet

$$M = \begin{pmatrix} 2g-1 & 2Lg \\ 4g(g-1)/L & 4g^2-1-2g \end{pmatrix} \tag{5.14}$$

mit g: g-Parameter der Resonatorspiegel.

Nach m Umläufen im Resonator lauten die Strahlvektoren dann

$$v_{x,m} = M^m\, v_{x,0} \qquad\qquad v_{y,m} = M^m\, v_{y,0} \tag{5.15}$$

Der Resonator in Bild 5.30 kann durch eine äquivalente Linsenleitung ersetzt werden und die hierfür in Bild 1.5 angegebene Formel benutzt werden.

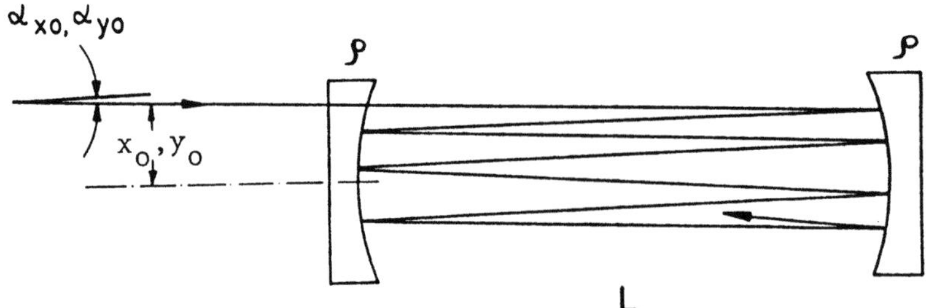

Bild 5.30 Der sphärische Resonator als Multipass-Resonator oder optische Verzögerungsleitung

Es ergibt sich

$$M^m = \frac{1}{\sin\Phi} \begin{pmatrix} (2g-1)\cdot\sin(m\Phi) - \sin((m-1)\Phi) & 2Lg\,\sin(m\Phi) \\ 4g(g-1)\cdot\sin(m\Phi)/L & (4g^2-1-2g)\cdot\sin(m\Phi) - \sin((m-1)\Phi) \end{pmatrix}$$

$$(5.16)$$

$$= \begin{pmatrix} A_m & B_m \\ C_m & D_m \end{pmatrix} \qquad\qquad \sin\Phi = 2g\sqrt{1-g^2} \qquad (5.17)$$

Damit lassen sich aus (5.15) die Abstände des Strahls in x- bzw. y-Richtung angeben

$$x_m = A_m\,x_0 + B_m\,\alpha_0$$
$$y_m = C_m\,y_0 + D_m\,\beta_0$$

Die beiden Gleichungen lassen sich umschreiben zu

$$x_m = R_x\,\sin(m\Phi + \delta_x)$$
$$y_m = R_y\,\sin(m\Phi + \delta_y)$$

$$(5.18)$$

mit

$$R_x^2 = x_0^2 + \frac{[\alpha_0 L + x_0(1-g)]^2}{1-g^2}$$

$$R_y^2 = y_0^2 + \frac{[\beta_0 L + y_0(1-g)]^2}{1-g^2}$$

$$\tan\delta_x = \frac{x_0\sqrt{1-g^2}}{\alpha_0 L + x_0(1-g)}$$

$$\tan\delta_y = \frac{y_0\sqrt{1-g^2}}{\beta_0 L + y_0(1-g)}$$

Die Durchstoßpunkte der Strahlen auf den Spiegeln liegen nach (5.18) im allgemeinen auf einer Ellipse, deren Form durch die Anfangsbedingungen $x_0, y_0, \alpha_0, \beta_0$ festgelegt wird (Bild 5.31). Im Sonderfall liegen die Punkte auf einem Kreis ($\delta_y - \delta_x = k\pi$) oder einer Geraden ($\delta_y - \delta_x = k\pi + \pi/2$), was für rohrförmige oder flache Medien zweckmäßig ist.
Man kann mit derartigen Systemen auch Strahlen verzögern (optische Verzögerungsleitung), wobei Wegstrecken bis zu einigen Kilometern erreicht wurden [5.70].

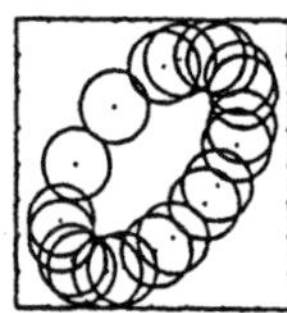

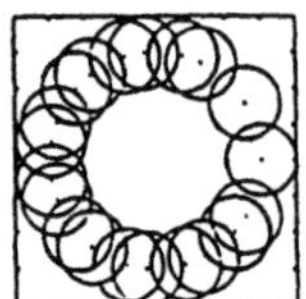

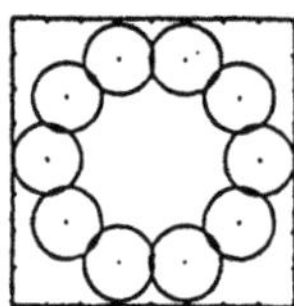

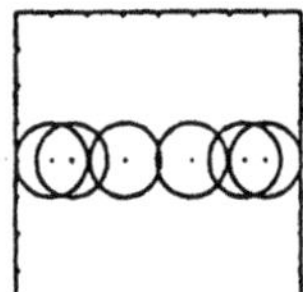

Bild 5.31 Durchstosspunkte der Strahlen auf einem Faltungsspiegel [Q.14]

5.6 Ring-Resonatoren

Bei den bisher diskutierten linearen Resonatoren entsteht im Innern durch die Überlagerung der beiden hin- und rücklaufenden Wellen eine in z-Richtung modulierte Intensitätsverteilung I(z) der Form (siehe Abschn.4.2.3)

$$I(z) = I_0 \ (1 - \alpha \ cos(2kz)) \tag{5.19}$$

wobei α je nach Auskoppelgrad typische Werte zwischen 0,6 und 1,0 annimmt. Da die Inversion verstärkt in den Bereichen hoher Intensität abgebaut wird, entsteht ein moduliertes Inversionsprofil (spatial hole-burning), das bei homogen verbreiterten Lasern axiale Modenwechsel und damit eine zeitlich instabile Emission zur Folge hat und das gleichzeitige Schwingen vieler axialer Moden auch bei homogen verbreiterten Lasern begünstigt (vgl. Abschn.4.2). Weiterhin führt der schlechte Inversionsabbau in den Intensitätsminima zur Erhöhung der spontanen Emission, wodurch der Wirkungsgrad des Lasers sinkt.

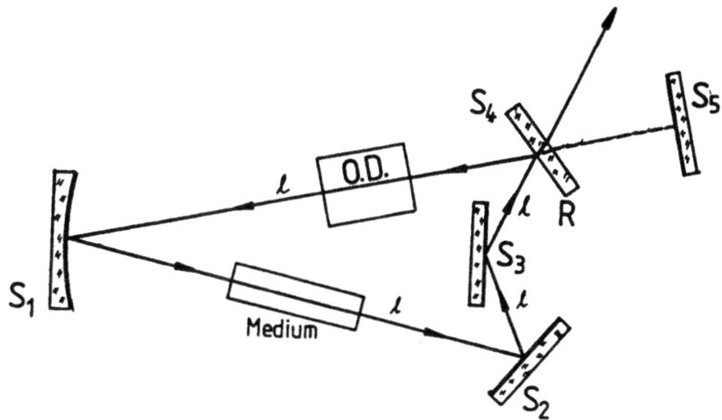

Bild 5.32 Ring-Resonator aus einem sphärischen und drei Plan-Spiegeln. Die optische Diode bzw. der hochreflektierende Spiegel S_5 erzwingen die Umlaufrichtung des axialen Modes gegen denn Uhrzeigersinn.

Durch Aufbau des Resonators in Form eines Rings (Bild 5.32) kann das spatial hole-burning vermieden werden. Dabei wird dem axialen Mode nur eine Umlaufrichtung aufgezwungen, wodurch aufgrund der fehlenden entgegengesetzt laufenden Welle keine stehenden Wellen mehr auftreten. Die Umlaufrichtung wird durch eine optische Diode (siehe Abschn.1.3.2) oder durch einen externen hochreflektierenden Spiegel, der die verkehrt herumlaufende Welle in den Resonator zurückreflektiert, festgelegt.

Der Ring wird meist aus vier Spiegeln aufgebaut, da bei nur drei Spiegeln die großen Einfallswinkel auf den Spiegel erhöhte Verluste durch Astigmatismus verursachen.

Der Gaußstrahl im stabilen Ringresonator läßt sich genau wie beim linearen Resonator über die Strahlmatrizen bestimmen. Man startet dazu in einer beliebigen Ebene und berechnet die resultierende Strahlmatrix M für einen Umlauf, wobei die einzelnen Elemente durch die in Abschn.1.1 aufgeführten Strahlmatrizen beschrieben werden. Aus dem Gauß'schen ABCD-Gesetz (1.58)

$$q = \frac{Aq + B}{Cq + D}$$

erhält man den stationären q-Parameter des Gaußstrahls, und damit Gaußstrahlradius und Krümmungsradius des Gaußstrahls auf der Startebene. Der Ringresonator ist stabil, wenn für die Elemente der Umlaufsmatrix gilt:

$$(A+D)^2 < 4 \qquad\qquad (5.20)$$

Beim Ringresonator sind die Spiegeloberflächen i.a. nicht mehr Phasenflächen des Gaußstrahls. Die Strahltaille tritt immer in der Ebene auf, von der gestartet die Strahlmatrix für den Umlauf die Bedingung $A=D$ erfüllt.

Beispiel: Für den Ringresonator aus Bild 5.32 ergibt sich die Umlaufmatrix, startend von einer Ebene im Abstand x von Spiegel S_1 zu

$$M = \begin{pmatrix} 1 & x \\ 0 & 1 \end{pmatrix} \begin{pmatrix} 1 & 0 \\ -2/\rho_1 & 1 \end{pmatrix} \begin{pmatrix} 1 & L-x \\ 0 & 1 \end{pmatrix} = \begin{pmatrix} A & B \\ C & D \end{pmatrix}$$

mit $\quad A = 1 - 2x/\rho_1$, $\ B = L - 2x(L-x)/\rho_1$, $\ C = -2/\rho_1$, $\ D = 1 - 2(L-x)/\rho_1$
$\qquad L = \ell_1 + \ell_2 + \ell_3 + \ell_4$

Mit $A=D$ ergibt sich der Ort der Strahltaille zu $x=L/2$, d.h. auf Spiegel S_3. Nach (5.20) ist dieser Ringresonator stabil für

$$-1 < (1-L/\rho_1) < 1$$

Aufgrund der erzwungenen einen Umlaufrichtung wird das Medium im Gegensatz zum linearen Resonator nur einmal pro Umlauf passiert. Im Ringresonator muß das Medium entsprechend eine höheren Verstärkungsfaktor G pro Durchgang besitzen um die Laserschwelle zu erreichen. Tabelle 5.1 zeigt einen Vergleich des Schwellverhaltens von Ring- und linearem Resonator.

Obwohl der Inversionsabbau, d.h. die Sättigung der Verstärkung, nur mit der Intensität $I^+(z)$ und demnach verschieden zum linearen Resonator erfolgt (siehe Abschn.4.3), sind die maximalen Extraktionswirkungsgrade bei beiden Systemen etwa gleich. Allerdings ist beim Ringresonator der optimale Reflexionsgrad des Auskoppelspiegels höher (Bild 5.33).

Tabelle 5.1 Vergleich des Verhaltens von Ring- und linearem Resonator an der Schwelle.(G: Verstärkungsfaktor pro Durchgang, V_S: Verlustfaktor im Medium pro Durchgang, R: Reflexionsgrad des Auskoppelspiegels).

	linearer Resonator	Ringresonator
Stationarität	$GV_S\sqrt{R} = 1$	$GV_S R = 1$
Kleinsignalverstärkung an der Schwelle	$\|\ln(V_S\sqrt{R})\|$	$\|\ln(V_S R)\|$
Pumpleistung zum Erreichen der Schwelle	P_{elektr}	$P_{elektr}\ \ln(V_S R)/\ln(V_S\sqrt{R})$

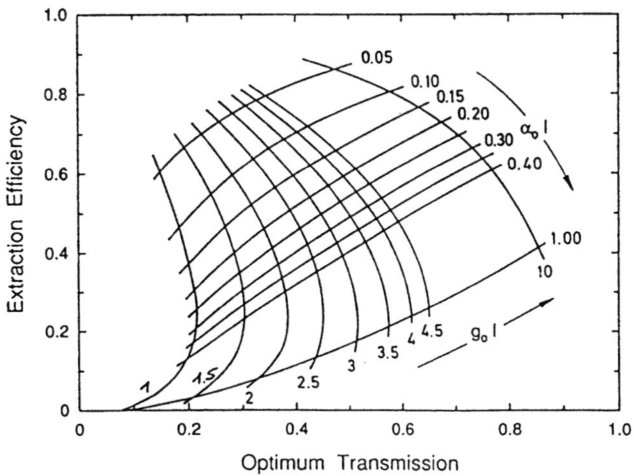

Bild 5.33 Maximaler Extraktionswirkungsgrad von Ringresonatoren in Abhängigkeit der optimalen Transmission des Auskoppelspiegels. Parameter sind die Kleinsignalverstärkung $g_0 l$ und der Verlust $\alpha_0 l$ pro Durchgang (vgl. dazu Bild 4.13).

6 Messverfahren

6.1 Messung von Anregungswirkungsgrad, Kleinsignalverstärkung und Verlusten

6.1.1 Findlay–Clay–Methode

Der Anregungswirkungsgrad und die Verluste bestimmen bei einem Lasersystem wie hoch die Pumpleistung gewählt werden muß, um die Laserschwelle zu erreichen. Je geringer der Anregungswirkungsgrad und je höher die Verluste, desto höher muß die Pumpleistung sein, um die Laseroszillation zu erhalten. Auf diesem Umstand basiert die Findlay-Clay-Methode [6.1,6.2]. Dabei wird die Pumpleistung so weit heruntergeregelt, daß Laseremission gerade noch nachweisbar ist. Benutzt man einen stabilen Resonator mit den Spiegelreflexionsgraden R_1 und R_2, so muß die Kleinsignalverstärkung an der Laserschwelle $(g_0\ell)_s$ die Verluste durch Auskopplung, Streuung und Absorption kompensieren. An der Laserschwelle gilt also

$$e^{(g_0\ell)_s} \sqrt{R_1 R_2} \; V_B \; V_S \; = \; 1 \tag{6.1}$$

mit V_B: Beugungsverlustfaktor pro Durchgang

       V_S: Streuverlustfaktor pro Durchgang (berücksichtigt Streu- und Absorptionsverluste im Medium und an den Spiegeloberflächen).

Der Zusammenhang zwischen der Kleinsignalverstärkung und der Pumpleistung P_{elektr} ist in Abschn.4.2 hergeleitet worden:

$$P_{elektr} \; = \; \frac{g_0\ell \; F \; I_S}{\eta_{excit}} \tag{6.2}$$

F bezeichnet die Querschnittsfläche des aktiven Medium, I_S seine Sättigungsintensität, η_{excit} ist der Anregungswirkungsgrad.

Durch Einsetzen von (6.2) in (6.1) erhält man die Abhängigkeit der Schwellpumpleistung $P_{elektr,s}$ vom Anregungswirkungsgrad und den Verlusten:

$$P_{elektr,s} = \frac{F\,I_s}{\eta_{excit}}\left[\,|\,ln\sqrt{R_1 R_2}\,| \;+\; |\,ln(V_B V_S)|\,\right] \tag{6.3}$$

Trägt man $P_{elektr,s}$ über $|ln\sqrt{R_1 R_2}|$ auf, so ergibt sich eine Gerade mit Steigung

$$m = F\,I_s/\eta_{excit} \tag{6.4}$$

und dem x-Achsenabschnitt $|ln(V_B V_S)|$. Diese Darstellung bezeichnet man als Findlay-Clay-Diagramm. Mißt man die Schwellpumpleistung für verschiedene Reflexionsgrade R_1 und R_2 und trägt diese über $|ln\sqrt{R_1 R_2}|$ auf, so kann mit Hilfe des resultierenden Diagramms den Anregungswirkungsgrad aus der Steigung und den Gesamtverlustfaktor pro Durchgang $V=V_B V_S$ aus dem x-Achsenabschnitt bestimmen.

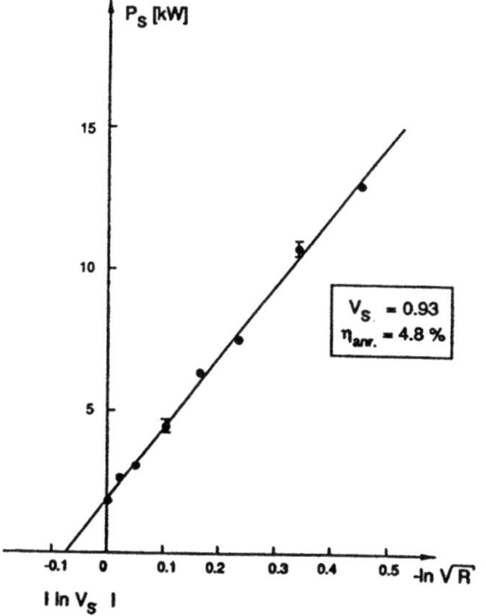

Bild 6.1 Findlay-Clay-Diagramm für einen gepulsten Nd:YAG-Laser mit einem (6 x 3/8) Zoll Stab und einem stabilen Resonator ohne Blende. Nur ein Spiegel wurde bzgl. des Reflexionsgrades zwischen 40% und 99,99% verändert, der andere blieb hochreflektierend. Aus der Ausgleichsgerade erhält man einen Anregungswirkungsgrad von 4,8% und 7% Verlust pro Durchgang.

Zur Bestimmung des Anregungswirkungsgrades muß allerdings die Fläche F und die Sättigungsintensität I_s bekannt sein. Aus dem Anregungswirkungsgrad läßt sich mit (6.2) zu jeder Pumpleistung der entsprechende Wert der Kleinsignalverstärkung ermitteln.

Am einfachsten ist diese Messung durchzuführen, wenn ein Reflexionsgrad konstant bleibt und der zweite Spiegel bzgl. des Reflexionsgrades ausgetauscht wird. Dadurch erspart man sich mühevolle Justierarbeit. Um die Gerade im Findlay-Clay-Diagramm genau genug ermitteln zu können, sollten mindestens fünf verschiedene Reflexionsgrade verwendet werden.

Aus dem Findlay-Clay-Diagramm kann man im allgemeinen nur den Gesamtverlust durch Beugung und Streuung ermitteln. Möchte man den Streuverlustfaktor V_S allein bestimmen, so muß der Resonator so aufgebaut werden, daß möglichst keine Beugungsverluste auftreten. Dies ist der Fall, wenn man einen stabilen Resonator benutzt, der keine den Gaußstrahl begrenzenden Elemente enthält, d.h. an jeder Stelle im Resonator muß der Radius einer vorhandenen Begrenzung (z.B. eine Blende oder das aktive Medium selbst) mindestens um den Faktor 2,5 größer sein als der Gaußstrahlradius. Der Grund für das Verschwinden der Beugungsverluste ist, daß sich an der Laserschwelle die Modenstruktur stets so einstellt, daß möglichst geringe Verluste entstehen. Sind die Begrenzungen genügend groß, kann man also in (6.3) $V_B=1$ setzen. Das Findlay-Clay-Diagramm liefert in diesem Fall den Streuverlustfaktor V_S. Verschiedene Resonatoren können dann, bei nun bekanntem Streuverlust mit der Findlay-Clay-Methode auf ihre Beugungsverluste hin untersucht werden.

Das hier vorgestellte Messverfahren kann sowohl bei kontinuierlich als auch gepulst betriebenen Lasern angewandt werden, im letzten Fall muß natürlich die Schwellpumpenergie pro Puls bestimmt werden. Die Genauigkeit des Verfahren hängt stark von der Detektion der Laseremission ab, die darüber entscheidet wann die Laserschwelle erreicht ist. Die Messung der Ausgangsleistung ist dabei nicht die optimale Methode, da die Leistung in der Nähe der Schwelle zunächst sehr gering bleibt und deshalb schwer detektierbar ist. Sehr viel genauer läßt sich die Schwelle über die Detektion des Laserstrahls (z.B. mit Kamera und Monitor) bestimmen.

Einschränkungen

Die Findlay-Clay-Methode ist in den folgenden Fällen nicht in der oben beschriebenen Form anwendbar:

a) Die Pumppulsform weicht stark von einem Rechteckprofil ab

b) Die Pulsdauer ist nicht wesentlich länger als die Lebensdauer des oberen Laserniveaus. (Typische Lebensdauern liegen um 200 μsec, die Pulslänge sollte wenigstens viermal größer sein.)

c) Der Anregungswirkungsgrad hängt von der Pumpleistung ab.

d) Das aktive Medium besitzt kein homogenes Verstärkungsprofil senkrecht zur optischen Achse.

e) Aktive Medien mit 3-Niveau-System (was auf Fall c) zurückführbar ist).

Außer im Fall a), wo der Verlust falsche Werte annimmt (Bild 6.2), kann die Findlay-Clay-Methode jedoch modifiziert beziehungsweise durch zusätzliche Messungen ergänzt werden, um trotzdem korrekte Werte für Anregungswirkungsgrad und Verluste zu erhalten.

Fall b) Verwendung kurzer Pumppulse

Ist der zeitliche Pumppulsverlauf in guter Näherung durch einen Rechteckpuls der Dauer Δt beschreibbar, so muß anstatt (6.3), die Beziehung

$$P_{elektr,s} = \frac{F\,I_s}{\eta_{excit}\,(1-exp(-\Delta t/\tau))}\left[\,|\,ln\sqrt{R_1 R_2}\,|\ +\ |\,ln(V_B V_S)|\right] \qquad (6.5)$$

verwendet werden. τ bezeichnet die Lebensdauer des oberen Laserniveaus.

Ist die Pulsbreite groß gegen die Lebensdauer geht diese Gleichung in (6.3) über. Falls eine Approximation durch ein Rechteckpuls nicht möglich ist, kann die Findlay-Clay-Methode nicht verwendet werden.

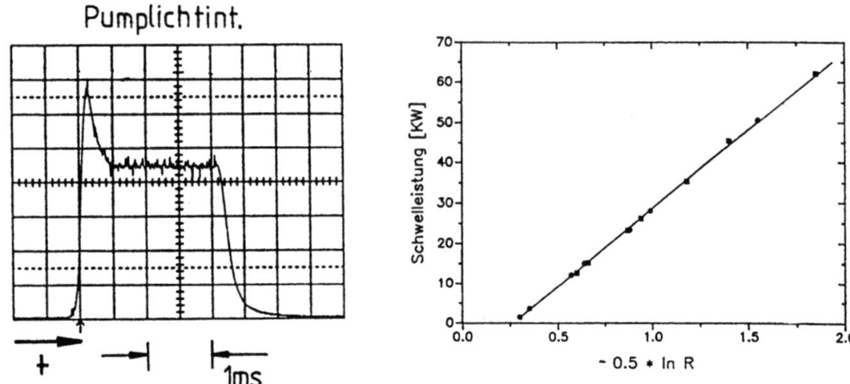

Bild 6.2 Versagen der Findlay-Clay-Methode bei einem Nd:YAG-Laser durch ein ausgeprägtes Intensitätsmaximum des Pumplichts. Die Gerade liefert einen Verlustfaktor größer eins, der Anregungswirkungsgrad wird aber korrekt wiedergegeben.

Fall c) Abhängigkeit des Anregungswirkungsgrades von der Pumpleistung

Falls der Anregungswirkungsgrad nicht konstant ist, ist die Bestimmung der Geraden im Findlay-Clay-Diagramm nicht möglich. Die Meßpunkte zeigen in diesem Fall keinen linearen Anstieg sonderen einen stärkeren oder schwächeren, je nachdem ob der Anregungswirkungsgrad mit der Pumpleistung ab- oder zunimmt.

Um auszuschließen, daß der nichtlineare Anstieg einen anderen Grund als die Abhängigkeit des Anregungswirkungsgrades von der Pumpleistung hat, sollte man folgendes Experiment durchführen.

Man betreibt das Lasermedium ohne Resonator und detektiert die Intensität I_{SE} des mit der Laserwellenlänge emittierten Lichts (spontane Emission) in Abhängigkeit der Pumpleistung P_{elektr}. Dabei muß die Intensität nur relativ gemessen werden (Bild 6.3). Diese Intensität ist proportional zur Anzahl der angeregten Atome. Ist der Anregungswirkungsgrad konstant, muß sich also ein linearer Zusammenhang zur Pumpleistung ergeben. Wächst die Intensität I_{SE} schwächer oder stärker als linear, so sinkt bzw. steigt der Anregungswirkungsgrad mit zunehmender Pumpleistung. Im Findlay-Clay-Diagramm macht sich dies durch ein Abweichen der Schwellpumpleistungen von der Geraden bemerkbar (Bild 6.4). Durch die Messung der Spontanemission ist die Abhängigkeit des Anregungswirkungsgrades von der Pumpleistung nun bekannt und kann in einem korrigierten Findlay-Clay-Diagramm berücksichtigt werden.

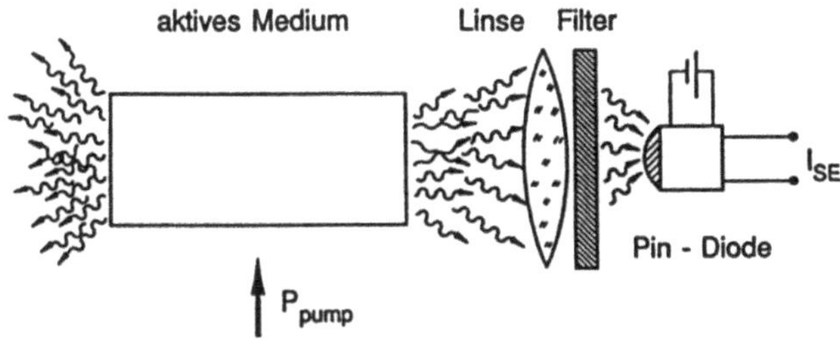

Bild 6.3 Messaufbau zur Bestimmung der Abhängigkeit des Anregungswirkungsgrad von der Pumpleistung. Hinter einem Filter wird die Intensität des spontan emittierten Lichts relativ gemessen.

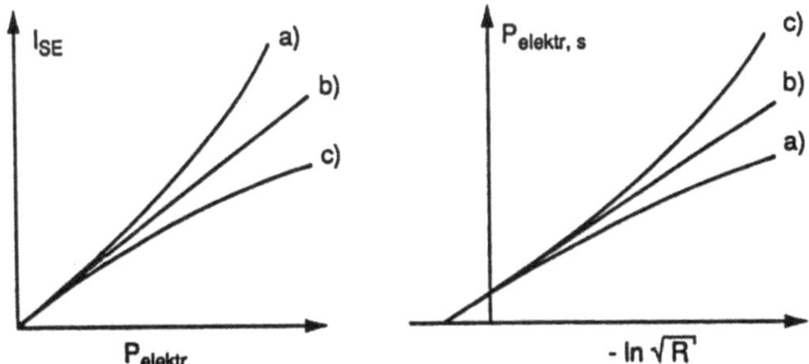

Bild 6.4 Ist der Anregungswirkungsgrad von der Pumpleistung abhängig, so ergeben sich Abweichungen vom linearen Verlauf, sowohl im Findlay-Clay-Diagramm als auch bei der Abhängigkeit der Intensität des spontan emittierten Lichts von der Pumpleistung.

Bezeichnet $P_{elektr,s}^{o}$ eine feste gemessene Schwellpumpleistung im Findlay-Clay-Diagramm und $I_{SE}(P_{elektr,s}^{o})$ die zugehörige gemessene Intensität des spontan emittierten Lichts, so berechnet man zunächst zu jeder Schwellpumpleistung $P_{elektr,s}$ das normierte Signal

$$f(P_{elektr,s}) := \frac{I_{SE}(P_{elektr,s})}{I_{SE}(P_{elektr,s}^{o})} \; \frac{P_{elektr,s}^{o}}{P_{elektr,s}}$$

Trägt man anstatt $P_{elektr,s}$ die korrigierte Schwellpumpleistung

$$P_{elektr,s} \; f(P_{elektr,s})$$

über $|\ln\sqrt{R_1 R_2}|$ auf, so erhält man ein korrigiertes Findlay-Clay-Diagramm.

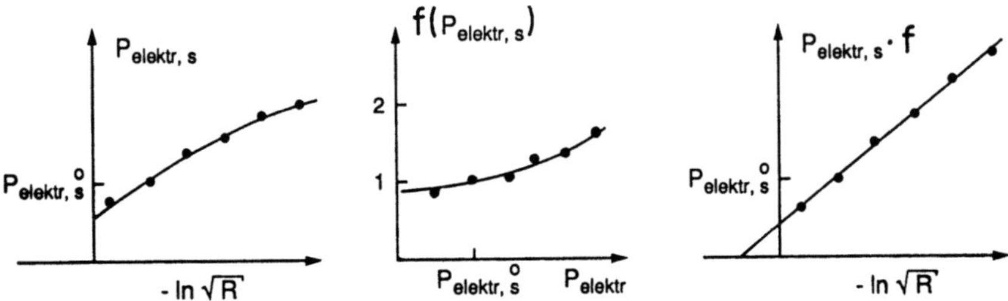

Bild 6.5 Durch Multiplikation der Schwellpumpleistungen mit der normierten Intensität der Spontanemission kann eine Gerade im Findlay-Clay-Diagramm erzeugt werden.

Durch die Messpunkte läßt sich nun eine Gerade legen, aus der, wie oben beschrieben, Anregungswirkungsgrad und Verluste bestimmt werden können (Bild 6.5). Der so bestimmte Anregungswirkungsgrad η_{excit}^{o} bezieht sich allerdings auf die Pumpleistung $P_{elektr,s}^{o}$. Zu jeder höheren Pumpleistung erhält man den jeweiligen Anregungswirkungsgrad mit der Beziehung

$$\eta_{excit} = \eta_{excit}^{o} \; f(P_{elektr,s}) \tag{6.6}$$

Fall c) Verstärkungsprofil

In den meisten Fällen ist die Inversion und damit die Kleinsignalverstärkung von der Position im Lasermedium abhängig. Häufig auftretende Fälle sind, daß die Verstärkung nahe der optischen Achse am höchsten ist und zum Rand hin abfällt (transversales Verstärkungsprofil), oder längs der optischen Achse abnimmt (solch ein longitudinales Verstärkungsprofil besitzen z.B. lasergepumpte Systeme). Während ein longitudinales Verstärkungsprofil keine Einschränkung bzgl. der Anwendbarkeit der Findlay-Clay-Methode darstellt, können beim transversalen Verstärkungsprofil zwar die Verluste korrekt bestimmt werden, jedoch nicht der Anregungswirkungsgrad. Dies läßt sich recht leicht einsehen. Ein transversales Modenprofil besitzt natürlich Maximalwerte an bestimmten Stellen (Bild 6.6). An der Laserschwelle ist aber nur an diesen Stellen die Verstärkung hoch genug, um die Verluste zu kompensieren, d.h. die Modenstruktur wird nur an diesen Stellen eine meßbare Intensität besitzen. Die Steigung der Geraden im Findlay-Clay-Diagramm kann deshalb nur den Anregungswirkungsgrad liefern der sich auf diese Bereiche bezieht. Da man aber in (6.3) davon ausgeht, daß die gemessene Verstärkung über den gesamten Querschnitt vorhanden ist, ist der bestimmte Anregungswirkungsgrad höher als der tatsächliche. Durch Messung des Verstärkungsprofils kann dieser Fehler korrigiert werden.

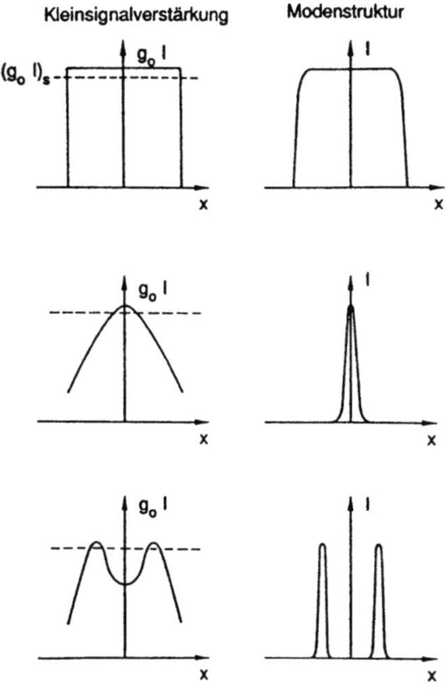

Bild 6.6 Die Modenstruktur an der Laserschwelle wird durch die Maximalwerte der Verstärkung bestimmt.

Messung des Verstärkungsprofils

Hierzu benutzt man einen stabilen Resonator im TEM_{00}-Mode-Betrieb mit einem möglichst kleinen Strahlradius im aktiven Medium. Am besten eignet sich ein durch Blenden entsprechender Größe begrenzter konfokaler Resonator, wobei das Medium in der Resonatormitte plaziert wird. Nur der Bereich des Vertärkungsprofils der vom Gaußstrahl durchsetzt wird, ist für das Erreichen der Laserschwelle von Bedeutung. Je höher die Ver-

stärkung in diesem Bereich, desto niedriger ist die nötige Schwellpumpleistung. Durch Verschieben des Mediums in zur optischen Achse senk-
rechter Richtung bestimmt man nun die Abhängigkeit der Schwellpumpleistung von der Position im aktiven Medium.

Bildet man den Kehrwert der Schwellpumpleistungen und normiert den
höchsten Wert auf eins, erhält man das normierte Verstärkungsprofil V_p,
d.h. die relative Abhängigkeit der Kleinsignalverstärkung von der
Position im Medium (Bild 6.7).

Die Meßauflösung ist umso höher, je kleiner der Gaußstrahlradius im Medium ist. Die Verteilung in der Nähe des Randes des Mediums läßt sich
allerdings nur durch Interpolation bestimmen, da der Gaußstrahl am Rand
Beugungsverluste erfährt, die natürlich ebenfalls die Schwellpumpleistung erhöhen. Die Verstärkung in einer Randzone der Breite des
Gaußstrahldurchmessers kann deshalb nicht auf diese Weise vermessen
werden.

Der korrekte Anregungswirkungsgrad $\eta_{excit}^{(k)}$ ergibt sich aus dem
Anregungswirkungsgrad des gemessenen Findlay-Clay-Diagramms η_{excit}
und dem normierten Verstärkungsprofil $V_p(x,y)$ zu:

$$\eta_{excit}^{(k)} = \eta_{excit}/F \int_F V_p(x,y)\ dF \tag{6.7}$$

Für einen zylindrisches Medium mit Radius b und radialem Verstärkungsprofil wird (6.7) zu

$$\eta_{excit}^{(k)} = 2\ \eta_{excit}/b^2 \int_0^b V_p(r)\ r\ dr \tag{6.8}$$

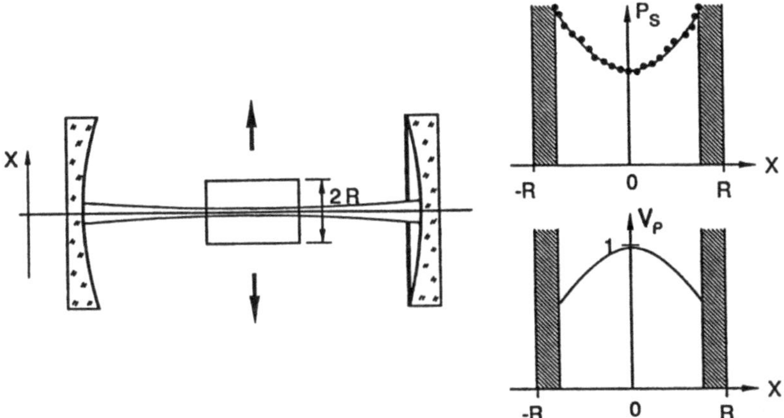

Bild 6.7 Durch Messung der Schwellpumpleistung in Abhängigkeit der Verschiebung des aktiven Mediums kann man das normierte Verstärkungsprofil V_p bis auf eine schmale Randzone ermitteln.

6.1.2 Spike-Einsatzzeit-Methode

Diese Methode kann nur bei gepulsten Lasersystemen angewandt werden und erfordert einen höheren apparativen Aufwand als die Findlay-Clay-Methode. Jedoch sind keine Einschränkungen bzgl. Länge und Form des Pumppulses und der Konstanz des Anregungswirkungsgrades gegeben. Prinzipiell handelt es sich auch hier um Anwendung der Schwellbedingung (6.1), im Gegensatz zur Findlay-Clay-Methode wird aber die Pumpenergie konstant gehalten und die Zeitverzögerung t_E zwischen dem Beginn des Pumppulses und dem Einsatz der Laseremission in Abhängigkeit des effektiven Reflexionsgrades $\sqrt{R_1 R_2}$ gemessen. Da die meisten Laser ein oszillierendes Einschwingverhalten (Spikes) zeigen, bezeichnet man diese Zeitverzögerung als Spike-Einsatzzeit (Bild 6.7).

Da die Spike-Einsatzzeit die Zeit angibt, die nötig ist um die Schwellinversion aufzubauen, ist diese ein direktes Maß für Anregungswirkungsgrad und Verlust. Je höher der Anregungswirkungsgrad, desto kürzer wird die Spike-Einsatzzeit, höhere Verluste im Resonator erhöhen die Spike-Einsatzzeit. Durch Verwenden verschiedener Reflexionsgrade kann der zunächst unbekannte funktionale Zusammenhang kalibriert werden.

350

Die Beschreibung dieser Methode würde im Rahmen dieses Buches etwas
zu weit führen. Der interessierte Leser sei deshalb auf die Literatur
[6.3] verwiesen.

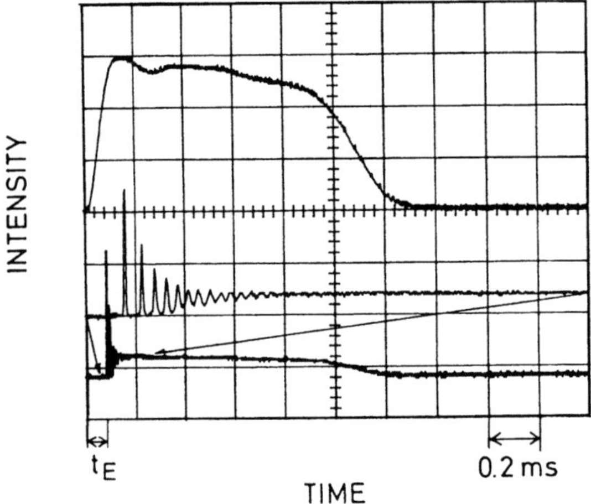

Bild 6.8 Einschwingverhalten eines Nd:YAG-Lasers. Die obere Kurve zeigt
den Verlauf der Pumplichtintensität, die untere die der Laseremission.
Die Spike-Einsatzzeit t_E hängt von den Verlusten und der Verstärkung
ab [6.3].

6.2 Messung der Strahlqualität

Wie in Abschn.3.1.1 erläutert wurde, ist die Strahlqualität über das
Strahlparameterprodukt $d_0\Phi/4$ definiert, wobei sowohl der Strahltaillen-
durchmesser d_0 als auch der volle Divergenzwinkel Φ über den 86,5%-
Energieeinschluß (oder Leistungseinschluß) bestimmt sind. Beide Größen
müssen getrennt gemessen werden. Dazu dient der in Bild 6.9 gezeigte
Aufbau. Mittels einer Linse L_1 wird der Laserstrahl fokussiert und die
Intensitätsverteilung im Fokus vermessen. Dazu ist es nicht unbedingt
nötig, das Strahlprofil aufzunehmen. Falls keine Strahldetektion zur
Verfügung steht, begrenzt man den Strahl im Fokus mit Blenden abnehmender Öffnung bis nur noch 86,5% der Energie bzw. Leistung durchgelassen werden. Der entsprechende Blendendurchmesser d_1 gibt den
Taillendurchmesser d_0 an. Mit einer zweiten Linse L_2, die hinter den Fokus positioniert wird, kann anschließend der Divergenzwinkel Φ bestimmt

werden. Der Abstand der Linse zum Fokus ist dabei unerheblich; die höchste Meßgenauigkeit läßt sich jedoch erzielen, wenn der Abstand der Linse ihrer Brennweite entspricht. In dieser Konfiguration verläßt der Strahl die zweite Linse fast parallel, wodurch die Bestimmung des Divergenzwinkels unkritisch ist. In der Brennweite f_2 der zweiten Linse wird nun wiederum der Strahldurchmesser d_2 mit 86%,5-Energieeinschluß vermessen, woraus man den Divergenzwinkel Φ mit $\Phi = d_2/f_2$.

Wird bei diesen Messungen das Strahlprofil detektiert, z.B. mittels einer Kamera mit Bildverarbeitung, muß der 86,5%-Radius durch Integration über die gemessene Intensitätsverteilung bestimmt werden. Bei radialsymmetrischen Intensitätsverteilungen die gaußförmig sind kann jedoch auf die Integration verzichtet werden und die Durchmesser x_1 und x_2 über den Abfall der Intensität auf den $1/e^2$-Anteil bestimmt werden.

Bei Anwenden dieser Meßmethode sollte man eine möglichst langbrennweitige Linse L_1 verwenden, damit der Fokus zur genauen Vermessung groß genug wird.

Die Lage des Fokus ist abhängig von der Rayleighlänge, die bei vielen Lasern eine Funktion der Anregungsleistung ist. Soll das Strahlparameterprodukt über einen größeren Leistungsbereich gemessen werden, ist es zweckmäßig statt der Linse L_1 ein Teleskop zu verwenden

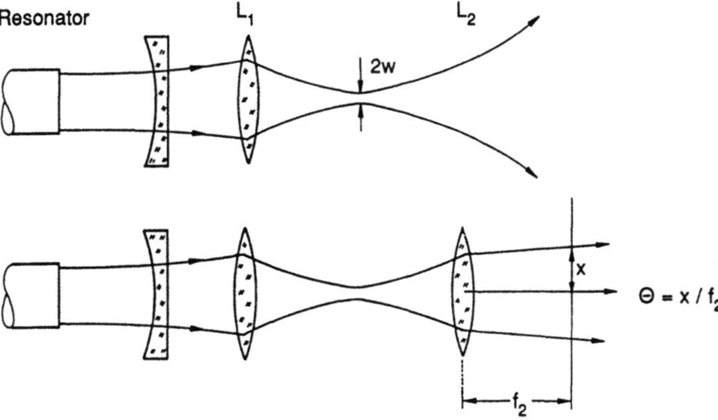

Bild 6.9 Aufbau zur Messung der Strahlqualität. Bei der ersten Messung wird der Strahlradius im Fokus der Linse L_1, bei der zweiten der Divergenzwinkel in der Brennweite der Linse L_2 gemessen.

Dabei fällt die linke Brennweite f_1 des Teleskops mit dem Ort der Taille des Strahlungsfeldes, i.a. der plane Auskoppelspiegel, zusammen. Der Fokus entsteht dann in der rechten Brennebene f_2 und dessen Größe kann durch das Verhältnis f_2/f_1 noch variiert werden. Mit einer weiteren Linse wird dann der zugehörige Divergenzwinkel ermittelt (Bild 6.10).

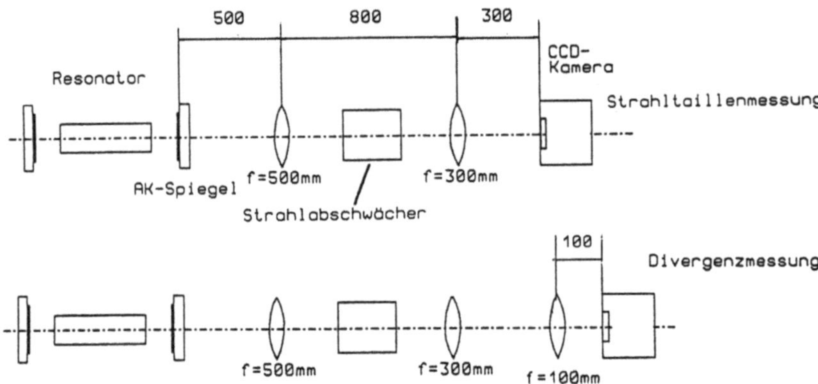

Bild 6.10 Vermessung der Strahlqualität durch Abbildung der Strahltaille mit einem Teleskop [Q.19].

Falls die Lage der Taille im Laser unbekannt ist, kann diese z.B. aus der Messung mit diesem Aufbau unter Benutzung der allgemeinen Relationen für den Fokusbereich (Abschn.3.1.1) errechnet werden.

Es ist auch möglich, den Fokusbereich direkt auszumessen (Bild 6.11) und mittels der Gleichungen (3.24)-(3.27) die Größen durch Anpassen des gemessenen Verlaufs an den parabolischen nach (3.24) zu bestimmen. Daraus ergeben sich Fokusdurchmesser d_0 und Multimode-Rayleighlänge z_M. Den Divergenzwinkel Φ erhält man aus $\Phi=d_0/z_M$, womit das Strahlparameterprodukt $d_0\Phi/4$ über

$$d_0\Phi = \frac{d_0^2}{z_M}$$

bestimmt ist.

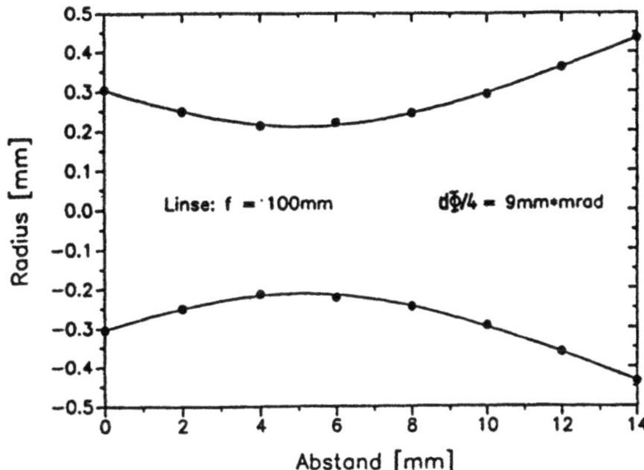

Bild 6.11 Mittels CCD-Kamera und Bildverarbeitung vermessener Fokusbereich eines Nd:YAG-Lasers hinter einer 100mm-Linse. Gezeigt ist der
Strahlradius mit 86,5% Energieeinschluß in der Umgebung des Fokus.

Schwieriger werden die Messungen für Laser im infraroten Spektralbereich mit $\lambda \geq 1,5$ μm, da hier keine CCD-Kameras zur Verfügung stehen,
In diesem Fall muß das Strahlprofil punktweise durch Blenden, Spalte
verschiebbare Kanten oder rotierende Nadeln ausgemessen werden.

Es sollen noch kurz zwei Analysatoren erwähnt werden, die mit nur einer
Messung die Bestimmung der Strahlqualität ermöglichen.
Der Phasenraumanalysator [6.6], wie er in Bild 6.12 skizziert ist, liefert
für die x-Richtung der Quelle sowohl die Strahltaille w_0, als auch den
Fernfeldöffnungswinkel. Wesentliches Element ist die Quadrupollinse. Sie
besteht aus zwei Zylinderlinsen der Brennweiten f und $-f$, die um 90°
gegeneinander verdreht sind. Diese bewirkt zusammen mit der Linse der
Brennweite f_0, daß auf dem Schirm in x_4-Richtung ein Bild der x_0-Rich-
tung der Quelle entsteht und in der y_4-Richtung die Fernfeldverteilung
der x_0-Richtung. Dazu muß die Abbildungsbedingung

$$\frac{1}{a} + \frac{1}{b+f_0} = \frac{1}{f_0}$$

erfüllt sein und die Quadrupollinse um 45° gegen die x-Achse gedreht
sein. Wichtig ist, daß die Strahltaille in der Ebene x_0,y_0 liegt und der
Spalt 2 möglichst nahe an der Linse mit Brennweite f_0 positioniert ist.

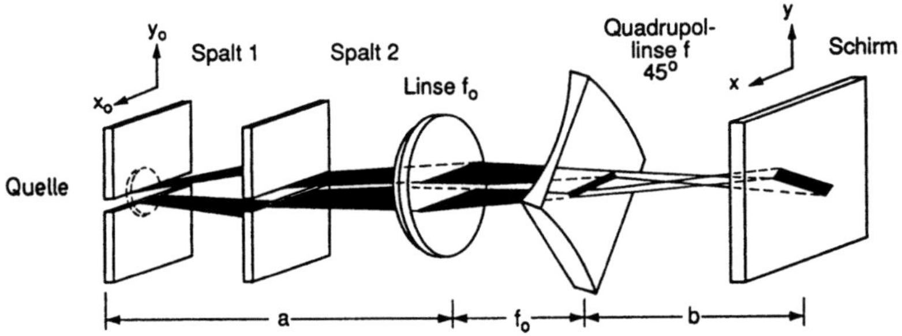

Bild 6.12 Der Phasenraumanalysator nach Nemes [6.5,6.6]

Hochleistungs-Laser, die Pulse im Nano- oder Pikosekundenbereich liefern, besitzen oft sehr geringe Pulswiederholfrequenzen. Hier ist es
wichtig, die Strahlqualität mit möglichst einem Schuß zu ermitteln. Bild
6.13 zeigt einen derartigen Analysator. Durch ein oder zwei Plattenpaare
wird der Laserstrahl in eine Matrix von Strahlen aufgespalten [6.8], die
dann auf eine Kamera abgebildet wird. Bei geeigneter Positionierung erhält man dann ein Bild der Fokusregion, woraus Taillendurchmesser d_0
und Rayleighlänge z_M berechnet werden können.

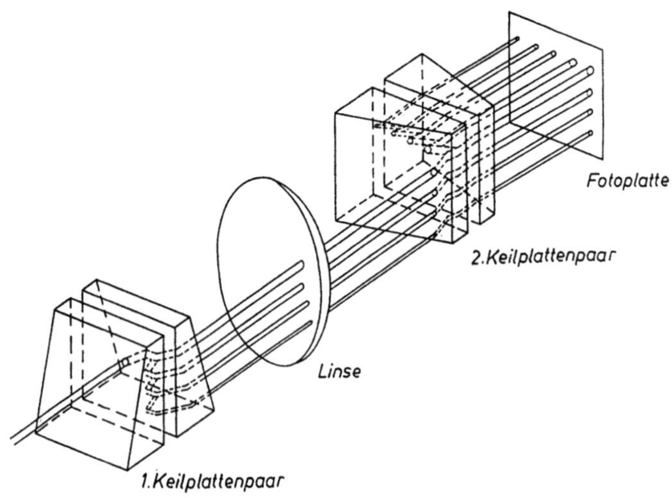

Bild 6.13 Analysator zur Abbildung der Fokusregion mit einem Laser-
schuß [Q.20].

6.3 Messung der Polarisation

Der allgemeine Polarisationszustand von Licht ist, wie in Abschn.1.3 gezeigt, durch Angabe des Feldvektors

$$E = \begin{pmatrix} E_{ox} \\ E_{oy}\, exp\, i\Phi \end{pmatrix}$$

beschrieben. Um die Polarisation des Lichts angeben zu können, müssen die drei Größen E_{ox}, E_{oy} und Φ bestimmt werden, wozu drei Meßgänge erforderlich sind. Die einfachste Methode besteht darin, die Intensität hinter einem Polarisator für drei verschiedene Durchlaßrichtungen zu bestimmen (Bild 6.14)

Messung 1: E_{ox}

In den Strahlengang wird ein Polarisator gestellt mit Durchlaßrichtung in x-Richtung. Für die durchgelassene Intensität I_1 gilt:

$$I_1 = {}^1\!/_2\, c\, \varepsilon\, |E_{ox}|^2 \qquad\qquad (6.9)$$

Messung 2: E_{oy}

Durch Drehung des Polarisators um 90° kann nur die y-Komponente des Feldes verlustfrei passieren. Messung der transmittierten Intensität ergibt also den Wert

$$I_2 = {}^1\!/_2\, c\, \varepsilon\, |E_{oy}|^2 \qquad\qquad (6.10)$$

Messung 3: Φ

Wählt man die Durchlaßrichtung des Polarisators um 45° zur x-Achse geneigt, so ergibt sich die Jones Matrix zu (siehe (1.103))

$$M_P(45°) = \begin{pmatrix} 0,5 & 0,5 \\ 0,5 & 0,5 \end{pmatrix}$$

Der Feldvektor hinter dem Polarisator ist nach (1.99)

$$E_1 = \frac{1}{2} \begin{pmatrix} E_{ox} + E_{oy}\, exp\, i\Phi \\ E_{ox} + E_{oy}\, exp\, i\Phi \end{pmatrix} \qquad\qquad (6.11)$$

Für die nun transmittierte Intensität erhält man also

$$I_3 = \tfrac{1}{2}\, c\, \varepsilon\, |E_1|^2 = \tfrac{1}{2}\, c\, \varepsilon\, \tfrac{1}{2}\, (E_{ox}^2 + E_{oy}^2 + 2\, E_{ox}E_{oy}\, \cos\Phi)$$

$$= \tfrac{1}{2}\, (I_1 + I_2 + 2\sqrt{I_1 I_2}\, \cos\Phi) \tag{6.12}$$

Durch die drei Messungen kann nun der Polarisationszustand angegeben werden.

Die Phase Φ ergibt sich aus (6.12) zu

$$\Phi = \arccos\ \frac{2I_3 - I_1 - I_2}{2\sqrt{I_1 I_2}} \tag{6.13}$$

Der Winkel α zwischen der großen Halbachse der Polarisationsellipse und der x-Achse ist gegeben durch (Bild 6.10)

$$\alpha = \arctan\,(E_{oy}/E_{ox}) = \arctan\,(\sqrt{I_2}/\sqrt{I_1})\quad \text{für } -\pi/2 \leqq \Phi < \pi/2$$

$$\alpha = \pi - \arctan\,(\sqrt{I_2}/\sqrt{I_1})\qquad\qquad \text{für } \quad \pi/2 \leqq \Phi < 3\pi/2$$

$$\tag{6.14}$$

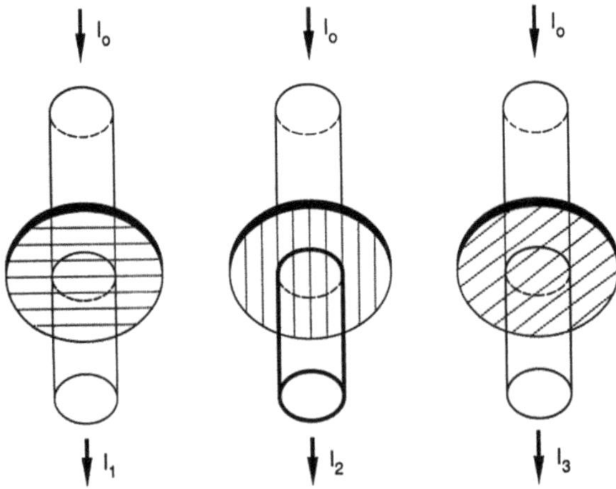

Bild 6.14 Durch Messung der Intensitäten hinter einem Polarisator für drei verschiedene Durchlaßrichtungen kann der Polarisationszustand des auftreffenden Strahls bestimmt werden.

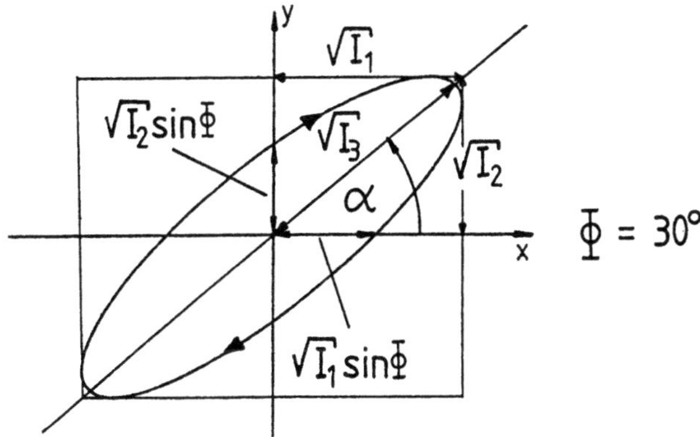

Bild 6.15 Zusammenhang zwischen der Form und Lage der Polarisations-ellipse von den drei gemessenen Intensitäten I_1, I_2 und I_3. Dargestellt ist die Einhüllende des auf $\sqrt{0{,}5c\varepsilon}$ normierten Feldstärkevektors.

Das hier beschriebene Meßverfahren kann zwar beliebig aber vollständig polarisiertes Licht bzgl. des Polarisationszustands charakterisieren, jedoch nicht zwischen unpolarisiertem und zirkular polarisiertem Licht unterscheiden. In beiden Fällen sind die drei gemessenen Intensitäten gleich, so daß die Phase zu $\pm$ 90° bestimmt wird. Um zwischen zirkular polarisiertem und unpolarisiertem Licht unterscheiden zu können, muß eine zusätzliche Messung durchgeführt werden. Dabei macht man sich die Tatsache zunutze, daß unpolarisiertes Licht beim Durchgang durch eine Verzögerungsplatte unpolarisiert bleibt, während zirkular polarisiertes Licht seinen Polarisationszustand ändert. Gleiches gilt für die Totalre-flexion an einem Prisma (Bild 6.16). Der reflektierte Strahl wird bzgl. sei-ner Intensität hinter einem Polarisator untersucht. War der Strahl unpo-larisiert, so hängt die durchgelassene Intensität immer noch nicht von der Durchlaßrichtung des Polarisators ab, während eine ursprünglich zirkulare Polarisation zur Abhängigkeit der transmittierten Intensität von dem Drehwinkel des Polarisators führt.

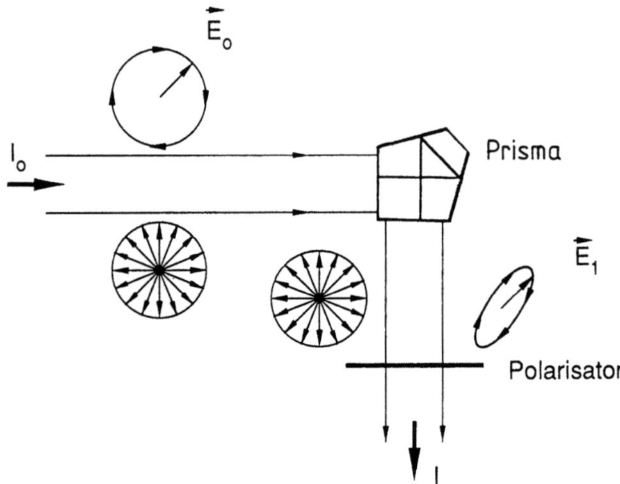

Bild 6.16 Durch Totalreflexion des Strahls in einem Prisma kann zwischen unpolarisiertem und zirkular polarisiertem Licht unterschieden werden. Ein unpolarisierter Strahl liefert auch nach der Reflexion zu keiner Abhängigkeit der transmittierten Leistung von dem Drehwinkel des Polarisators.

In dem oben beschriebenen Verfahren zur Polarisationsmessung wurde absichtlich die Intensität als Meßgröße angegeben und nicht die Leistung. Der Grund hierfür ist, daß der Polarisationszustand sehr wohl vom Ort abhängen kann, so daß man die Messung an verschiedenen Punkten des Strahlquerschnitts mit einem Detektor möglichst geringer Meßfläche durchführen sollte. Messung der Leistung allein, würde über die Polarisationzustände an verschiedenen Orten mitteln, so daß der Strahl unpolarisiert erscheinen könnte. Am elegantesten kann eine ortsaufgelöste Messung mit einer Kamera und dahintergeschalteter Bildverarbeitung bestimmt werden, da die Intensitätsmessung an verschiedenen Orten gleichzeitig und mit hoher Auflösung erfolgen kann. Bild 6.17 zeigt die auf diese Weise aufgenommene Verteilung des Polarisationszustandes eines Nd:YAG-Laserstrahls.

Es sei an dieser Stelle davor gewarnt, vorschnell aus der Messung zu schließen, daß ein Strahl unpolarisiert ist. Der Polarisationszustand eines Lasers kann sich auch zeitlich ändern! Ist die zeitliche Auflösung der Intensitätsmessung kleiner als die charakteristische Zeitdauer der Änderung des Polarisationszustandes, wird der Laserstrahl natürlich unpolarisiert erscheinen!

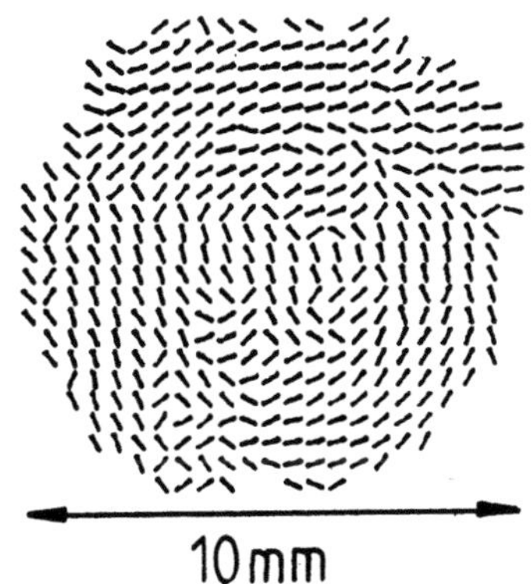

Bild 6.17 Mittels CCD-Kamera und drei Polarisatorstellungen gemessene ortsaufgelöste Polarisation des Strahls eines gepulsten Nd:YAG-Lasers. Gezeigt ist die Schwingungsrichtung der Feldstärke. Das Feld ist weitgehend azimutal polarisiert [Q.21].

6.4 Messung der thermischen Linse

6.4.1 Fokussierung eines aufgeweiteten Teststrahls

Das Brechungsindexprofil eines gepumpten Laserkristalls hängt nur gering von der Wellenlänge des durchgehenden Lichts ab. Daher ist es möglich, die Linsenwirkung durch Durchstrahlen des Kristalls mit einem He-Ne-Laserstrahl zu untersuchen. Schickt man den aufgeweiteten Strahl durch das Lasermedium (Bild 6.18), so wird dieser je nach Pumpleistung mehr oder weniger fokussiert. Detektiert man die durch eine Blende fallende Intensität, so wird diese umso mehr anwachsen, je größer die Brechkraft des Mediums ist. Der genaue Zusammenhang ergibt sich zu

$$D = \frac{1}{L + h}\left(1 - \sqrt{\frac{I_0}{I}} \right) \tag{6.15}$$

I_0 ist die Intensität ohne thermische Linse, I die entsprechende Intensität mit Linsenwirkung des Mediums. Der Hauptebenenabstand h ist näherungsweise gegeben durch $h = \ell/2n$, mit n: Brechungsindex, ℓ: Länge des Mediums.

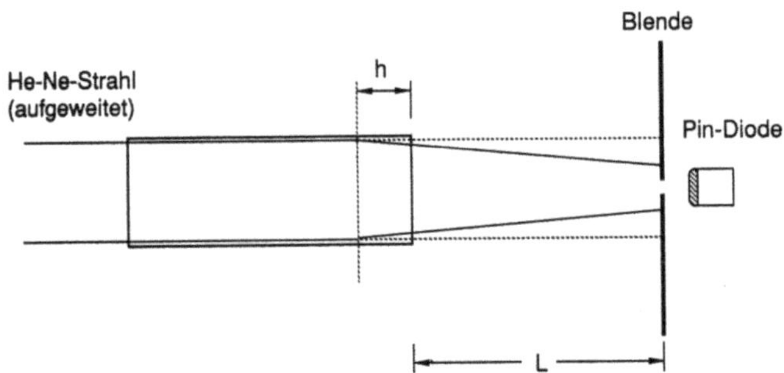

Bild 6.18 Aufbau zur Bestimmung der Brechkraft mit einem aufgeweiteten Teststrahl.

Diese Messung kann sowohl mit als auch ohne Resonator durchgeführt werden, d.h. mit Laseremission und ohne. Bei vielen Materialien, wie z.B. Nd:YAG, führt Laseremission zu einer Verringerung der Brechkraft um etwa 10-20%. Der Grund dafür ist, daß auch nichtstrahlende Übergänge vom oberen Laserniveau stattfinden, die den Kristall zusätzlich aufheizen. Die induzierte Emission entvölkert jedoch das obere Laserniveau, so daß die Anzahl der nichtstrahlenden Übergange verringert wird und somit ein Kühleffekt durch die Laseremission auftritt. Je nachdem ob der Anwender sich mehr für die Eigenschaften des Mediums oder die Auswirkung der thermischen Linse auf den Resonator interessiert, wird er sich für eine Brechkraftmessung ohne oder mit Resonator entscheiden.
Um (6.15) auch mit Resonator benutzen zu können, darf der zwischen Lasermedium und Detektor stehende Spiegel keine fokussierende oder defokussierende Wirkung auf den durchgehenden Teststrahl haben. Vorder- und Rückseite des Spiegelsubstrat müssen also gleiche Krümmung besitzen.

6.4.2 Ablenkung eines kollimierten Teststrahls

Anstatt den Teststrahl aufzuweiten, kann auch ein kollimierter Strahl benutzt werden der im Abstand a zur optischen Achse das Lasermedium durchläuft (Bild 6.19) Durch die thermische Linse wird der Strahl um die Strecke x, gemessen auf einem Schirm im Abstand L, abgelenkt.

Die gesuchte Brechkraft ergibt sich zu

$$D = \frac{x}{a\ (L+h)} \tag{6.16}$$

Der Vorteil dieser Methode besteht in der Einfachheit des Meßaufbaus, in einer möglichen ortsaufgelösten Messung der Brechkraft und in der Möglichkeit die Abhängigkeit der Brechkraft von der Polarisation zu untersuchen. Brechkräfte für radial- und azimutal polarisiertes Licht sind bei Festkörper-Laser-Materialien etwas unterschiedlich. Bei der Methode mit dem aufgeweiteten Teststrahl mißt man den Mittelwert der beiden Brechkräfte. Beim unpolarisierten kollimierten Strahl spaltet der Strahl hinter dem Medium in zwei Teilstrahlen auf die senkrecht zueinander polarisiert sind. Man beobachtet auf dem Schirm deshalb zwei Reflexe, aus deren Ablenkung die Brechkrafte für die beiden Polarisationsrichtungen bestimmt werden können.

Die Genauigkeit der Brechkraftmessung hängt von der Genauigkeit ab, mit der man den Abstand *a* zur optischen Achse einstellen kann. Als Trick versucht man deshalb den Strahl zunächst so durch das Medium zu schicken, daß, unabhängig von der Pumpleistung, keine Ablenkung auftritt. In diesem Fall stimmt der Strahlverlauf mit der optischen Achse überein. Damit ist der Nullpunkt für die Verschiebung des Teststrahls senkrecht zur optischen Achse festgelegt.

Für den Unterschied der Messergebnisse mit und ohne Resonator gilt auch hier das im vorangegangenen Abschnitt Gesagte.

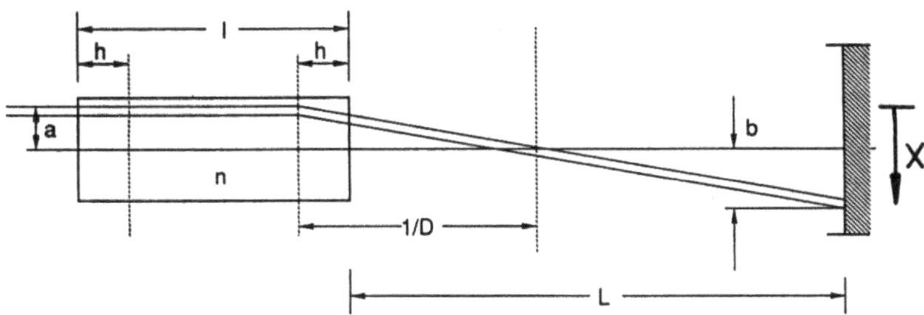

Bild 6.19 Messung der Brechkraft mit einem kollimierten Teststrahl.

6.4.3 Messung der Brechkraft über die Ausgangsleistung

Wie in Kapitel 3 beschrieben, ändert die thermische Linse den Strahlverlauf des Modes im Resonator. Der äquivalente Resonator wandert dabei
auf einer Geraden im g-Diagramm, wobei sowohl stabile als auch instabile
Bereiche durchlaufen werden. Im instabilen Bereich erhöhen sich die
Verluste des Resonators stark, so daß die Ausgangsleistung absinkt und
die Laseremission bei weiterem Eindringen sogar aussetzt. Diese Abnahme
der Ausgangsleistung kann zur Bestimmung der Brechkraft genutzt werden, da ein stabiler Resonator eine bestimmte Brechkraft des aktiven
Mediums benötigt, um den instabilen Bereich zu erreichen.

a) fast-symmetrischer Plan-Plan-Resonator
Positioniert man das aktive Medium fast in die Mitte eines Plan-Plan-
Resonators (Bild 6.20), so durchläuft der Resonator nur kurzzeitig den
instabilen Bereich in der Nähe des Ursprungs des g-Diagramms. 'Fast in
die Mitte' heißt, daß bei einer Resonatorlänge von typischerweise 1m, die
Abstände x_1 und x_2 sich um 3-5 cm voneinander unterscheiden. Im instabilen Bereich nimmt die Leistung ab und zeigt ein Minimum bei einer bestimmten Pumpleistung. Bei dieser Pumpleistung ist die Winkelhalbierende
des instabilen Bereichs erreicht. Die Brechkraft errechnet sich deshalb
zu

$$D = \frac{1}{2}\left(\frac{1}{(x_1+\ell/2n)} + \frac{1}{(x_2+\ell/2n)}\right) \qquad (6.17)$$

Durch Änderung der Abstände x_1 und x_2 läßt sich die Brechkraft zu
verschiedenen Pumpleistungen bestimmen. Je größer die Abstände, desto
geringer ist die nötige Brechkraft zum Erreichen des instabilen Bereichs
und entsprechend geringer die Pumpleistung.

Der Vorteil dieser Meßmethode besteht darin, daß die Brechkraft über
ihre Auswirkung auf die Laseremission bestimmt wird und damit alle
Effekte, wie die Kühlung durch die Laseremission und die Polarisation
der Strahlung, die letzendlich über den genauen Wert der Brechkraft
entscheiden, mit berücksichtigt werden.

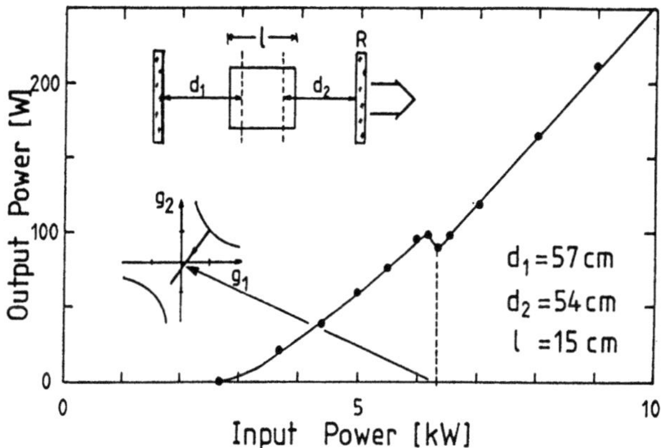

Bild 6.20 Experimentelles Beispiel zur Bestimmung der Brechkraft eines Nd:YAG-Stabes mit fast symmetrischem Plan-Plan-Resonator. Das Minimum der Ausgangsleistung ist mit dem Erreichen des Punktes P im g-Diagramm korreliert. Die daraus ermittelte Brechkraft beträgt 1,9 Dioptrien.

b) Plan-Plan-Resonator mit Medium nahe einem Spiegel

Wählt man die beiden Abstände zu den Spiegeln stark verschieden, d.h. plaziert man das Medium in die Nähe eines Spiegels, so wird der zu durchlaufende instabile Bereich so groß, daß die Ausgangsleistung auf null zurückgeht (Bild 6.21).

Nach Übertreten der Stabilitätsgrenze nimmt die Leistung jedoch nicht stetig ab, sondern zeigt ein zweites Maximum. Die beiden Maxima sind bei Nd:YAG um 15-20% bezüglich der Pumpleistung verschoben und mit den Brechkräften der beiden Polarisationsrichtungen korreliert (vgl. Abschn. 4.5.1). Die Leistungsmaxima entstehen dadurch, daß bei der entsprechenden Pumpleistung die Brechkraft groß genug ist um die Stabilitätsgrenze zu überschreiten. Bei fester Pumpleistung sind die Brechkräfte der beiden Polarisationen jedoch verschieden, so daß jede Polarisation ein separates Leistungsmaximum hervorruft. Beim Nd:YAG-Kristall ist die Brechkraft der radialen Polarisation um 15% höher als die Brechkraft der azimutalen Polarisation und somit die beiden Leistungsmaxima um 15% verschoben.

Für beide Polarisationen ergibt sich die Brechkraft an den Leistungsmaxima zu

$$D = {}^1\!/(x_1 + l/2n) \tag{6.18}$$

wobei x_1 der größere der beiden Spiegelabstände zum Medium ist.

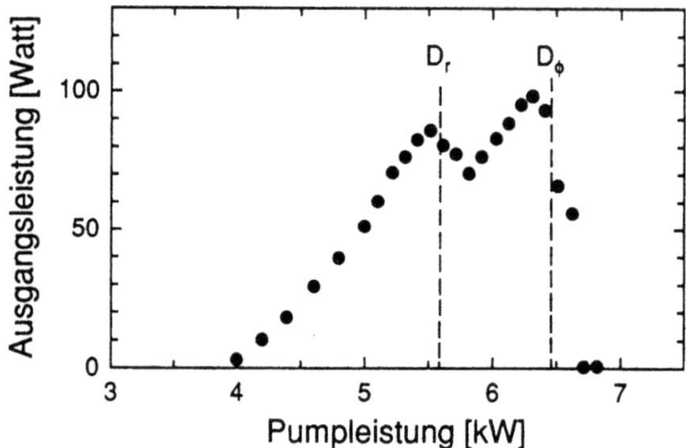

Bild 6.21 Messung der Brechkraft eines Nd:YAG-Stabes mit unsymmetrischen Plan-Plan-Resonator. Die Brechkraft zum Überschreiten der Stabilitätsgrenze wird zuerst für die radiale Polarisation erreicht. Ein zweites Maximum ergibt sich bei 15%iger Erhöhung der Pumpleistung wenn durch die Brechkraft für die azimutale Polarisation die Stabilitätsgrenze erreicht ist.

Das Erreichen des instabilen Bereichs läßt sich noch viel besser durch Beobachtung der Modenstruktur erkennen. Während bei der Messung der Ausgangsleistung die Zuordnung des Leistungsmaximums zu einem bestimmten Punkt im g-Diagramm recht ungenau ist (die Leistung nimmt tatsächlich schon ab bevor eine Stabilitätsgrenze überschritten wird), kann das Eindringen in den instabilen Bereich sehr genau an der plötzlich auftretenden starken Strukturierung des Strahls erkannt werden. Detektiert man die Modenstruktur auf dem Spiegel der weiter vom Medium entfernt steht, so zieht sich der Strahl bei Erreichen der Stabilitätsgrenze auf einen minimalen Strahldurchmesser zusammen.

Natürlich sollte nicht vergessen werden, daß die thermische Linse auch durch Messung der Strahlqualität oder des Divergenzwinkels unter Benutzung von (4.49) erfolgen kann. Das Problem hierbei ist allerdings, daß die Meßgenauigkeit bei der Messung der Strahlqualität nicht besonders hoch ist (bestenfalls 10%), wodurch die Brechkraft auch nur auf höchstens 10% genau bestimmt werden kann.

Literaturverzeichnis

Kapitel 1

Übersichtsliteratur

[1.1] M.V. Klein, T.E. Furtak: Optik. Berlin Heidelberg New York London Paris Tokyo: Springer 1988, S. 91-148, 263-392, 457-485

[1.2] M. Born, H.Wolf: Principles of optics. Oxford New York Frankfurt Tokyo: Pergamon Press 1989, S. 109-165, 370-434, 414-541

[1.3] E. Hecht: Optik. München New York Sydney Tokyo: Addison-Wesley 1989, S. 135-235, 386-346

[1.4] A. Sommerfeld, Vorlesungen über theoretische Physik, Bd. IV, Optik. Leipzig: Akademische Verlagsgesellschaft 1959

[1.5] F.A. Jenkins, H.E. White: Fundamentals of optics. London New York Sydney: McGraw Hill 1957, S. 3-148, 259-354, 497-518

Spezialliteratur:

Kapitel 1.1

[1.6] A. Gerrard, J. Burch: Introduction to matrix methods in optics. London New York Sydney Toronto: John Wiley & Sons 1975

[1.7] M. Bertolotti, Matrix representation of geometrical properties of laser cavities, Il Nuovo Cimento 32, 1242, 1964

[1.8] K. Halbach, Am. J. Phys 32, 90, 1964

Kapitel 1.2

[1.9] J.W. Goodman: Introduction to fourier optics, Physical and Quan-Quantum Series. London New York San Francisco: McGraw Hill 1968

[1.10] A.G. Fox, T. Li, Modes in a maser interferometer with curved and tilted mirrors, Proc. IEEE 51, 80, 1963

[1.11] H. Kogelnik, T. Li, Laser beams and resonators, Proc. IEEE 54, 1312, 1966

[1.12] P. Baues, Huygens' principle in inhomogeneous isotropic media and a general integral equation applicable to optical resonators, Opto-Electr.1, 37, 1969

[1.13] S.A. Collins, Diffraction-integral written in terms of matrix-optics, J. Opt. Soc. Am., vol.60, no.9, p. 1168, 1970

[1.14] M. Abramowitz, A. Stegun: Handbook of mathematical functions. New York: Dover Publ. 1964

[1.15] R. Simon, N. Nukunda, E.C.G. Sudarshan, Partially coherent beams and a generalized ABCD-law, Optics Commun. 65, 322, 1988

[1.16] P.A. Bélanger, Beam Propagation and the ABCD ray matrices, Opt. Lett. 16, 196,1991

Kapitel 1.3

[1.17] R.C. Jones, A new calculus for the treatment of optical systems, J. Opt. Soc. Am. 32, 486, 1942

[1.18] J. Junghans, M. Keller, H. Weber, Laser resonators with polarizing elements - eigenstates and eigenvalues of polarization, Appl. Opt. 13, 2793, 1974

Kapitel 2
Übersichtsliteratur:

[2.1] A.E. Siegman: Lasers. Mill Valley: University Sciences Books 1986, S. 399-456

[2.2] F.A. Jenkins, H.E. White, Fundamentals of optics. New York London Sydney: McGraw Hill 1957, S. 286-314

[2.3] E. Hecht: Optik. München New York Sydney Tokyo: Addison-Wesley 1989, S. 383-413

Spezialliteratur:

[2.4] K. Kotik, M.C. Newstein, Theory of laser oscillation in Fabry-Perot interferometer, J. Appl. Phys. 32, 178, 1961

[2.5] G. Koppelmann, K. Krebs, Zur Technologie des Fabry-Perot-Interferometers, Optik 18, 358, 1961

[2.6] P. Connes, High Resolution Spectroscopy, in C. Townes: Quantum Electronics and Coherent Light, Academic. Press, 1964

[2.7] G. Herziger, H. Lindner, H. Weber, Messung geringer Absorptions- und Brechungsindexänderungen mit dem Laserverstärker, Z. f. angew. Physik 17, 67, 1964

[2.8] H. Ogura, Y. Yoshida, J. Ikenone, Theory of deformed fabry perot resonator, J. Phys. Soc. Jap. 20, 598, 1965

[2.9] M. Francon: Optical interferometry. New York London Sydney Tokyo: Academic Press 1966

[2.10] T. Li, H. Zucker, Modes of a Fabry-Perot laser resonator with output coupling apertures, J. Opt. Soc. Am. 57, 984, 1967

[2.11] M. Herscher, The spherical mirror Fabry-Perot-Interferometer, Appl. Opt. 7, 951, 1968

[2.12] H.K.V. Lotsch, The FPI-Resonator, Part I,II,III, Optik 28, 65, 328, 555, 1968

[2.13] H.K.V. Lotsch, The FPI-Resonator, Part IV,V, Optik 29, 130, 622, 1969

Kapitel 3

Übersichtsliteratur:

[3.1] A.E. Siegman: Lasers. Mill Valley: University Science Books 1986, S. 559-913

[3.2] W. Koechner: Solid state laser engineering. Berlin Heidelberg New York London Paris Tokyo: Springer 1976, S. 168-244

[3.3] W.Kleen, R. Müller: Laser. Berlin Heidelberg New York London Paris Tokyo: Springer 1969, S. 49-86

[3.4] H. Weber, G. Herziger: Laser. Weinheim: Physik Verlag 1972

[3.5] F.R. Kneubühl, M.W. Sigrist: Laser. Stuttgart: B.G.Teubner 1988

Spezialliteratur:

Kapitel 3.1

[3.6] G.D. Boyd, J.P. Gordon, Confocal multimode resonator for millimeter through optical wavelength masers, Bell Syst. Tech. J. 40, 489, 1961

[3.7] A.G. Fox, T. Li, Resonant modes in a maser interferometer, Bell. Sys. Tech. J. 40, 453, 1961

[3.8] G.D. Boyd, H. Kogelnik, Generalized confocal resonator theory, Bell. Sys. Tech. J. 41, 1347, 1962

[3.9] L.A. Vainshtein, Open resonators for lasers, Sov. Phys. JETP 17, 709, 1963

[3.10] A.G. Fox, T. Li, Modes in a maser interferometer with curved and tilted mirrors, Proc. IEEE 51, 80, 1963

[3.11] J.P. Gordon, A circle diagram for optical resonators, Bell Syst. Tech. J. 43, 1826, 1964

[3.12] J.P. Gordon, H. Kogelnik, Equivalence relations among spherical mirror optical resonators, Bell Sys. Tech. J. 43, 2873, 1964

[3.13] M. Abramowitz, A. Stegun: Handbook of mathematical functions. New York: Dover Publ. 1964

[3.14] W. Magnus, F. Oberhettinger, R.P. Soni, Formulas and theories for special functions of mathematical physics, Berlin Heidelberg New York London Paris Tokyo: Springer 1966

[3.15] J.P. Gordon, A circle diagram for optical resonators, Bell Syst. Tech. J. 43, 1826, 1964

[3.16] T. Li, Diffraction loss and selection of modes in maser resonators with circular mirrors, Bell Sys. Tech. J. 44, 917, 1965

[3.17] J.C. Heurtley, W. Streifer, Resonator modes: spherical reflectors, J. Opt. Soc. Am. 55, 1472, 1965

[3.18] W. Streifer, Optical resonator modes - rectangular reflectors of spherical curvature, J. Opt. Soc. Am. 55, 10, 1965

[3.19] H. Kogelnik, T. Li, Laser beams and resonators, Appl. Opt. 5, 1550, 1966

[3.20] H. Kogelnik, T.Li, Laser beams and resonators, Proc. IEEE 54, 1312, 1966

[3.21] H. Laig-Hörstebrock, H. Weber, Regelmäßiges und unregelmäßiges Spiken eines Rubinlasers. Z. f. angewandte Physik 23, 1, 1967

[3.22] H.K.V. Lotsch, The FPI-Resonator, Part I,II & III, Optik 28, 65, 328, 555, 1968

[3.23] H.K.V. Lotsch, The FPI-Resonator, Part IV & V, Optik 29, 130, 622, 1969

[3.24] P. Baues, Huygens' principle in inhomogeneous isotropic media and a general integral equation applicable to optical resonators, Opto-Electr. 1, 37, 1969

[3.25] R.L. Sanderson, W. Streifer, Comparison of laser mode calculations, Appl. Opt. 8, 131, 1969.

[3.26] A.E. Siegman, Hermite-gaussian functions of complex arguments as optical beam eigenfunctions, J. Opt. Soc. Am. 63, 1093, 1973

[3.27] N.K. Berger, N.A. Deryugin, Y.N. Lukyanov, Y.E. Studenikin, Open misaligned spherical mirror resonators, Opt. Spectrosc. (USSR) 43, 176, 1977

[3.28] R. Patresi, L. Ronchi, Generalized Gaussian beams in free space, J. Opt. Soc. Am. 67, 1274, 1977

[3.29] A.N. Gromov, S.I. Trashkeev, Opt. Spectr. (USSR) 62, 369, 1987

[3.30] A.E. Siegman, Orthogonality properties of optical resonator eigenmodes, Opt. Commun. 31, 369, 1979

[3.31] S. Nemoto, T. Makimoto, Generalized spot size for a higher order beam mode, J. Opt. Soc. Am. 69, 578, 1979

[3.32] W.H. Carter, Spot-size and divergence for Hermite Gaussian beams of any order, Appl. Opt. 19, 1027,1980

[3.33] R. Hauck, H.P. Kortz, H. Weber, Misalignment sensitivity of optical resonators, Appl. Opt. 19, 598, 1980

[3.34] J.L. Remo, Diffraction losses for symmetrically tilted plane reflectors in open resonators, Appl. Opt. 19, 774, 1980

[3.35] M. Piché, P. Lavigne, F. Martin, P.A. Belanger, Modes of resonators with internal apertures, Appl. Opt. 22, 1999, 1983

[3.36] W.W. Rigrod, Diffraction loss of stable optical resonators with internal limiting aperture, IEEE J. Quant. Electron. 19, 1679, 1983

[3.37] G. Herziger, H. Weber, Equivalent optical resonators, Appl. Opt. 23, 1450, 1984

[3.38] J.P. Taché, Diffraction losses of an asymmetric stable laser resonator using an equivalent resonator, Opt. Comm. 55, 419, 1985

[3.39] O.O. Silichev, Analytical calculation of the lowest mode of a stable resonator, Sov. J. Quant. Electron. 17, 530, 1987

[3.40] P. Ru, L.M. Narducci, J.R. Tredicce, D.K. Bandy, L.A. Lugiato, The gauss-laguerre modes of a ring resonator, Opt. Comm. 63, 310, 1987

[3.41] A.N. Gromov, S.I. Trashkeev, Simple loss formulas for symmetric spherical-mirror resonators, Opt. Spectrosc.(USSR) 62, 369, 1987

[3.42] E.A.J. Marcatili, C.G. Someda, Gaussian beams are fundamentally different from free space modes, IEEE J. Quant. Electron. 23, 164, 1987

[3.43] S.D. Brorsen, What is the confocal parameter?, IEEE J. Quant. Electron. 23, 512, 1988

Kapitel 3.2

[3.44] G.D. Boyd, H. Kogelnik, Generalized confocal resonator theory, Bell Syst. Tech. J. 41, 1347, 1962

[3.45] G.D. Boyd, J.P. Gordon, Confocal multimode resonator for millimeter through optical wavelength masers, Bell Sys. Tech. J, 40, 489, 1961

[3.46] G.D. Boyd, J.P. Gordon, Bell. Syst. Tech. J. 43, 3009, 1964

[3.47] J.C. Heurtley, W. Streifer, Optical resonator modes − circular reflectors of spherical curvature, J. Opt. Soc. Am. 55, 1472, 1965

[3.48] D. Slepian, Bell. Syst. Tech. J. 44, 917, 1965

[3.49] D.E. McCumber, Eigenmodes of a symmetric cylindrical confocal laser resonator and their perturbation by output coupling apertures, Bell Syst. Tech. J. 44, 333, 1965

[3.50] H. Kogelnik, T. Li, Proc. IEEE 54, 1312, 1966

[3.51] G.T. McNice, V.E. Derr, Analysis of the cylindrical confocal laser resonator having a single circular coupling aperture, IEEE J. Quant. Electron. 5, 569, 1969

[3.52] J.M. Moran, Coupling of power from a circular confocal laser with an output aperture, IEEE J. Quant. Electron. 6, 93, 1970

[3.53] H.W. Müller, W. Rudolph, H. Weber, Optics Comm. 24, 143, 1976

Kapitel 3.3

[3.54] A.E. Siegman, Unstable optical resonators for laser applications, Proc. IEEE 53, 277, 1965

[3.55] W.K. Kahn, Unstable optical resonators, Appl. Opt. 5, 407, 1966

[3.56] A.E. Siegman, R. Arrathoon, Modes in unstable optical resonators and lens waveguides, IEEE J Quant. Electron. 3, 156, 1967

[3.57] S.R. Barone, Optical resonators in the unstable region, Appl. Opt. 6, 861, 1967

[3.58] W. Streifer, Unstable optical resonators and waveguides, IEEE J. Quant. Electron. 4, 156, 1968

[3.59] L. Bergstein, Modes of stable and unstable resonators, Appl. Opt. 7, 495, 1968

[3.60] W.F. Krupke, W.R. Sooy, Properties of an unstable confocal resonator CO_2 laser system, IEEE J. Quant. Electr. QE-5, 575, 1969

[3.61] R.L. Sanderson, W. Streifer, Unstable laser resonator modes, Appl. Opt. 8, 2129, 1969

[3.62] R.L. Sanderson, W. Streifer, Laser resonators with tilted reflectors, Appl. Opt. 8, 2241, 1969

[3.63] A.E. Siegman, H.Y. Miller, Unstable optical resonator loss calculations using Prony method, Appl. Opt. 9, 2729, 1970

[3.64] E.V. Locke, R. Hella, L. Westra, Performance of an unstable oscillator on a 30-kW cw gas dynamic laser, IEEE J. Quant. Electron. 7, 581, 1971

[3.65] A.N. Chester, Mode selectivity and mirror misalignment effects in unstable laser resonators, Appl. Opt. 11, 2584, 1972

[3.66] R.J. Freiberg, P.P: Chenausky, C.J. Buczek, An experimental study of unstable confocal CO_2 lasers, IEEE J. Quant. Electron. 8, 882, 1972

[3.67] Y.A. Anane'ev, Unstable resonators and their applications (review), Sov. J. Quant. Electron. 1, 565, 1972

[3.68] P. Horwitz, Asymptotic theory of unstable resonator modes, J. Opt. Soc. Am. 63, 1528, 1973

[3.69] G.R. Wisner, M.C. Foster, P.R. Blaszuk, Unstable resonators for CO_2 *electric* discharge convection lasers, Appl. Phys. Lett. 22, 14, 1973

[3.70] R.J. Freiberg, P.P. Chenausky, C.J. Buczek, Unidirectional unstable ring lasers, Appl. Opt. 12, 1140, 1973

[3.71] P.D. Pozzo, R. Polloni, O. Svelto, F. Zaraga, An unstable ring resonator, IEEE J. Quant. Electron. 9, 1061, 1973

[3.72] A.E. Siegman, Unstable optical resonators, Appl. Opt. 13, 353, 1974

[3.73] R.J. Freiberg, P.P. Chenausky, C.J. Buczek, Asymmetric unstable traveling-wave resonators, IEEE J. Quant. Electron. 10, 279, 1974

[3.74] H. Granek, A.J. Morency, Large effective Fresnel number confocal resonator: an experimental study, Appl. Opt. 13, 368, 1974

[3.75] K.I. Zemskov, A.A. Isaev, M.A. Kazaryan, G.G. Petrash, S. G. Rautian, Use of unstable resonators in achieving the diffraction divergence of the radiation emitted from high-gain pulsed gas laser, Sov. J. Quant. Electron. 4, 474, 1974

[3.76] I.A. Isaev, M.A. Kazaryan, G.G. Petrash, S.G. Rautian, Converging beams in unstable telescopic resonators, Sov. J. Quant. Electron. 4, 474, 1974

[3.77] E.A. Sziklas, A.E. Siegman, Mode calculations in unstable resonators with flowing saturable gain, Appl. Opt. 14, 1874, 1975

[3.78] Y.A. Anan'ev, Establishment of oscillations in unstable resonators, Sov. J. Quant. Electron. 5, 615, 1975

[3.79] P. Horwitz, Modes in misaligned unstable resonators, Appl. Opt. 15, 167, 1976

[3.80] A.E. Siegman, A canonical formulation for analyzing multielement unstable resonators, IEEE J. Quant. Electron. 12, 35, 1976

[3.81] C. Santana, L.B. Felsen, Unstable open resonators: two dimensional and three-dimensional losses by a waveguide analysis, Appl Opt. 15, 470, 1976

[3.82] T.F. Ewanitzky, J.M. Craig, Negative-branch unstable Nd:YAG laser, Appl. Opt. 15, 1465, 1976

[3.83] A.A. Isaev, M.A. Kazaryan, G.G. Petrash, S.G. Rautian, A.M. Shalagin, Shaping of the output beam in a pulsed gas laser with an unstable resonator, Sov. J. Quant. Electron. 7, 746, 1977

[3.84] A.A. Isaev, M.A. Kazaryan, G.G. Petrash, S.G. Rautian, A.M. Shalagin, Evolution of gaussian beams and pulse stimulated emission from lasers with unstable resonators, Sov. J. Quant. Electron. 7, 746, 1977

[3.85] R.L. Herbst, H. Komine, R.L. Byer, A 200 mJ unstable resonator Nd:YAG oscillator, Opt. Commun. 21,5, 1977

[3.86] J.F. Perkins, C. Cason, Effects of small misalignments in empty unstable resonators, Appl. Phys. Lett. 31, 198, 1977

[3.87] C. Santana, L.B. Felsen, Effects of medium and gain inhomogeneities in unstable optical resonators, Appl. Opt. 16, 1058, 1977

[3.88] R.P. Butts, R.V. Avizonis, Asymptotic analysis of unstable laser resonators with circular mirrors, J. Opt. Soc. Am. 68, 1072, 1978

[3.89] C. Santana, L.B. Felsen, Unstable strip resonators with misaligned circular mirrors, Appl. Opt. 17, 2352, 1978

[3.90] T.F. Ewanizky, Ray transfer matrix approach to unstable resonator analysis, Appl. Opt. 18, 724, 1979

[3.91] T.C. Salvi, A.H. Paxton, Calculation of equivalent fresnel numbers for unstable resonators with scraper mirrors, Appl. Opt. 18, 2098, 1979

[3.92] S. Reading, R.C. Sze, C. Tallman, Unstable resonator studies for a 1 joule per pulse KrF avalanche discharge laser, Proc. SPIE 190, 311, 1979

[3.93] O. Teschke, S.R. Teixeira, Unstable ring resonator N_2 pumped dye laser, Opt. Commun. 32, 287, 1980

[3.94] W.H. Southwell, Virtual source theory of unstable resonator modes, Opt. Lett. 6, 487, 1981

[3.95] W.P.Latham, M.E. Smithers, Diffractive effect of a scraper mirror in an unstable resonator, J. Opt. Soc. Am. 72, 1321, 1982

[3.96] M.E. Smithers, Unstable resonators with aspherical mirrors, J. Opt. Soc. Am. 72, 1183, 1982

[3.97] J.F. Perkins, R.W. Jones, Effects of unstable resonator misalignment in the cusping domain, Appl. Opt. 23, 358, 1984

[3.98] T.R. Ferguson, M.E. Smithers, Optical resonators with nonuniform magnification, J. Opt. Soc. Am. A 1, 653, 1984

[3.99] G.T. Moore, Unstable resonators for the free-electron laser, Proc. SPIE 453, 255, 1984

[3.100] M.E. Smithers, T.R. Ferguson, Unstable optical resonators with linear magnification, Appl. Opt. 23, 3718, 1984

[3.101] S. Izawa, A. Suda, M. Obara, Experimental observation of unstable resonator mode evolution in a high-power KrF laser, J. Appl. Phys. 58, 3987, 1985

[3.102] W.H. Southwell, Unstable-resonator-mode derivation using virtual -source theory, J. Opt. Soc. Am. A 3, 1885, 1985

[3.103] A.H. Paxton, Unstable resonators with negative fresnel numbers, Opt. Lett. 11, 76, 1985

[3.104] A.H. Paxton, W.P. Latham, Unstable resonator with 90° beam-rotation, Appl. Opt. 25, 2939, 1986

[3.105] J.S. Uppal, J.C. Monga, D.D. Bhawalkar, Performance of a general asymmetric unstable Nd:glass ring laser, Appl. Opt. 25, 97, 1986

[3.106] E. Sklar, The advantages of negative branch unstable resonators for use with free-electron lasers, IEEE J. Quant. Electron. 22, 1088, 1986

[3.107] K.E. Oughstun, Aberration sensitivity of unstable-cavity geometries, J. Opt. Soc. Am. A 3, 1113, 1986

[3.108] K.E. Oughstun, Second-order theory of the aberration sensitivity of a positive-branch, confocal unstable cavity, J. Opt. Soc. Am. A 3, 1876, 1986

[3.109] K.E. Oughstun, Unstable resonator modes, in E. Wolf: Progress in Optics XXIV, Elsevier Science Publishers B.V., 165-387, 1987

[3.110] P.A. Apanasevich, V.V. Kvach, V.G. Koptev, V.A. Orlovich, High-power system based on a pulse-periodic YAG:Nd^{3+} laser with an unstable resonator and a two stage amplifier, Sov. J. Electron. 17, 160, 1987

[3.111] N.G. Vakhitov, M.P. Isaev, V.R. Kushnir, G.A. Sharif, Comparative analysis of single-mode laser resonators, Sov. J. Quant. Electron. 17, 1037, 1987

[3.112] N.D. Cherepenin, Y.Y. Usanov, Simulation of Fresnel diffraction of output beams of unstable resonators, Sov. J. Quant. Electron. 17, 1404, 1987

[3.113] E. Sklar, The tilt sensitivity of a grazing incidence confocal unstable resonator with applications to free-elctron lasers, IEEE J. Quant. Electron. 23, 229, 1987

[3.114] A.H. Paxton, Unstable ring resonator with an intracavity prism beam expander, IEEE J. Quant. Electron. 23, 241, 1987

[3.115] R. Hauck, N. Hodgson, H. Weber, Losses and mode structure of unstable resonators with spherical mirrors, J. Appl. Phys. 63, 628, 1988

[3.116] M.A. Malloy, C.M. Clayton, Experimental properties of an unstable resonator with nonuniform magnification using aspheric mirrors, Appl. Opt. 27, 4407, 1988

[3.117] R. Hauck, N. Hodgson, H. Weber, Misalignment sensitivity of unstable resonators with spherical mirrors, J. Mod. Opt. 35, 165, 1988

[3.118] L.N. Litzenberger, M.J. Smith, Direct Bandwidth and Polarization Control of an XEF unstable resonator laser, IEEE J. Quant. Electron. 24, 2270, 1988

[3.119] N. Hodgson, Optical resonators for high power lasers, Proc. SPIE 1021, 89, 1988

[3.120] J.M. Eggleston, Theory of output beam divergence in pulsed unstable resonators, IEEE J. Quant. Electron. 24, 1302, 1988

[3.121] D. Cooper, L.L. Tankersley, J. Reintjes, Narrow-linewidth unstable resonator, Opt. Lett. 13, 568, 1988

[3.122] K.R. Calahan, C.M. Clayton, A.H. Paxton, Unstable ring resonator with a compact output beam: description and experimental evaluation, Appl. Opt. 27, 2694, 1988

[3.123] T. Chen, X. Huang, S. Qin, M. Chou, J. You, A Ne 633nm laser with an unstable cavity, Chin. Phys. Lett. 6, 495, 1989

[3.124] N. Hodgson, H. Weber, Unstable resonators with excited converging wave, IEEE J. Quant. Electron., 1990

[3.125] N. Hodgson, H. Weber, High power solid state lasers with unstable resonators, Opt. and Quant. Electron., *special issue on solid-state lasers*, August 1990

[3.126] K. Yasui, S. Yagi, M. Tanaka, Negative-branch unstable resonator with a phase unifying output coupler for high power Nd:YAG lasers, Appl. Opt. 29, 1277, 1990

[3.127] N. Hodgson, T. Haase, H. Weber, Improved resonator design for rod lasers and slab lasers, Proc. SPIE 1277, 1990

Kapitel 3.4

[3.128] H. Kogelnik, Imaging of optical modes-resonators with internal lenses, Bell Sys. Tech. J. 44, 455, 1965

[3.129] N. Kurauchi, W.K. Kahn, Rays and ray envelopes within stable optical resonators containing focusing media, Appl. Opt. 5, 1023, 1966

[3.130] D.C. Hanna, C.G. Swayers, M.A. Yuratich, Telecopic resonators for large volume TEM00 mode operation, Opt. Quant. Electron. 13, 493, 1981

[3.131] L. Casperson, Mode stability of lasers and periodic optical systems, IEEE J. Quant. Electron. 10, 629, 1974

Kapitel 3.5

[3.132] R.C. Jones, A new calculus for the treatment of optical systems, J. Opt. Soc. Am. 32, 486, 1942

[3.133] V. Evtuhov, A.E. Siegman, A twisted mode technique for obtaining axially uniform energy density in a laser cavity, Appl. Opt. 4, 142, 1965

[3.134] J. Junghans, M. Keller, H. Weber, Laser Resonators with polarizing elements - eigenstates and eigenvalues of polarization, Appl. Opt. 13, 2793, 1974

[3.135] G. Giuliani, Y.K. Park, R.L. Byer, Radial birefringent element and its application to laser design, Opt. Lett. 5, 491, 1980

[3.136] D.J. Harter, J.C. Walling, Low-magnification unstable resonator used with ruby and alexandrite lasers, Opt. Lett. 11, 706, 1986

[3.137] J.M. Heritier, J. Henden, R. Aubert, Flashlamp pumped Nd:YAG lasers for scientific applications, Proc. SPIE 609, 167, 1986

[3.138] G.C. Dente, Polarization effects in resonators, Appl. Opt. 18, 2911, 1979

Kapitel 4

Übersichtsliteratur:

[4.1] A.E. Siegman: Lasers. Mill Valley: University Science Books 1986, S. 457-490, 243- 361

[4.2] W. Koechner: Solid state laser engineering. Berlin Heidelberg New York London Paris Tokyo: Springer 1976, S. 79-128,183-185,350-401

[4.3] W. Kleen, R. Müller: Laser. Berlin Heidelberg New York London Paris Tokyo: Springer 1969, S. 87-118

Spezialliteratur:

Kapitel 4.2 & 4.3

[4.4] W.W. Rigrod, Gain saturation and output power of optical masers, J. Appl. Phys. 34, 2602, 1963

[4.5] A. Yariv, Energy and power considerations in injection and optically pumped lasers, Proc. IEEE, 1723, 1963

[4.6] W.C. Marlow, Approximate lasing condition, J. Appl. Phys. 41, 4019, 1970

[4.7] Y.A. Anan'ev, V.E. Sherstobitov, O.A. Shorokov, Calculation of the efficiency of a laser exhibiting large radiation losses, Sov. J. Quant. Electron. 1, 65, 1971

[4.8] Y.A. Anan'ev, L.V. Koval'chuk, V.P. Trusov, V.E. Sherstobitov, Method for calculating the efficiency of lasers with unstable resonators, Sov. J. Quant. Electron. 4, 659, 1974

[4.9] P.W. Miloni, Criteria for the thin-sheet approximation, Appl. Opt. 16, 2794, 1977

[4.10] W. Rigrod, Homogeneously broadened cw lasers with uniform distributed loss, IEEE J. Quant. Electron. 14, 377, 1978

[4.11] D. Eimerl, Optical extraction characteristics of homogeneously broadened cw lasers with nonsaturating lasers, J. Appl. Phys. 51, 3008, 1980

[4.12] G.M. Schindler, Optimum output efficiency of homogeneously broadened lasers with constant loss, IEEE J Quant. Electron. 16, 546, 1980

[4.13] R.S. Galeev, S.I. Krasnov, Approximate method for calculation of output power of unstable telescopic resonators, Sov. J. Quant. Electron. 12, 802, 1982

[4.14] O. Svelto, Principles of Lasers, Plenum Press, 1982

[4.15] Lui-teng-Lin, Analysis of energy extraction efficiency of unstable resonators, Final Report, Naval Research Laboratory, Washington D.C., 1984

[4.16] L.W. Casperson, Power characteristics of high magnification semiconductor lasers, Opt. Quant. Electron. 18, 155, 1986

[4.17] N. Hodgson, Optical resonators for high power lasers, Proc. SPIE 1021, 89, 1988

[4.18] J. Eicher, N. Hodgson, Output Power of Slab and Rod lasers, Proc. SPIE 1021, 147, 1988

[4.19] J. Eicher, N. Hodgson, H. Weber, Output power and efficiencies of slab laser systems, J. Appl. Phys. 66, 4608, 1989

Kapitel 4.4

[4.20] A.G. Fox, T. Li, Effect of gain saturation on the oscillating modes of optical masers, IEEE J. Quant. Electron. 2, 774, 1966

[4.21] L. Casperson, A. Yariv, The Gaussian mode in optical resonators with a radial gain profile, Appl. Phys. Lett. 12, 355, 1968

[4.22] L. Casperson, A. Yariv, Gain and dispersion focusing in an high gain laser, Appl. Opt. 11, 462, 1972

[4.23] U. Ganiel, Y. Silberberg, Stability of optical resonators with an active medium, Appl. Opt. 14, 306, 1975

[4.24] E.A. Sziklas, A.E. Siegman, Mode calculations in unstable resonators with flowing saturable gain, Appl. Opt. 14, 1874, 1975

[4.25] G.T. Moore, R.J. McCarthy, Theory of modes in a loaded strip confocal unstable resonator, J. Opt. Soc. Am. 67, 228, 1977

[4.26] R. Hauck, F. Hollinger, H. Weber, Chaotic and Periodic Emission of high power solid state lasers, Opt. Commun. 47, 2, 1983

[4.27] F.D. Feick, J.R. Oldenettel, Gain effects on laser mode formation, J. Opt. Soc. Am. A 1, 1097, 1984

[4.28] N. Hodgson, Optical resonators for high power lasers, Proc. SPIE 1021, 89, 1988

[4.29] G.J. Ernst, W.J. Witteman, Mode structure of active resonators, IEEE J. Quant. Electron. 9, 911, 1973

[4.30] A. Hardy, Gaussian modes of resonators containing saturable gain medium, Appl. Phys. 19, 3830, 1980

[4.31] T. Li, J.G. Skinner, Oscillating modes in ruby lasers with non-uniform pumping energy distribution, J. Appl. Phys. 36, 2595, 1965

[4.32] H. Statz, C.L. Tang, Problem of mode deformation in optical masers, J. Appl. Phys. 36, 1816, 1965

[4.33] A.G. Fox, T. Li, Effects of gain saturation on the oscillating modes of optical masers, IEEE J. Quantum Electron. 2, 774, 1966

[4.34] P.J. Warter, R.U. Martinelli, Some effects of nonuniform pumping on the mode structure of solid state lasers, J. Appl. Phys. 37, 2103, 1966

[4.35] H. Kogelnik, On the propagation of gaussian beams of light through lenslike media including those with a loss or gain variation, Appl. Opt. 4, 1562, 1965

Kapitel 4.5

[4.36] H. Kogelnik, Imaging of optical modes-resonators with internal lenses, Bell Syst. Tech. J. 44, 455, 1965

[4.37] C.M. Stickley, Laser brightness gain and mode control by compensation for thermal distortion, IEEE J. Quant. Electron. 2, 511, 1966

[4.38] L.M. Osterink, L.D. Foster, Thermal effects and transverse mode control in a Nd:YAG laser, Appl. Phys. Lett. 12, 128, 1968

[4.39] W. Koechner, Absorbed pump power, thermal profile and stress in a cw-pumped Nd:YAG laser rod, Appl. Opt. 9, 1429, 1970

[4.40] W. Koechner, Thermal lensing in a Nd:YAG laser rod, Appl. Opt. 9, 2548, 1970

[4.41] J.D. Foster, L.M. Osterink, Thermal effects in a Nd:YAG laser, J. Appl. Phys. 41, 3656, 1970

[4.42] F.A. Levine, TEM00 enhancement in cw Nd:YAG by thermal lensing compensation, IEEE J. Quant. Electron. 7, 170, 1971

[4.43] J. Steffen, J.P. Lörtschner, G. Herziger, Fundamental mode radiation with solid state lasers, IEEE J. Quant. Electron. 8, 239, 1972

[4.44] T.J. Gleason, J.S. Kruger, R.M. Curnutt, Thermally induced focusing in a Nd:YAG laser rod at low input powers, Appl. Opt. 12, 2942, 1973

[4.45] J.P. Lörtschner, J. Steffen, G. Herziger, Dynamic stable resonators: a design procedure, Opt. Quant. Electron. 7, 505, 1975

[4.46] P.H. Sarkies, A stable YAG resonator yielding a beam of very low divergence and high output energy, Opt. Commun. 31, 189, 1979

[4.47] R. Iffländer, H.P. Kortz, H. Weber, Beam divergence and refractive power of directly coated solid-state lasers, Opt. Comm. 29, 223, 1979

[4.48] H.P. Kortz, R. Iffländer, H. Weber, Stability and beam divergence of multimode lasers with internal variable lenses, Appl. Opt. 20, 4124, 1981

[4.49] A.J. Berry, D.C. Hanna, C.G. Swayers, High power single frequency operation of a Q-switched TEM00 mode Nd:YAG laser, Opt. Commun. 40, 54, 1981

[4.50] D.C. Hanna, C.G. Swayers, M.A. Yuratich, Telescopic resonators for large volume TEM00 mode operation, Opt. Quant. Electron. 13, 493, 1981

[4.51] V. Magni, Resonators for solid state lasers with large-volume fundamental mode and high alignment stability, Appl. Opt. 25, 2039, 1986

[4.52] S. DeSilvestri, P. Laporta, V. Magni, Misalignment sensitivity of solid-state laser resonators with thermal lensing, Opt. Commun. 59, 43, 1986

[4.53] R. Iffländer,H. Weber, Focusing of multimode laser beams with variable beam parameters, Optica Acta 33, 1083, 1086

[4.54] H. Weber, R.Iffländer, P. Seiler, High power Nd-lasers for industrial applications, Proc. SPIE 650, 92, 1986

[4.55] J.S. Uppal, J.C. Monga, F.D. Bhawalkar, Analysis of an unstable confocal ring laser with a thermally induced active medium, Appl. Opt. 25, 1389, 1986

[4.56] V. Magni, Multi-element stable resonators containing a variable lens, J. Opt. Soc. Am. A 4, 1962, 1987

[4.57] D. Metcalf, P. de Giovanni, J. Zachorowski, M. Leduc, Laser resonators containing self-focusing elements, Appl. Opt. 26, 4508, 1987

[4.58] N. Hodgson, H. Weber, High power solid state lasers with unstable resonators, Opt. Quant. Electron., special issue on solid state lasers, August 1990

Kapitel 4.6

[4.59] V.R. Kushnir, A.N. Nemkow, N.V. Shkunov, Influence of the resonator geometry on the output power of a laser with several active elements, Sov. J. Quant. Electron. 5, 713, 1975

[4.60] K.P. Driedger, R. Iffländer, H. Weber, Multirod resonators for high power solid state lasers with improved beam quality, IEEE. J. Quant. Electron. 24, 665, 1988

[4.61] J.M. Eggleston, Periodic resonators for average-power scaling of stable-resonator solid-state lasers, IEEE J. Quant. Electr. 24, 1821, 1989

Kapitel 4.7

[4.62] S. DeSilvestri, P. Laporta, V. Magni, Misalignment sensitivity of solid-state laser resonators with thermal lensing, Opt. Commun. 59, 43, 1986

[4.63] R. Hauck, N. Hodgson, H. Weber, Misalignment sensitivity of unstable resonators with spherical mirrors, J. Mod. Opt. 35, 165, 1988

380

[4.64] N. Hodgson, Optical resonators for high power lasers, Proc. SPIE
1021, 89, 1988

Kapitel 5
Übersichtsliteratur:
[5.1]   A.E. Siegman: Lasers. Mill Valley: University Sciences Books 1986,
S. 891-922

Spezialliteratur:
Kapitel 5.1
[5.2]   G. Gould, S.F. Jacobs, P. Rabinowitz, T. Shultz, Crossed roof prism
interferometer, Appl. Opt. 1, 533, 1962
[5.3]   E.R. Peck, Polarization properties of corner reflectors and cavities,
J. Opt. Soc. Am. 52, 253, 1962
[5.4]   S. Fujiwara, Optical properties of conic surfaces. I. Reflecting
cone, J. Opt. Soc. Am. 52, 287, 1962
[5.5]   L. Bergstein, W. Kahn, C. Shulman, A total-reflection solid state
optical maser resonator, Proc. IRE 50, 1833, 1962
[5.6]   M. Bertolotti, Matrix representation of geometrical properties of
laser cavities, Il Nuovo Cimento 22, 1242, 1963
[5.7]   L. Ronchi, Low-loss modes and resonances in a quasi $90°$-roof
mirror resonator, Appl. Opt. 12, 93, 1973
[5.8]   Y.A. Anan'ev, Unstable prism resonators, Sov. J. Quant. Electron. ,
58, 1973
[5.9]   F. Pascaletti, L. Ronchi, Roof-mirror resonators, J. Opt. Soc. Am.
65, 649, 1975
[5.10] Y.A. Anan'ev, V.I. Kuprenyuk, V.V. Sergeev, V.E. Sherstobitov,
Investigation of the properties of an unstable resonator using a
dihedral corner reflector in a continuous-flow CO_2-laser, Sov. J.
Quant. Electron. 7, 822, 1977
[5.11] M. Rioux, P.A. Bélanger, M. Cornier, High-order mode selection in a
conical resonator, Appl. Opt. 16, 1791, 1977
[5.12] D. Fink, Polarization effects of axicons, Appl. Opt. 18, 581, 1979
[5.13] G. Zhou, L.W. Casperson, Modes of a laser resonator with a retro-
reflecting roof mirror, Appl. Opt. 20, 3542, 1981
[5.14] D.K. Mansfield, K. Jones, A. Semet, L.C. Johnson, Properties of an
optically pumped far-infrared rooftop resonator, Appl. Phys. Lett.
40, 926, 1982

[5.15] D.K. Mansfield, K. Jones, L.C. Johnson, A. Semet, Theory of the rooftop resonator: resonant frequencies and eigenpolarizations, Appl. Opt. 22, 662, 1983

[5.16] I.C. Kuo, T. Ko, Laser resonators of a mirror and corner cube reflector, Appl. Opt. 23, 53, 1984

[5.17] V.P. Trusov, B.N. Chumakov, Investigation of the properties of an unstable resonator with a dihedral corner reflector in a gasdynamic laser, Sov. J. Quant. Electon. 16, 1257, 1986

[5.18] Y.Z. Vimik, V.B. Gerasimov, A.L. Sivakov, Y.M. Treivish, Formation of fields in resonators with a composite mirror consisting of inverting elements, Sov. J. Quant. Electron. 17, 1040, 1987

[5.19] J.F. Lee, C.Y. Leung, Beam pointing direction changes in misaligned Porro prism resonator, Appl. Opt. 27, 2701, 1988

[5.20] B. Lü, B. Cai, Y. Liao, S. Xu, Z. Xin, Flowing air-water cooled slab Nd:glass laser, Proc. SPIE 1021, 175, 1988

Kapitel 5.2

[5.21] N.G. Vakhimov, Open resonators with mirrors having variable reflection coefficients, Radio Eng. Electron. Phys 10, 1439, 1965

[5.22] H. Zucker, Optical resonators with variable reflectivity mirrors, Bell Syst. Tech. J. 49, 2349, 1970

[5.23] Y.A. Anane'ev, V.E. Sherstobitov, Influence of the edge effects on the properties of unstable resonators, Sov. J. Quant. Electron. 1, 263, 1971

[5.24] G.L. McAllister, W.H. Steier, W.B. Lacina, Improved mode properties of unstable resonators with tapered reflectivity mirrors and shaped apertures, IEEE J. Quant. Electron. 10, 346, 1974

[5.25] A. Yariv, R. Yeh, Confinement and stability in optical resonators employing mirrors with gaussian reflectivity, Opt. Comm. 13, 370, 1975

[5.26] U. Ganiel, A. Hardy, Eigenmodes of optical resonators with mirrors having Gaussian reflectivity profiles, Appl. Opt. 15, 2145, 1976

[5.27] G. Giuliani, Y.K. Park, R.L. Byer, Radial birefringent element and its application to laser design, Opt. Lett. 5, 491, 1980

[5.28] N. McCarthy, P. Lavigne, Optical Resonators with gaussian reflectivity mirrors, Appl. Opt. 23, 3845, 1984

[5.29] N. McCarthy, P. Lavigne, Large-size gaussian mode in unstable resonators using gaussian mirrors, Opt. Lett. 10, 553, 1985

[5.30] P. Lavigne, N. McCarthy, J.G. Demers, Design and characterization of complementary gaussian reflectivity mirrors, Appl. Opt. 24, 2581, 1985

[5.31] D.J. Harter, J.C. Walling, Low-magnification unstable resonator used with ruby and alexandrite lasers, Opt. Lett. 11, 706, 1986

[5.32] P. Lavigne, N. McCarthy, A. Parent, D. Pascale, Improved optical resonators for laser radar, Proc. SPIE 663, 124, 1986

[5.33] A. Parent, N. McCarthy, P. Lavigne, Effects of hard apertures on mode properties of resonators with gaussian reflectivity mirrors, IEEE J. Quant. Electron. 23, 222, 1987

[5.34] A.E. Siegman: Lasers. Mill Valley: University Sciences Books 1986, S. 913-921

[5.35] K.H. Snell, N. McCarthy, M. Piché, Single transverse mode oscillation from an unstable resonator Nd:YAG- laser using a variable reflectivity mirror, Opt. Commun. 65, 377, 1988

[5.36] S. deSilvestri, P. Laporta, V. Magni, O. Svelto, Unstable laser resonators with super-gaussian mirrors, Opt. Lett. 13, 201, 1988

[5.37] S. deSilvestri, P. Laporta, V. Magni, O. Svelto, Nd:YAG laser with multi-dielectric variable reflectivity output coupler, Opt. Commun. 67, 229, 1988

[5.38] G. Emiliani, A. Piegori, S. DeSilvestri, P. Laporta, V. Magni, Optical coatings with variable reflectance for laser mirrors, Appl. Opt. 28, 2832, 1989

[5.39] A. Parent, P. Lavigne, Increased frequency conversion of Nd:YAG laser radiation with a variable-reflectivity mirror, Opt. Lett. 14, 399, 1989

[5.40] A. Chandonnet, M. Piché, N. McCarthy, Beam narrowing by a saturable absorber in a Nd:YAG laser, Opt. Commun. 75, 123, 1990

Kapitel 5.3

[5.41] A.H. Paxton, T.C. Salvi, Unstable optical resonator with self imaging aperture, Opt. Commun. 26, 305, 1978

[5.42] P.G. Gobbi, G.C. Reali, A novel unstable resonator configuration with a self filtering aperture, Opt. Commun. 52, 195, 1984

[5.43] P.G. Gobbi, S. Morosi, G.C. Reali, A.S. Zarkasi, A novel unstable resonator configuration with a self filtering aperture, Appl. Opt. 24, 26, 1985

[5.44] P.G. Gobbi, G.C. Reali, Proc. SPIE 492, 68, 1984

[5.45] P.G. Gobbi, G.C. Reali, Mode analysis of a self filtering unstable resonator with a gaussian transmission aperture, Opt. Commun. 57, 355, 1986

[5.46] R. Barbini, A. Chigo, M. Giorgi, K.N. Iyer, A. Palucci, S. Ribezzo, Injection locked single mode high power low divergence TEA CO_2 laser using SFUR configuration, Opt. Commun. 60, 239, 1986

[5.47] V. Boffa, P. di Lazarro, G.P. Gallerano, G. Giordano, T. Hermsen, T. Letardi, C.E Zheng, Self-filtering unstable operation of XeCl excimer laser, IEEE J. Quant. Electr. 23, 1241, 1987

[5.48] L.H. Min, K. Vogler, Confocal positive branch-filtering unstable resonators for Nd:YAG-lasers, Opt. Commun. 74, 79, 1989

[5.49] A. Luches, V Nassisi, M.R. Perrone, Experimental characterization of a self-filtering unstable resonator applied to short pulse XeCl laser, Appl. Opt. 28, 2047, 1989

[5.50] P. di Lazarro, T. Hermsen, C. Zheng, A generalization of the self-filtering unstable resonator, IEEE J. Quant. Electron. 24, 1543, 1988

[5.51] P. di Lazarro, V. Nassisi, R. Perrone, Experimental study of a generalized self-filtering unstable resonator applied to an XeCl laser, IEEE J. Quant. Electron. 24, 2284, 1988

[5.52] A. Luches, V. Nassisi, M.R. Perrone, E. Radiotis, High mode volume self filtering unstable resonator applied to a short pulse XeCl laser, Opt. Commun. 71, 97, 1989

[5.53] J.W. Chen, V. Nassisi, M.R. Perrone, Narrow-linewidth SFUR applied to a XeCl laser, Opt. Commun. 74, 211, 1989

Kapitel 5.4

[5.54] A. Borghese, R. Canevari, V. Donati, L. Garifo, Unstable-stable resonators with toroidal mirrors, Appl. Opt. 15, 3547, 1981

[5.55] P.E. Dyer, D.J. James, Studies of a TEA CO_2 laser with a cylindrical mirror unstable resonator, Opt. Commun. 15, 20, 1975

[5.56] E.A. Phillips, J.P. Reilly, D.P. Northam, Off-axis unstable laser operation, Appl. Opt. 8, 2241, 1976

[5.57] G.W. Sutton, M.M. Weiner, S.A. Mani, Fraunhofer diffraction patterns from uniformly illuminated square output apertures with noncentered square obscurations, Appl. Opt. 15, 2228, 1976

[5.58] M.M. Weiner, Modes of empty off-axis unstable resonators with rectangular mirrors, Appl. Opt. 18, 1828, 1979

[5.59] R. Simon, Laser cavities bounded by crossed cylindrical mirrors, J. Opt. Soc. Am. A 4, 1953, 1987

[5.60] P.E. Jackson, H.J. Baker, D.R. Hall, CO_2 large-area discharge laser using an unstable-waveguide hybrid, Appl. Phys. Lett. 54, 1950, 1989

[5.61] N. Hodgson, T. Haase, H. Weber, Improved resonator design for rod lasers and slab lasers, Proc. SPIE 1277, 70, 1990

[5.62] K. Kuba, T. Yamamoto, S. Yagi, Improvement of slab-laser beam divergence by using an off-axis unstable-stable resonator, Opt. Lett. 15, 121, 1990

Kapitel 5.5

[5.63] W. Casperson, M. S. Shabbir, Mode properties of annular gain lasers, Appl. Opt. 14, 2653, 1975

[5.64] R.A. Chodzko, S.B. Mason, E.F. Cross, Annular converging wave cavity, Appl. Opt. 9, 2137, 1976

[5.65] P.B. Mumola, H.J. Robertson, G.N. Steinberg, J.L. Kreuzer, A.W. McCullough, Unstable resonators for annular gain volume lasers, Appl. Opt. 17, 936, 1978

[5.66] R.A. Chodzko, S.B. Mason, E.B. Turner, W.W. Plummer,Jr., Annular (HSURIA) resonators: some experimental studies including polarization effects, Appl. Opt. 19, 778, 1980

[5.67] H. Schülke, G. Herziger, R. Wester, Multipass resonators for laser systems, Proc. SPIE 801, 45, 1987

[5.68] S. Marchetti, Multipass systems with mirrors of different radii, Optics and Laser Technology 18(5), Oct. 1986

[5.69] Y. Takada, H. Saito, T. Fujioka, Eigenmode of an annular resonator, IEEE J. Quant. Electron. 24, 11, 1988

[5.70] W. Lobsiger, Optische Verzögerungsleitungen in Nd:YAG-Laser-Kavitäten zur Simulation langer Resonatoren, Dissertation, Phil. Nat. Fakultät, Universität Bern, 1975

Kapitel 5.6

[5.71] P. dal Pozzo, R. Polloni, O. Svelto, F. Zaraga, An unstable ring resonator, IEEE J. Quant. Electron. 9, 1061, 1973

[5.72] R.J. Freiberg, P.P. Chenausky, C.J. Buczek, Unidirectional unstable ring lasers, Appl. Opt. 12, 1140, 1973

[5.73] R.J. Freiberg, P.P. Chenausky, C.J. Buczek, Asymmetric unstable traveling-wave resonators, IEEE J. Quant. Electron. 10, 279, 1974

[5.74] K.E. Oughstun, P.A. Slaymaker, K.A. Bush, Intracavity spatial filtering in unstable ring resonator geometries, Part I – Passive cavity mode theory, IEEE J. Quant. Electron. 19, 1558, 1983

[5.75] E.M. Wright, D.P. O'Brein, W.J. Firth, Reciprocity and orthogonality relations for ring resonators, IEEE J. Quant. Electron. 20, 1307, 1984

[5.76] V.N. Smirnov, G.A. Strokovskii, Transverse mode formation in a ring laser with a 1-D diaphragm, Opt. Spectrosc. (USSR) 60, 652, 1986

[5.77] P. Ru, L.M. Narducci, J.R. Tredicce, D.K. Bandy, L.A. Lugiato, The gauss-laguerre modes of a ring resonator, Opt. Commun. 63, 310, 1987

[5.78] F. Bretenaker, A. le Foch, J.P. Taché, Theoretical and experimental study of elliptical Gaussian-mode size dynamics in ring lasers, Phys. Rev. A 41, 3792, 1990

Kapitel 6

Kapitel 6.1

[6.1] D. Findlay, R.A. Clay, The measurement of internal losses in 4-level lasers, Phys. Ltrs. 20, 277, 1966

[6.2] W.Koechner, Analytical model of a cw Nd:YAG laser, Laser Focus, April 1970

[6.3] N. Hodgson, H. Weber, Measurement of extraction efficiency and excitation efficiency of lasers, J. Mod. Opt. 35, 807, 1988

[6.4] J. Fresquet, H. Irla, J. Roig, Measurement of the gain and refraction effects in a solid state laser, Appl. Opt. 18, 175, 1979

Kapitel 6.2

[6.5] G. Nemes, A phase space approach to beam pulse representations and measurements, NATO ASI, International School of Quantum Electronics, Erice, Italy, May 1990.

[6.6] G. Nemes, M. Nemes, I. E. Teodorescu, Phase space treatment of optical beams, Proceedings of the 3rd International School of Coherent Optics, Bucharest, September 1982

[6.7] W. A. E. Goethals, Geometrical optics of laser beams, in D.R. Hall, P.E. Jackson: Physics & technology of laser resonators. London: Adam Hilger 1989

[6.8] P. V. Avizonis, T. T. Doss, R. Heinlich, Rev. Sci. Instrument 38, 331, 1967

Kapitel 6.3

[6.9] M.V. Klein, T.E. Furtak: Optik. Berlin Heidelberg New York London Paris Tokyo: Springer 1988, S. 457–486

Kapitel 6.4

[6.10] R.F. Hotz, Simple measurement of thermal lensing effects in laser rods, Appl. Opt. 9, 1727, 1970

[6.11] J. Fresquet, H. Irla, J. Roig, Measurement of the gain and refraction effects in a solid state laser, Appl. Opt. 18, 175, 1979

Quellenverzeichnis

Q.1 G. Ripper, G. Herziger, Feinwerktechnik & Meßtechnik 92, 301, 1984

Q.2 H. Weber, Optische Resonatoren, Vorlesungsskript, TU Berlin 1988

Q.3 N. Hodgson, Verluste, Modenstrukturen und Dejustierungsempfindlichkeit von instabilen Resonatoren, Diplomarbeit, Universität Kaiserslautern, 1986

Q.4 B.Ozygus, Verluste und Modenstrukturen optischer Resonatoren, Studienarbeit, Optisches Institut, TU Berlin, 1988

Q.5 R. Hauck, N. Hodgson, H. Weber, Festkörper-Laser mit Ausgangsleistungen > 1 kW, Machbarkeitsstudie, 13 EU 00201, BMFT Bonn 1990

Q.6 B. Ozygus, Hochleistungs-Laser mit konfokalem Resonator, Diplomarbeit, Optisches Institut, TU Berlin, 1989

Q.7 F. Schabert, Untersuchung der spektralen und transversalen Modenstrukturen im fast konfokalen Resonator, Diplomarbeit, Optisches Institut, TU Berlin, 1990

Q.8 T. Haase, Optische Resonatoren für Slablaser, Diplomarbeit, Optisches Institut, TU Berlin

Q.9 J.A. Ruff, A.E. Siegman, Mode characteristics of broad area high power diode lasers in an external stable-unstable cavity, CLEO 89, Technical Digest p. 296, Baltimore MD, 1989

Q.10 J. Eicher, Theoretische und experimentelle Ermittlung der Einzelwirkungsgrade von Festkörper-Lasern, Dissertation, Universität Kaiserslautern, 1990

Q.11 Festkörper-Laser-Institut-Berlin GmbH

Q.12 C. Rahlff, Verluste und Dejustierungsempfindlichkeit von Prismenresonatoren, Studienarbeit, Optisches Institut, TU Berlin, 1989

Q.13 J. Eicher, Neue Geometrien für Hochleistungslaser, BMFT-Vorhaben 13 N 5532, Jahresbericht 1989

Q.14 H. Schülke, Untersuchungen zur Strahlqualität von hochfrequenzangeregten CO_2-Hochleistungslasern, Dissertation, Technische Hochschule Aachen, Fakultät für Maschinenwesen, 1987

Q.15 R. Flieger, Instabile Resonatoren mit asphärischen Spiegeln, Diplomarbeit, Math. Nat. Fakultät, RWTH Aachen, 1991

Q.16 U. Zoske, Institut für Strahlwerkzeuge, Universität Stuttgart

Q.17 U. Habich, Fraunhofer-Institut für Lasertechnik, Aachen

Q.18 B. Eppich, Resonatoren für Rohr-Laser, Diplomarbeit, Optisches Institut, TU Berlin, 1991

Q.19 B. Wedel, Strahlqualität und Wirkungsgrade von Mulitrod-Lasersystemen, Diplomarbeit, Optisches Institut Berlin, TU Berlin, 1990

Q.20 P. Friedrich, Auswertung von fotografischen Aufnahmen mittels Mikrodensitometer zur bestimmung der Divergenz von Laserstrahlen großer Energie, Abschlußarbeit, AdW Berlin-Adlershof, 1985

Q.21 C. Rahlff, Polarisationseffekte bei Hochleistungs-Festkörper-Laser Diplomarbeit, Optisches Institut, TU Berlin, 1990

Alle nicht gekennzeichneten Abbildungen entstammen aus nicht veröffentlichten Arbeiten der Autoren.

Sachwortverzeichnis

K. J. Ebeling

Integrierte Optoelektronik

Wellenleiteroptik, Photonik, Halbleiter

1989. XIV, 528 S. 288 Abb.
Brosch. DM 68,– ISBN 3-540-51300-0

Aufgrund der zunehmenden Miniaturisierung optischer und elektronischer Bauelemente bemüht man sich verstärkt, diese Elemente zu integrieren. Analog zur raschen Entwicklung integrierter Schaltkreise in der Mikroelektronik, zeichnet sich eine ähnliche Entwicklung in der Integrierten Optoelektronik ab.

Das Werk ist eine umfassende Darstellung der Wellenleiteroptik und Photonik in den Halbleitersystemen AlGaAs und InGaAsP. Die Grundlagen der Wellenausbreitung und der optisch-elektrischen Wandlung in Laserdioden und Photodioden werden ausführlich behandelt. Der eingeführte einheitliche Formalismus wird benutzt, um aktuelle Entwicklungen eingehend zu diskutieren. Beispiele hierfür sind Halbleiterlaser mit Quantenstruktur, durchstimmbare Laserdioden, Photodioden mit innerer Verstärkung oder die monolithische Integration optischer und elektrischer Komponenten.

Das Buch richtet sich an Studenten und in der Praxis stehende Ingenieure und Physiker, die sich mit integrierter Optik, optischer Nachrichtentechnik oder optischer Informationsverarbeitung befassen.

Preisänderungen vorbehalten

If you have any concerns about our products,
you can contact us on
ProductSafety@springernature.com

In case Publisher is established outside the EU,
the EU authorized representative is:
Springer Nature Customer Service Center GmbH
Europaplatz 3, 69115 Heidelberg, Germany

Printed by Libri Plureos GmbH
in Hamburg, Germany